新世纪高等学校研究生适用教材

现代生命科学与生物技术

Frontier in Life Sciences and Biotechnology

赵广荣　杨冬　财音青格乐　白姝　编

天津大学出版社
TIANJIN UNIVERSITY PRESS

内容提要

本教材以现代生命科学与生物技术的发展为主线，围绕前沿学科与技术、人们密切关注的热点问题、对学科技术和社会发展有重大影响的科技成果，设计选择12个热点主题。绪论主要以生命科学的分支学科和重大技术的兴衰演替为主体，介绍了生命科学和生物技术的发展历史和生命科学的方法论。生命科学领域的热点包括基因组学、系统生物学、病毒与艾滋病、分子肿瘤学；生物技术领域热点包括合成生物学、基因技术、动物克隆、干细胞工程、纳米生物技术、生物芯片、生物能源；生命与社会领域的热点包括生物安全。从概念出发，介绍了各个主题的发展经过和基础知识，重点论述了基本原理与技术及其成果应用。把最新的科技进展引入教材，内容具有知识性、趣味性、信息性、科学性与人文性。

本书可作为研究生教材，也可作为高年级生物学（或生物技术、生物工程）本科生选用教材或医药、科研、生产等相关领域技术人员的参考书。

图书在版编目（CIP）数据

现代生命科学与生物技术/赵广荣等编. —天津：天津大学出版社，2008.10（2016.8重印）

ISBN 978-7-5618-2789-5

Ⅰ.现… Ⅱ.赵… Ⅲ.①生命科学②生物技术 Ⅳ.Q1-0Q81

中国版本图书馆CIP数据核字（2008）第149574号

出版发行 天津大学出版社
地　　址 天津市卫津路92号天津大学内（邮编：300072）
电　　话 发行部：022-27403647
网　　址 publish.tju.edu.cn
印　　刷 昌黎太阳红彩色印刷有限责任公司
经　　销 全国各地新华书店
开　　本 185mm×260mm
印　　张 16
字　　数 400千
版　　次 2008年10月第1版
印　　次 2016年8月第4次
定　　价 26.00元

前　言

科学技术是第一生产力，是引领人类社会经济发展的主导力量。进入21世纪，科学发现、技术突破不断涌现，学科交叉融合进一步加强。回顾科学技术与人类社会经济发展之间的关系，可以看出，每次科技革命都会催生一种新型产业，诞生一个全新的经济模式。18世纪瓦特发明了蒸汽机，动力是主导技术，铁路运输成为国家的经济命脉，把农业经济推向工业化经济。20世纪以电子技术为主体的电子电信和网络使人类进入信息经济时代。继网络信息经济之后的产业革命将是什么？1953年诺贝尔奖获得者Watson和Crick发现了遗传物质DNA的双螺旋结构，在生命科学(life science)研究上取得重大突破，引发了一场正在全球范围内广泛进行的生物技术(biotechnology)革命。据分析，信息经济时代的寿命约80年，预期在2020年人类将进入生物经济时代。

如果说现代自然学科的领头学科是物理学的话，那么21世纪自然科学发展的关键带头学科就是生命科学。生命科学走在其他学科的前面，从理论观念、思维方式和方法学上对其他学科起着重要作用，将从根本上改变人类的生产模式、生活方式及其生物伦理与道德观念。2003年人类基因组计划提前完成，生命科学研究进入系统生物学，从定性描述转向定量计算；而生物技术进入合成生物学，从基因工程转向到生物系统的人工合成。据统计，目前有关生物科学与生物技术的论文数占自然学科论文总数的27%，而全球生物技术产业以每年递增20%的速度发展。21世纪人类所面临的根本性和棘手的问题(如人口与健康、粮食与食品、环境与能源、国家安全等)，生命科学与生物技术将提供重要支撑和答案。生命科学与生物技术的研究成果已经渗透到人类社会生活的各个领域，推动医药、农业、工业领域的革命性变化。1982年第一个基因工程药物重组人胰岛素实现了产业化，目前医药生物技术(medicinal biotechnology)已经趋于成熟，上市产品包括生物技术药物与疫苗、检测与诊断试剂和医疗器械。1994年第一个基因工程改良的耐贮番茄被批准，目前转基因棉花、大豆、油菜和玉米扩大种植，2006年全球种植面积达1亿公顷，农业生物技术(agricultural biotechnology)持续增长。利用生物技术可以解决环境污染、化石燃料短缺，制造化学品和新材料，生产生物乙醇和生物柴油等，这些工业生物技术(industrial biotechnology)正在兴起。

我们所处的生物世界，形态各异，彩色斑斓，但这种千差万别在细胞和分子层次上能够得以统一，表现出相同性。本教材以现代生命科学与生物技术的发展为主线，围绕前沿学科与技术、人们密切关注的热点问题、对学科技术和社会发展有重大影响的科技成果，同时考虑工程学科特点，设计选择12个热点主题，共13

章，即第 1 章 绪论（赵广荣），第 2 章 基因组学（财音青格乐），第 3 章 系统生物学（财音青格乐），第 4 章 合成生物学（赵广荣），第 5 章 病毒与艾滋病（白姝），第 6 章 分子肿瘤学（杨冬），第 7 章 基因技术（赵广荣），第 8 章 动物克隆（财音青格乐），第 9 章 干细胞工程（白姝），第 10 章 纳米生物技术（杨冬），第 11 章 生物芯片（杨冬），第 12 章 生物能源（杨冬），第 13 章 生物安全（赵广荣）。本书内容具有知识性、趣味性、信息性、科学性与人文性。为了充分体现生命科学和生物技术史中的重大贡献，在附录中收录了诺贝尔生理学或医学奖年鉴及与生命科学相关的部分诺贝尔化学奖年鉴。

生命科学与生物技术和材料、电子、机械、建筑、化工、医药、环境、农业、食品等学科的关系日益密切。鉴于目前大多数高校已在非生物类专业本科生中开设了生命科学与技术导论的基础课，天津大学于 2005 年在硕士研究生教学中开设生命科学与生物技术课程，主要在于学习现代生命科学与生物技术的新知识，了解生命科学和技术进步的重大成果，促进生命科学与生物技术和其他相关自然科学、工程科学和社会科学的相互渗透和交叉融合，“唯我所学，为我所用”，拓宽研究生视野和思维，达到培养全面、高素质的创新型硕士生的目的。

在本教材的编写过程中，得到天津大学研究生院、天津大学化工学院的鼎力支持，还得到了本课程教学督导组教授们的精心指导。Roche 公司、Illumina 公司、ABI 公司提供了部分基因测序技术资料，在此一并表示致谢。

本教材是在前三年讲义试用的基础上修订而成。尽管做了大量的资料调研和精心编写工作，但由于生命科学与生物技术发展迅速，加之写作时间紧迫，在内容的选择与编排上还存在缺憾，希望读者在使用中提出宝贵的意见与建议，以便进一步改进和完善。

编者

目　　录

第1章 绪论

生命科学既是一门最古老的科学，又是一门最年轻的学科。生命科学发展很快，很多生物学问题正在被解决，我们处在一场生命科学的革命之中。本章从生命的概念出发，认识生命科学和生物技术，了解其对社会进步和人类文明的影响。

1.1 概述

生命是什么？不同时期、不同哲学家和科学家对其有不同的认识，而且往往与其哲学观有关。自然哲学家认为生命是物质运动的一种高级的特殊存在形式，把自然界的物体分为两类，一类无生命，另一类有生命。有生命的物体就是生物体，即生物。地球上的生物包括动物、植物和微生物，多种多样，形态各异，种类繁多，数量巨大，目前估计有500～5 000万个物种。被定名的约有150万种，其中动物100多万种，植物40多万种，微生物10万多种。从热力学第二定律来看，生命是一个不断与外界进行物质和能量交换的开放系统，其演化过程总是朝着熵减少的方向进行，一旦负熵的增加趋近于零，生命将趋向终结，走向死亡。从生物物理学的三要素——物质、能量、信息角度看，在生命的整个运动过程中，贯穿了物质、能量、信息三者的变化、协调和统一。

机械论认为生命不是别的，只是机械装置，其运动可用力学、物理学和化学定律来解释。把生命归结为物质似乎太简单，而且不尽合乎人理性。生物学家是彻底的唯物论者，他们不承认超自然的或非物质的力量，不能接受机械论的解释。根据现有对生命的认识，生命的物质基础是蛋白质和/或核酸。从生物学角度看，生命是由核酸和蛋白质等物质组成的多分子、多层次的复杂体系，具有不断自我更新、繁殖后代以及对外界产生应答的能力，是一种过程，是一种现象。另外，生命还具有其社会属性，没有任何特殊的物质、物体或力量可以和生命等同。

1.1.1 生命的过程特征

自然界的物体为什么有一些是有生命的而另一些是无生命的，生命具有哪些特性？对这个问题进行回答，可以找到生物体有别于非生物体的许多过程特征。

1. 生长与发育

生命个体从出生到死亡都要经历剧烈的变化，这个变化就是生长和发育。从原来的合子（受精卵）发育成胚胎，经少年期、成年期，衰老直到死亡。生长是细胞数目或体积增加的过程，而发育以细胞的分化为基础，出现新类型的细胞、组织或器官，是功能变化的过程。生物体能通过新陈代谢的作用使细胞和个体不断地改变其性质，实现生长与发育。

2. 新陈代谢与应激适应性

生物体不断地吸收外界的物质，在生物体内发生一系列变化，一部分形成结构成分，另一部分成为代谢最终产物而被排出体外。新陈代谢包括合成和分解两个互相依存的相反过程。

合成作用是从外界摄取物质和能量,将它们转化为生命本身的大分子物质和贮存能量。分解作用是分解生命物质,形成小分子物质,释放能量,供生命活动之用。生物的生长发育过程,是生物应答外界刺激并发生反应的应激性运动过程,高等生物的运动受神经系统的控制,并且有使其内环境保持动态稳定性的调节机制,即内稳态。生物的结构都适应于一定的功能,结构和功能适应性使生物在一定环境条件下得以生存。

3. 繁殖与遗传

生物体能不断地繁殖下一代,使生命得以延续。生物的遗传继承性是由基因决定的,但生物的性状(表型)是由基因型和环境双重决定的。物理科学中的实体(如原子或基本粒子)具有固定不变的特性,生命的特点是可变性。自然选择可遗传的变异,使生物不断进化。遗传是相对的,变异是永恒的。

4. 严整有序的结构与自我平衡调节

生命的基本单位是细胞,整个生物界是一个多层次的复杂而有序的结构。生命系统的复杂性要远远超过非生命系统,整体大于部分之和。生物系统具有精巧的反馈机制,其精确性和复杂性是在任何非生物系统中都未见到的,表现出稳健性。反馈机制应答外界刺激,调节代谢作用,控制生长和分化。生物系统的复杂性并不是杂乱无章而是高度组织化的,具有模块性,各模块部分相互配合、相互适应才能维持整体的作用,进行程序性、有目的的活动。如臂、腿、头、肾等各器官只能作为整体的部分,单独存在毫无价值。血液中的各种无机离子、有机化合物等组成复杂的缓冲体系,实现生理过程的自我调节。

5. 化学成分的同一性与凸现性

生命是由极其特殊的分子组成,如蛋白质、核酸、脂类、糖类等。组成人体的元素约 20 多种。核酸由 5 种核苷酸组成,各种生物的遗传密码是统一的,翻译后生成由 20 种氨基酸组成的蛋白质,酶是代谢过程中的催化剂,脂质则是膜系统的成分,各种生物都是以 ATP(三磷酸腺苷)为贮能分子。这些有机化合物一般并不存在于无生命物质中,而且比无机界的小分子物质复杂得多。

虽然单个化学成分组成了生物体,但不是简单的相加和综合,而是具有凸现性,即表现出单个组分所没有的性质。如不能从氧气(O_2)和氢气(H_2)的性质推断其产物水(H_2O)的性质一样,不能简单地从组分(核酸、蛋白质、代谢物)及其相互作用推断生物体的功能。

6. 社会性与多样性

生命是以群体的方式而存在,生物学的研究对象是由特殊个体构成的种群。最简单的单细胞生物(如大肠杆菌、酵母等)也是群居的,没有一种生命是只由一个个体组成的,因此生命表现出群居的社会性。个体之间相互通信、相互依存,并向周围迅速扩展,具有占领更多空间的倾向。在这个社会里,个体间是不完全相同的,就像我们每个人都相互不相同一样,表现出极大的多样性。

7. 性质属性

如果把物理看成是数量和质量作用,那么生命还具有性质属性。在涉及互相作用和表示关系的现象时,有时只能定性描述而不能定量分析,即使定量往往也是一种概率。有些性质转换成量化后,由于脱离了真实性,会失去生物现象的真正意义。如人与猴在基因组上的差异为 1%,人个体之间的差异为 0.01%,这个数据能说明什么问题呢?在生命科学领域中,除了数量和质量之外,第三种术语应该是性质属性的表征。

1.1.2 生命系统的等级结构

复杂系统具有等级结构，某一层次上的实体组合成为较高层次的新实体，如细胞组成组织，组织构成器官，器官组成系统。生命系统中有两类等级结构。

1. 组成性等级结构

生命的组成性等级结构包括元素、小分子、大分子、细胞器、细胞、组织、器官、个体（图1-1），进一步形成种群、群落、生态系统、生物圈。在组成性等级结构中，低一级层次的成分，组合成新的高一级层次，如元素组成小分子，小分子聚合成大分子，细胞组成器官，高层次具有低层次所不具备的独特功能和性质。已发现的元素有60余种，其中27种为所有生物共有，包括6种非常重要的元素C、H、O、N、P、S，组成生物有机物大分子和水；5种大量矿质元素Ca、K、Na、Mg、Cl，组成结构成分、盐、缓冲体系；16种微量元素Mn、Fe、Co、Zn、Cu、I、Br、Se、Sr、V、F、B、Mo、Sn、Ni、Si，是酶的组成成分或辅基或激活剂。

组成性等级结构的形成是生命最重要特征之一。等级层次是划分传统生物学领域的一种方式，在每一层次都有其本身的问题，每个层次构成了生物学的单独学科：分子层次——分子生物学，细胞层次——细胞生物学，组织层次——组织学等。要充分认识生命现象就必须对各个层次进行研究，但对一位科学家来说，必须舍弃某些问题黑箱，根据自己的兴趣致力不同层次的研究。那么，选择哪个层次和哪个问题进行研究呢？这是职业科学家的战略抉择，往往取决于在现有条件下能否对了解生命做出最大贡献。

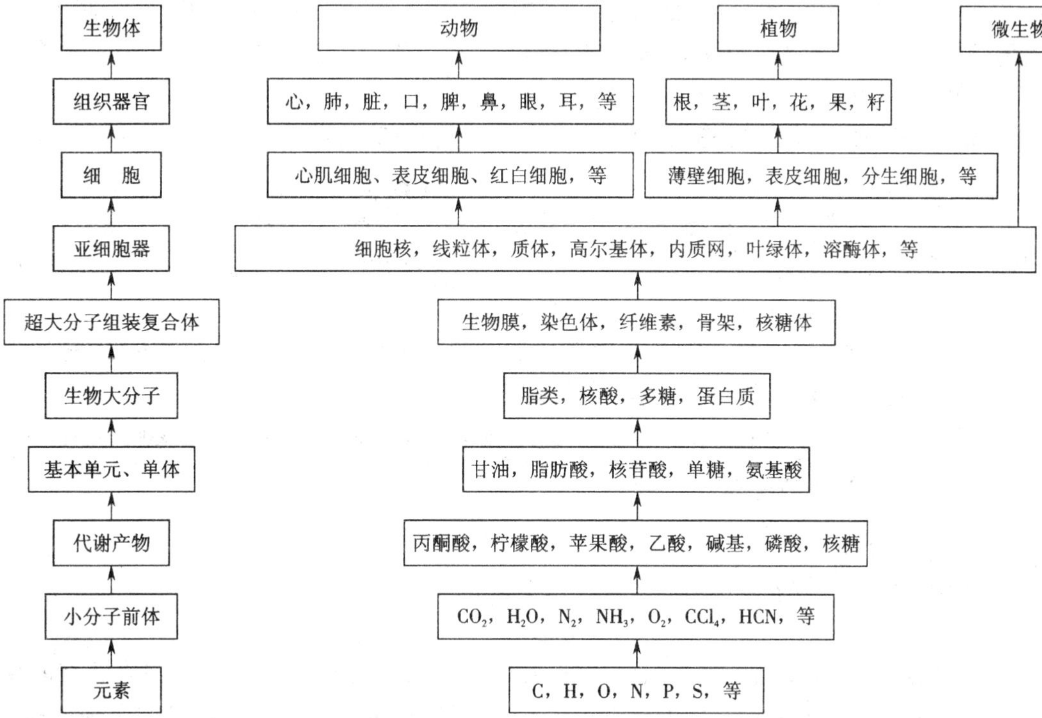

图1.1 生命系统的组成性等级结构

2. 集聚性等级结构

在集聚性等级结构中，较低层次的结构没有相互作用就组合成了较高层次的结构。如林奈分类等级结构，按进化上的亲缘关系，以外部形态结构为主，将同源性归纳在一起进行分类，包括界、门、纲、目、科、属、种。生物可分为6界，即无细胞生物总界、原核生物界、原生生物界、真菌界、植物界和动物界。

人体所有细胞为真核细胞，是异养生物，人的组织器官发达，归为动物界。人胚胎期有脊索，属于脊索动物门的脊椎动物亚门。人为恒温动物、无羽毛、具毛发、为胎生哺乳，人属于哺乳纲。人有四肢，能直立行走，属于灵长目，人科，人属，人种（*Homo sapiens*）。

1.1.3 生命科学及其地位

生命科学是研究生命现象的科学，包括生命起源与发生、生长与发育、生命物质的结构与功能、生命与环境之间的内在相互关系等，是复杂性学科。

生命科学按生物类群或研究对象可分为植物学、动物学、微生物学、病毒学、人类学、古生物学、藻类学、昆虫学、鱼类学、鸟类学等。在聚集性分类学上，相同级别的同类生物具有很多相似性，与其他类生物差异较大。

生命科学按研究的生命现象或生命过程可分为形态学、生理学、分类学、胚胎学、解剖学、遗传学、进化生物学、细胞学、病理学、免疫学等。这些现象或过程是所有生物所共有的，可以揭示生物共同特征和属性的奥秘。

生命科学按研究的生命结构层次可分为生物圈学、生态学、种群生物学、组织学、细胞生物学、遗传学、分子生物学、基因组学、转录组学、蛋白组学、代谢组学、系统生物学，探索生命在某一层次上的共性规律。

生命科学与其他学科交叉，形成新科学。主要渗透和交叉的学科包括物理学、数学、化学等理科科学，机械制造、计算机、建筑学、化学工程、环境科学、材料学等工程学科，还有人文社会和经济学。交叉科学包括生物物理学、放射生物学、生物信息学，生物数学、生物统计学，计算生物学，生物气候学、生物地理学，生物力学，仿生学，生物化学、化学生物学，人类行为学、社会心理学、生物工程学、生物材料学、生物经济学等。

以上各分科还可以进一步交叉，形成多门更加细化的学科，如微生物分子遗传学、分子免疫学、细胞分子发育生物学、神经生物学、计算系统生物学等。

生命科学在自然科学中的地位越来越显重要，随着对生命复杂系统研究的突破，生命科学将越显21世纪自然科学的带头学科作用。

1.2 生命科学的发展

从历史观点来看，生命科学是不断变化的，是一个永无止境的新领域，只不过在特定时期的研究对象不同而已。在生命科学的发展过程中，不同理论和技术相继出现，各门学科之间的相互作用，是一个去伪存真、发现生命运动规律的过程。在19世纪，由于成熟的化学和坚实的物理学，法国动物学家拉马克和德国博物学家特雷维拉努斯首次提出生物学（biology）术语和定义。进入20世纪，生物学迅速发展，成为一门真正的学科。20世纪50年代以后对生命本质的研究取得实质性进展，确定了许多新的生物学原理，生物学作为严密的科学系统而被称为生物学科(biological science, bioscience)，20世纪70年代改称为生命科学(life science)，体现了对生物的人文性价值取向。

1.2.1 古代的生命科学

生命科学的起源可追溯到人类文明的远古时代。大约公元前4万年，人类猿向社会心理人过渡，神话和经验慢慢分离，开始了朦胧的生命科学。大约1万年前，人类驯化培养动植物，满足了衣食住行的需要，人类定居下来。最早的生命科学是关于人体和动物解剖及其行为的知识。公元前600—500年，出现了解剖学和生理学研究，如用鸡胚研究发育、各器官的联系等。

公元前6世纪希腊的自然哲学家对科学的文明做出了重大贡献。柏拉图提出了物种和属的概念，用双叉式分支法划分动物种类。亚里士多德解剖并准确描述了很多动物，提出了生物的三种繁殖方式——自然发生、无性繁殖和有性繁殖。亚里士多德的思想统治了古代和中世纪的生物学研究，其科学方法要点是：周密而正确地观察，收集各方面的事实，从事实出发进行演绎和推论。德奥费拉斯特明确区分了动物与植物，描述了500多种野生和栽培植物，系统分类为乔木、灌木、草本，一年生、二年生和多年生，在林耐之前一直沿用。

公元前200—300年，埃及在人类历史上第一次系统进行人体解剖研究。古罗马时代，底奥斯可里底斯的《论药材》、赛尔苏斯的《药物论》是重要的医药古典。解剖学和医学家盖仑根据实验和观察，提出了完整的血液理论。他有很多医药著作，包括解剖、生理学、脉搏、卫生学、营养学、病理学、医疗和药学等方面。随后，宗教和神学占统治地位，进入学科的黑暗期。教会认为不能进行人体解剖，对动植物研究毫无价值。

中国古代《黄帝内经》是最早的医药典籍，大约1—2世纪的《神农本草经》记载了365种药物。

1.2.2 形态学

中世纪以后的生命科学主要是形态学(morphology)研究，包括构成形态的基本单位，形态发生的共同祖先，演化过程的系统发育树。

在文艺复兴时代(1300—1650年)，生命科学的进步源于艺术家。医学和艺术的发展都需要精确的解剖学知识。通过裸眼(分辨率0.1 mm)仔细观察人体，认识结构与功能的关系，此时主要研究是植物学与解剖学。艺术家认为人体是上帝创造的最完美的杰作，艺术应该建立在自然科学之上，艺术是精确自然的再现。为了使艺术达到现实的高度，艺术家转学解剖学。艺术家是从事解剖研究的艺术家，艺术家、医师和药剂师是同一行业的会员。

达·芬奇是画家、建筑师和解剖学家，也是发明家。他解剖了很多动物，如蛾、蝇、鱼、蛙、鸟、马、牛、羊、狮、狗、猫、猴、鸡等，建立了人体解剖和许多肌肉和肌肉群模型，而且采用肌肉系统、内部器官的解剖知识指导艺术创作。

维萨里是解剖学的革新者、艺术家。1543年发表《人体的构造》，抛弃了盖仑的错误，提出小循环，用结构和功能来说明身体的活动。不幸的是他的成就不但没有得到同时代人的认可，反而激起了盖仑派的反对。于是他放弃了研究，当了西班牙皇帝的御医。16世纪是医学和解剖学的转折点，现代西方医学就建立在解剖学基础之上。

17 世纪出现了科学社团组织和研究院所；发明了现代科学实验的工具和仪器，如泵、压力计、温度计、钟、透镜、望远镜（观察无限大宇宙）、显微镜（观察无限小世界，包括组织、细胞和微生物）；出现了新的科学方法论，出版杂志和会刊进行学术交流，生物学研究得到政府许可和保护。英国科学家哈维 1628 年出版了《心血运动论》，成功地综合了心脏和肺的功能，提出完整的心脏搏动产生血液循环系统的新理论。

随着显微镜的完善，整个 17 世纪的研究是微细结构的解剖学研究。胡克设计发明了显微镜，并根据观察结果于 1665 年出版《显微图像》。施旺丹麦于 1669 年出版《昆虫通史》，格鲁于 1682 年出版《植物解剖》。

随着人们对动植物形态观察的深入和扩大，为了与他人交流，需要对不同的生物进行归纳和分类。系统分类是 18 世纪生物学研究的主流。当时估计地球的物种约 200 万种，到 1600 年人们知道约 6 000 种，生物学家所面临的问题是对大量无序的物种进行分类。植物学家林耐，在进行大量野外考察、收集资料的基础上，于 1735 年出版《自然系统》。他严格按照形态学系统对植物进行分类，把自然中的三界细分为纲、目、属、种，从而使物种具有自己的确切名字。目前，所有生物的科学命名都是采用林耐的双命名法，物种名（学名）由属名 + 种名 + 定名人姓名（可省）组成，属名的第一个字母大写，种名是修饰限定属名，用斜体拉丁文书写。

中国的生命科学也主要在动植物的解剖、分类鉴定与农学和医药的应用上，最著名和最具代表性的是李时珍（明）的《本草纲目》，于 1596 年刻印出版。书中记录了 1 200 多种动植物，精美插图1 111 幅。李时珍把植物分为草、谷、菜、果、木，把动物分为虫、鳞、介、禽、兽。

1.2.3 19 世纪的生命科学

生物学从 1800 年的一个模糊术语到 19 世纪末成为一门生机勃勃的科学。19 世纪生命科学的重大进展是理论的创新和发展，首先是细胞水平的解剖学研究形态与结构关系，最突出的成就是细胞学说的建立；其次是进化论的提出。显微镜的发明使得微生物学建立，化学革命的影响使生理学得到发展和完善。

1. 细胞学说

法国解剖学家比夏在器官层次上没有找到生物共同结构的相似之处，他设想在分辨率更高的层次上存在相似性。把组织（tissue）引入生物学，提出组织学说：组织是生物体中结构组分和功能的基本单位。整个机体被解剖为各器官，器官进一步解剖成初原结构即组织。把机体分解成 11 种组织，包括神经、脉管、黏液、浆液、结缔、纤维等，这些组织重新集合组成器官，再由器官形成复杂的呼吸、神经、消化等系统。

胡克在显微镜下，观察软木片的切面，发现多孔结构，形如蜂房，第一次描述了植物细胞的轮廓，使用术语“细胞（cell）”。当时与细胞相同的术语还有格鲁提出的“泡囊”、马尔比基提出的“椭圆囊”等，但只有细胞被人们采纳使用。此后很长一段时间，细胞的含义是外壁包裹着的中空结构。19 世纪 30 年代，从植物细胞中识别出细胞核，动物组织中观察到细胞，用原生质描述细胞内液体后，才建立了细胞学说。

施莱登于 1838 年发表了《植物发生论》。他认为，细胞核在植物细胞发生中具有重要作用，细胞核是植物细胞的基本结构，从而把植物是细胞群体的概念扩大到整个植物界。施旺观察动物细胞，发现细胞中都具有细胞核。他在“显微研究”论文中，证明了一切动物组织，无论分化到何种程度,其构成基础都是细胞。动物组织起源于细胞,与植物细胞相似,就这样动植物界的最大屏障被推翻。经过这两位科学家的努力工作,建立了细胞学说:动物、植物细胞,包含细胞膜、细胞质、细胞核和核仁。每个细胞相对独立,但又从属于整个机体的功能。此后是细胞学说的发展和完善时期,在这期间对细胞核和细胞分裂作了观察和描述,包括细胞分裂的时序性,细胞核分裂,细胞均等分裂以及细胞周期。

2. 生命起源与生物进化论

生命的起源是生命科学长期以来探索的重点之一,它经历了由上帝创造到自然发生论,再到达尔文的进化论的漫长过程。在这个过程中,有预成论和渐成论的争论,还有卵源论和精成论的争论,但最终还是进化论回答了这个问题。

达尔文在收集了大量的资料和旅行日记后,于1842和1844年发表了两篇生物进化方面的论文。华莱士受达尔文1844年论文的影响,在马来群岛上收集材料,开始研究,于1855年发表"制约新种出现的规律"的论文。该论文虽然早于达尔文的进化论,但未引起人们的重视。科学史的巧合,达尔文和华莱士都受马尔萨斯的《人口论》和赖尔的《地质学原理》的影响,提出了生物为了生存而斗争,但同时要接受自然选择,这就是物竞天择、适者生存的进化理论的机制,解决了物种起源问题。达尔文于1859年出版《物种起源》著作,此后,多次修改再版。

进化论的影响是广泛的,它扩展到非生物学领域,许多社会运动和哲学派别,甚至是在人们的日常生活和工作中,把进化论当作科学证据而引用。

3. 生理学

采用定量实验方法,探索人体的结构与功能之间关系的科学就是生理学(physiology)。为了研究身体中的变化,桑塔雷欧在吃饭前后,耐心地坐在天平里,测量身体的变化,虽然探索科学真理的精神可嘉,但无助问题的解决。受机械论的影响,哈勒出版了《生理学基础》,应用力学原理,把解剖和生理联系起来,解释了肌肉的收缩运动。受到化学革命的影响,活力论者把臆测和实验相结合,通过化学变化和反应解释生命,特别是在消化和呼吸研究上取得了重大进展。赫尔蒙特把消化、吸收、营养、运动等生命现象解释为化学过程,酶是该过程的基础。在燃素理论、空气化学的研究中,拉瓦锡找到呼吸和燃烧之间的关系,发现并证明了氧气是呼吸的气体。

19世纪的科学家抛弃了描述生命现象的功效、官能、活力和灵气等含糊不清的概念,探索生命的化学解释。科学家从生物体中分离出乳糖、淀粉、叶绿素、甘油、乳酸、尿素、草酸、丙酮酸等化合物。维勒从无机物合成了有机物尿素,更是暗示出生物体内的化学过程。贝尔纳出版了《实验医学研究导论》,证明了生物体内的器官结构与其功能之间的关系,如肝脏的糖原合成功能、胰腺在消化中的作用等,提出内分泌、内环境稳定性和描述维持体内平衡的自我调节过程,生理学发展成熟。

4. 微生物学

显微镜(分辨率0.25 μm)可用于观察微观世界,导致了微生物学(microbiology)的诞生。研究对象首先想到的是发酵是如何发生的。法国科学家巴斯德在发酵液中观察到各种各样的微生物,提出发酵是微生物所引起的,微生物的状态与发酵产品有关,如酒精、乳酸、酒石酸等。然而在当时自然发生论占据统治地位,代表性人物普谢于1858年发表了《自然发生论》,详细描述了自然发生的原理和实验。如果要证明发酵是微生物引起的,就必须推翻自然发生论,这就对学术权威提出了挑战。巴斯德用曲颈烧瓶实验,证明了微生物不会从消毒的培养基中从无到有地重复自然产生。同样,最易腐败的液体(如牛奶、血液、尿液等)经适当处理,能延长保存时间而不变质。他还证明空气中有大量微生物,打败了自然发生论,开启了微生物学研究大门,于1862年创立巴斯德灭菌法(Pasteurization)。1865—1870年,蚕病导致法国丝绸业陷入困境,巴斯德通过研究发现两种病源生物,解决了问题。随后,巴斯德研究高等动物疾病,包括牛羊的炭疽、鸡霍乱。他发现培养物保存一段时间,毒力下降减弱甚至消失;首次使用低毒力培养物接种使鸡获得了免疫性,研制出防止鸡霍乱的方法;用同样技术,42~43 ℃鸡汤中驯化炭疽杆菌,获得无毒菌株,即炭疽疫苗;1885年研制出狂犬病疫苗,首次在人体实验,成功救治了被狂犬所咬儿童,轰动了整个欧洲。1888年成立了巴斯德研究所,目前也是疫苗研发和生产的主要机构。巴斯德的工作印证了疾病的菌源说。在这个时期,发现一种新病原菌是令人非常兴奋的事情,就像20世纪发现一个新基因一样。

德国内科医生科赫提出了细菌学原理和技术,建立了简单、巧妙和精细的实验技术,用琼脂固化培养基,获得纯培养物;提出了鉴定微生物引起某一种特定疾病的准则——科赫准则,证明因果关系,分离并纯培养病原物,接种健康动物,诱导出对应疾病;详细研究了炭疽杆菌、结核杆菌的生活周期、症状、作用机理等,虽然对结核病作出了重要贡献,但自己研制的治疗制剂(结核菌毒素)产生了悲剧的后果,发生严重的毒素反应引起病人死亡 。

在病毒发现之前,人们已经研制了基于免疫机制的治疗和预防病毒病的疫苗。1798年英国医师琴纳使用种痘方法预防天花。由于病毒是小颗粒,能通过过滤器,在19世纪末,一直被称为可过滤性颗粒。烟草花叶病、口蹄疫、天花、牛痘、牛瘟等病毒不能在人工培养基上培养,因此完全不同于细菌,有些细菌还能被这种颗粒破坏。1935年斯坦利首次从烟草花叶病中分离出结晶蛋白(其实是病毒颗粒),认为病毒是一种自催化蛋白,只能在活细胞中生存繁殖。直到1938年电子显微镜(分辨率0.1 nm)研制成功后,于1939年首次观察到烟草花叶病毒。

1.2.4 20世纪的生命科学

如果说19世纪对生命科学本质的研究停留在描述和猜测的阶段,20世纪则开始转入以实验为主线的分析阶段。20世纪的生命科学是以生物化学和分子生物学发展和分化为特征的,生物化学和分子生物学都是在化学和分子层次上探索生命过程的科学,二者有交叉但侧重点又不同。在20世纪前半叶主要是生物化学,特别是蛋白质和酶学,后半叶则主要是分子生物学,特别是核酸的结构和功能,而人类基因组计划把分子生物学推向高峰。

1. 生物化学

生命科学经过了形态解剖学后,化学家认为只有解剖不能解决结构与功能的关系,必须研究生物体内部的变化,包括化学反应、催化机理及其控制,底物、产物、酶及其辅因子的识别等。生物化学(biochemistry)是研究生物的化学组成及其化学反应和变化过程的一门科学。生物化学是在化学发展起来后,从19世纪的普通生理学中独立出来,由生理化学进一步演化,在20世纪初期才成为一门独立的学科。生物化学的发展,首先起源于法国,而后传于德国,再传到美国和英国及其他各国。

德国霍佩-赛勒于1877年首次提出生理化学,随后提出蛋白质术语。色谱、离心机、放射性示踪、呼吸计、X射线衍射等技术和设备的出现,促进了生物化学的发展,主要是蛋白质、酶、维生素、激素、物质代谢及其生物氧化等方面的研究。以下以蛋白质为主,介绍生物化学的发展。

蛋白质引起生物化学家的专注，来源于酵素与呼吸的关系。19世纪人们关注蛋白质，因为在生物体中含量比较丰富，当时认为蛋白质是生命的物质基础。早期对蛋白质的认识有两种观点：一种认为蛋白质由较小组分聚集成的比例不确定的大分子胶体，无确定组成，很难研究其结构，应主要研究溶液中蛋白质的物理和化学性质；另一种认为蛋白质与其他分子一样，由一定比例的原子组成。德国化学家费舍尔在1894年首先提出酶的专一性及酶作用的“锁－钥”学说，解释酶的作用机制。他使生物化学成为独立学科，被誉之为生物化学之父。他认为蛋白质是结构确定、组成精确和几何排列，应用结构化学方法进行了正反两方面的创造性工作：①将天然蛋白质分解成单个氨基酸，分离并进行定量分析蛋白质的组成；②将氨基酸重新连接起来，形成蛋白质，人工合成了18个氨基酸组成的多肽。由此提出了肽键理论，即蛋白质是由氨基酸通过肽键缩合而成的。至此，蛋白质是具有特定结构和一定原子组成的分子的观点逐渐被人们接受。

19世纪的酵素被20世纪的酶所取代，20世纪40年代确定了酶的本质就是蛋白质。此前，大多数科学家认为蛋白质是遗传物质。科学家先后得到结晶脲酶、胃蛋白酶。在1955年，英国化学家桑格测定分析了牛胰岛素分子的全部氨基酸序列，即一级结构，第一次证明了蛋白质是由氨基酸通过肽键连在一起的聚合物。英国物理学家佩鲁茨和肯德鲁对血红蛋白和肌红蛋白结构X射线衍射分析表明，可以通过三维结构认识分子的功能。1932年多肽合成方法完善，各种氨基酸均可掺入产物中。中国科学家在1965年人工合成了牛胰岛素。鲍林提出了蛋白质的α螺旋结构模型，确认氢键和分子间的相互作用力，提出红细胞贫血症的分子病。蛋白质的一、二、三甚至四级的高级结构和功能，酶促反应机理，细胞物质代谢模式、中间代谢途径、能量代谢及其控制等成为生物化学研究的中心，并逐渐被阐明。

2. 分子生物学

莱文从1900年研究核酸化学，提出了不同来源核酸的4种碱基的莫尔数相等，即4碱基理论。查伽夫对多种来源的核酸进行分离分析，证明了4种碱基数量不等，但是A与T、G与C之间的比值大约为1。20世纪30年代，确定了DNA的化学组成，核酸像蛋白质一样，是复杂聚合体，由4种含氮碱基组成。20世纪40年代人们设想核酸在生命中的关键作用，到50年代才了解了核酸的结构。比德尔和塔特姆采用链孢霉为研究对象，获得大量突变株，检测分析代谢变化，找到了代谢障碍与遗传突变之间的关系，提出了“一个基因对应一个酶”的假说。尼尔于1949年证明了人类遗传病——镰刀型贫血病的遗传方式，鲍林证明该病为分子病，由1个氨基酸所致。由此，证明了基因以某种方式决定多肽中氨基酸的排列顺序，蛋白质是由核酸决定的。

1944年埃非里、麦克劳德和迈卡蒂推断肺炎双球菌由粗糙型转成为光滑型的转化因子是DNA，因此推测DNA可能是转化因子的基本单位，但仍然不能确信。1952年美国生物学家赫尔希和蔡斯利以噬菌体为研究对象，采用放射性示踪方法，确定了DNA是遗传的物质基础，提出了DNA的催化和自催化。他用放射性硫标记蛋白质，放射性磷标记DNA，进行噬菌体感染细菌的实验，发现只有噬菌体的DNA进入到细菌体内去并在其中繁殖，而蛋白质则留在细胞之外，证明了只有DNA而不是蛋白质参与了噬菌体的侵染和复制过程，也就是噬菌体的DNA是噬菌体遗传信息的传递和表达者。

阿斯特伯里认为只有搞清生物大分子的三维结构，才能阐明生命活动的本质，因此他提出了分子生物学术语，分子生物学主要涉及分子的形态（即结构）和功能之间的关系。美国科学家沃森和英国科学家克里克用 X 射线衍射技术研究核酸的空间结构，于 1953 年 4 月在《Nature》杂志发表了他们所建立的 DNA 双螺旋的精确模型。该模型说明了 DNA 的遗传、生化和结构特点，提出了 DNA 储存遗传信息的机制。自催化（DNA 分子复制）可以通过模板链的碱基互补配对实现。这时，生化遗传学的基因对应蛋白质或酶，可以理解为 DNA 的碱基序列决定了蛋白质的氨基酸序列。此后生物大分子结构和信息的研究紧密地结合起来，使生物学真正进入分子生物学时代，DNA 的研究始终占据着分子生物学的中心地位。

科学家用同位素标记和超速离心分离实验提出并证明了 DNA 的半保留复制模型，发现了 DNA 半不连续的复制方式；证实了 DNA 复制开始需要 RNA 引物，对 DNA 聚合酶特性进行研究，逐渐完善了 DNA 的复制机理。

在研究 DNA 复制和遗传信息传给子代的同时，提出了 RNA 在遗传信息传到蛋白质过程中起着中介作用的假说；发现了依赖于 DNA 的 RNA 聚合酶，用核酸杂交技术证明 mRNA 与 DNA 序列互补，逐步阐明了 RNA 转录合成的机理。随后分离出 tRNA，测定了酵母丙氨酸 tRNA 的一级结构，观察到在蛋白质合成过程中 mRNA 与核糖体的结合。经过众多科学家的共同努力，破译了 RNA 编码蛋白质的遗传密码三联体，认识了蛋白质翻译合成的基本过程。从病毒颗粒中发现以 RNA 为模板合成 DNA 的反转录酶，补充和完善了遗传信息传递的中心法则。到 20 世纪 70 年代，阐明了由 DNA 到 DNA 的复制、由 DNA 到 RNA 的转录、由 mRNA 到蛋白质的翻译过程与机理，建立了完整的遗传信息传递中心法则。

20 世纪 80 年代以后，进入基因解析阶段，大量基因被克隆，通过表达与调控研究其结构和功能。20 世纪 90 年代，分子生物学已经从研究单个基因发展到研究生物整个基因组的结构与功能。1990 年美国能源部实施为期 15 年的人类基因组计划（human genome project），把分子生物学推向新的科学高峰，这是生命科学领域有史以来全球性最庞大的研究计划。

在分子水平上研究生命过程和现象，使分子生物学很快就渗入生物学的各个领域，改变了整个生物学的面貌，出现了一系列新的分支学科，如分子遗传学、分子细胞学、分子分类学、分子神经解剖学、分子药理学、分子病理学、分子流行病学等等，影响到生命科学的所有领域。

1.3 生物技术的发展

生物技术（biotechnology）最早由匈牙利农业经济学家 Erecky K 于 1919 年提出，定义为：生物技术是以生物体为原料，不管采用何种生产方法，进行产品生产的技术。1970 年以后，产生了 DNA 重组技术及其重组产品，人们又提出生物技术。国际经济合作与发展组织于 1980 年给出生物技术的定义：生物技术是应用自然科学与工程学原理，依靠生物性成分（biological agents）的作用将原料进行加工，以提供产品或用以服务社会的技术。该观点为大多数人所接受。由此可见，生物技术既是古老的技术，也是新型技术，日益影响人们的生活。自然科学包括生命科学、物理、化学、数学等，工程学包括化工、机械、电子、电气、自动化、制造工程等，交叉产生学科 Bio-X。生物性成分包括活、死的生物、细胞、组织及从其中提取的生物性活性物质，如酶。原料可以是无机物，也可以是有机物，被生物所利用。产品包括农产品、食品、药品、化工产品、能源产品、材料等。

生物技术最早可追溯到公元前5000年至公元前10000年,始于人们驯化动植物,采集加工中草药,制造面包和啤酒,创造出很多发酵食品,如奶酪、各种豆制品、腌制品、酒、醋、酱油等,集中在食品和药品的生产。根据技术发展史,可把生物技术分为传统生物技术和现代生物技术,一般定界是20世纪50年代之前的生物技术为传统生物技术,之后为现代生物技术。生物技术特征是技术上具有独占性和垄断性,应用上具有普适性和通用性。根据现代生物技术的应用领域,可分为医药生物技术、农业生物技术、工业生物技术、环境生物技术。医药生物技术已经成熟,农业生物技术也取得很大成绩。目前正在迅速兴起工业生物技术,其核心部分就是生物炼制,用生物质来生产能源和各种化工产品与生物材料,包括能源、食品、材料等。

1.3.1 农业经济时代的生物技术

18世纪以前,人类社会处于农业经济时代,经济结构主要为牧业和种植业。野生动植物的驯化培育是当时的主要生物技术,逐渐形成农业时代的文明与成就。当人们逐渐认识并掌握了野生植物的生长规律,就将野生植物有目的地进行人工种植驯化,从采集业发展到原始种植业,从而产生了农业。从狩猎业发展到原始畜牧业,把野生的狗、猪、羊、牛、马、鸡等喂养起来,逐步驯养成了家畜,从而产生了畜牧业。从此,人类摆脱了采集和打猎,开始自主生产,获取食物。草本制备药物是当时的医药生物技术,在预防和治疗疾病中起到了极大的作用。公元前4000年,在中东建立奶牛场,埃及使用酵母制造面包和酒。公元前2000年埃及和中国建立了发酵技术,酿造和制造干酪。虽然人们未认识到微生物,却能通过发酵技术制备食品,如酱油、醋、面包、奶酪等。采用发酵技术制备饮料,如白酒和啤酒等。此时的发酵技术是相对粗放的、固体表面培养技术。早在公元前6世纪夏禹时代,中国就已用酒曲治胃病。战国时期的华佗就发明了麻醉技术,用于外科手术中。在农业经济主宰了约一万年之后,对于人类生存和发展,始终依赖于医药、农业等,取得了很多成果,但遗迹很少。

1.3.2 工业经济时代的生物技术

以18世纪的工业革命和蒸汽机为标志,人类社会进入工业经济时代。在1881—1930年期间的生物技术主要是农业生物技术、医药生物技术和微生物发酵技术。农业生物技术继续发展,在品种培育上出现了传统育种技术,包括自然突变的选择技术、自交纯化技术、物理射线和化学试剂的诱变技术以及杂交育种技术。医药产品主要有天然药物(含中药)和疫苗,用于治疗天花、狂犬、伤寒、霍乱、流感、肺炎、破伤风、白喉等疾病。微生物发酵技术生产有机溶剂和有机酸等化学品,以厌氧发酵为主的废水处理。生产的有机酸主要产品包括丙酮-丁醇-甘油、乳酸、柠檬酸、乙酸、丙酮酸、草酸、甘油,酶制剂包括淀粉酶、糖化酶、脂肪酶、蛋白酶等。同时,建立食品和饲料的酵母生产线。发现青霉素后,诞生了以抗生素为代表的次级代谢产物的工业发酵,发酵生产抗生素成为医药行业的独立门类。随后,氨基酸、维生素、核苷酸等能通过微生物发酵大规模生产。在菌株选育、培养和深层发酵、提取技术和设备的研究取得了突破性进展,使连续发酵规模达到百吨级以上。

1.3.3 信息经济时代的现代生物技术

20世纪的后半叶开始了信息经济时代,特征是以信息技术为先导的技术集合及其应用。1953年DNA双螺旋结构模型的发现标志着现代生物技术的开端,主要形成了以细胞技术与基因技术为主体的现代生物技术(表1.1)。

表1.1 现代生物技术发展的主要事件

年代	技术	贡献者
1953	DNA双螺旋模型	Watson 和 Crick
1970	第一个限制性内切酶	Watson 和 Crick
1971	第一家生物技术制药公司成立	Cetus 公司
1972	体外重组 DNA	Jackson 和 Berg
1973	重组质粒在大肠杆菌中表达	Boyer 和 Cohen
1975	细胞融合,杂交瘤,单克隆抗体技术	Kohler 和 Milstein
1976	第一家基因工程技术制药公司成立	Genentech 公司
1977	DNA 测序技术	Sanger 等
1978	大肠杆菌中表达出胰岛素	Genentech 公司
1980	转基因小鼠	Gordon 等
1981	第一台商业化的 DNA 自动测序仪	ABI 公司
1982	基因工程人胰岛素在美国上市	Eli Lilly 公司
1982	转基因超级小鼠	Palmiter 等
1983	基因扩增的 PCR 技术	Kary Mullis
1985	植物转基因技术	Horsch 等
1986	基因工程重组乙肝疫苗上市	Merck 公司
1987	转基因鼠乳腺表达药物 tPA	Gordon 等
1990	人类基因组计划开始	美国
	第一头转基因奶牛	GenPharm International 公司
1993	生物技术产业组织建立	美国
1994	转基因耐贮番茄品种田间释放	美国 Calgene 公司
1995	基因电路模拟与设计	Keller AD
1996	第一台毛细管测序仪	ABI 公司
1997	克隆动物绵羊多利,转凝血因子 IX 基因绵羊波利	苏格兰 Roslin 研究所 Wilmut 等
1998	第一个反义基因药物上市	美国
1999	中国加入人类基因组计划	中国
2000	绘制出人类基因组“工作框架图”	中、美、英、日、法、德等6国
2003	绘制出人类基因组“序列图”	中、美、英、日、法、德等6国
	第一个基因药物上市	中国
2005	超高通量测序仪	454 公司
2006	酵母生产抗疟疾药物前体青蒿酸	Keasling 等
2007	皮肤细胞脱分化成胚胎干细胞	Yamanakas 等
2007	基因组物种间转移	Craig J. Ventor 研究所
2008	全合成支原体基因组	Craig J. Ventor 研究所

1. 动植物细胞培养

动植物细胞培养是在离体条件下的人工培养基上培养动植物细胞,使之生长繁殖并发育。细胞培养是建立在细胞学说基础之上,细胞具有全能性,即含物种所有遗传物质的细胞具有发育成为个体的潜在能力。

19世纪科学家探索动植物细胞培养技术,先后成功培养多种细胞和组织。1907年Harrison在无菌条件下离体成功地培养蛙胚神经组织,并使之生长,这是现代动物细胞培养的开端。1923年Carrel发明了卡士瓶培养法,1951年Earle等开发了培养基,动物细胞培养技术开始形成,以后大规模细胞培养技术发展起来。目前原代细胞广泛用于科学研究,而胚细胞和肾细胞、二倍体细胞和异倍体细胞则用于药物生产,包括人畜病毒疫苗、单克隆抗体、重组基因工程产品等。到目前,FDA 批准了约 60 种动物细胞表达系统生产的生物技术药物。

植物细胞培养的创始人德国 Haberlandt 对多种植物组织进行成功培养,到 20 世纪 30 年代,利用组织培养可以使细胞分化成完整的植株。Routier 和 Nickell 首先申请用植物细胞培养生产有机产物的专利。70 年代以后,越来越多的植物被用来细胞培养,快速繁育、离体保存和生产次生代谢产物。

2. 原生质体融合

1975 年 Kohler 和 Milstein 把来自脾脏能产生抗体的 B 淋巴细胞和骨髓瘤细胞进行原生质体融合,得到了通过离体培养就能产生单一抗体的杂交细胞,即杂交瘤细胞。这是首次把杂交瘤技术应用于单克隆抗体(monoclonal antibody)的制备。同年,科学家将马铃薯和番茄的原生质体进行融合,再生细胞壁,经过细胞培养再生出番茄薯植株。可见,原生质体融合可用于创造新物种和植物及微生物品种的培育。特别是近几年,以原生质体融合为基础微生物基因组改良在酶类、抗生素及其他化合物的生产中已经体现出比传统育种更快的优势。

3. 基因工程

分子生物学理论和技术发展的积累使得基因工程技术的出现成为必然。DNA 聚合酶、RNA 聚合酶、限制性核酸内切酶、连接酶,质粒等一系列重大发现,终于导致 20 世纪 70 年代初重组 DNA 技术的问世。基因技术包括基因克隆与重组技术、基因测序与合成技术。基因克隆技术以 1985 年 Cetus 公司 Mullis 等发明 PCR 技术为突破性的标志,实现了体外试管中的基因扩增。基因的测序与合成从手工发展到全自动化,保证了基因结构的唯一性和正确性。因此,基因克隆、重组与测序是实现基因工程三位一体的技术。

基因工程是在体外通过重组 DNA 技术,对生物的遗传物质基因进行剪切、拼接、重新组合,与适宜的载体连接,构成完整的基因表达系统,然后导入宿主生物细胞内,与原有遗传物质整合或以质粒形式单独在细胞中繁殖,并表达活性蛋白质、多肽或核酸等。通过基因工程改造微生物细胞的代谢过程,还可提高抗生素、维生素、氨基酸、核酸、辅酶、甾体激素等药物的生产能力。到 2004 年 2 月,美国 FDA 批准的重组蛋白、核酸和疫苗类生物技术药物共 79 种。

基因工程技术使人类可以摆脱遗传物质的物种限制,使基因能在不同物种间转移,实现新性状和新生物体。外源基因在细菌、酵母、霉菌和哺乳动物细胞、昆虫细胞中成功表达,成为当今农业和医药业发展的重要方向,转基因技术已经成为动植物和微生物育种的新方法,将在集成抗病、抗逆、抗虫、优质等方面发挥重要作用。目前转基因抗虫棉、抗虫玉米、抗除草剂大豆和油菜等主要作物的种植面积逐年扩大。转基因微生物(重组微生物)不仅可以生产药物,还可用于环境修复与治理、石油化工等领域。

转基因动植物和基因敲除动植物的成功是基因工程技术发展的结果。重组微生物、转基因动植物可作为强大生物反应器,生产目标化合物、药物和食品。生物反应器系统比工业设施如发酵罐和反应器更经济,生产工艺相对简单,已经建立了大规模收获和加工技术。植物几乎不含有潜在的人类病原体,是一个安全的表达系统。对于某些药用成分含量低的中草药植物,可用转基因技术提高植物体内有效药用成分的含量。

1.3.4 生物经济时代

1. 生物经济

2000 年戴维斯(Stan Davis)和迈耶(Christopher Meyer)提出了生物经济(bio-economy)的概念,上海《经济展望》杂志也几乎同时提出了"生物经济"这一新的名词。邓心安等认为生物经济是一个与农业经济、工业经济、信息经济相对应的经济形态,是以生命科学与生物技术研究开发与应用为基础的、建立在生物技术产品和产业之上的经济。生物经济是以生命科学与生物技术研究开发与应用为基础的、建立在生物技术产品和产业之上的经济,是一个与农业经济、工业经济、信息经济相对应的新的经济形态。生物经济与现代生物技术和生命科学研究开发密切相关,并与目前的信息经济和知识经济发展有着紧密的联系。王宏广(2003)在《科技日报》发表纪念中国生物技术发展中心成立 20 周年文章《试论"生物经济"》,认为生物经济是建立在生物资源、生物技术基础之上,以生物技术产品的生产、分配、使用为基础的经济。2002 年美国学者奥利佛(Richard W Oliver)出版《The Coming Biotech Age, The Business of Bio-materials》一书,预言,生物技术的崛起可能在未来几年内取代网络经济,进入生物质时代。欧盟称为生物基经济(the bio-based economy),包括生物燃料和生物材料。

21 世纪生物技术催生一大批成功的生物技术公司,进而形成生物产业经济。自 1971 年第一家生物技术公司 Cetus 在美国成立至今,现代生物技术产业已经历了 30 多年。生命科学与生物技术成为本世纪新科技革命的重要推动力,将会对世界经济格局和国力竞争产生重要影响,它对解决人类面临的人口、食物、能源、生态、环境、健康等问题,更新人类的生产、生活与思维方式以及思想观念的作用,将是历史上任何一次科技革命和产业革命都不能比拟的。据预测,生物技术产业的市场容量大约是信息产业市场的 10 倍。近 10 年来,全球生物技术产业产值增长迅速。信息经济从 20 世纪 40 年代开始,预计到本世纪 20 ~ 30 年代结束。本世纪 20 年代后,将进入生物经济时代。

许多国家都把生物技术产业作为 21 世纪优先发展的战略性产业,作为提高本国竞争力的重要手段,纷纷制订发展计划,加大对生物医药产业的政策扶持与资金投入。美国将生物医药产业作为新的经济增长点,实施"生物技术产业激励政策",持续增加对生物技术研发和产业化的投入。日本制定的"生物产业立国"战略,欧盟科技发展第六个框架将 45% 的研究开发经费用于生物技术及相关领域,英国政府早在 1981 年就设立了"生物技术协调指导委员会",采取措施促进工业界、大学和科研机构加大对生物技术开发研究的投资。新加坡制定了"五年跻身生物技术顶尖行列"规划,印度成立了生物技术部。由中国科技部、国家发展改革委等 8 部门及联合国粮农组织、世界卫生组织等 6 个国际组织共同主办,2005 年 9 月 13 日至 16 日在北京召开首届"国际生物经济高层论坛",讨论正在迅速崛起的生物产业,形成了生物经济的共识。

2. 中国生物技术的前景

生物科技与产业已成为世界经济与国家安全竞争的焦点,抢占生物技术及其引领的生物经济的制高点已成为各国的国家战略。中国成立"国家生物技术研究开发与促进产业化领导小组",加强对全国生物技术工作的宏观领导。研究制定《中华人民共和国生物安全法》,成立"中国生物技术行业协会",已出台或正在研究制定一系列重大举措。生物技术是"863"的主题之一,设立生物技术产业园区等措施,为生物技术及产业发展创造良好氛围。2006 年出台的《国家中长期科学和技术发展规划纲要(2006—2020年)》对未来15年科学与技术发展提出了指导方针、总体目标并进行部署,安排16个重大专项,8个技术领域,27项前沿技术,18个基础科学问题,4个重大科学研究计划。战略重点是能源、水资源和环境保护技术、信息技术更新换代和新材料技术,把生物技术作为未来高技术产业迎头赶上的重点。以下是与生命科学和生物技术相关的内容。

1)重点领域及其优先主题

在能源领域,优先主题是:可再生能源低成本规模化开发利用技术。在水和矿产资源领域,开发海洋生物资源保护和高效利用技术。

在环境领域,优先主题是:综合治污与废弃物循环利用,开发重污染行业清洁生产集成技术;生态脆弱区域生态系统功能的恢复重建,海洋生态与环境保护,综合治理区域环境;全球环境变化监测与对策,包括生物固碳技术、生物多样性保护等。

在农业领域,优先主题是:种质资源发掘、保存和创新与新品种定向培育,畜禽水产健康养殖与疫病防控,农产品精深加工与现代储运,农林生物质综合开发利用,农林生态安全与现代林业,环保型肥料、农药创制和生态农业,现代奶业。

在人口与健康领域,优先主题是:安全避孕节育与出生缺陷防治;心脑血管病、肿瘤等重大非传染疾病防治;城乡社区常见多发病防治;中医药传承与创新发展;先进医疗设备与生物医用材料。

在公共安全领域,优先主题是:国家公共安全应急信息平台,重大生产事故预警与救援,食品安全与出入境检验检疫,突发公共事件防范与快速处置,生物安全保障,重大自然灾害监测与防御。

2)重大专项

重大专项是核心电子器件高端通用芯片及基础软件,极大规模集成电路制造技术及成套工艺,新一代宽带无线移动通信,高档数控机床与基础制造技术,大型油气田及煤层气开发,大型先进压水堆及高温气冷堆核电站,水体污染控制与治理,转基因生物新品种培育,重大新药创制,艾滋病和病毒性肝炎等重大传染病防治,大型飞机,高分辨率对地观测系统,载人航天与探月工程等。

3)前沿技术

前沿技术是指高技术领域中具有前瞻性、先导性和探索性的重大技术,是未来高技术更新换代和新兴产业发展的重要基础,是国家高技术创新能力的综合体现。

生物技术:包括靶标发现技术,动植物品种与药物分子设计技术,基因操作和蛋白质工程技术,基于干细胞的人体组织工程技术,新一代工业生物技术。

信息技术:包括智能感知技术,自组织网络技术,虚拟现实技术。

新材料技术:包括智能材料与结构技术,高温超导技术,高效能源材料技术。

先进制造技术:包括极端制造技术,智能服务机器人,重大产品和重大设施寿命预测技术。

先进能源技术:包括低成本、高效率的可再生能源新技术。

其他前沿技术:包括海洋技术、激光技术和空间技术。

4)生物技术产业化前景

“十一五”中国将加强生物技术在医药、农业、工业、环保、能源、海洋生物等领域的应用。

生物技术在医药领域发展的重点主要包括:基因组、蛋白质组及相关技术,药物筛选与药物设计技术,生物芯片技术,新型诊断技术,生物技术药物规模化生产技术,组织工程与干细胞技术,基因治疗技术,纳米生物技术。

农业生物技术将推动第二次绿色革命。转基因技术对农作用品质改良和产品提高起到推动作用,植物组织培养、动物生物技术推动种植业、养殖业变革,生物肥料、生物农药部分替代化学肥料、化学农药。

工业生物技术将推进"绿色制造业"发展,培育一批能源植物新品种、经济林木新品种,培育具有特殊用途的植物(如纤维植物、油脂植物、芳香植物、食用植物等新品种),为工业、精细化工提供重要的原料和制剂等。能源生物技术将使"绿金"代替"黑金"。燃料酒精逐步进入实用阶段,形成大规模生产能力。生物柴油生产工艺取得重大突破,生产成本大幅度下降,逐步成为新的可替代能源。

环境生物技术将促进"循环经济"的发展。生物技术治理水污染进入全面应用阶段,通过有毒有害污染物降解菌的筛选及新产品的应用,大幅度提高我国污水处理能力。培育一批环保植物新品种,包括环境监测植物、抗污染植物、防风固沙植物、改良环境植物、绿化美化植物等,为改善生态环境提供技术支撑。城市有机垃圾生物处理技术逐步实现产业化,改善城镇环境质量。

海洋生物产业将逐步兴起。加速海洋生物资源的发展,大幅度提高海洋生产能力,海洋药物由技术积累进入产品开发阶段,形成一批海洋药物与保健品,在抗艾滋病、抗肿瘤、卫生保健方面发挥重要作用。从海洋生物中克隆一批重要的功能基因,海洋生物材料、海洋生物酶的研究与应用取得重大突破,并形成新的产业。

1.4 生命科学思想与方法论

1.4.1 哲学与生命科学

1. 生物学思潮

18 世纪自然科学门类的学科重心由力学转向物理学,目前,自然学科结构重心从物理学转向生命科学,生物学思潮兴起,生物学思想将得到革新。对复杂系统(从生命体到宇宙)理论的研究和发展,促使自然科学在方法论上从分析思维转向整体思维。相应地,21 世纪出现了系统生物学和合成生物学。

生物学家的研究除了寻找并建立生命过程的规律外,更重要的是高度概括和总结出生命的概念结构(体系)和原则。生命科学的每门分科的诞生都是伴随着新核心概念的提出、提炼和完善,抛弃错误概念,阐明新概念的定义,这是对生命科学思想的创新。因此,生命科学研究领域最适合新科学启蒙思想的产生。

生命的研究向物理学提出了许多新问题、新概念和新的研究领域,系统论、控制论等也是在研究生命科学问题或受到生命科学的启发而提出的。人类基因组测序计划完成,面对大量的数据,如何破译基因的生物学功能与意义,这无疑是对数学、非线性物理学和计算机科学的巨大挑战。对生命和复杂系统的研究出现的这一趋势,将推动整个自然科学以及生命科学本身的发展。

2. 本质论与种群思想

19 世纪之前,生命科学的研究一直受本质论支配,强调生命的恒定不变和不连续。直到19 世纪开始产生种群思想,认为生物个体之间存在真实的差异,在比较个体的集群(种群)时可以计算平均值及其分布范围,平均值只是抽象概念。因此,研究生物种群时,必须采取完全不同于研究个体的方法和态度。

3. 预成论与机械论

预成论认为自然界及其过程都有特定意向,是按照某种预先确定的程序运行而引起的生理过程或行为。其特点是,程序导向性,且依赖于预知或存在的终点或目标,通过反馈机制来调节程序目的性活动的精确性。程序目的性过程在个体发生、遗传、生理学和行为学中特别重要,如细胞的凋亡就是一个程序性运行的结果。预成论的对立面是机械论,把生命看作是按照自然规律自动运行的一种机械装置。

4. 还原论与整体论

科学研究的方法有两大类,即还原(分析)性方法和系统(综合)性方法。还原性方法以分析—归纳为基础,认为生命是不同部分的不同组合,对组成生命整体的各个部分分别加以研究,就能找到生命的本源。系统性方法以综合—演绎为基础,主要通过对整体性、联系性、程序性、动态性的探索,来认识生命的发生、发展、运动、变化、消亡的本源,这就是整体论。

组成性还原论:认为生物有机体和无机物的物质组成完全相同,生物界的事件和过程与原子、分子层次的物理—化学现象也完全没有矛盾。无机物和生物体间的区别不在于组成物质而在于生物体(生物系统)的组织结构。在过去两百多年中,几乎所有的生物学家都采纳组成性还原论。

解释性还原论:要认识了解整体就必须将其分解为组成部分,而且还要进一步将这些组成部分再分解为下一级的组成部分,一直到等级结构的最低层次。将特定组成部分孤立起来,从生物的复杂体系中分离出来,消除或控制其他影响因素,进行重复试验,直到弄清研究对象的功能为止。这种直接简化处理是达到特殊目标所必需,在生物化学和分子生物学的研究中,把生物现象的研究还原到分子水平,取得了很多引人注目的成果。

极端还原论往往是失败的,因为复杂系统的组成成分之间存在相互作用,如原子化处理方法完全不适用于复杂生命系统。为了研究生命的复杂系统的问题,必须在每个层次上进行,等级结构较低层次只能为较高层次提供有限的资料或信息,并且要研究多个相互关联的系统协调整合发挥作用,这就需要系统性研究方法。

1.4.2 生命科学的方法论

1. 生命科学的研究

生命科学的研究态度就是质疑、好奇并寻求答案,寻找生命现象与过程之间的关系,给予解释和说明,解释性假说必须是可以检验的。新发现就是科学的标志,诺贝尔评奖也是基于对人类有益的新发现。发现是科学进步的一个必要组成部分,生命科学的薄弱环节是缺乏基本事实。因此,生命科学的目的经常是搜集新知识,依赖于新事实的发现显得尤为重要。除此之外,在生物科学史中,引入新概念或修订已有概念也非常重要,往往导致重大进展。

在科学研究中,研究方法是人们为了达到一定目的,认识和改造研究对象所选取的手段、途径或活动方式。所以研究方法是科学研究的有力工具和推动力。在科学家看来,方法掌握着研究的命运,科学总是随着研究方法的进步而进步的。方法具有约束性,告诉人们应该做什么,不应该做什么;先做什么,后做什么;怎样才能事半功倍,取得最大效益。方法论是对方法的理论研究和哲学反思,它关注的不是具体方法如何应用,而是从更抽象层面上来把握方法的性质、发展规律及其价值。

科学的特点是方法论上的严密性,能检验证实或反证其结论,才能建立不相矛盾的学说体系。科学家对其发现和理论必须提供绝对证明,然而在多数情况下,不可能提供非常确凿无疑的绝对证明,因此生命科学研究者在做出结论时必须面对这一点。对于新学说,在现有证据基础上看来可能性最大,或者与更多的事实相一致,就可认为是真实可靠的。由于很多科学结论不可能提出绝对正面证明,哲学家卡尔·波普尔(Karl Popper)建议用反证法来检验其正确性,凡是理论上不能被反证的主张就不是科学。

现代科学的发展表明分析重建法具有明显的局限性,因此,可用系统合成法取代分析重建法,与经验原则法一起构架新型生命科学研究方法论。

2. 归纳法与演绎法

归纳法是用不着提前有任何假设或期望,只要通过记录、测量和描述事物就能做出客观而无偏见的结论。归纳法在 18 世纪和 19 世纪早期流行,主要创导人是培根。李比希是第一位站出来反对培根的归纳法,从而结束了归纳论的统治地位。

19 世纪的优势方法是假说—演绎法。首先是推测,必须对事物进行观察并提出问题,也就是建立一个假说,对问题进行试探性回答。其次是进行实验或积累观察以便检验假说。假说—演绎法具有两大优点:首先,没有绝对真理,所有的结论和学说要不断地被检验;其次,鼓励不断地建立新学说并寻求新的实验和观察来证实或否定新假说。假说—演绎法是发现新事实的现代科学方法,使科学具有更大的伸缩性和进取精神,而没有终极真理。

3. 实验与比较

实验和比较是生命科学的主要方法。亚里斯多德指出,对于生物而言,分析及分类是首选方法。包括生物化学和分子生物学等在内的功能生物学的研究中,实验性方法几乎是唯一能取得结果的方法。而进化、行为及生态生物学仍然主要是描述性科学,主要依赖于细致的观察。在应用比较法之前,必须对比较的项目进行分类。实验法与比较法都要收集资料,而且观察在两种方法中都起关键作用。实验室研究是对自然界现象直接观察的一种有效补充,在人为实验中,选择条件以检验有哪些因素是决定实验结果的。虽然观察与实验相互补充,但实验法对某些科学问题并不适用。通过观察生物界的多样性,导致了林奈等级结构的建立和共同起源学说;观察导致了行为学和生态学的诞生。

4. 模式生物

对复杂的生物系统进行分析研究可以通过选择适宜的物种进行,通过研究模式生物,解决复杂问题是生命科学研究中常采用的策略。在个体水平上,最早采用马、牛、狗以及其他大哺乳动物作实验材料,随后用鸟类和小型啮齿类动物,甚至更简单的遗传系统,1910 年以后果蝇代替啮齿动物;在细胞水平上,1940 年后改用脉孢菌、酵母菌和线虫;在分子水平上,可使用细菌(如大肠杆菌)及各种病毒,单个蛋白质或基因,甚至单个基因组。

1.4.3 人类文明与生命伦理

科学对人及其思想的影响是很大的,哥白尼、达尔文、弗洛伊德深刻地改变了人们的思想,促进了人类的物质文明和精神文明。在生命科学和生物技术高度发展的今天,人类同样面临生命伦理与人类文明的辨思。生命伦理(bioethics,life ethics)是以生命过程控制和生命质量控制中的各种伦理问题为研究对象,是伦理学与生物学、医学、社会学、人类学、政治、法律、哲学、经济等领域的互相关系中产生的问题。面对生命科学与生物技术突飞猛进造成的种种情况,应该有适宜的、指导人类行动的法则,使得人类更有利于生存。生命科学的研究主题是普通人所直接关心的问题,诸如衣(转基因棉花)、食(转基因食品等)、医(器官移植、基因治疗等)、住(生态环境)、行(生物燃料等)等。由基因工程,到干细胞工程,再到合成生物学都是人们高度关注的。因此,生命科学对人们思想的影响要大得多。

对于涉及生命科学和生物技术的议题应该接受道德和法规的约束。如,转基因生物研究中的安全性问题,病危患者的安乐死选择问题,个人版基因组测序与隐私问题,人类尊严的胚胎起始时期涉及堕胎问题,人类干细胞的研究和克隆人问题。尽管存在很多争议,但联合国教科文组织于1997年通过了《人类基因和人权世界宣言》,2003年通过了《人类基因数据国际宣言》,2005年通过了《生物伦理世界宣言》。这些宣言为生命伦理问题确立了国际准则和纲领,使国际社会对胚胎、干细胞、器官、组织和细胞的进出口以及跨国生物医学研究的管理有了依据,但各国政府要制定出适用于各自文化和传统的法律文本,才能具有现实性和可行性。

人类文明需要科学技术,生命科学和生物技术的责任不仅要改变传统价值观,更重要的是要帮助社会建立新的价值体系。科学家应该具有社会责任,利益共享,要尊重人权,所从事的科技进步应该促进个人及全人类的福祉。人生下来是一张空白纸,可以书写各式各样的字符。生命科学研究表明任何物种(包括人类)没有两个完全相同的个体,人人具有相同的生物学潜能。只要有适当的环境和教育,就可造就出各种各样的人才。随着生命科学和生物技术的不断深入发展,在合理的生命伦理原则下,将创造出新的人类文明。

思考题

1. 简述"生命科学"术语的由来,它对你认识一门学科的建立和发展有何启发?
2. 简述"生物技术"术语的发展,它对你认识一门技术的形成有何启发?
3. 分析生命的特征,谈谈自己对生命的认识。
4. 试述其中一门生命科学分支学科或生物技术的发展历史,及对其他科学、社会、经济的影响。
5. 生命科学的思想与方法论有何特点,对你从事科技工作有何帮助和借鉴?

参考文献

[1] Magner L N著. 生命科学史. 李难,等,译[M]. 天津:百花文艺出版社,2002.
[2] Mayr E著. 生物学思想发展的历史. 涂长晟,等,译[M]. 成都:四川教育出版社,1990.
[3] Walters M. Innovations in biology[M]. England:ABC-CLIO,1999.
[4] Allen G E著. 20世纪的生命科学史. 田洺,译[M]. 上海:复旦大学出版社,2000.
[5] 邓心安,高璐. 经济时代的发展阶段及其划分标志[J]. 中国科技论坛,2006,2:111-113.

第2章 基因组学

基因组(genome) 是由英文“gene(基因)”和“chromosome(染色体)”组合而来,1920 年 Winkler 首次提出这一名词。人类基因组计划(Human Genome Project,HGP)于 1990 年由美国提出,是多个科技大国共同参与完成的21 世纪最伟大的科学工程。这项人类基因组计划,堪与美国的曼哈顿计划(The Manhattan Project,1942—1945 年)和阿波罗登月计划(The Apollo project,1961—1972 年)媲美。基因组及人类基因组计划,目前几乎已成为21 世纪每个人的日常熟语。本章将着重介绍基因组、人类基因组计划及其最新研究进展。

2.1 概述

2.1.1 基因

基因(gene),早期被称为“遗传因子”,是一个多世纪前由孟德尔(Gregor Johann Mendel,1822—1884 年)提出的。他在修道院的菜园里做了长达 8 年的豌豆杂交实验,并把实验结果整理后,发表了著名的《植物杂交试验》的论文。他在该论文中指出,生物体的每一个性状都是通过遗传因子来控制和传递的,遗传因子是一些独立的遗传单位。孟德尔把可观察的遗传性状和控制它的内在的遗传因子区分开来,提出了基因的雏形名词“遗传因子”。在此基础上,他还提出了遗传学两大定律,即分离定律(law of segregation)和自由组合定律(law of independent assortment),明确地提出了遗传因子的概念,并且强调控制不同性状的遗传因子的独立性,彼此间并不“融合”或“稀释”,这对现代基因概念的形成奠定了重要的理论基础。而“基因”这一词是由丹麦遗传学家约翰逊(W. Johansen, 1859—1927 年)提出来的。他在 1909 年出版的《精密遗传学原理》一书中提出“基因”这一用词,以此来替代孟德尔假定的“遗传因子”。从此,“基因”一词一直伴随着遗传学发展至今。

那么,基因具有什么样的内涵呢? 它确切的定义是什么,本质是什么呢? 我们都知道基因是控制生物体形状的遗传因子。根据现代生物学理论,基因的定义是指携带有遗传信息的 DNA 序列。根据基因是否具有转录和翻译功能可以把基因分为三类。第一类是编码蛋白质的基因,它具有转录和翻译功能,包括编码酶蛋白、结构蛋白以及调节蛋白等;第二类是只有转录功能而没有翻译功能的基因,包括 tRNA 基因和 rRNA 基因;第三类是不转录的基因,它对基因表达起调节控制作用,如启动基因和操纵基因等。

DNA 是由瑞士生物学家米舍尔(Johnn Friedrich Miescher)于 1869 年首次发现。他从手术绷带上获得白细胞,并从这些白细胞核中分离到含有磷酸的物质,将它称为“核素”,这即是人们现在所知的 DNA。随后,他通过化学实验证明 DNA 是富含磷元素、呈酸性的、大分子量多聚化合物。1928 年,英国医生格里弗斯(Frederick Griffith)首次发现肺炎链球菌的转化现象,转化的物质即为遗传物质。在此基础上,1944 年美国生物学家 Oswald Avery 等人进一步证明了细菌转化的要素就是DNA。后来的多项实验证明,DNA是生物体的遗传物质。

2.1.2 脱氧核糖核酸

1. DNA的组成

DNA是由4种脱氧核糖核苷酸组成一种长链多聚分子,这4种脱氧核糖核苷酸可以任何次序排列连接成达数百万个核苷酸的长链分子。无论是哪一种脱氧核糖核苷酸分子,它都是由3个组分组成。

(1)2′-脱氧核糖　这是个五碳糖,即由5个碳原子组成的核糖。2′-脱氧核糖是指核糖的2′-碳原子上连接的羟基基团(—OH)由氢原子取代。

(2)含氮碱基　组成DNA的碱基共有4种,即2个嘧啶碱基,分别为胞嘧啶(Cytosine,C)和胸腺嘧啶(Thymine,T);2个嘌呤碱基,即腺嘌呤(Adenine,T)和鸟嘌呤(Guanine,G)。这些碱基与脱氧戊糖连接时,嘧啶环的第1位碳原子和嘌呤环的第9位碳原子分别通过β-N-糖苷键与脱氧戊糖连接。

(3)磷酸基团　磷酸基团与脱氧核糖分子的5′-碳原子相连。由脱氧核糖分子和碱基组成的分子称为脱氧核糖核苷,加上磷酸后成为脱氧核糖核苷酸。脱氧核糖核苷酸根据其含有的磷酸基团的数量可分为3类,即单磷酸脱氧核糖核苷酸(dNMP,其中N代表A、C、G、T任何一种碱基)、二磷酸脱氧核糖核苷酸(dNDP)和三磷酸脱氧核糖核苷酸(dNTP)。

虽然细胞中均含有单磷酸脱氧核糖核苷酸、二磷酸脱氧核糖核苷酸和三磷酸脱氧核糖核苷酸,但只有三磷酸脱氧核糖核苷酸(dNTP)才是合成DNA的底物。有4种三磷酸脱氧核糖核苷酸,其全称为:2′-脱氧腺嘌呤-5′-三磷酸、2′-脱氧胞嘧啶-5′-三磷酸、2′-脱氧鸟嘌呤-5′-三磷酸、2′-脱氧胸腺嘧啶-5′-三磷酸。这4种三磷酸脱氧核糖核苷酸的简称为dATP、dCTP、dGTP、dTTP,当注明为DNA的顺序时,可简写成A、C、G、T。

DNA是由多聚脱氧核糖核苷酸链组成,DNA链的骨架结构是由交替的脱氧戊糖及磷酸组成,一个嘌呤或嘧啶碱基与核糖相连接。DNA的多聚脱氧核糖核苷酸链是通过戊糖环上5′-位点和另一个戊糖环3′-位点间的磷酸基团连接起来。所以,脱氧戊糖-磷酸骨架结构是5′-位到3′-位走向。碱基在骨架结构上平插出来。DNA链的一个末端是一个自由5′-磷酸基团,另一个末端是自由的3′-羟基基团。习惯上通常沿着5′→3′的方向来书写DNA链,即从左边5′-末端到右边的3′-末端,例如5′-AGCTGTCACTTGA-3′,没有特殊说明时候可以省略5′和3′标记,即AGCTGTCACTTGA。

2. DNA的结构

虽然DNA分子是由多个脱氧核糖核苷酸组成的高分子多聚物,但是它在生物体内并不是无规则的线性形状存在,而是形成高级的空间结构。所以,DNA结构可以分为一级结构、二级结构和三级结构等三种类型。

1)DNA的一级结构

DNA的一级结构是指DNA分子中单核苷酸的连接方式和排列顺序。组成DNA的4种脱氧核糖核苷酸可以由任一排列顺序组成不同的DNA分子,这也是生物体遗传多样性的分子基础。虽然,DNA分子当中单核苷酸的排列顺序可成千万种,但是连接方式却是唯一的,即都是通过磷酸二酯键相互连接形成,这一现象正好吻合了自然辩证法的理论。DNA的一级结构看似非常简单的排列组合(图2.1),但它就这样组成了成千上万种基因,这些基因编码着不同的遗传信息，指导和控制着生物体的生化、形态、生理和行为等多种形状的表达和变化，某一位点的单个核苷酸或单个核苷酸上某一基团的改变都有可能产生截然不同的生物学效应。

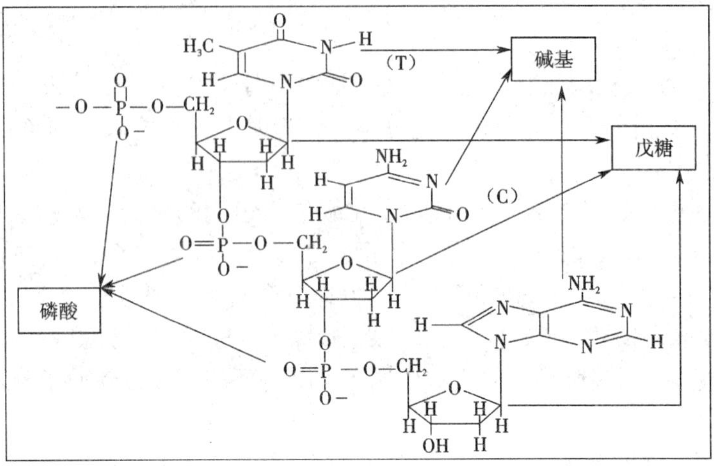

图 2.1　DNA 的一级结构

2) DNA 的二级结构

DNA 的二级结构是由 Watson 和 Crick 提出的 DNA 的双螺旋结构（double helix）模型，如图 2.2 所示。这个模型的建立被认为是开创生命科学新纪元的里程碑，Watson 和 Crick 也因此而获得 1962 年的诺贝尔生理学或医学奖。像任何一个科学成就一样，DNA 双螺旋结构模型的建立也不是偶然的实验结果，而是在前人的重要理论基础上完成的，其中最主要的两项理论基础是：

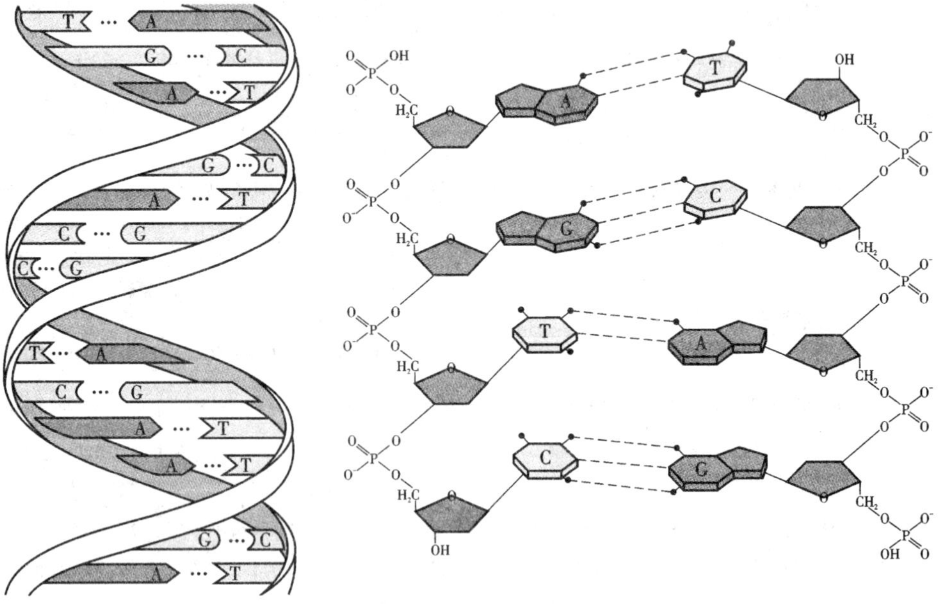

图 2.2　DNA 的二级结构

(1)DNA 的 X 射线衍射数据 为了更好地了解 DNA 的结构，Rosalind Franklin 和 Maurice Wilkins 采用 X 射线分析和研究了 DNA 分子的结构。研究表明，DNA 产生一个特异性的 X 射线衍射图谱。从这一图谱推测，DNA 分子是双螺旋，在其长轴的方向上两个碱基的距离为 0.34 nm。

(2)DNA 碱基组成的 Chargaff 规则 组成 DNA 的碱基主要有 4 种，即胞嘧啶(C)、胸腺嘧啶(T)、腺嘌呤(T)和鸟嘌呤(G)。Chargaff 等科学家于 20 世纪 40 年代应用纸层析和分光光度技术测定各种生物体 DNA 组成时发现，DNA 的碱基组成具有生物物种特异性，不同物种的 DNA 具有其独特的碱基组成，而且同一物种不同组织和器官的 DNA 组成都是一样的，不受生长发育、营养状况及其环境条件的影响。Chargaff 于 1950 年总结出 DNA 碱基组成的规律，称为 Chargaff 规则。根据这一规则：①腺嘌呤碱基和胸腺嘧啶碱基的摩尔数相等，即 A = T；②鸟嘌呤和胞嘧啶的摩尔数也相等，即 C = G；③含氨基的碱基总数等于含酮基的碱基总数，即 A + C = G + T；④嘌呤的总数等于嘧啶的总数，即 A + G = C + T。

在此基础上，Watson 和 Crick 于 1953 年提出了举世闻名的 DNA 双螺旋结构模型，其主要内容有：

①两条反向平行的多核苷酸链围绕同一中心轴相互缠绕形成右旋的双螺旋结构。

②嘌呤和嘧啶碱基位于双螺旋的内侧，垂直于中心轴；磷酸和核糖在双螺旋外侧，平行于中心轴，彼此通过 3′,5′-磷酸二酯键相连接，形成 DNA 分子的骨架，多核苷酸链的方向取决于核苷酸之间的磷酸二酯键的走向。两条链配对偏向一侧，形成一条大沟(宽螺槽，1.2 nm)和一条小沟(窄螺槽，0.85 nm)。

③两条核苷酸链依靠彼此碱基之间形成的氢键相互联系而结合在一起。每个碱基都与另一条链上的一个碱基配对，配对原则是 A = T，形成两个氢键，G = C，形成三个氢键，所以 GC 之间的连接较为牢固。这些氢键是维持 DNA 双螺旋结构的主要作用键。

④螺旋参数：每个螺旋由 10 对碱基组成，两个相邻核苷酸之间的距离为 0.34 nm，夹角为 36°，螺距为 3.4 nm；双螺旋直径为 2.0 nm，如图 2.2 所示。

3)DNA 的三级结构

DNA 在二级结构的基础上还可以产生三级结构。DNA 的三级结构是指 DNA 双螺旋结构通过扭曲和折叠所形成的特定构象，包括不同二级结构单元间的相互作用(例如 DNA 的超螺旋)、单链与二级结构单元间的相互作用和 DNA 的拓扑特性。

3. 遗传学中心法则

生物体的遗传信息都存在 DNA 分子上，DNA 是基因的载体，是遗传信息的载体。那么，DNA 上的遗传信息怎样传递给下一代或怎样在生物体上表现呢？1953 年 Watson 和 Crick 提出 DNA 双螺旋结构模型时，同时提出了 DNA 上的遗传信息通过半保留复制传递给子代细胞，通过转录和翻译传递给蛋白进行表达的学说。这一学说通过不断的发展和完善，形成了如今所公认的遗传学中心法则。遗传学中心法则主要内容如图 2.3 所示。

(1)DNA 的复制 DNA 的复制是指遗传信息从 DNA→DNA，即 DNA 上的遗传信息可以从通过复制传递给下一代的 DNA 分子。复制时细胞核内的 DNA 完全拷贝一份，并将其传递给子代细胞。复制方式是半保留复制，即每一条 DNA 在新链合成中充当模板，形成两个新的 DNA 分子，每一个新合成的 DNA 分子中一条链是新合成的，而另一条是旧链。

(2)DNA 的转录 遗传信息从 DNA→RNA，即 DNA 上的遗传信息可以通过转录传递到

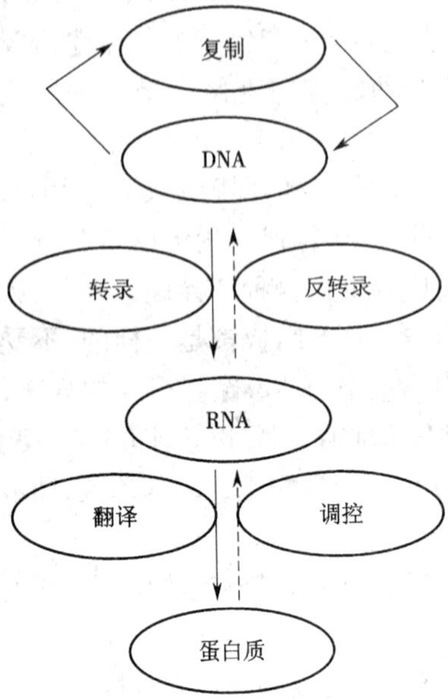

图2.3 遗传学中心法则

RNA 分子。RNA 分子有 3 种,即信使 RNA(mRNA)、转运 RNA(tRNA)和核糖体 RNA(rRNA)。mRNA 是遗传信息的载体,而 tRNA 和 rRNA 在翻译过程中起到协同作用。对于一些 RNA 病毒而言,还有一种特殊的转录方式,即反转录(或叫逆转录)。反转录是指病毒 RNA 以 RNA 为模板,在病毒反转录酶的作用下合成 DNA 的过程。反转录技术目前已经被广泛应用到生物技术领域。

(3)翻译　遗传信息从 RNA→蛋白质,即通过转录传递到 RNA 分子的遗传信息再通过翻译传递到蛋白质分子,在当代表现出来。翻译过程在细胞内的特定场所——核糖体上进行。在 mRNA 的信息指导下合成相应的蛋白质多肽链。蛋白质多肽链经过加工修饰后形成成熟蛋白质,表现其相应的生物学功能。

总之,遗传信息从 DNA 到 RNA,然后从 RNA 到蛋白质的这种传递过程就是经典遗传学中心法则的主要内容。反转录现象,RNA 的催化和调控活性,蛋白质因子对 DNA 复制,转录和翻译的调控作用等都是对经典遗传学中心法则的进一步补充和完善。

2.1.3 基因组

基因组是一种生物体或个体细胞所具有的一套完整的基因以及非基因的 DNA 序列。生物的基因组一般以染色体的形式存在于细胞或细胞核中。

1.原核生物的基因组

原核生物的基因组比较小,如表 2.1 所示。目前为止,已经发现的基因组最小的原核生物为飞瘙体内共生的初级内共生菌(*Candidatus carsonella ruddii*),其基因组仅为 160 kb,含有 182 个蛋白质编码基因和 31 个 RNA 基因。

原核生物基因组多数含有一条染色体,以环状双链 DNA 分子的形式位于染色较浅的类核中。原核生物基因组还有一个特点是质粒。质粒是原核生物主染色体以外的一小段能够自我复制的环状双链 DNA 分子。一些质粒可以整合到基因组中,但另一些质粒则永远独立存在。质粒所含有的基因通常在主染色体中不存在。多数情况下质粒是原核生物非必需的成分,丢失质粒的原核生物可以存活。但是,质粒的存在给予宿主一些特殊的特性。例如,很多抗生素抗性基因都存在于质粒上,含有这种质粒的原核生物就会产生相应的抗生素抗性。原核生物体中质粒的存在很普遍,有时可以含有不同拷贝数的多种质粒。

原核生物基因组中基因的分布很紧密,很少有非编码 DNA。例如,大肠杆菌基因组中非编码 DNA 只占 11%。所以,原核生物基因组 DNA 绝大部分都是用来编码蛋白质或转录产生 RNA。

操纵子是原核生物基因组的另一个特点。操纵子是一组在基因组中彼此相邻的基因,基因和基因之间相隔很少,甚至可以重叠。一个操纵子中通常含有 2~3 个基因,也有更多的,这些基因编码一组蛋白质,参与一个生化过程,例如糖类的利用和氨基酸的合成。操纵子中所有的基因都作为一个单元表达。目前，了解最清楚的操纵子是乳糖操纵子。原核生物基因组中分布有很多不同的操纵子，例如大肠杆菌基因组中含有300个操纵子。

DNA序列中与功能相关的RNA和蛋白质基因往往聚集在基因组的一个或几个特定部位，形成一功能单位或转录单元，即操纵子。

表2.1 原核生物基因组大小

物 种	基因数	基因组大小(Mb)
真细菌		
初级内共生菌(*Candidatus carsonella ruddii*)	213	0.160
德氏乳杆菌(*Lactobacillus delbrueckii*)	1 688	1.865
嗜热链球菌(*Streptococcus thermophilus*)	1 793	1.978
结核分枝杆菌(*Mycobacterium tuberculosis*)	4 237	4.404
大肠杆菌(*Escherichia coli*)	4 384	4.646
苏云金芽孢杆菌(*Bacillus thuringiensis*)	5 343	5.277
农杆菌(*Agrobacterium tumefaciens*)	5 436	5.650
恶臭假单胞菌(*Pseudomonas putida*)	5 446	6.182
天蓝色链霉菌(*Streptomyces coelicolor*)	8 240	9.087
纤维堆囊菌(*Sorangium cellulosum*)	9 703	13.034
古细菌		
骑行纳古菌(*Nanoarchaeum equitans*)	580	0.490
甲烷八叠球古菌(*Methanosarcina mazei str*)	3 436	4.100

2. 真核生物基因组

真核生物基因组通常由两部分组成，即核基因组和细胞器基因组。核基因组都比较大，最小的真核生物核基因组长度不到10 Mb，但最大的可超过1 000 Mb，如表2.2所示。细胞器基因组主要包括线粒体基因组和叶绿体基因组。无论是哪一种基因组，它们都以染色体(chromosome)的形式存在。核基因组由多个染色体组成，细胞器基因组通常由单个染色体组成。1888年，德国科学家奥斯特瓦尔德(Ostwald Friedrich Wilhelm;1853—1932)第一次提出染色体这一名词。染色体是指细胞内由DNA、蛋白质和少量RNA组成的易被碱性染料着色的一种丝状或杆状物。染色体比其含有的DNA分子短得多，因此DNA分子必须以高度紧凑的形式包装进入染色体中。细胞分裂时，首先DNA复制形成两个拷贝，从而染色体以更紧凑的形式存在于细胞核中，经染色后可以通过光学显微镜观察其形状。由于此时每条染色体包含两个拷贝的DNA分子，这两个染色体上的DNA分子在染色体的着丝粒(centromere)处结合在一起。着丝粒是染色体上一个特殊的位置，是染色体的一个显著特征。每个染色体可根据其大小和着丝粒的相对位置来辨别。染色体的末端区域称为端粒(telomere)。端粒也是染色体的一个显著特征，是染色体的末端标志，而且与染色体的存活，甚至与细胞的衰老与死亡密切相关。

表 2.2 真核生物基因组大小

物 种	染色体数	基因组大小(Mb)
真菌		
棉阿舒囊霉(*Ashbya gossypii*)	7	8.74
酿酒酵母(*Saccharomyces cerevisiae*)	16	12.1
原生动物		
单细胞红藻(*Cyanidioschyzon merolae*)	20	16
恶性疟原虫(*Plasmodium falciparum*)	14	23
无脊椎动物		
秀丽隐杆线虫(*Caenorhabditis elegans*)	6	100
黑腹果蝇(*Drosophila melanogastey*)	4	180
脊椎动物		
人类(*Homo sapiens*)	23	3 200
家鼠(*Mus musculus*)	20	3 300
植物		
拟南芥(*Arabidopsis thaliana*)	5	119.2
水稻(*Oryza sativa*)	12	430

真核生物基因组 DNA 中基因的分布很疏散,也很不均一,这一现象正好与原核生物基因组特征相反。例如,秀丽隐杆线虫基因组中基因间的间隔为2 kb,黑腹果蝇基因组中基因间的间隔为1.5 kb。真核生物基因组 DNA 中也没有原核生物操纵子结构,功能相关的基因分割深远或位于不同的染色体上。断裂基因(splicing gene)是真核生物基因组的另一个显著特点。1977 年美国冷泉港实验室的罗伯斯(Richard John Roberts)和麻省理工学院的夏普(Phillip Allen Sharp)发现断裂基因。他们发现能够转录产生成熟 mRNA 的遗传信息间隔存在于 DNA 分子上,这样的基因称为断裂基因。断裂基因中能够被转录形成成熟 mRNA 的部分称为外显子(exon),不被转录形成成熟 mRNA 的部分称为内含子(intron)。真核生物基因组中基因几乎都含有不同数量的内含子,例如黑腹果蝇基因组中平均每个基因含有 5 个内含子,内含子序列占全基因组序列的26%。串联重复 DNA 是真核生物基因组的又一个普遍特征。这种串联重复序列长度不等,从几个碱基对到几万个碱基对均有。这种串联重复序列不编码基因,但可能具有与相应蛋白质结合而起到调控作用。

2.2 人类基因组计划

2.2.1 人类基因组计划的提出和实施

1. 人类基因组计划概述

自从 DNA 双螺旋结构模型的发现以来,人们希望了解生命的全部秘密,了解全部基因。然而就人类基因组总量来说实在太庞大了。如果将人类的全部 DNA 序列打印成每册 300 页,每页 3 000 个字母的书,这套书将达到 10 000 册,简直是一个小图书馆。在当时的科研条件下,按照最先进的测序技术与效率,一名优秀的科学家每年可以测定 100 万碱基对,那么要完成人类基因组测序需要 3 000 年。所以,任何个人,任何一个实验室,要完成这个计划是不可能的。

到了1985年，三位有远见的美国科学家提出了通过国际合作使人类在分子水平上全面认识自我的建议，即人类基因组计划（Human Genome Project，HGP）。经过长达5年的激烈讨论和争辩，1990年美国国会批准并发起了该计划，首先由美国政府资助，计划用15年的时间测出人类基因组全部核苷酸序列，预计花费30亿美元。随后，英国、法国、德国、日本和中国等纷纷加入该研究计划，组成国际联合研究小组，联合国也成立了由12名科学家组成的委员会，以协调全世界人类基因组全部研究计划。这是人类历史上最为浩大的科学工程，这项研究计划的战略地位完全可以与美国的曼哈顿原子弹研究计划和阿波罗登月计划相提并论。

2. 人类基因组计划的目的

人类基因组计划的目的是在于确定人类DNA的总体结构，弄清其中各种基因的结构、功能、位置、相互关系，从整体上认识遗传信息的组成及其调控方式，促进生命科学和医学的发展。

3. 人类基因组计划的研究内容

人类基因组计划的主要研究是完成人体23对染色体的全部基因的遗传图谱和物理图谱，完成23对染色体上全部碱基的序列测定。人类23对染色体上共有30亿对碱基对，对其进行全部测定是个浩大的科学工程。所以，国际联合研究小组采用逐级征服策略，通过绘制遗传图谱、物理图谱和转录图谱，最终完成人类全基因组的碱基序列图谱。

1）遗传图谱

遗传图谱（genetic map）又称连锁图谱（linkage map），它是以具有遗传多态性（在一个遗传位点上具有一个以上的等位基因，在群体中的出现频率皆高于1%）的遗传标记为“路标”，以遗传学距离（在减数分裂事件中两个位点之间进行交换、重组的百分率，1%的重组率称为1cM）为图距的基因组图。遗传图谱的建立为基因识别和完成基因定位创造了条件。

遗传图谱的意义：6 000多个遗传标记已经能够把人的基因组分成6 000多个区域，使得连锁分析法可以找到某一致病的或表现型的基因与某一标记邻近（紧密连锁）的证据，这样可把这一基因定位于这一已知区域，再对基因进行分离和研究。

2）物理图谱

物理图谱（physical map）是指有关构成基因组的全部基因的排列和间距的信息，它是通过对构成基因组的DNA分子进行测定而绘制的。绘制物理图谱的目的是把有关基因的遗传信息及其在每条染色体上的相对位置线性而系统地排列出来。

DNA物理图谱是指DNA链的限制性酶切片段的排列顺序，即酶切片段在DNA链上的定位。因限制性内切酶在DNA链上的切口是以特异序列为基础的，核苷酸序列不同的DNA，经酶切后就会产生不同长度的DNA片段，由此而构成独特的酶切图谱。因此，DNA物理图谱是DNA分子结构的特征之一。DNA是很大的分子，由限制酶产生的用于测序反应的DNA片段只是其中的极小部分，这些片段在DNA链中所处的位置关系是应该首先解决的问题，故DNA物理图谱是顺序测定的基础，也可理解为指导DNA测序的蓝图。广义地说，DNA测序从物理图谱制作开始，它是测序工作的第一步。

完整的物理图谱应包括人类基因组的不同载体DNA克隆片段重叠群图，大片段限制性内切酶切点图，DNA片段或一特异DNA序列（STS）的路标图，基因组中广泛存在的特征性序列（如CpG序列、Alu序列，isochore）标记图，以及人类基因组的细胞遗传学图（即染色体的区、带、亚带，或染色体长度的百分率定标记），最终在分子水平上与序列图谱统一。

物理图谱的基本原理是把庞大的无从下手的DNA先“敲碎”，再拼接。以Mb、kb、bp作为图距，以DNA探针的STS(sequence tags site)序列为路标，绘制基因组图谱。1998年完成了具有52 000个序列标签位点(STS)，并覆盖人类基因组大部分区域的连续克隆系的物理图谱。构建物理图的一个主要内容是把含有STS对应序列的DNA的克隆片段连接成相互重叠的“片段重叠群(contig)”。用“酵母人工染色体(YAC)作为载体的载有人DNA片段的文库已包含了构建总体覆盖率为100%、具有高度代表性的片段重叠群”，近几年来又发展了可靠性更高的BAC、PAC库或cosmid库等。

3)转录图谱

转录图谱(transcriptional map)也叫基因图谱，是在识别基因组所包含的蛋白质编码序列的基础上绘制的结合有关基因序列、位置及表达模式等信息的图谱。在人类基因组中鉴别出占据2% ~5%长度的全部基因的位置、结构与功能，最主要的方法是通过基因的转录产物mRNA反追到染色体的位置。

其原理是：所有生物性状和疾病都是由结构或功能蛋白质决定的，而已知的所有蛋白质都是由mRNA编码的，这样可以把mRNA通过反转录酶合成cDNA或称作EST的部分的cDNA片段，也可根据mRNA的信息人工合成cDNA或cDNA片段，然后，再用这种稳定的cDNA或EST作为“探针”进行分子杂交，鉴别出与转录有关的基因。用PolyA互补的寡聚T或克隆载体的相关序列作为引物对mRNA双端尾侧的几百个碱基对进行测序得到EST(表达序列标签)。2000年6月，EMBL中EST数量已有4 229 786。

转录图谱的意义在于它能有效地反映在正常或受控条件中表达的全基因的时空图。通过这张图可以了解某一基因在不同时间中不同组织、不同水平的表达；也可以了解一种组织中不同时间、不同基因中不同水平的表达，还可以了解某一特定时间、不同组织中的不同基因不同水平的表达。

4)序列图谱

随着遗传图谱和物理图谱的完成，测序就成为重中之重的工作。DNA序列分析技术是一个包括制备DNA片段及碱基分析、DNA信息翻译的多阶段的过程。通过大规模测序最终得到基因组的序列图谱(sequence map)。

2.2.2 非营利研究机构和生物技术公司的竞争

人类基因组计划实施以来，破译生命密码的进程不断加快。这一计划原定2005年绘制出完整的人类基因组序列图谱，并公布相关基本数据。但在1998年和2000年，人类基因组计划先后决定，将完成图谱绘制的时间分别提前至2003年和2001年。人类基因组计划的进度一再提前，一方面得益于参与这个项目的1 000多名各国科学家的通力合作和大规模基因测序技术的不断进步，另一方面与美国塞莱拉公司为首的一些私营公司的有力挑战也有直接关系。

1998年5月，美国塞莱拉基因组公司组建，宣布投入3亿美元，利用自己的测序方法，用3年时间绘制出完整的人类基因组图谱，与国际人类基因组计划展开竞争。塞莱拉公司不断公布自己的成果，并力图获得基因组数据的专利，或在相当长的时间内封锁有关数据。这种做法遭到科学界的反对。正是在这种基因专利、基因垄断、基因资源的论战和争夺中，在基因测序成本大幅下降中，在有关各国政府的巨资投入和大力支持下，在全世界科学家的大合作和大竞争的背景下，由国际联合研究组实施的人类基因组计划发展越来越快。

2.2.3 人类基因组序列草图的完成

1999 年 12 月 1 日，国际人类基因组计划联合研究组率先绘制出人类第 22 号染色体的序列草图，包含 3 340 万碱基对、545 个基因，并把成果发表于《Nature》杂志上。这是第一个完成的人类染色体基因序列图谱。

2000 年 6 月经过全球科学家近 10 年的共同努力，美、英、法、德、日和中国的工作都取得了阶段性胜利，2000 年 6 月 26 日，美国总统克林顿在白宫向世人庄严宣布：人类基因组草图的绘制工作已经完成。这是人类科学史上的又一个里程碑，人类基因组图堪称人类的“第二张解剖图”，生命科学与人类社会历史一同进入了一个崭新的时期，科学界无不为之欢呼雀跃。

2001 年 2 月 15 日、16 日，在世界最权威性的科学杂志《Nature》、《Science》上公布了人类基因组草图，人类基因组由 31.647 亿个碱基对组成，共有 30 000 ~ 35 000 个基因，比线虫多 1 万个，比果蝇多 2 万个，并发现与蛋白质合成有关的基因只占整个基因组的 2%。

2.2.4 中国承担的人类基因组计划

1994 年，在吴旻院士、强伯勤院士、陈竺院士和杨焕明教授的倡导下，中国的 HGP 开始启动。1997 年，陈竺和杨焕明在国内最早提出了“中国应力争加入国际人类基因组的大规模测序工作”的建议。经过多方面的努力，1999 年我国终于争取到了人类基因组计划的国际合作任务，即 3 号染色体上的一小片段，约占总体的 1%。由于在 3 号染色体上已经发现了与肺癌、卵巢癌、鼻咽癌有关的基因，国际组织认为这一区域是有中国特色的一个保留区，大约 3 000 万碱基对、含有 1 100 多个基因。虽然，1% 比起 99% 来微乎其微，但是对于我们国家来说意义非常重大。

①在经费投入方面，中国仅仅用 500 万美元的投入而参与到该项国际计划，从而可以分享其他参与国家已经投入了 50 亿美元取得的成果。这在经济学角度来讲是绝对合算的。

②在时间周期上，我国仅用 6 个月的时间赶上了其他国家积累 10 年的科学探索历程。所以，从时间的节约上也是十分可贵。

③在政治角度上，我国参与该项计划改变了国际人类基因组研究的格局，使作为第三世界成员国的中国理所当然地分享全部的成果、数据、资源和技术，拥有了发言权，为第三世界国家建立了信心和榜样。

④在科研能力方面，通过参与该项计划，建立了中国自己的、接近世界水平的基因组研究实力，有可能与跨国企业集团相抗争。

总之，中国的 1% 计划是一项明智之举。通过参与这项计划不仅提升本国的政治威信，还提高了我国生命科学领域的科研能力，为我国水稻基因组计划的完成奠定了坚实基础。

2.2.5 其他生物基因组研究进展

1. 原核生物基因组计划

1997 年 9 月 5 日，美国威斯康新大学（University of Wisconsin-Madison）首次完成了大肠杆菌（*Escherichia coli* K12）基因组测序以来，2008 年 7 月 1 日为止，已经完成基因组测序的原核微生物有 723 个，其中包括 671 种真细菌，23 种古生菌。正在进行全基因组测序的原核生物有 1 107 种,其中真细菌 1 072 种,古生菌 35 种。

2. 真核生物基因组计划

1)真菌

1996 年 10 月 25 日,英国 Sanger 研究所(Trust Sanger Institute)首次完成第一个微生物全基因组序列测定——酿酒酵母(*Saccharomyces cerevisiae S288c*)的基因组序列测定以来,2008 年 7 月 1 日为止,已经完成 9 种真菌的全基因组序列测定,另外有 76 种真菌的基因组序列测定正在进行。

2)原生生物

2008 年 7 月 1 日为止,已经完成全基因组序列测定的原生生物有 *Cyanidioschyzon merolae* strain 10D、*Entamoeba dispar* SAW760、*Entamoeba histolytica* HM-1:IMSS、*Entamoeba invadens* IP1、*Plasmodium falciparum* 3D7、*Trypanosoma cruzi* CL Brener 等 6 种,正在进行的有 70 种。

3)植物

2008 年 7 月 1 日为止,已经完成全基因组测序的植物有拟南芥和水稻 2 种,正在进行全基因组测序的植物品种有 45 个。2000 年 12 月 14 日,TIGR 基因组研究所(The Institute for Genomic Research)联合多个基因组研究中心共同完成了模式植物——拟南芥的全基因组序列测定。2002 年 12 月 18 日,中国、日本、美国等多个国家和地区的研究机构共同完成了全世界重要农作物品种——水稻的全基因组序列测定工作。

4)动物

2008 年 7 月 1 日为止,已经完成的动物基因组有秀丽隐杆线虫(*Caenorhabditis elegans*)、黑腹果蝇(*Drosophila melanogastey*)、人类(*Homo sapiens*)和家鼠(*Mus musculus*)等 4 种,正在进行全基因组测序的有 195 种动物。

1998 年 12 月,英国 Sanger 研究中心、美国华盛顿大学医学院等多个研究机构共同完成了秀丽隐杆线虫的全基因组测序工作,并把结果发表于当期的《Science》杂志上。黑腹果蝇的基因组计划由 Celera Genomics 和美国伯克利果蝇基因组计划共同完成,并于 2000 年 3 月份的《Science》杂志上发表了黑腹果蝇的全基因序列图谱。2000 年 6 月 26 日,国际人类基因组研究小组和 Celera 基因组公司共同宣布完成了人类全基因组草图,并把序列草图发表在 2001 年 2 月 15 日的《Science》和《Nature》杂志上,向全世界公布于众。2005 年 7 月 7 日,Celera Genomics 完成了家鼠的全基因组测序工作。

2.2.6 基因组计划的局限

任一生物基因组计划的完成均标记着三套完整数据的获得,即遗传图谱、物理图谱和全序列图。理论上,这三套数据将提供此生物所有基因在染色体上的精确定位、基因内部序列结构和所有基因间隔序列。

但是,由于真核生物中基因结构的复杂性以及现有基因识别理论与技术发展的严重不足,此情况只适用于原核生物或低等真核生物。正因为如此,即使 HGP 能在 2001 年提前完成,也未能表明人类自身基因组的所有基因间隔序列完全确定。

基因调控研究表明,即使是简单的微生物,其基因组的所有基因也不同时表达。通常情况下,生物的基因组只表达少部分基因,而表达的基因类型及其表达程度随生物生存环境及其内在状态的变化而表现极大的差别,且此差别存在严格的时序调控特性。基因组计划即使已确定某个生物基因组内的全部基因,也未能告诉人们这一生物体的哪些基因在何时何地以何种程度表达,而生命过程的精确机制很大程度上正是基于这类基因的精细调控。为了弥补 HGP 的这一天然局限,近年来人们相继引进一系列大规模的基因表达检测技术,如微阵列法、DNA 芯片及 SAGE(基因表达系列分析法)等。这些方法虽然能够定性、定量及其大规模地检测基因的表达产物 mRNA,但 mRNA 由于自身存在贮存、转运、降解、翻译调控及产物的翻译后加工等,难以准确地反映基因的最终产物——基因功能的真正执行体即蛋白质的质和量。

基因与其编码产物蛋白质的线性对应关系只存在于新生肽链而不是最终的功能蛋白中。新生肽链合成以后还存在多种剪切、拼接、加工和修饰等复杂的过程,此类过程的存在无疑进一步扩大了基因编码的蛋白质与其最终的功能蛋白质之间存在的差异。这些均很难从基因编码序列中预测,而只能通过对其最终的功能蛋白进行分析。

由上可见,基因是遗传信息的源头,而功能性蛋白是基因功能的执行体。基因组计划的实现固然为生物有机体全基因序列的确定,为今后生命科学研究奠定了坚实的基础,但是它并不能提供认识各种生命活动直接的分子基础,其间必须研究生命活动的执行体——蛋白质。

2.3 后基因组时代的生命科学

2.3.1 后基因组时代

2001 年 2 月 12 日,人类基因组草图的公布是生命科学史上的一个里程碑,标志着人类基因组计划的基本完成。但是,有了人基因组草图以后,就能够破译生命的奥秘吗? 远远不能。因为,人类基因组计划完成以后,仅仅是对人类基因组进行了测序,基本弄清了人类约有 3 万个基因及这些基因的比较确切的染色体上的定位。但是,这些基因具有什么样的功能? 它们的调控机制是什么? 怎样编码蛋白质? 这些都是未知数。所以,人类基因组计划的完成为人们提供了一本天书,在目前的科技水平上没有谁能完全读懂她。破译这本天书,破译生命的奥秘,就是人类基因组计划完成后的主要目标,这一阶段的研究工作称为后基因组研究。

所以,人类基因组计划的完成意味着后基因组时代(post-genome era)的到来。后基因组时代的一个标志就是以基因组研究为基础产生了一系列新型的学科,这些新兴学科一般通称为后基因组时代的生命科学。

2.3.2 衍生基因组学

1. 人类基因组新计划

1)单体型图计划

国际人类基因组单体型图计划(简称 HapMap 计划)是一个多国参与的合作项目,旨在确定和编目人类遗传的相似性和差异性。利用 HapMap 获得的信息,研究人员将能够发现与人类健康、疾病以及对药物和环境因子的个体反应差异相关的基因。

国际人类基因组单体型图计划的目标是构建人类 DNA 序列中多态位点的常见模式。HapMap 将成为研究人员确定对人类健康和疾病以及对药物和环境的反应有影响的相关基因的关键信息。这一项目所产生的一切数据将供免费使用。HapMap 计划将由日本、英国、加拿大、中国、尼日利亚和美国的科学家们合作完成，项目正式开始于 2002 年 10 月 27—29 日的 HapMap 计划第一次会议。

2）人类元基因组计划

人体内有共生菌群，种类上千种，总数量高达 100 万亿，比人体自身的细胞总数量还要高 10 倍，这种共生菌群的总和基因组就是元基因组。美国、巴西、法国、德国、英国、日本和中国等 13 个国家参加的人类元基因组计划于 2006 年正式启动。

3）癌基因组学

癌基因组学（cancer genomics）是在基因组水平上研究癌发生发展过程中各种结构改变和功能改变规律的分支学科。目前癌基因组学研究的重点主要有：癌基因组不稳定与癌遗传不稳定性、癌易感基因的筛查和鉴定、基因表达谱与临床表型的关系、表基因效应、癌蛋白质组图谱变化以及通过基因组研究发现新的癌标记物等。

2. 基因组学的分科

1）比较基因组学与进化基因组学

比较基因组学（comparative genomics）是基于基因组图谱和测序基础之上，对已知的基因和基因组结构进行比较，了解基因的功能、表达机理和物种进化的学科。

进化基因组学（evolutionary genomics）的研究主要在两个方面上进行。一个是以进化生物学的手段注释基因组，或从基因组水平试图理解生物学功能和生命现象。第二个是依据基因组数据研究基因组自身的进化过程和规律。

2）生殖基因组学与营养基因组学

生殖基因组学（reproductive genomics）是研究和解决诸如生殖细胞的成熟与分化、精卵结合与受精、胚胎着床、生殖激素调控等生殖生物学基本问题的基因组研究分支学科。它对于生殖机理的阐明、人口控制、孕早期监测及出生缺陷的控制具有重要的意义。

营养基因组学（nutritional genomics）是研究营养摄入和人类独特遗传密码的关系的科学，是生物技术、基因组学、医学和营养学等领域的专家共同开创的新的健康研究领域。美国《食物疗法协会杂志》预言，营养基因组学是在人类基因组学基础上崛起的下一个技术领域和商业前沿。

3）药物基因组学与化学基因组学

药物基因组学（pharmacogenomics）是运用最新生物学技术与知识，大规模系统地从整个基因组层面去研究不同个体的基因差异与药物效应的关联，侧重于了解有重要功能意义和控制药物代谢与处置的多态性基因，以求探明药理学作用的分子机制以及各种疾病致病的遗传学机理，从而最终达到精确指导药物开发的目的。

化学基因组学（chemical genomics 或 chemogenomics）整合了组合化学、基因组学、蛋白质组学、分子生物学、药物学等领域的相关技术，采用具有生物活性的化学小分子配体作为探针，研究与人类疾病密切相关的基因、蛋白质的生物功能。

4）环境基因组学

环境基因组学（environmental genomics）是研究与环境因素相关疾病的遗传敏感性，寻找对环境因素损伤易感的基因。区别易感人群，研究易感性基因产物及其对环境暴露的遗传性反应的分子机理。

2.3.3 系统生物学

1999年,以美国科学院院士 Leroy Hood 教授为代表的科学家提出崭新的系统生物学(systems biology)理论,是系统论与生物学在功能基因组时代背景下的结合。该理论以生物系统内的所有组成成分(基因、mRNA、蛋白质等)及其相互关系为对象,通过大规模动力学分析,抽象出生物系统的设计原理和运行规律。

1. 转录组学

转录组是指细胞、组织或个体所有 mRNA 的总和,以转录组作为对象,开展科学研究就是转录组学(transcriptomics)。

2. 蛋白质组学

1994年,澳大利亚科学家 Wilkins 和 Williams 等人提出,蛋白质组学(proteomics)是研究基因组所表达的所有相应的蛋白质的学科。

3. 代谢组学和代谢物组学

1998年,澳大利亚悉尼大学 Helen Tweeddale 等在研究大肠杆菌的代谢时提出了代谢组(metabolome)这个概念,它是指用来表示生物体代谢物整体。并且指出,代谢组分析能够提供有关细胞代谢和调控的信息。在此基础上,英国帝国理工大学 Jeremy Nicholson 于1999年提出代谢组学(metabonomics)的概念。

2000年,美国加利福尼亚大学 Oliver Fiehn 等提出了与代谢组学不太一样的代谢物组学(Metabolomics)这个定义。代谢物组学是对一个生物系统的细胞在给定时间和给定条件下所有小分子代谢物质的定量分析研究,这一定义多用在植物和微生物系统。

4. 细胞组学

细胞组学把基因到蛋白质的整个生命过程中发生变化的信息集成到细胞的结构与功能,以及细胞间相互作用的关系上,从而进行关于细胞生命活动的全方位研究,如细胞的新陈代谢、增殖分化和衰老死亡等的研究,这就是细胞组学(cellomics)的研究范畴。

2.3.4 生物信息学

生物信息学(bioinformatics)是以核酸、蛋白质等生物大分子数据库为主要对象,以计算机硬件、软件和计算机网络为主要工具,对浩如烟海的原始数据进行存储、管理、注释、加工,使之成为具有明确生物学意义的生物信息。通过对生物信息的查询、搜索、比较、分析,从中获取基因编码、基因调控,核酸和蛋白质结构功能及其相互关系等理性知识。在大量信息和知识的基础上,探索生命起源、生物进化以及细胞、器官和个体的发生、发育、病变、衰亡等生命科学中的重大问题,搞清它们的基本规律和时空联系,建立"生物学周期表"。

生物信息学是一门交叉科学,它综合运用数学、计算机科学和生物学的各种工具,阐明和理解大量数据所包含的生物学意义。生物信息学的研究方向主要包括基因组序列装配、基因识别、基因进化、mRNA 结构预测、基因芯片设计、蛋白质序列分析、蛋白质结构预测、蛋白质折叠研究、转录调控机制和蛋白质芯片设计等。

思考题

1. 基因的本质是什么？你是怎么理解基因的？
2. 原核生物基因组和真核生物基因组有什么异同点？
3. 生物体基因组信息具有什么重要内涵和应用前景？
4. 人类基因组计划的研究内容是什么？
5. 结合你自己的专业，谈谈对后基因组时代生命科学的发展前景。

参考文献

[1] (美)M. 克拉克. 比较基因组学. 邱幼祥,高翔,等,译[M]. 北京:科学出版社,2007.
[2] (英)T. A. 布朗. 基因组 2. 袁建刚,等,译[M]. 北京:科学出版社,2006.
[3] 徐子勤. 功能基因组学[M]. 北京:科学出版社,2007.
[4] 杨金水. 基因组学[M]. 北京:高等教育出版社,2002.
[5] (美)J. D. 沃森,T. A. 贝克,S. P. 贝尔,等. 基因的分子生物学. 杨焕明,等,译[M]. 北京:科学出版社,2005.

第3章 系统生物学

3.1 概述

3.1.1 系统论与系统生物学

系统生物学(systems biology)是一门崭新的学科。它是在人类基因组计划(Human Genome Project,HGP)成功实施的基础上,在各种"组学"(例如基因组学、转录组学、蛋白质组学、代谢组学和细胞组学等)的推动下形成的新兴学科,是近年来全世界科学家非常关注的一个研究方向,并有望成为生物学和医学的核心推动力。

系统生物学是从系统水平上研究生物系统。1948年,美国科学家Norbert Wiener发表名著《控制论,或关于在动物和机器中控制与通信的科学》,从而首次产生生物控制论。随后,美国科学家Ludwig von Bertalanffy和Walter Cannon从系统水平上尝试研究了生物系统,并提出通用系统论和动态平衡的概念。但是,由于当时分子生物学知识和实验技术都很有限,只是在生理水平上描述和分析生物学系统。1999年,以美国科学院院士Leroy Hood教授为代表的科学家提出崭新的系统生物学理论,这是系统论与生物学在功能基因组时代背景下的结合。它以生物系统内的所有组成成分(基因、mRNA、蛋白质等)及其相互关系为对象,通过大规模动力学分析,抽象出生物系统的设计原理和运行规律。2000年,以Leroy Hood教授为首的科学家建立了美国系统生物学研究所(The Institute for Systems Biology,ISB)。系统生物学强调对生命现象要从系统和整体的层次加以研究和把握,这标志着国际生命科学研究从注重精细的分析研究开始走向系统的整体研究,正从分子生物学走向系统生物学。

系统生物学的核心是在细胞、组织、器官和生物体整体水平上研究结构和功能各异的生物分子及其相互作用,并通过计算生物学来定量阐明和预测生物功能、表型和行为。这是一个逐步整合、优化的艰难的庞大工程,它需要生物体全基因组序列信息、高通量实验数据和大量大规模的数学模拟和计算。

和以往的系统科学所研究的复杂系统相比,系统生物学的研究将更为困难和复杂。非生物复杂系统一般由相对简单的元件组合产生复杂功能和行为,而生物体则是由大量结构和功能不同的元件组成的复杂系统,并由这些元件选择性和非线性的相互作用产生复杂的功能和行为。因此,我们要建立多层次、多尺度、多维的高通量组学实验技术平台,再以各种实验技术平台产生的大量数据为基础,通过计算生物学和概念生物学,用数学语言定量描述和预测生物学功能及生物体表型和行为。

3.1.2 系统生物学的研究策略

目前,系统生物学有两种不同的研究策略:

第一种策略，主要是结合不同的高通量数据，如基因组、转录组、蛋白组等，构建和测试假设各组分与生物学网络关联性。如，把 DNA 结合蛋白数据与成群的转录表达数据整合，比单个数据组能提供更可靠基础，对基因网络拓扑学进行推测，试图通过系统结构确定和预测系统生物学。

第二种策略，是应用系统的原理去模拟和测试生物系统的动力学。如以色列科学家 Uri Alon 等人以细菌趋化性为对象，表现为蛋白组网络拓扑结构的稳健性。凸现性是生物系统的特征，各组分如蛋白质相互作用的结果是使趋化性网络出现凸现性。简单地按比例缩放分子生物学各组分的特性来描述复杂系统行为是不可能的，但是如果没有各组分数据，在高层次进行整合是无水之源。系统生物学创始人之一的日本科学家 Hiroaki Kitano 采用这条路线，类比高速公路与各城镇站点的连接，构建分子网络图，需要动力学系统监控、建模和测试其组织和复杂的行为。此外，还有很多人的兴趣是开发设计和控制生物系统的工具，这是工程途径。

系统生物学的主要技术平台是基因组学、转录组学、蛋白质组学、代谢组学、相互作用组学和表型组学等多个研究平台，这些高通量的组学实验平台构成了系统生物学这个庞大科学工程。生物系统和以往的复杂系统有着本质的区别，系统生物学是由大量的功能各异且常常又是多功能的元件在选择性和非线性的相互作用下产生的复杂且是相干的功能和行为，阐明和定量预测复杂的生物系统需要实验研究和计算研究的整合，这对计算科学是一个新的挑战。而计算生物学通过建模和理论探索，为提出科学问题提供了强有力的基础。

3.1.3 系统生物学的研究步骤

目前，系统生物学一般的研究步骤如下。

第一步：确定组分与建模。组分的鉴定是前提，生物系统的组分包括基因、RNA、蛋白质、代谢物、水及气体成分如 O_2、CO_2、NO 等，这些组分行为的动力学为建模提供基础。对系统划分不同层次和降维处理，将这些组分转化成可视化的程序，建立模型。

第二步：系统扰动与监控。在假设（理论）指导下，进行迭代系统干扰，数据整合。尽可能多地全方位获得不同层次的生物学信息数据，包括基因序列、RNA 表达谱、蛋白质谱、代谢物谱、相互作用及其调节谱图等。

第三步：模型优化。通过反复实验，将干扰条件下的数据带入模型，进行优化，使系统表型特征与组分之间建立直接关系，表型将锁定在基因、蛋白质、代谢物等上。

第四步：模型测试。在真实生物系统中进行验证，检测和分析，获得数据，判断模型的准确度。除了高通量监控和反向遗传学工具外，正在产生的数据的容量和性质迫使计算建模和测试相结合。

总之，系统生物学不仅是生命科学理论的重大发展，而且还有极其广阔的应用前景，在科学性和实用性这两方面具有巨大的潜在利益。生物学正发生从分子水平到系统水平的根本性转变，而后者预示着将彻底改变人们对复杂生物调节系统的认识，并为这方面知识的实际应用提供更多的机会。

3.1.4 系统生物学的挑战

系统理论分析的应用可显著地提高人们了解和认识很多生物过程，如形态建成、病理机制、识别和生态等。但系统生物学也面临许多挑战，首先是监控所有组分及其相互作用的敏感方法与技术,目前只有基因表达技术最为先进,而蛋白质组、代谢物组方法不完善,各种(分子、细胞、个体)成像技术严重缺陷,对动态、时空间和多参数动力学的检测缺乏。其次最令人心痛的是数据共享和标准化。除了基因组学的数据尽可能接近生物体实际外,其他数据远远不足,而且不同来源数据组的整合前提是标准化,即实验条件和实验程序的标准化。在分子生物学的研究中,人们都知道在程序、条件和试剂等方面进行必要的微小改动,但对生物系统的影响可能是巨大的。最后是数据处理的计算方法,目前网络生物学处于婴儿期,计算方法远远不能适应大量数据的积累。因此,系统生物学的研究需要由分子生物学、数学、基因组学、计算机科学和系统理论的专家组成研究团队。

系统生物学是以整体性研究为特征的一种大科学,通过研究生物系统在不同条件、不同时间的行为,对生物系统进行动态特征分析,从而发现生物系统特定的行为机理。它在揭示复杂生命现象和疾病发生发展内在规律、开发新型诊断治疗药物和方法上具有显著优势和巨大的潜在商业应用价值。对于生物系统而言,转录组、蛋白质组和代谢组是目前研究的主要内容。所以,系统生物的研究也着重体现在这些组学研究当中。

3.2 转录组学

3.2.1 转录组及转录组学

随着人类基因组计划的完成,越来越多的生物体全基因组测序宣告完成。所以,接下来的研究主要集中在这些基因的功能是什么、不同的基因参与了哪些细胞内不同的生命过程、基因表达的调控、基因与基因产物之间的相互作用以及相同的基因在不同的细胞内或者疾病和治疗状态下的表达水平等,其中基因表达及其调控是此类研究的核心和基础。所谓基因表达,是指基因携带的遗传信息转变为可辨别的表型的整个过程,以 DNA 为模板合成 RNA 的转录过程是基因表达的第一步,也是基因表达调控的关键环节。因此,在人类基因组项目结束后,转录组的研究迅速受到科学家的青睐。转录组(transcriptome)是指一个活细胞所能转录出来的所有 mRNA。目前,转录组研究的重要方法就是利用 DNA 芯片技术检测有机体基因组中基因表达情况。而研究生物细胞中转录组的发生和变化规律的科学就称为转录组学(transcriptomics)。

3.2.2 转录组学研究方法

目前,用于转录组学研究的方法主要有基于杂交技术的芯片技术包括基因芯片、芯片实验室(laboratory-on-chip, LOC)、基于序列分析的基因表达系列分析(serial analysis of gene expression, SAGE)和大规模平行信号测序系统 MPSS (massively parallel signature sequencing, MPSS)。

1. 基因芯片技术

1991 年 Affymetrix 公司在 Southern blot 的基础上,开发出世界上第一块寡核苷酸基因芯片,自此微阵列技术(基因芯片)得到迅速发展和广泛应用,已成为基因组、转录组研究中最主要的技术手段。但是芯片无法同时大量地分析组织或细胞内基因组表达的状况,而且由于芯片技术需要准备基因探针,所以可能漏掉那些未知的、表达丰度不高的、可能是很重要的调节基因。

2. 芯片实验室

芯片实验室(LOC)是1990年由瑞士GibaGeigy公司的Manz和Widmer共同提出的,是一种微流控芯片。芯片实验室将分析化学和微机电加工技术结合在一起,在同一芯片上完成包括采样、稀释、加样、进样、分离、检测和清洗等步骤在内的整个实验流程,能够进行高通量检测。1999年,惠普和Caliper两家公司联合研制的首台商业化微流控芯片分析仪为芯片实验室的进一步推广和应用奠定了坚实基础。

3. 基于序列分析的基因表达系列分析

基于序列分析的基因表达系列分析(SAGE)是近年来发展的以测序为基础的分析特定组织或细胞类型中基因群体表达状态的一项新兴技术。该技术显著特点是快速高效地、接近完整地获得基因组的表达信息,可以定量分析已知基因及未知基因表达情况。该技术在疾病组织、癌细胞等差异表达谱的研究中,可以帮助获得完整转录组学图谱,发现新的基因及其功能、作用机制和通路等信息,所以,在转录学研究中具有诱人的应用前景。

4. 大规模平行信号测序系统

大规模平行信号测序系统(MPSS)是对SAGE的改进,它能在短时间内检测细胞或组织内全部基因的表达情况,是转录组研究的有效工具。

3.3 蛋白质组学

3.3.1 蛋白质组及蛋白质组学

1. 蛋白质组学的诞生

1994年,澳大利亚Macquarie大学科学家Marc R Wilkins和Keith L Williams第一次提出“蛋白质组(proteome)”一词,是由“蛋白质(protein)”和“基因组(genome)”组合而来。所以,蛋白质组是指基因组所表达的所有的蛋白质。基因组和蛋白质组的不同之处是,基因组是稳定的,蛋白质组是动态的。而蛋白质组学(proteomics)是指研究生物体、细胞、组织中全部蛋白质的表达谱、相互作用、结构与功能的学科。基因的表达与蛋白质水平两者之间并不完全一致,现已证明借助mRNA的编辑或翻译起始与终止位点的变化、或翻译后蛋白质加工修饰等过程致使1个基因能编码多个不同的蛋白质。所以,蛋白质才是生命活动的主要体现者,有其自身的活动规律。基因首先转录成mRNA,mRNA必须通过翻译和翻译后的加工才能表达蛋白质,而蛋白质必须通过修饰加工、转运定位等步骤才能表现其活性,进而参与代谢和其他各种生理活动。因此,后基因组时代中生命科学的研究重心将从基因组学研究逐渐转移到蛋白质组学研究中。

蛋白质组学诞生后,发展非常迅速。1996年澳大利亚建立了世界上第一个蛋白质研究中心,随后丹麦、加拿大、日本也先后建立了蛋白质研究中心。2001年4月,在美国成立了国际人类蛋白质组组织(Human Proteome Organization,HUPO),随后欧洲和亚太地区成立了区域性蛋白质组组织,试图通过合作的方式,融合各方面的力量,完成人类蛋白质组计划(human proteome project),并在2002年和2003年陆续启动了人类血浆、肝和脑蛋白质组国际合作计划。

2. 蛋白质组学的特点

1)同一性与多样性

对于生物体的基因组而言,每一种生物个体都有其特定的基因组,而且基本固定不变,不会随着生理状态、细胞类型、营养状况等改变。但是,对于蛋白质组而言,虽然都是由同样的基因组负责编码,但是随着生物个体的生理状态、细胞类型、营养状况等而有很大不同。所以,蛋白质组是同一性和多样性的辩证统一,比起基因组研究显得非常复杂,且困难重重。

2)有限与无限

对于生物体的基因组而言,每一种生物个体所具有的核苷酸序列是固定的,从而它所包含的基因是有限的。例如,人类基因组约有32亿碱基对,约有3万个基因。但是,生物体的蛋白质组是无法衡量的,是无限的。人们估计人类蛋白质组的蛋白质为20万至200万种。所以,蛋白质组学也是有限与无限的有机结合,辩证统一。

3)静态与动态

生物体细胞内的蛋白质大致可以分为两类,即结构蛋白质和功能蛋白质。结构蛋白质,例如骨骼、肌肉、毛发、结缔组织等,几乎是静态的,比较稳定;功能蛋白质,例如酶、信号分子、调控蛋白等,随着生理状态或环境条件的变化而不断变化,是个动态平衡。静态和动态蛋白质的这种相互调节从而实现复杂的生命现象。因此,蛋白质组学研究是静态和动态的辩证统一。

4)时间与空间

生物体细胞内不同的蛋白质分布在细胞的不同部位,而且功能的实现也随着时间的变化而不同。所以,蛋白质组学研究不仅要考虑特定蛋白质的空间位置,还要考虑表现功能的生理时间。对特定的蛋白质而言,时间与空间的不同可能表现出完全不同的生物学表型。

5)孤立行为与相互作用

遗传信息在DNA或RNA上的传递基本上孤立进行,相互之间的干扰较少。但是,遗传信息在蛋白质水平上的传递就大不相同。每一基因所携带的遗传信息通过蛋白质进行表现时,都需要多种蛋白质的相互作用来实现,尤其是在活细胞内的蛋白质几乎没有孤立运行。所以,蛋白质相互作用研究是蛋白质组学研究的一项重要内容。

3.3.2 蛋白质组学研究方法

1. 双向凝胶电泳技术

1975年,美国Colorado大学Patrick H O'Farrell教授在《Journal of Biological Chemsitry》杂志上发表了"High Resolution Two-Dimensional Electrophoresis of Proteins"的文章,创立了双向凝胶电泳(two-Dimensional gel Electrophoresis,2DE)技术,其原理是在相互垂直的两个方向上,分别基于蛋白质不同的等电点和相对分子质量,运用等电聚焦电泳(IEF)和SDS-聚丙烯酰胺凝胶电泳(SDS-PAGE)把复杂的蛋白质成分分离。该技术主要用于分离细胞或组织蛋白质抽提物,构建特定组织或细胞蛋白质的"二维电泳图谱",分析特定条件下蛋白质的表达状况,进行蛋白质组差异比较。2-DE技术凭借其高通量、高灵敏度、高分辨率和高度重复性,而且便于计算机进行图像分析处理,可以很好地与质谱分析等其他鉴定方法匹配的优点,已成为目前蛋白质组学研究中最常用的蛋白质分离技术。

2. 质谱技术

基本原理是带电粒子在磁场或电场中运动的轨迹和速度依粒子的质量与携带电荷之比(质荷比)的不同而变化,可以据此来判断粒子的质量和特性。通过质谱分析,可以获得分析样品的相对分子质量、分子式、分子中同位素构成和分子结构等多方面的信息。常用的质谱技术有基质辅助激光解吸电离飞行时间质谱(MALDI-TOF-MS)技术、电喷雾串联质谱(ESI-MS/MS)技术、表面增强激光解析离子化—飞行时间质谱(SELDI-TOF-MS)技术等。其中SELDI-TOF-MS技术应用基因芯片的设计理念,把层析、质谱等技术合理应用于蛋白芯片的检测,不需进行蛋白质的双向电泳,能快速、简便地从各种体液和组织中找出疾病相关蛋白质,其最大特点是快速、简便、易行、样品用量少和高通量分析等诸多优点,具有很好的临床应用前景。

3. 液相色谱与质谱联用技术(LC-MS/MS)

该技术具有在高复杂性样本中鉴定低丰度蛋白质的强大功能,具有高敏感性和分辨率,具有较大的动态检测范围,且所需时间较短,每次操作时间不超过 11 h,可用于大规模临床蛋白质组分析。

4. 荧光双向差示凝胶电泳技术(2-D DIGE)

该技术是运用不同的荧光染料分别标记不同的蛋白质样品,然后将它们等量混合起来,在单一的双向胶上进行分裂和检测,按照它们所发出的荧光的不同,比较不同细胞状态下蛋白质量的变化。由于该方法克服了在二维凝胶电泳过程中不同凝胶间重复性差的问题,定量更加准确。

5. 同位素亲和标签技术

该技术由 Gygi 提出。但由于该技术使用了一种称为 ICAT 的化学试剂,所以也叫 ICAT 技术。ICAT 技术分别收集不同状态下的细胞裂解物,变性、还原后,分别用“重”或“轻”ICAT 试剂来标记它们,等量混合后,蛋白酶解。运用生物素标签和色谱来分离被标记的多肽,通过在线 HPLC 结合串联质谱对它们进行分析。ICAT 标记离子对的离子强度比例显示了在起始状态下其所属蛋白质的相对含量。该技术可以定量鉴定一个混合体系中所有的蛋白质。

6. 蛋白质芯片技术

该技术将一系列“诱饵”蛋白质(如抗体)以阵列方式固定在经过特殊处理的底板上,然后将其与待分析的样品杂交,只有那些与“诱饵”蛋白质结合的蛋白质才被保留在芯片上。这种方法实质上就是大规模的酶联免疫吸附测定技术。目前已经发展出三种不同类型的蛋白质芯片,即玻璃板芯片、3D 胶芯片和微孔芯片。蛋白质芯片技术对分析蛋白质组的变化具有很大的应用前景。

7. 蛋白质组信息分析

对于蛋白质组学而言,生物信息的应用主要包括蛋白质序列和结构的对比和分析、蛋白质高级结构的预测、蛋白质组学数据库建立和并行算法研究等。

3.3.3 蛋白质组学的应用

1. 微生物研究中的应用

1)模式微生物中的应用

(1)大肠杆菌蛋白质组学　在大肠杆菌蛋白质表达及其调控方面,美国加利福尼亚大学的 Doyle 等人建立了基于 96 孔板的纯化大肠杆菌蛋白质产物的高通量、高效、操作简单的蛋白质组学生产流水线，极大地推动了大肠杆菌蛋白质组学的研究。在结构蛋白质组学领域，Savchenko 等人结合核磁共振和 X 射线结晶技术，对大肠杆菌和嗜热菌的 68 对同源蛋白质进行了对比分析，获得了很好的结果。在蛋白质相互作用方面，Wojcik、Boneca 和 Legrain 等人利用 IDPP(Interacting Domain Profile Pair)方法成功预测了大肠杆菌 2 742 种蛋白质相间的 67 000 对相互作用关系。

(2)酵母蛋白质组学　在酵母蛋白质组学中应用的主要技术包括 DNA 阵列技术、酵母双杂交系统、蛋白质复合物纯化与质谱鉴定技术、lacZ 或绿色荧光蛋白或同位素标签的亚细胞定位技术和蛋白质芯片技术等。在这些高通量实验技术的应用下，酵母蛋白质组学研究获得惊人的研究进展。

2)病原微生物中的应用

蛋白质组学研究在病原微生物中的应用主要包括同一种病原微生物的不同菌株之间的蛋白质组的比较、同一种病原微生物的不同生理状态的蛋白质组学研究、病原微生物“亚蛋白质组”分析、通过研究宿主和病原微生物之间的相互关系寻找新兴疫苗的靶分子等。

2. 肿瘤研究中的应用

蛋白质组学技术在肿瘤研究中得到越来越多的应用，国内外对膀胱癌、结肠癌、乳腺癌、肝癌和食道癌等均已进行了不同程度的蛋白质组学研究。在表达蛋白质组学研究中，通过特定肿瘤组织、体液或血清中的蛋白质的表达谱的不同，可以识别肿瘤发生的分子标记，为肿瘤的诊断、治疗和发病机制机理研究提供重要的实验数据。

3. 神经系统研究中的应用

在大脑中，以受体为核心由多个蛋白质组成的信号复合体在信息处理过程中起着重要作用。复合体的蛋白质之间发生相互作用，有时需要翻译后修饰，例如磷酸化、脂类修饰等作用来实现。此时，可以利用蛋白质学方法检测到蛋白质相互作用的具体模式，为神经信号通路研究提供依据。

4. 在植物研究中的应用

随着拟南芥和水稻基因组计划的完成，植物蛋白质组学研究也十分活跃起来，其主要研究内容包括个体水平、组织和器官水平、亚细胞水平等多个方面。

(1)基于个体水平的植物蛋白质学研究　该研究主要集中在多种植物个体的遗传多样性分析、胁迫条件下特定植物生理特征分析和相关蛋白质组数据库的建立等方面。

(2)基于组织和器官的植物蛋白质组学　植物基因的表达具有时空特异性，据此特定植物组织器官的蛋白质组学研究应运而生，例如根、茎、叶、种子、皮、愈伤组织等组织器官中的蛋白质组学研究相继开展。

(3)亚细胞水平的植物蛋白质组学研究　该研究包括植物细胞膜蛋白质组学、核糖体蛋白质组学、线粒体蛋白质组学和叶绿体蛋白质组学研究等。

5. 药物开发方面的应用

通过蛋白质组学的研究，可以发现所有可能的药物作用靶点，以及针对这些靶点的全部可能的化合物，发现药物作用的特异蛋白质，揭示药物作用机制和毒理学机理等。所以，蛋白质组学研究在药物开发方面也具有非常广泛的应用前景。

总之，蛋白质组学是在蛋白质水平上大规模研究基因功能的强有力的工具，其应用面几乎涵盖生物学所有领域,并具有诱人的发展前景。

3.4 代谢物组学

3.4.1 代谢组学及代谢物组学

1998 年,澳大利亚悉尼大学 Helen Tweeddale 等在研究大肠杆菌的代谢时提出了代谢组(metabolome)这个概念。它是指用来表示生物体代谢物整体。并且指出,代谢组分析能够提供有关细胞代谢和调控的信息。在此基础上,英国帝国理工大学 Jeremy Nicholson 教授在 1999 年提出代谢组学(metabonomics)的概念。代谢组学是关于定量描述生物内源性代谢物质的整体及其对内因和外因变化应答规律的科学,这一定义多用在动物系统。其中心任务包括①对内源性代谢物质的整体及其动态变化规律进行检测、量化和编录;②确定此变化规律和生物过程的有机联系。

2000 年,美国加利福尼亚大学 Oliver Fiehn 等提出了与代谢组学不太一样的代谢物组学(metabolomics)这个定义。代谢物组学是对一个生物系统的细胞在给定时间和给定条件下所有小分子代谢物质的定量分析研究,这一定义多用在植物和微生物系统。代谢物组学分为以下几个研究层次。第一个层次:代谢靶标分析(target analysis)。这是代谢物组学初级的研究目标,从一些特殊的生物代谢转化途径出发,结合可预知的代谢响应机理,识别代谢过程中的生物标记物。第二个层次:代谢轮廓分析(metabolic profiling analysis)。代谢轮廓分析覆盖了各个代谢途径中能把握整体信息的一些关键信息点,对某一具体的代谢途径而言,它不像代谢靶标分析那样进行精确的定量,也没必要对这一途径的所有代谢产物进行全分析。第三个层次:代谢指纹分析(matabolic fingerprinting analysis)。代谢指纹分析在代谢轮廓分析的基础上更加复杂化,不关心特殊组分,而是对样品进行快速筛选分类。第四个层次:代谢物组学。它研究代谢过程中所有代谢产物的变化情况,与前三个层次相比,代谢物组学研究更加系统化、整体化。

3.4.2 代谢物组学研究方法

代谢物组学根据其研究内容又可分为以下五个方面。

1. 植物代谢物组学

植物代谢物组学是研究不同物种、不同基因类型或不同生态类型的植物在不同生长时期或受外界环境某种刺激前后的所有代谢物(即所有小分子成分),并对其进行定性和定量分析,进而找出其中的代谢规律。

2. 毒理代谢物组学

代谢物组学之所以能被应用到毒理学的研究中,是因为反映毒理的信息在生物体的代谢过程中能够较为全面地体现出来。当毒物与细胞(或者组织)相互作用的时候,它们改变了关键细胞代谢中内源性物质的比例、浓度,而这些变化最终都会体现到体液组成的变化。根据这个原理,通过测定体液的组成变化,研究者就能得到关于外源性化合物与生物体作用的位点、强弱、效果以及机理等方面的信息。

3. **诊断代谢物组学**

诊断代谢物组学通过分析体液组成,运用计量学方法对疾病组和正常组进行分类,获取疾病诱导产生的特殊代谢产物——生物标志物,帮助了解病变过程中机体代谢的途径,辅助临床诊断和治疗。

4. **药物代谢物组学**

药物代谢物组学是在药物治疗和干预生命体的过程中,通过对药物自身代谢以及生物体内源性物质的代谢的所有产物进行高通量的定性、定量分析,最终说明将药物作用于生命体的本质过程,开发新的药物。

5. **营养代谢物组学**

营养代谢物组学是营养基因组学的一部分,是研究营养素和植物化学物质对人体基因的转录、翻译表达以及代谢机理作用影响的科学。营养代谢物组学主要针对其中代谢机理这一部分进行研究。

思考题

1. 系统生物学的主要内涵是什么?
2. 系统生物学与基因组、转录组、蛋白质组和代谢组之间有何联系?

参考文献

[1] 北野宏明. 系统生物学基础. 刘笔锋,周艳红,等,译[M]. 北京:化学工业出版社,2007.
[2] Klipp E, Herwig R, Kowald A,等. 系统生物学的理论、方法和应用. 贺福初,杨凡原,朱云平,主译[M]. 上海:复旦大学出版社,2007.
[3] 刘斌, 王克夷. 基因组、转录组与代谢组[M]. 北京:科学出版社,2007.
[4] 夏其昌, 曾嵘,等. 蛋白质化学与蛋白质组学[M]. 北京:科学出版社,2004.
[5] 钱小红, 贺福初. 蛋白质组学: 理论与方法[M]. 北京:科学出版社,2003.
[6] 王克夷. 蛋白质导论[M]. 北京:科学出版社,2007.
[7] T. A. 布朗. 基因组 2. 袁建刚,等,译[M]. 北京:科学出版社,2006.
[8] 徐子勤. 功能基因组学[M]. 北京:科学出版社,2007.

第4章 合成生物学

4.1 概述

目前科学家已测定了包括人类在内的700多种生物的基因组,这表明生命科学进入遗传密码的全面解析阶段,在分子水平研究基因结构和功能。这些成果为工程师创造新世界提供了有力的生物元器件。工程师可以用这些已知的功能,重新设计和构建具有新功能的生命,甚至可以全合成新生命,这就是进入21世纪新兴的合成生物学。合成生物学是继人类基因组研究之后,生物领域的又一热门学科,是整体系统论生物学思潮在工程学领域的再现。

4.1.1 合成生物学的概念

合成生物学(synthetic biology)是基于生命系统的工程技术,旨在设计、构建自然界不存在的生命或使已存在生命具有新功能。合成生物学研究如何设计和构建人工生命,依靠人工开发的基因密码,按照预定的方式运行生命。合成生物学为很多领域的研究提供新视角:生物学家用它来重建不同层次的研究对象,由此加深对生命活动和生命过程的理解;化学家用它创造新分子化合物;物理学家用它来发现自然状态下分子的运动行为;工程技术人员则用它进行药物、生物材料和生物能源等工程设计并简单、低廉、高效地制造,满足人类和社会发展的需要。

合成生物的过程类似于计算机的组装,可近似地把合成生物与计算机进行类比(表4.1)。合成生物学家可以在生命的不同层次上设计和合成,可以是非细胞生物病毒以及具有细胞结构的细菌、酵母,可以是具有细胞分化功能的组织或器官,最终是具有复杂结构的完整生命。但值得注意的是,计算机由硬件和软件相对独立的两部分组成,生命却没有这么简单,软件(细胞的程序化过程,由生物元件决定)和硬件(生物底盘,无基因组的细胞)相互影响,软件改变后硬件将随着变化。

表4.1 合成生物学与计算机工程的层次比较

类型	元件	模块	个体	局部	全局
计算机	电子元件	功能单元	单台	局域网	全球网
生命	生物元件	代谢途径	细胞	组织或器官	生命体

4.1.2 合成生物学的发展

合成生物学是按照需要设计制造出具有不同性状的基因,再将这些基因集成到细胞中,形成具有特殊功能的人造生命。1911年7月8日的医学杂志《柳叶刀》上,就已出现了“合成生物学”一词,但直到2000年以后,这一学科才迅速发展起来,从而使人们的注意力转向这一热门领域。2004 年合成生物学被美国麻省理工学院(MIT)出版的《技术评论》(Technology Review)评为“将改变世界的十大新技术”之一。2004 年 6 月在美国 MIT 举行了第一届合成生物学国际会议,2005 年 5 月在美国加州大学伯克利举行第二届合成生物学国际会议,2007 年 6 月在瑞士进行第三届合成生物学国际会议,2008 年 10 月将在香港举行第四届合成生物学国际会议。2008 年 1 月美国克雷格·文特研究所人工全合成生殖衣原体细菌的完整染色体,2008 年 5 月 12 日—13 日在北京香山举行了第 322 次香山科学会议——合成生物学学术研讨会,认为合成生物学就是“下一代的生物技术”。

(1)合成生物学与系统生物学　合成生物学的出现是与系统生物学的发展密不可分的。从哲学思维上,二者都遵从系统论,生物系统的整体功能不可分割。系统生物学将在基因、蛋白质、代谢物等多维分子水平获得大量的细胞行为知识和建立生物网络,为合成生物学提供理论和模型。合成生物学可为系统生物学的定量分析提供模式生物。

(2)合成生物学与生物信息学、化学　如果把基因组测序看成阅读和解码遗传信息的过程,那么合成生物学就是人工书写和编程过程,是测序的逆过程。这个过程对生物信息学提出了更大的挑战,与所有的工程学一样,合成生物的设计和优化过程中需要用新的算法进行模拟和测试。合成生物的过程是以原料核酸的高速合成为基础的,因此需要高效、低成本的化学合成技术提供支持。目前,常规化学方法合成一个碱基核苷酸商业化价格是 2 元左右,而新方法有望把成本降到更低。

(3)合成生物学与基因工程　二者既有联系,也有区别。就操作对象和主要技术手段而言,二者相同,都是以基因为对象,都需要核酸酶和连接酶作为剪切和组装的工具,也都需要载体来承载基因,进行扩大繁殖和保存。然而仅采用基因工程技术,只能在较小的范围内对已经存在生命进行改造,如人们很容易地把人胰岛素基因导入大肠杆菌,获得基因工程菌,具有生产胰岛素的功能。然而,要把抗疟疾药物青蒿素基因导入大肠杆菌,构建具有生产青蒿素功能的工程大肠杆菌就没有那么容易了。因为十几个功能基因需要繁琐和费力费时的加工和操作。如果进行合成生物学的研究,把青蒿素合成途径分解成数个功能模块,完成设计和优化后,高并行合成并构建代谢电路,不仅使操作过程简单、省时省力,而且很容易得到生产青蒿素的工程生物。合成生物学研究将降低关键技术成本,解决基因操作的经济性问题,从而在工程领域将得到广泛应用。

4.1.3　合成生物学的应用

合成生物学目的是工程应用而非科学研究,它吸引了更多的工程专家、信息专家共同研究。合成生物学的核心观念是,认为生命的所有零件都能由化学方法来合成制造,进而通过工程化方式组装成实用的生命。合成生物学的应用包括以下几个领域。

(1)生物医药领域　通过改造细胞,转入编码药物的基因,生产新型药物,如青蒿素、紫杉醇等,重新设计更有效、更安全的生物治疗方法。合成生物学通过修复细胞功能、消除肿瘤、刺激细胞生长和使某些决定性细胞再生,实现治疗各种疾病的目的。

(2)生物能源与新材料领域　重新设计生物能源路线图,从太阳中获取能量或通过降解 CO_2 来制造清洁燃料。在微生物中生产氢能、乙醇、生物柴油、长链烃等新能源,生产可降解塑料、碳纳米管等材料。

(3)环境领域　设计和合成新功能微生物,用于清除水污染、清除垃圾、处理核废料等。

(4)智能计算机与生物传感　研制能执行外界信号的直接进入机体的生物传感器,可实现原位、在体的实时检测。细胞机器人可在动脉中检测并清除导致血栓的动脉粥样硬化物质,也可以制造用于探测化学和生物危险物和爆炸物的生物警报器。

虽然合成生物学的应用已经取得了实质性进展和成绩,但合成生物学的研究和实验仍然处于初级阶段,需要科学家、工程师、信息专家共同努力,这门新学科才会得到快速发展和广泛应用。

4.2　生物元器件

4.2.1　合成生物的单元

1. 生物元件与生物砖

基因元件(genetic element)是具有某种特定的生物学功能的 DNA 或 RNA,是设计和合成生物的基本单位。它应该具有以下特性:信号接受和输入功能,信号发送和产物输出功能,调节信息流、代谢和生物合成的功能,能和其他元件相互作用,具有特定的工作环境。根据生物学功能,基因元件可以是生化反应的功能元件,包括编码一个生化反应酶的功能基因,编码一组生化反应酶的功能基因簇。基因元件也可以是界面调控元件,包括功能基因转录、蛋白质翻译与修饰、功能酶反应等的调控基因,如复制子、启动子、阻遏子、诱导子、转录因子、核糖体结合位点、转录终止子、翻译终止密码、酶切位点、选择标记等。从工程角度,这些不同元件可用不同图形编码显示,以便工程制图(表 4.2)。

表 4.2　部分基因元件及其对应的图示

元件名称	复制子	启动子	阻遏子	诱导子	核糖体结合位点	功能基因	转录终止子	翻译终止序列	测序引物	酶切位点	选择标记
图形											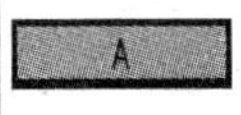
功能作用	载体的自主复制	开启功能基因的转录	阻止基因的转录	诱导基因的转录	开启蛋白质的翻译	决定细胞行为	mRNA 合成停止	蛋白质合成停止	用于测序验证元件序列	生物元件标准化及生物砖的整合	元件或载体在宿主细胞中稳定存在

生物部件(biological part)由一个或多个基因元件组成,最简单的能行使催化功能的生物部件是完整的编码酶基因表达盒。

生物砖(biobrick)是标准化的生物元件,即具有可粘接性末端(前后缀)的生物元件(图 4.1)。生物砖的前后缀分别是两个核酸限制性酶切位点,该末端只能用于元件之间的连接。前缀之后依次是测序引物、启动子、核糖体结合位点、功能基因、翻译终止密码、转录终止子。

2. 生物模块与基因电路

生物模块(biological module)是一组细胞内区域化的生物器件(biological device),它们由内在功能联系在一起,执行特定的复杂功能。在细胞内,模块往往是具有特定功能的途径,如

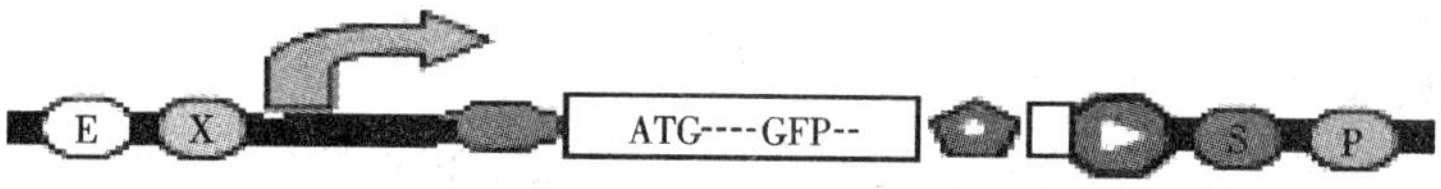

图4.1 生物砖的物理结构(以功能基因 GFP 为例,ATG 为起始密码子)

代谢途径、信号转导途径、调控途径等。模块可以由生物砖通过某种逻辑关系构建而成,但功能必须完全清楚。在电子科学,不同的电子元件按照一定关系串联或并联后形成电路。在合成生物学,不同功能的生物砖连接后,能像电路一样运行,因此可以形象地称为基因电路(genetic circuit)。类似地,代谢途径模块可由代谢电路来执行,调控途径可由调控电路来完成。基因电路可清楚地图示生物模块的物理结构和生物功能。基因电路的特点是:具有定量特性,有确定的应答阈值及明确的反应边界,电路中的生物砖容易被除去、替换、更改;还可实现非自然的功能。

4.2.2 合成生物的设计与优化

由于生命系统很复杂,人们还没有完全了解生命系统的各组分及其相互作用、相互依赖的关系。Endy 针对复杂生物系统,提出了合成生物学设计的工程策略。对生命系统的简化需要模拟计算和优化,标准化、解耦联和抽提是工程学中常用的解决问题的思路。标准化是确立基本生物元件的方法、对生物功能的定义和特征描述。从系统生物学的角度,对基因组序列进行分门别类有助于定义生物功能。解耦联是把复杂问题简单化的过程,把复杂系统解分成具有独立功能的简单组分,把设计和装配分开,以便完成设计后,能有效装配成整体系统。抽提是建立元件和模块的层阶,分开和限制各阶层之间的信息交流,隐藏生物信息和管理的复杂性,形成简化的再设计的器件和模块,建立可识别界面的元器件库。这些思路可指导合成生物元器件、电路乃至生命的设计。

1. 生物砖的设计与优化

生物砖是对生物化学反应过程的高度抽提,是生物系统分解后的最基本分子构成单位。由生化过程的组分作用确定生物砖,对生化反应最简单的抽提原则是一个反应对应一个酶,一个酶对应一个基因,即一个生物砖。

生物砖功能的运行模式是基因表达调控的操纵子模型,最小的生物砖包括启动子、核糖体结合位点、生化反应功能基因、终止子。启动子具有 RNA 聚合酶结合位点,对环境和化学刺激应答,决定功能基因的转录与否及其强度。核糖体结合位点具有 SD 序列,决定功能基因编码产物蛋白质的翻译与否及其强度,终止子具有反向回纹和发卡结构,一般富 polyA,决定功能基因转录终止位置。对于复杂的生物元件,可以赋予调控序列(如增强子、衰减子、扩增子等),使元件的功能随细胞内外条件的改变而变化,实现自主适应性。

生物砖优化的第一步是功能基因密码子的优化。一种生物具有一套自身的最适密码子。当把一个基因从一种生物转移到另一种生物时,由于稀有密码使基因表达水平受到限制。如人干扰素基因在大肠杆菌中表达量极低。为了使基因得到足量表达,必须把稀有密码换成宿主生物的偏爱优势密码。另外,生物砖内部不能有标准化中经常使用的几种酶切位点,否则,生物砖无法在后续的工作中使用。目前已经有多种基因分析和优化软件,可对功能基因序列的遗传密码、启动子、核糖体结合位点等进行分析,从而设计和优化出适合于宿主表达的生物砖。

2. 基因电路的设计与优化

目前合成生物学研究中,大多数生物砖来源于自然生物系统元件的标准化。由生物砖构建基因电路的困难是,把相同功能的不同生物来源的生物砖集成基因电路后,不一定具有功能。这是因为自然生物的进化过程是系统的优化过程,因此基因电路设计与合成中最大挑战是如何优化,使基因电路实现相应的生物功能。优化方法可以是基于数学模拟的理性设计,也可以是生物元件的直接进化(directed evolution)。

理性设计可以通过生化反应的建模,克服基因电路设计的模拟问题。把生化反应抽提成模型元件,需要反应的速率常数。在体测定真实的生化反应速率常数是很困难的,可采用生物网络中的参数估计技术。利用基因芯片研究基因表达的动力学,采用液相色谱和质谱联用技术研究蛋白质组、代谢物组等,从基因网络、蛋白质相互作用网络、代谢网络等不同层次对生化反应进行参数估计、敏感性分析,帮助建模。对于生物系统,基因电路是整个网络中的一个节点。可根据基因组测序数据,选择必需基因,人工合成最小基因组,进行建模研究,设计生物系统。

元件进化是改变元件特性(即DNA序列特征)的过程,常用的生物学方法包括理性定向的碱基突变,改变转录和翻译动力学、操纵子的亲和力、转录因子的共结合活性,都会改变基因电路的行为,从而达到预期目标。实现直接进化的关键在于对基因电路行为的筛选系统和方法,也就是依赖于对进化结果的筛选和效果的评价方法。理性设计和直接进化相互结合,成为基因电路设计和优化的最佳策略。

4.3 DNA的合成与元器件装配

4.3.1 基因定向突变合成技术

基因突变是指DNA序列中碱基排列顺序的变化,包括点突变、易位、倒置、插入、缺失等。在合成生物学研究中,采用PCR技术,通过序列的定向突变,可以实现对原始基因序列优化,合成新的基因功能、基因转录调控区等,从而满足生物元件的设计要求。

1. 重叠延伸PCR定点突变合成

首先设计4种引物,即原始序列的正反向引物,突变序列的正反向引物。突变引物之间必须有15 bp的重叠序列。然后用第一对引物扩增含有突变位点及其上游序列,用第二对引物扩增含有突变位点及其下游序列。两个重叠的DNA片段分别来自于两个独立的PCR扩增反应,预期的突变在重叠区域。退火温度一般为50~60 ℃,可根据引物序列进行计算并调节。延伸时间由聚合酶效率和模板长度计算。

对上述两轮PCR产物,纯化后,用原始序列的引物再进行一次PCR,以获得突变的全长片段(图4.2)。扩增产物用5%琼脂糖凝胶或聚丙烯酰胺凝胶电泳估计,并进行克隆。

该方法的优点在于:突变体回收率高,无需排除非突变体模板;可在任何位点引入突变;快速简便。该方法的缺点是:错误率高,除了预期突变体外,还有非预期突变体,可采用高保真酶克服;PCR扩增反应的产物一般为2~3 kb,不能有效扩增大片段。

2. **大引物扩增 PCR 定点突变合成**

大引物扩增 PCR 定点突变包括两个正反向引物，一个突变引物，两轮 PCR 扩增。突变引物融链温度(T_m)应该低，长度为 16 ~ 25 bp，突变位点应该位于引物的中央，两侧必须有 8 ~ 10 个准确配对的碱基。第一轮 PCR 以原始序列为模板，用一条引物和突变引物（要尽可能使大引物最短）进行 PCR，产物为大引物。第一轮 PCR 纯化后，以原始序列为模板，用另一条引物进行第二轮 PCR，产物中含有突变位点。一种改进方法是，在第二轮 PCR 中，只有一个大引物在原始序列上延伸，PCR 产物全部含有突变位点（图 4.3）。

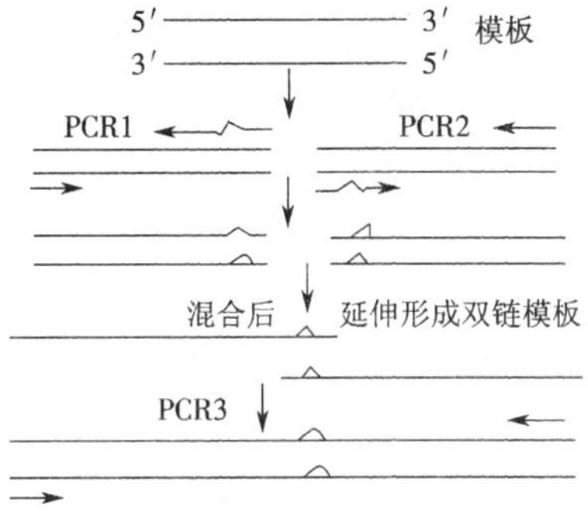

图 4.2　重叠延伸 PCR 定点突变过程

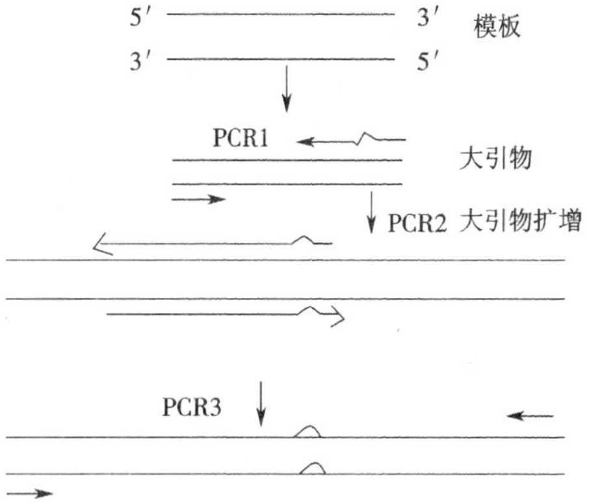

图 4.3　大引物扩增 PCR 定点突变过程

大引物扩增突变的策略是：正反向引物具有显著不同的 T_m 值，第一条引物长 15 ~ 16 bp，T_m 值为 42 ~ 46 ℃(45 ℃)；第二条引物长 20 ~ 30 bp，T_m 值为 72 ~ 80 ℃。在第一轮 PCR 的后期(25 个循环)，直接加入第二条引物和 DNA 聚合酶，在高温下进行第二轮 PCR(25 个循环)。高温抑制了第一条引物的退火，不能有效扩增。第二轮 PCR 几乎全部是突变产物。突变效率达 80%，同时可避免在二轮 PCR 之间的纯化步骤。

3. **片段 PCR 连接合成**

如果一个基因的多处需要突变，那么可采用片段 PCR 连接合成策略。一个预先设计好的基因被分成等长度、重叠的 DNA 片段，然后进行 PCR 反应进行扩增性连接。化学合成 50 ~ 100 bp的 DNA 片段，片段之间有 15 ~ 20 bp 的重叠。这些片段既是 PCR 的模板，也是 PCR 的引物。加入 PCR 反应的其他成分，进行扩增，PCR 扩增的产物是这些 DNA 片段连接的全长基因。

4.3.2　核酸的全化学合成

大片段核苷酸的合成非常重要，是实现合成生物的关键技术。对于大片段核酸的合成，一般先采用化学合成寡核苷酸，然后用片段 PCR 扩增连接合成全长基因。目前国际上有 Blue Heron Technology、DNA2.0 和 GENEART 三家商业化的公司，提供数千碱基 DNA 的合成业务。程序化的微芯片合成 DNA 是一种非常吸引人的技术，可望取得突破性进展。下面介绍寡核苷酸的传统全化学合成技术。

1. **基本原理**

核酸分子的基本骨架是相邻核苷酸之间的 3′→5′磷酸二酯键。核苷酸是一个多官能基团的分子，化学合成核酸分子是一个多步连续的反应。化学合成的基本思路是在合成过程中尽可能将不需要反应的基团暂时保护起来，在一轮缩合反应之后，再将上一轮基团上的保护基选择性地脱下来，以形成专一的磷酸二酯键。目前，一般 DNA 合成都采用固相亚磷酰胺三酯法。该方法具有高效、快速偶联等优点，已在 DNA 化学合成中广泛使用。DNA 化学合成不同于酶促的 DNA 合成过程（5′→3′方向延伸），而是由 3′端开始延伸的（图 4.4）。

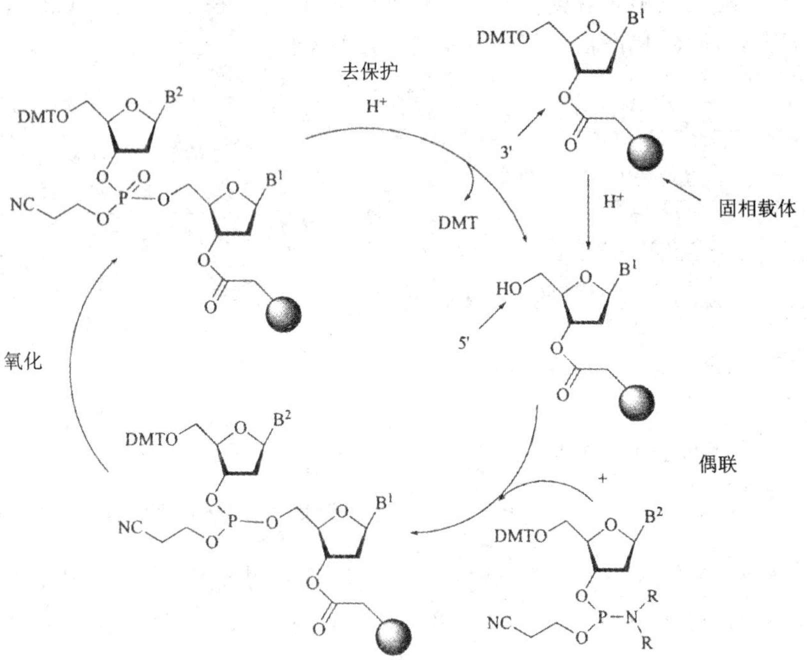

图 4.4 DNA 的化学合成原理

固相合成是将核酸固定在固相载体上完成合成反应的，最常用的固相载体为可控微孔玻璃珠（controlled pore glass，CPG），CPG 的孔径根据所合成的寡核苷酸的长度而定。一般合成链长小于 60 bp 时，选择孔径 50 nm，链长大于 60 bp 时，使用 100 nmCPG。使用 CPG 的缩合效率高达 98% ~99.9%，足以合成长达 175 bp 的寡核苷酸。CPG 通过连接化合物与初始核苷酸的羟基共价结合，核苷酸的 5′羟基被二甲氧基三苯甲基（DMT）保护。

合成 DNA 所用单体为核苷亚磷酰胺，是经过化学修饰的核苷酸，含下面几个功能基团。3′位 P 上二异丙胺基，缩合所用的功能基；3′位亚磷酸用腈乙基保护，合成完毕后脱去；5′-DMT，缩合前脱去保护基；A 和 C 的杂环氨基采用苯甲酰基保护，合成完毕后脱去；G 上嘌呤环氨基用异丙酰基保护，合成完毕后脱去；T 碱基不必保护。

2. 合成反应步骤

（1）脱保护　用三氯乙酸（TCA）脱去核苷酸的保护基团 DMT，游离出 5′羟基，供下一步缩合。值得注意的是，TCA 为一较强的酸，可能会有脱嘌呤作用，所以 TCA 与寡核苷酸接触不要超过规定时间。

（2）活化　单体核苷酸与活化剂四氮唑混合并进入合成柱，四氮唑提供一个质子给 3′磷酸上二异丙胺基的 N 原子，质子化的二异丙胺是一个良好的游离基团，与四唑形成亚磷酰胺四氮唑的活性中间体（其 3′-端已被活化，但 5′-端仍受 DMT 保护）。此中间体将与 CPG 上的已脱保护基的核苷酸发生缩合反应。四氮唑过量保证了单体活化充分。

(3)连接　亚磷酰胺四氮唑活性中间体遇到CPG上已脱保护基的核苷酸时,将与其5′-羟基发生亲核反应,缩合并脱去四氮唑,此时合成的寡核苷酸链向前延长一个碱基。此步单体相对于CPG所连核苷酸上5′-羟基过量,保证了连接的高效率。

(4)封闭　为了防止连在CPG上的未参与反应的5′-羟基在随后的循环反应中被延伸,需要在连接反应充分进行之后使之封闭,常用乙酰化来封闭此羟基。乙酰化试剂是用乙酸酐和N-甲基咪唑等混合形成的,与少量未参与连接反应的5′-羟基缩合成酯键。由于要封闭的羟基少,而且乙酰化试剂活性高和充分过量,此步反应速度很快,几秒钟即足够。封闭时间太长,有可能在非预期位置发生乙酰化反应,而且增加乙酸酐与痕量水形成酸攻击新生成的亚磷酯键的危险性。

(5)氧化　连接反应后,新核苷酸单体是通过亚磷酯键与连在CPG上的寡核苷酸连接,而亚磷酯键(磷为三价)不稳定,易被酸、碱水解。因此需将此处三价磷氧化为五价磷。常用碘的四氢呋喃溶液将亚磷酰转化为磷酸三酯,得到稳定的寡核苷酸。此步反应速度亦很快。应注意,最后一个循环时,氧化步骤不可省略。也可用其他氧化剂,得到各种符合实验需要的寡核苷酸。

循环上述五个步骤,寡核苷酸链在延伸至所需长度时即可完成,得到一DNA片段粗品。

3. 合成后处理

合成后,对核酸进行切割、脱保护基等处理,然后纯化、定量。

(1)切割　将合成好的寡核苷酸链从支持物上化学切割下来。通常用新鲜的浓氨水来裂解CPG上连接化合物与初始核苷酸间的酯键。断裂下来的寡核苷酸带有自由的3′-羟基。

(2)脱保护基　一般用新鲜的浓氨水处理较长时间以脱掉腈乙基、苯甲酰基、异丙基,用三氟乙酸脱5′-DMT。脱保护基与后续的纯化方法有密切关系。

(3)纯化　根据所合成寡核苷酸的组成和应用来选定纯化的方法。常用的纯化方法有C_{18}柱、OPC柱、PAGE和HPLC。固相合成寡核苷酸是在DNA合成仪上进行的。上述方法合成的核酸在脱去保护基后,目的核酸纯度是极低的,含有大量的杂质。主要杂质有脱下的保护基与氨形成的苯甲酸氨和异丁酸氨、腈磷基上脱下的腈乙基以及合成时产生的短链等。尽管合成时每一步的效率都在97%～98%,但累积的效率并不高。以链长20 bp和50 bp为例,分别为$(97.5\%)^{20}\approx60\%$、$(97.5\%)^{50}\approx28\%$,可见在粗产品中目的核酸含量很低,甚至10%都不到。对于分子生物学实验,选用PAGE纯化,产品纯度高、质量可靠,缺点是实验步骤多,费人工。对于简单的PCR反应,则采用脱盐纯化即可。

(4)定量　根据寡核苷酸在260 nm处的紫外吸收来定量。在1 mL的1 cm光程标准石英比色皿中,260 nm波长下吸光度为1的寡核苷酸溶液定义为1 OD_{260}。虽然对于每种特定的寡核苷酸来说,其碱基的组成不尽相同,但1OD_{260}的DNA的质量约为33 μg,每个碱基的平均分子量约为330 Da。因此合成的DNA摩尔数可按以下公式近似计算:

$$摩尔数(mmol)=[OD值\times33]/[碱基数\times330]=0.1\times[OD值/碱基数]$$

4. 溶解和保存

通常一次合成提供的寡核苷酸的量会比所需要的量大得多。合成公司提供的是真空干燥的DNA,呈干膜状或粉末状,在离心管底部,可于-20 ℃或室温长期保存。因为寡核甘酸的稳定性很好。开启瓶盖时,小心不要丢失,先稍微离心,再加入足量的水充分振荡溶解。溶解

DNA 的水最好无菌(或 1 × TE,0.5 × TE),pH 值大于 7.0。一般制备成 100 × 浓缩液,使用时再稀释至所需浓度。需水的量(mL) = [OD 值 × 33]/[(碱基数 × 330) × 所需浓度($\times 10^{-6}$ mol/L)]溶液体积。DNA 最好保存在 -20 ℃,在此温度下,可稳定保存一年,避免反复冻融;带有荧光标记的引物要注意避光保存,避免紫外线等照射。

4.3.3 生物砖的合成与基因电路的集成

在 MIT 的标准生物元件库(Registry of Standard Biological Parts)中已有 2 000 个生物砖。

1. 生物砖的标准化操作

为了实现生物元件之间的高效连接,使核心元件具有普适性和通用性,必须对生物元件标准化,使其成为生物砖。基于核酸的酶切生化反应,要使元件具有唯一末端(前后缀),方法有两种。一种是用同尾酶(能产生相匹配的末端的酶)的位点作为前后缀,另一种是用接头(linker)作为前后缀。元件连接前用一种酶切开,形成可连接末端;一旦与另一个元件连接后,该酶切位点消失。这样就可以把多个元件按照一定顺序依次连接在一起。这两种方法的缺点都是一旦两个生物元件被连接在一起,就不能再把它们切分开了。

在生物砖的操作中,限制性内切酶位点常用单字母表示,如 N 表示 *Nhe*I,E 表示 *Eco*RI,X 表示 *Xba*I,S 表示 *Spe*I,P 表示 *Pst*I,其中 E、X、S、P 为生物砖酶切位点,X 和 S 为同尾酶。另外,*Apo*I 和 *Mfe*I 是 E 的同尾酶,*Avr*II 和 *Nhe*I 是 X 和 S 的同尾酶,*Nsi*I、*Sbf*I 是 P 的同尾酶。

如果一个生物砖是包含完整的基因表达盒,那么在该基因表达盒增加前缀为 E 和 X (GAATTCGCGGCCGCTCTAGA),增加后缀为 S 和 P(ACTAGTCGCGGCCGCTGCAG),即成为生物砖。生物砖标准操作是用 S 和 P 切割载体,使之线性化。用 X 和 P 切割含有生物砖的载体,把生物砖分离出来。然后用连接酶把线性化的载体和生物砖连接在一起(图 4.5)。重复以上过程,可连接多个生物砖到一个载体中,集成基因电路。

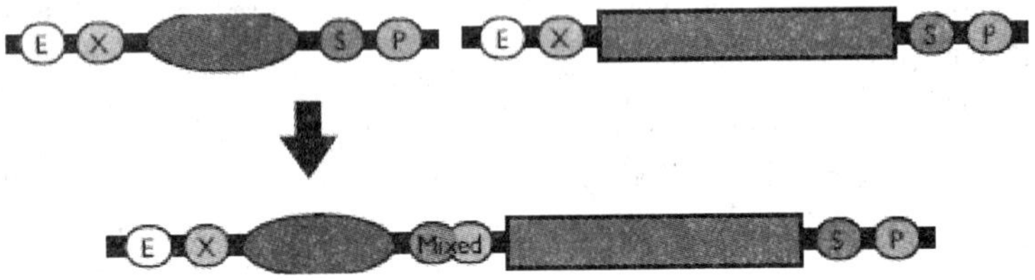

图 4.5 生物砖之间的标准操作

2. 生物砖载体的基本结构

用于构建生物砖载体(biobrick vector)的骨架可以是分子克隆中的任意载体,它应该具备可自主复制性、转移性、可选择性标记、不相容性和外源生物砖的整合性。这些特性由复制子、抗生素抗性基因、多克隆位点所赋予。在载体中使用致死基因 ccdB (产物为毒蛋白),使生物砖装配的筛选非常容易。在载体中引入验证性引物序列(图 4.6),便于测序确证生物砖整合的准确性。

复制子决定了载体在细胞中的拷贝数,复制子的不同类型可用数字编码表示,如 1 表示 pMBI(改造后)来源,细胞中的拷贝数有 500 ~ 700 个;2 表示 pScans 来源,细胞中的拷贝数从几个至几十个,受条件诱导;3 表示 pI5A 来源,细胞中的拷贝数有 10 个左右;4 表示 pSC101 来源,细胞中的拷贝数占有几个;5 表示 F 质粒来源,细胞中的拷贝数有 1 ~ 2 个;6 表示 pMBI 来

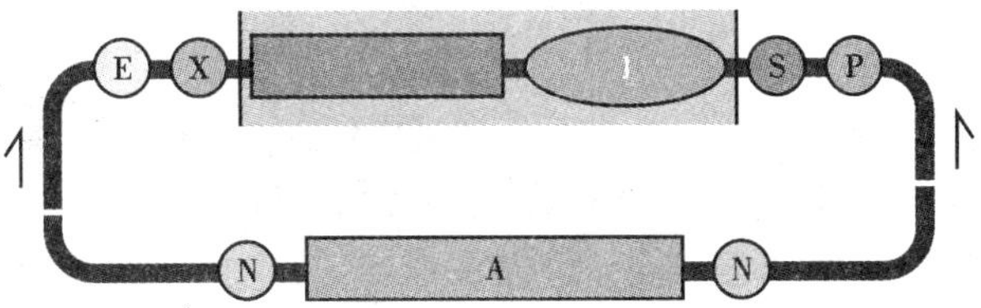

图 4.6 生物砖载体的物理结构

源，细胞中的拷贝数有 15 ~ 20 个。

选择标记的类型可以用缩写单字母或三字母表示，如 A 表示氨苄青霉素抗性，C 表示氯霉素抗性，E 表示红霉素抗性，K 表示卡那霉素抗性，T 表示四环素抗性。

生物砖载体的命名是 pSB#X#，第一个#是指复制子类型，X 是指抗生素抗性标记，第二个#是指载体的版本。如 pSB1A3 是指合成生物学质粒，具有 pMBI 复制子，氨苄青霉素抗性标记，第 3 版。

3. 生物砖载体的构建

把生物砖整合到载体中的过程非常简单，就像普通基因克隆一样。在这里，操作对象是生物砖，而不是基因。首先用两种限制性内切酶 X 和 S 消化构建好的生物砖（包括功能基因和抗性标记基因），用 N 消化载体，除去氨苄青霉素抗性标记；其次把生物砖与线性载体连接。把连接产物转化到表达 *ccdB* 的 *E. coli* DB3. 1 中，筛选鉴定出生物砖载体（图 4. 7）。

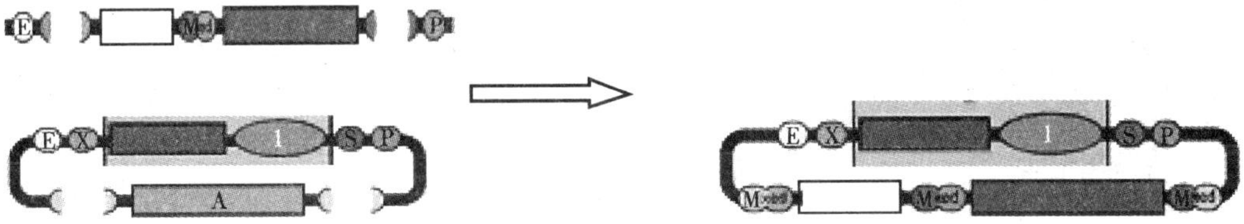

图 4. 7 生物砖载体的构建过程

4. 3. 4 基因组的合成与装配

合成生物学研究最终是要合成一个全新的基因组（可近似看成是计算机的软件），把它导入到无基因组的细胞（可近似看成是计算机的硬件）中，从而实现新生物系统的全合成。但由于核酸化学合成技术的限制，它的合成长度一般在 100 bp 之内，就是用 PCR 技术，合成长度也超不过几万个碱基对，远远不能满足基因组的要求。因此，在生物系统的合成中，基因组的合成和装配的策略是，化学合成寡核苷酸，PCR 合成和酶连接产生较长片段，在生物体内连接合成全长基因组。有两种策略，第一种策略是合成全长双链，并连接到骨架上；第二种策略是合成部分序列，间隔空缺由 DNA 聚合酶催化填补。

在全长基因的全合成研究中，最著名的是 2002 年 Cello 等人合成了脊髓灰质炎病毒的 cDNA，2005 年 Endy 等人实现了噬菌体 T7 基因组的全合成，2007 年 Craig J. Venter 研究所实现了基因组在物种之间的转移，2008 年该研究所全合成了支原体 *Mycoplasma genitalium* 的基因组。以下就分别介绍这些研究成果。

1. 噬菌体 T7 基因组的设计与合成

1)基因组的设计

重新注释野生型 T7 基因组,确定基因的边界,定义基因元件的功能,选择正确的序列。基因元件序列不能重复,一个基因元件编码唯一功能。每个基因元件能够进行独立和准确的操作,组装新基因组,使其具有生物学功能。经过注释,从野生型噬菌体 39 937bp 线性双链 DNA 中抽提得到 57 个 ORF、57 个 RBS、60 个蛋白、51 个调控序列。如图 4. 8 所示,在野生型 T7 中基因 2. 8 和基因 3 有重叠序列,基因 3 的 RBS 在基因 2. 8 内部。在 T7. 1 的设计中,把自然 RBS 和起始密码进行同义点突变(用大写字母表示),即不改变基因 2. 8 的编码氨基酸。把基因 3 的序列向右移动,与基因 2. 8 之间有限制性内切酶(*Bam*HI 和 *Eag*I)分开。这样在 T7. 1 中,基因 2. 8 和基因 3 就没有重叠序列了,形成了部件 28 和部件 29。将这些功能基因元件组装成部件,再把部件组装成零件,最后由零件组装成基因组 T7. 1。

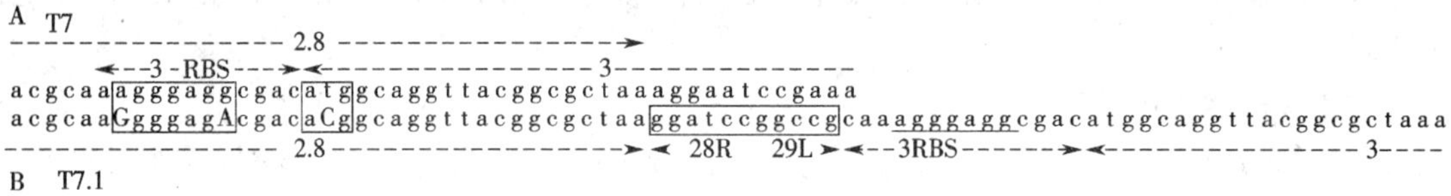

图 4. 8 基因元件分解与部件设计(A 为 T7 序列,B 为 T7. 1 序列)

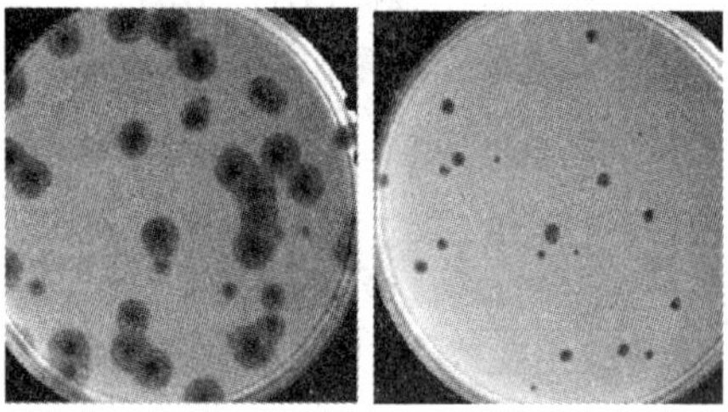

图 4. 9 噬菌体 T7(左)和 T7. 1 感染 *E. coli* BL21(24 h, 37 ℃)

2)合成与测试

把功能基因元件组装成 73 个生物部件(part),每个部件包括一个或多个基因元件,基因元件间可能重叠,但部件之间无重叠边界。把部件组装成零件,零件边界由核酸内切酶位点予以限定,总共 6 个零件组成 T7. 1 基因组。T7. 1 基因组长度为 41 326 bp,其左端用人工重新合成的 12 179 bp 取代野生型的 11 515 bp,改变或增加了 1 424 bp。转染大肠杆菌和涂培养板进行测试,新合成基因组 T7. 1 能编码活噬菌体,具有生物学活性(图 4. 9),即能感染大肠杆菌并在其中进行复制。因此自然生物系统可以再设计和重新合成。

2. 支原体基因组的合成

支原体是一种无细胞壁的基因组最小的细菌,在 485 个蛋白质编码基因中,其中大约 100 个是非必需的。

1)基因组的设计与组装策略

M. genitalium 基因组序列长度 580 076 bp,把原始序列按顺序等分成 101 个序列盒,每个序列盒长 5 ~ 7 kb。4 个序列盒连接,组装形成 1 个 A 序列(A1 – A25),每个 A 序列长约 24 kb。3 个 A 序列连接,组装成 1 个 B 序列(B1 – B8),每个 B 序列长约 72 kb,约为基因组的 1/8。2 个 B 序列连接,组成 1 个 C 序列(C1 – C4),每个 C 序列长约 144 kb,约为基因组的 1/4。2 个 C 序列连接,组装成 1 个 D 序列(D1 – D2),每个 D 序列长约 290 kb,约为基因组的 1/2。2 个 D 序列连接,组装形成完整的基因组(图 4. 10)。

分别合成 101 个序列盒,每个序列盒与比邻序列盒之间有重叠序列,测序确证并逐步连接

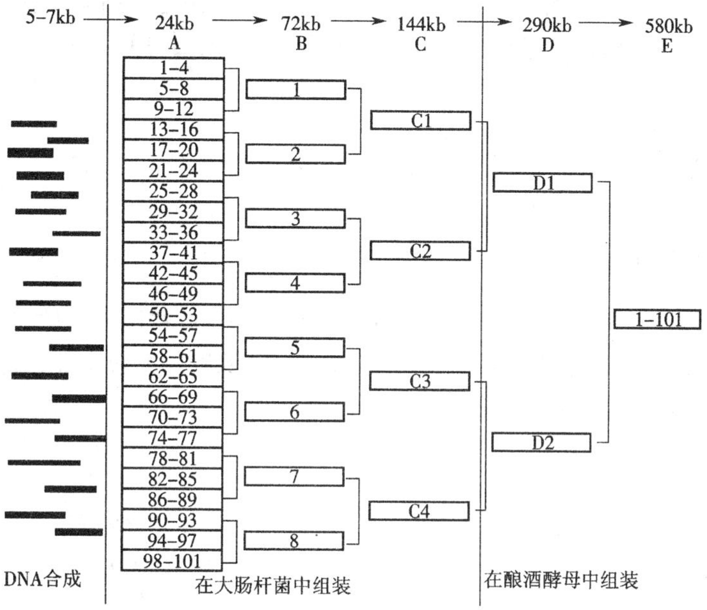

图4.10 支原体基因组设计与组装策略

在一起。合成的总长度为582 970 bp,为第1版基因组 *M. genitalium* JCVI-1.0。

2)基因组的组装技术

分2阶段进行基因组的组装。第一个阶段,用BAC(细菌人工染色体)为载体,大肠杆菌为宿主,离体重组,把连接后的序列(A-C)插入到BAC中,筛选鉴定得到相应的组装体。把4个序列盒(1-4)用3′核酸外切酶处理,形成5′突出端。在60 ℃退火,序列末端之间相互碱基配对结合。用DNA聚合酶填补间隔空缺的未配对碱基,再用连接酶使碱基之间形成磷酸二酯键,获得完整的A1序列(图4.11(a))。设计两个引物,分别含有待连接序列的上游和下游,对BAC载体进行PCR扩增,获得具有同源臂的线性BAC载体(图4.11(b))。把A1和线性BAC连接起来,转化大肠杆菌,筛选得到A1序列(图4.11(c))。

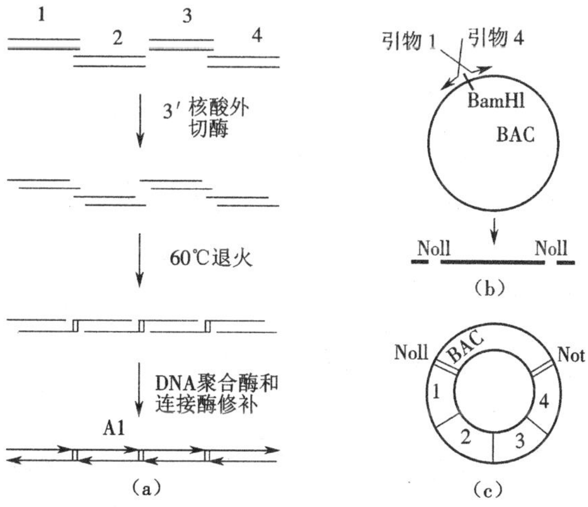

图4.11 基因序列在BAC中的组装

第二阶段组装,用 YAC(酵母人工染色体)为载体,酿酒酵母为宿主,离体同源重组 D 系列和整个基因组,转化到酵母中,最终得到合成的支原体基因组 JCVI－1.0。

4.4 合成生物的功能实现

4.4.1 青蒿素代谢电路设计与从头合成

根据目标产物在生物体内的合成过程,对不同生物来源的基因元器件进行组装,设计崭新生物合成代谢途径,在异源生物宿主中表达,实现目标代谢物的高效生产是合成生物学研究的一个重要方面,并取得令人瞩目的成果。

1. 青蒿素生产面临的问题

疟疾是世界上流行最广、发病率及死亡率很高的、由热带寄生虫——疟原虫(*Plasmodium vivax*, *P. malariae*, *P. ovale*, 最流行的是 *P. falciparum*)引起的传染疾病,它通过蚊叮咬而传播(图 4.12)。疟原虫先侵入肝细胞,再侵入红细胞内繁殖,引起红细胞破裂而发病。临床表现为间歇性寒战、高热、贫血和脾肿大,且常伴有致命的合并症。印度、拉丁美洲和非洲大陆国家的疟疾最为严重,威胁 300 万～500 万人,每年约死亡 100 万人,用于治疗疟疾的费用每年约 18 亿美元。

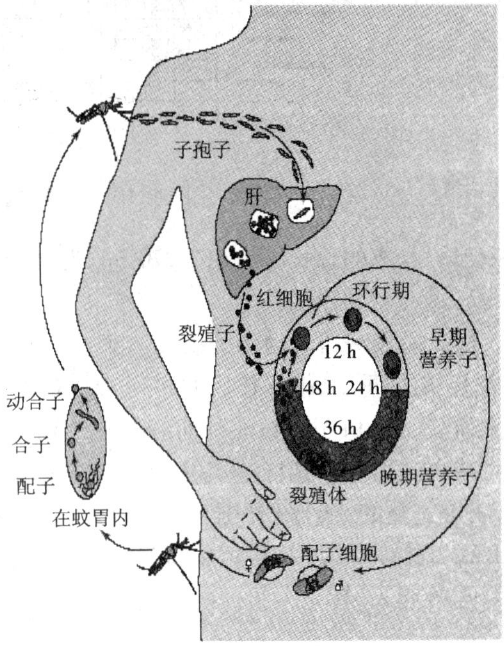

图 4.12　蚊叮传播疟原虫的致病过程

青蒿素(artemisinin)及其衍生物青蒿琥酯、蒿甲醚和双氢青蒿素是我国在世界首先研制成功的一类治疗疟疾的新药,它是从我国民间治疗疟疾草药菊科植物青蒿(学名黄花蒿, *Artemisia annua*)中分离出来的有效单体,目前被世界卫生组织评价为治疗恶性疟疾唯一有效的药物。青蒿素的治疗机理是作用于红细胞期疟原虫的膜系结构,干扰了疟原虫的线粒体的功能,影响了疟原虫的能量生成。青蒿素的全合成的工艺复杂,成本太高。全世界绝大多数地区青蒿中青蒿素含量都很低(1‰以下),无利用价值,中国西南地区生长的青蒿具有工业提炼价值(青蒿酸约占干重 1.9%,青蒿素约占 0.16%)。目前青蒿素来源主要是从青蒿中直接提取,或先提取青蒿酸,然后通过半合成得到。可见在青蒿素的生产中,药源问题非常突出,具有很大的市场空间。

2. 青蒿素的生物合成过程

青蒿素(图 4.13)是萜类化合物,由异戊二烯基单元聚合和修饰而成,这个代谢途径涉及 10 余个功能基因。在生物界,有两条合成萜类的途径。除植物之外的其他真核生物具有甲羟戊酸(mevalonate, MEV)的萜类合成途径,而原核生物具有脱氧木酮糖磷酸(1-deoxy-D-xylulose

5-phosphate,DXP) 的萜类合成途径。植物则同时具有 MEV 和 DXP 这两种途径。

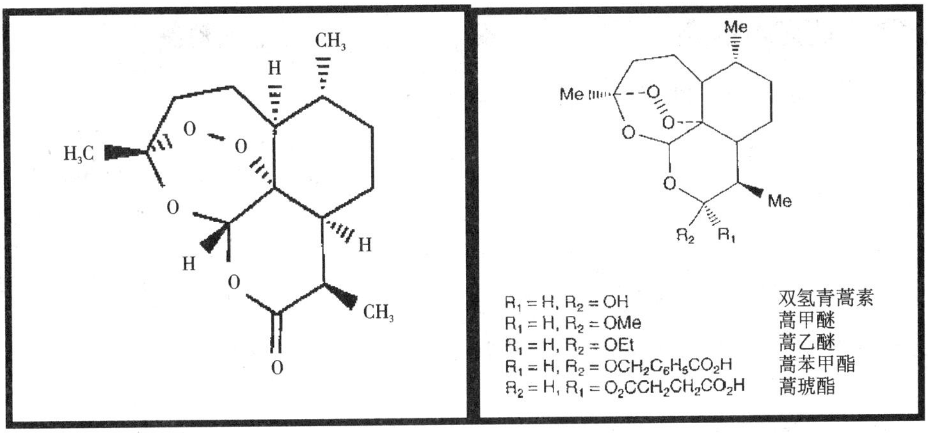

图4.13 抗疟疾药物青蒿素及其衍生物的结构

对于真核生物,葡萄糖经过糖酵解途径转化为乙酰辅酶 A(A－CoA),2 分子的乙酰辅酶 A 在硫解酶催化下生成乙酰乙酰辅酶 A(AA-CoA)。1 分子乙酰乙酰辅酶 A 和 1 分子乙酰辅酶 A 在 HMG-CoA 合成酶催化下生成羟甲基戊二酰辅酶 A(HMG-CoA)。HMG-CoA 在还原酶催化下生成甲羟戊酸(Mev),在两个激酶催化下生成磷酸甲羟戊酸(Mev-P)和焦磷酸甲羟戊酸(Mev-PP)。在脱羧酶催化下生成异戊烯焦磷酸(IPP),IPP 与二甲基丙烯焦磷酸(DMAPP)处于动态平衡。2 分子 IPP 与 1 分子 DMAPP 在转移酶催化下生成法尼基焦磷酸(FPP),在二烯合成酶(ADS)催化下使 FPP 环化生成环倍半萜(青蒿二烯)。进一步在 P450 酶催化下,生成青蒿素。

对于原核生物,葡萄糖酵解产物丙酮酸和 3-磷酸甘油醛(G3P)在脱氧木酮糖磷酸合成酶(DXS)催化下生成脱氧木酮糖磷酸,该途径的中间产物包括甲基赤藻糖醇磷酸(MEP)、二磷酸甘油酸-甲基赤藻糖醇(CDP-ME)、二磷酸甘油酸-甲基赤藻糖醇磷酸(CDP-ME2P)、甲基赤藻糖醇环焦磷酸(ME-2,4cPP)、羟甲基丁烯焦磷酸(HMB4PP),最终生成产物 IPP。IPP 在异构酶催化下生成 DMAPP,它是青蒿素合成的关键中间产物。

3. 大肠杆菌生产青蒿素前体的设计与合成

美国加州大学伯克利分校 Keasling 等人进行青蒿素代谢途径的合成生物学研究。2003 年他们在大肠杆菌中独立设计了两条青蒿二烯(amorphadiene,青蒿素的前体)的代谢途径。该途径共有 2～3 个功能模块、9 个基因构成,如图 4.14 所示。

DXP 和 MEV 途径的合成,通过引物重叠延伸策略,采用 PCR 方法,把多个功能基因连接在一起。对于 DXP 途径,把大肠杆菌的脱氧木酮糖磷酸合成酶基因(*dxs*)、IPP 异构酶基因(*ippHp*)和酰基转移酶基因(*ispA*)等三个功能基因拼接在一起,组成 DXS 代谢电路。

由于大肠杆菌没有 MEV 途径,需要把酿酒酵母 MEV 途径引入大肠杆菌,由两个独立的表达载体 pMevT 和 pMBIS 组成 MAV 代谢电路。把大肠杆菌的乙酰辅酶 A 硫解酶基因(*atoB*)、酵母的 3-羟甲基戊二酸单酰 *CoA* 合成酶基因(*HMGS* 或 *ERG*13)、截短的 3-羟甲基戊二酸单酰 CoA 还原酶(*tHMGR*1)连接在一起,组成 pMevT。通过 PCR 从酵母染色体中扩增克隆得到甲羟戊酸激酶基因(*ERG*12)、甲羟戊酸磷酸激酶基因(*ERG*8)和甲羟戊酸焦磷酸脱羧酶基因

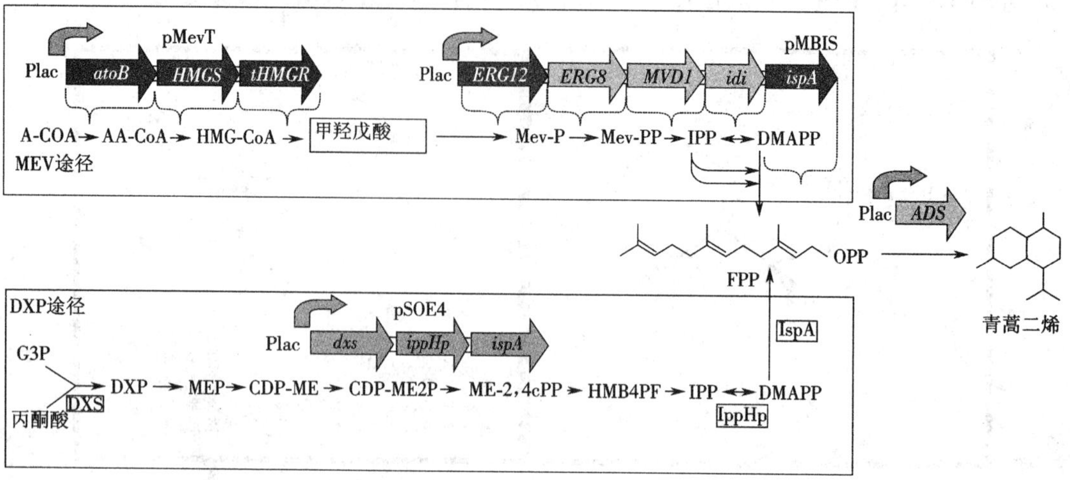

图 4.14　在大肠杆菌中人工合成的青蒿二烯的代谢电路设计

(*MVD*1 或 *ERG*19),大肠杆菌 IPP 异构酶基因(*idi*)、红球藻(*Haematococcus pluviali*) *ippHA*、*ispA*,把这些基因连接到一起,组成 pMBIS 表达载体。

由于植物来源的基因在大肠杆菌中的表达效果很差,因此对青蒿来源的二烯合成酶(amorphadiene synthase,ADS)进行适合于大肠杆菌表达的密码优化和定点突变,实现青蒿二烯高效表达。基于 ADS 蛋白质序列,设计了 84 条重叠寡核苷酸(图 4.15),用高保真 DNA 聚合酶 Pfu 进行三步 PCR 组装,获得 1.7 kb 全长序列。两轮定点突变消除 PCR 过程中产生的点突变,使之具有生物学功能。

GATTAAGGCATGCACCATGGCCCTGACCGAAGAGAAACCGATCCGCCCGATCGCTAACTTCCCGC.........
CTAATTCCGTACGTGGTACCGGGACTGGCTTCTCTTTGGCTAGGCGGGCTAGCGATTGAAGGGCG.........

......CGACGAATACAAACACCTGATCAAATCCCTGCTGGTTTACCCGATGTCCATCTGATCCCGGGATTAGAT
......GCTGCTTATGTTTGTGGACTAGTTTAGGGACGACCAAATGGGCTACAGGTAGACTAGGGCCCTAATCTA

图 4.15　ADS 基因的设计与合成策略(仅显示 5′端和 3′端部分序列)

起始密码 ATG 和终止密码 TGA 用方框表示,不同寡核苷酸用不同背景色表示。

对于 DXP 途径,把丙酮酸和甘油磷酸转化成为青蒿二稀,产量达 0.313 μg /(mL · OD_{600})。对于 MEV 途径,经过一系列生化反应,把乙酰辅酶 A 转变成青蒿二烯产量达 3.4 μg /(mL · OD_{600}),比 DXP 途径高 11 倍。在 11 h 的生产周期中,MEV 途径合成青蒿二烯的浓度约 22.6 mg/L,增加 0.8% 甘油可使浓度达到 112.2 mg/L,该实验室水平经过工程放大到工业化生产实际,水平可达 g/L。

4. 酵母生产青蒿素前体的设计与合成

2006 年 Keasling 研究小组进一步对青蒿素代谢途径进行设计,分别将来自于大肠杆菌的基因、青蒿植物的基因与酵母基因进行优化,全新设计和合成了酿酒酵母中的青蒿素的代谢电路(图 4.16),成功实现了利用微生物生产出青蒿素的前体物质——青蒿酸(artemisinic acid)。

首先,对 FPP 合成的代谢途径进行染色体水平的修饰,增加上调基因 *tHMGR*(双拷贝)、

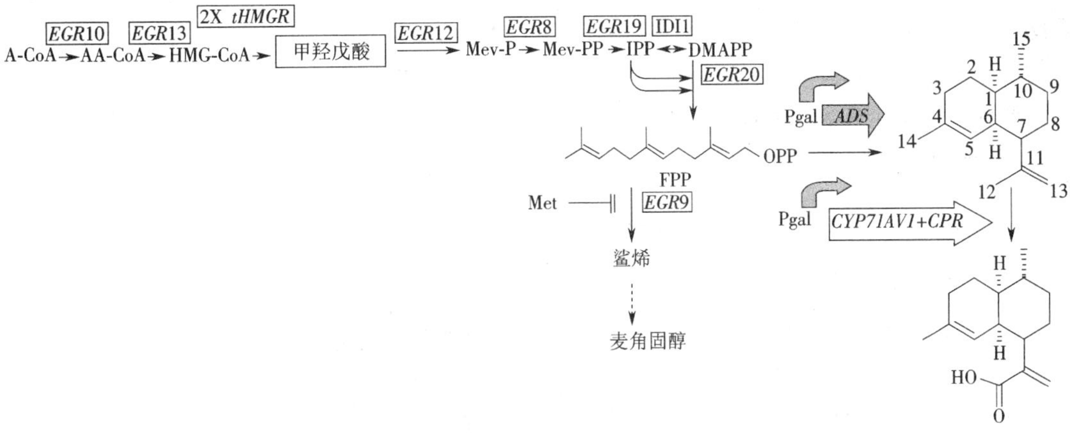

图 4.16 工程酵母生产青蒿酸代谢电路设计

*ERG*20(编码 FPP 合成酶)、*upc*2-1(编码甾醇合成的转录因子)的过表达,抑制下调基因 *ERG*9(编码鲨烯合成酶)表达,促进 FPP 的积累。其次,构建半乳糖诱导启动子(P_{gal1})控制青蒿二烯合成酶基因(*ADS*)的酵母表达载体,促进 FPP 转化为青蒿二烯。最后,采用同源克隆策略,从青蒿中分离出多个细胞色素 P450 单氧化酶基因的表达序列标签(EST),筛选 cDNA 文库,鉴定出一个全长编码 495 个氨基酸残基的 P450 基因(*CYP*71*AV*1)。P450 酶的催化功能需要 NADPH 细胞色素 P450 氧化还原酶参与,因此可从青蒿中克隆出该氧化还原酶基因 *CPR*,进行构建了半乳糖诱导启动子控制的 *CYP*71*AV*1 和 *CPR* 共同表达的基因电路。

用工程酵母细胞炼制工厂合成并向胞外分泌,在培养液中积累青蒿酸,青蒿酸占酵母干重的 4.5%,工程酵母发酵 4 ~ 5 天的生产能力为 100 mg/L,其速度比从植物中提取要快将近 100 倍。工程酵母的青蒿二烯产量达 153 mg/L,提高了 500 倍。这一科研成果被评为 2006 年"世界十大科技进展之一"。Keasling 等人的研究成果无疑是合成生物学的一个里程碑。

具有甲羟戊酸代谢途径和异戊二烯类结构的化合物有他汀类药物、番茄红素、胡萝卜素、虾青素、赤霉素等。显然,该类代谢电路的通用性是不言而喻的。

4.4.2 高级醇燃料代谢电路设计与从头合成

1. 生物能源的问题

目前大规模生产并用于车辆的生物能源主要是燃料乙醇和生物柴油。燃料乙醇都是通过淀粉发酵制备,原料是甘蔗、玉米等;生物柴油是通过脂肪酸的化学甲酯化炼制。这两种燃料都存在与人争粮、争地,导致全球粮食和食品危机,从而引发了对生物能源的争议。另一方面,生物乙醇不是最理想的燃料,因为它的能量密度比汽油低,其吸湿性不利于贮存和运输。高级醇(四碳和五碳)的能量密度与汽油接近,而且无吸湿性,比乙醇挥发性低,可替代汽油。目前,除了正丁醇外,没有从可再生资源中生产其他高级醇。目前还没有鉴定出从葡萄糖生产高级醇如异丁醇、2-甲基丁醇、3-甲基丁醇等的微生物。因此采用合成生物学策略,通过合成代谢电路,使微生物生产长链醇,将成为新一代的生物燃料。

2. 高级醇的生物合成过程

微生物在氨基酸生物合成途径中产生各种中间产物 2-酮酸,是醇的前体(图 4.17)。从生化反应看，酮酸由酮酸脱羧酶（KDC）转化为醛，然后由醇脱氢酶（ADH）把醛还原为醇。异亮氨酸生物合成途径产生2-酮丁酸和2-酮-3-甲基戊酸，可分别转化为丙醇和2-甲基丁醇。缬氨酸生物合成途径产物2-酮异戊酸，可转化为异丁醇。亮氨酸生物合成途径的2-酮-4-甲基戊酸可转化为3-甲基丁醇，苯丙氨酸途径的苯基丙酮酸可转化为2-苯乙醇，正缬氨酸途径的产物2-酮基戊酸可转化为丁醇。

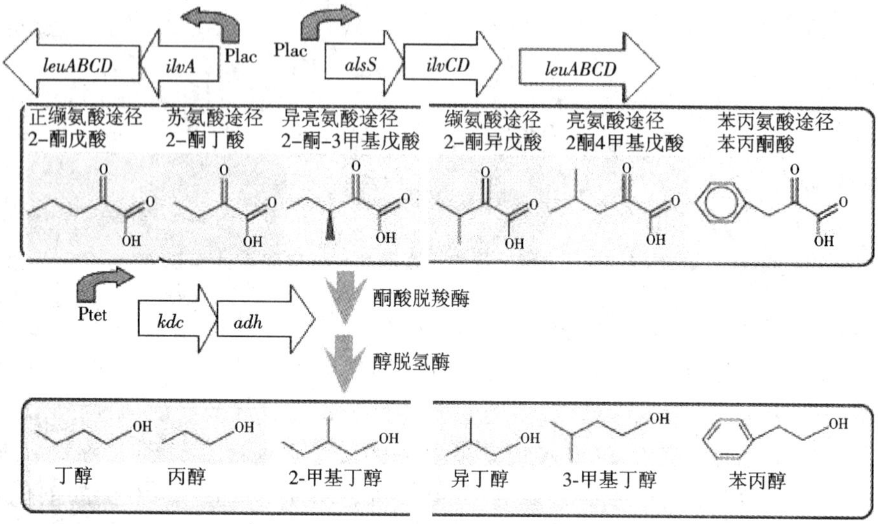

图4.17　由酮酸生成高级醇的代谢电路设计

3. 高级醇代谢电路设计

在酮酸转化醇的过程中，关键酶KDC普遍存在于植物和酵母中，但在细菌中不常见。把醛转化为醇的脱氢酶ADH普遍存在于多种微生物中。Atsumi等人利用大肠杆菌已有的代谢途径，构建了P_{tet}控制*kdc*和*adh*基因的组成型表达电路，增加两步细菌本身不具备的生化反应，可使氨基酸代谢中间产物合成醇，实现高级醇的代谢电路设计。

对于异丁醇，构建了P_{lac}控制*ilvIHCD*基因表达电路，促进了2-酮异戊酸的合成积累，放大*ilv*途径与醇产生途径（*Kdc*，*Adh*），异丁醇产量为23×10^{-3}mol/L。为了加强醇合成，敲除了副产物生成基因（如*adhE*，*ldhA*，*frdAB*，*fnr*，*pta*），增加了丙酮酸代谢流，异丁醇产量达30×10^{-3}mol/L，葡萄糖转化为异丁醇的产率为0.21 g异丁醇/g葡萄糖。因为来源于枯草芽孢杆菌的AlsS对丙酮酸具有更高的亲活性，而IlvIH对2-酮丁酸亲和性高，用*alsS*取代大肠杆菌的ilvIH，构建了P_{lac}控制的*alsS*－*ilvCD*基因表达电路，异丁醇产量为50×10^{-3}mol/L，增加了1.7倍。敲除*pflB*基因，减少对丙酮酸的竞争，在微氧条件下异丁醇产量300×10^{-3}mol/L（22 g/L）。增加酵母提取物增加细胞密度，在40～112 h产率达0.35 g异丁醇/g葡萄糖，是理论产率的86%。

对于丁醇，有些微生物能发酵生成，但很多酶对氧敏感并依赖于CoA。在大肠杆菌中过量表达*kdc*或*adh*，能生产少量丁醇，表明存在前体2-酮戊酸。构建P_{lac}控制下表达*ilvA-leuABCD*途径，增加2-酮戊酸产量，可生产0.6×10^{-3} mol/L丁醇。添加8 g/L L－苏氨酸，丁醇产量增加到3.2×10^{-3}mol/L。由于高产苏氨酸的大肠杆菌已经在工业化应用，所以直接改造种类菌种可产生丁醇。

大肠杆菌和酵母生长快速，兼性厌氧，适合于工业过程设计和大规模生产。设计和表达代谢电路可能引起代谢不平衡，同时外源代谢产物的积累还会对宿主产生毒性。为了目标产物的高效生产，所设计的代谢途径必需与宿主具有兼容性，协调一致。

4.4.3 生物成像

从生物学角度看，基因电路是细胞内基因转录和表达的级联调控事件，程序化光调控基因的时空性表达，发射光谱，使菌落具有生物膜的功能，可产生高清晰度的二维成像。它也可用于打印复杂的生物材料、研究信号转导途径。

Voigt 等人基于光敏色素的感光原理，构建了感光器的基因电路，使细菌具有成像功能。光敏色素是双组分系统，由膜结合的胞外传感器和胞内蛋白应答调节器组成。把蓝细菌来源的光敏色素 *cph*1 基因与大肠杆菌胞内组氨酸激酶基因 *envZ* 融合，在四环素抗性基因启动子（P_{tet}）控制下组成型表达，构建了光敏感基因电路（图 4.18）。

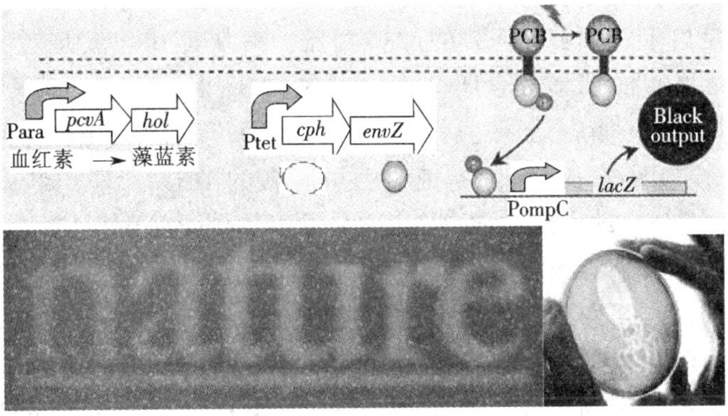

图 4.18 工程细菌成像的基因电路设计（上）与成像结果（下）

在蓝细菌中，由于 PcyA 和 Hol 两个蛋白的催化，使血红素转化为感光器蛋白藻蓝素（phycocyanobilin，PCB）。大肠杆菌无自然感光器，在阿拉伯糖诱导启动子（P_{ara}）控制 *pcyA* 和 *hol* 两个基因的表达下，构建了大肠杆菌的感光器藻蓝素的合成电路（图 4.18）。

光传感器由光感受器（Cph1 和 PCB）和组氨酸激酶应答调节器（EnvZ）组成，红光抑制了传感器的自磷酸化，关闭了基因的表达。在黑暗中有活性，在光下无活性。大肠杆菌在渗透剂诱导下，渗透启动子（P_{ompC}）使 *lacZ* 报告基因（β-半乳糖苷酶基因）表达，把底物环己酮七叶苷-β-D-葡萄糖苷（S-Gal）转化为稳定的不溶性黑色沉淀。细菌在琼脂培养基上生长形成菌落，可视化 *lacZ* 报告基因，在生物膜上产生高对比度成像的负本。有光的部分为明亮（基因不表达，化学底物 S-gal 有颜色），无光部分为变暗（基因表达，把 S-gal 转化为黑色物质），实现了细菌的照相和摄影功能。

4.4.4 生物计算机

1. 数学“翻煎饼难题”

由于 DNA 的强大信息贮存和自组装能力，基于 DNA 离体自组装和蛋白质 - DNA 相互作用，科学家已经创造了生物计算机，但基于 DNA 的复制和细胞分裂的计算生物还没有。为了实现在体计算，Haynes 等人对大肠杆菌进行基因电路设计，创造出细菌计算机。细菌计算机具有计算能力,可解决翻煎饼难题。

一堆不同大小的煎饼,每个煎饼都有黄色面和焦色面。要求是将最大的煎饼放在最底下,并使得每个煎饼的黄色面朝上,而操作的每一步只能一次操作一个或者连续的几个煎饼,改变其顺序或者朝向以达到要求,步骤最少的路径为最佳解。*N* 个煎饼的总体排列数目是 $2n(n!)$,随着煎饼数目增加,排列数目对数级增加。这就是翻煎饼难题(Burnt Pancake Problem,图 4-19),也是计算机领域的一个基本逻辑算法问题。

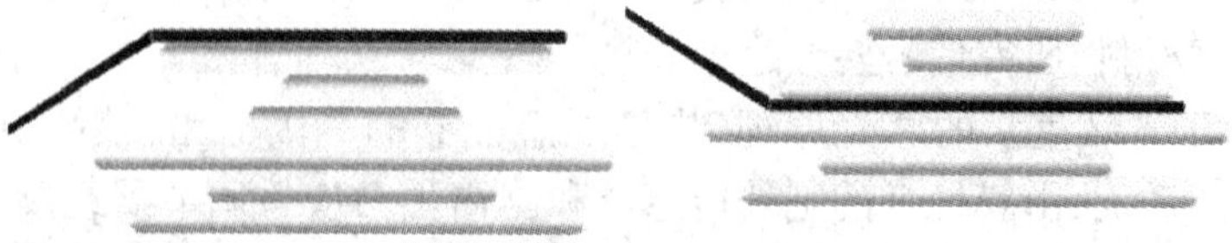

图 4.19　翻煎饼难题

2. 翻煎饼的基因电路设计

翻煎饼的过程是可逆的,可与基因的颠换相比。一块煎饼可看成是一个功能模块化的 DNA 生物砖,煎饼的两个面可看成是 DNA 分子的两端(5′和 3′端)。对于 DNA 的翻转,要求基因元件具有特异性顺序(如启动子之后是编码区基因),而且在细胞内由重组酶催化下可以翻转(即切割、颠倒、剪切和连接)。因此煎饼由可翻转的 DNA 片段组装而成。在 *Salmonella typhimurium* 中,通过控制启动子的方向,Hin DNA 重组酶催化颠倒反应,在颠倒基因的两侧有两个 26 bp hix 回纹序列,是颠倒基因被切割和链交换的识别位点。大约 70 bp 顺式作用重组增强子(RE) 增加 DNA - 蛋白质复合体形成的效率。

对于两块煎饼,第一翻是焦面朝上,第二翻先翻小煎饼,然后是大煎饼的金面朝上(图 4.20)。由此,基因元件半乳糖启动子 P_{lac} 对应小煎饼,基因元件四环素抗性基因(*tetA*(*C*))对应大煎饼。大小煎饼两侧都是 *hixC* 元件,为颠倒识别位点。大煎饼基因电路是 *hixC-tetA*(*C*) - *hixC*,小煎饼的基因电路是 *hixC-*P_{lac} - *hixC*,二者串联(图 4.20)。在 P_{lac} 控制下,诱导表达重组酶基因 *hinLvA*。采用标准生物元件,构建了翻煎饼的 *hin/hix* 重组基因电路。HinLVA 能翻转 200 ~ 1212 bp 不同大小的片段,独立翻转相邻片段,同时对翻转的多个煎饼进行排序。对于多个煎饼,Hin 只识别外部的 *hixC* 位点,不识别元件内部的 *hixC* 位点。在体内 DNA 的颠倒非常快,蛋白质 - DNA 复合体的组装,链切割、颠倒和连接在 1 min 内完成。该实验设计了四环素抗性和报告基因 RFP 的表达的基因型,不同翻转结果,P_{lac} 驱动 *mRFP* 报告基因表达或 *tetA*(*C*)表达。第一次翻转,菌落呈红色,第二次翻转无抗生素抗性。只有当 DNA 片段排序正确时(翻转结束),大肠杆菌才显出四环素抗性。

与传统计算机相比,生物计算机的优势在于信息贮存量极大,一个细菌中有很多拷贝质粒,用 DNA 片段用来计算,而且平行工作互不干扰,这就意味着生物计算机可能比传统计算机更快,空间更少,成本更低。生物计算机以活生物为载体,也可以利用修复机制在重复使用后进化。随着对生物的研究越来越细化,人们开始利用细胞来完成设计者设想的各种任务。在活细胞中解决翻煎饼问题,不仅证明了在生物细胞里进行高强度的计算是可行的,而且为包括数据储存以及基因操作在内的应用开辟了新途径,对于解决计算机硬件具有重要科学意义和价值。

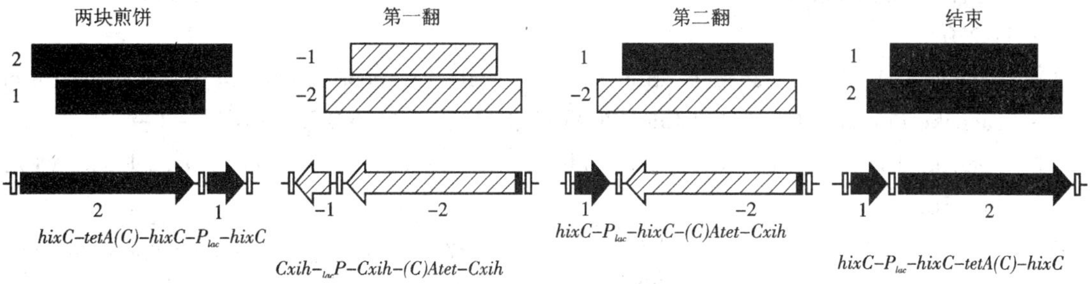

图4.20 翻煎饼的物理过程及其对应的基因电路(按箭头方向阅读)

思考题

1. 什么是合成生物学,生物元器件、生物砖、基因电路之间的关系是什么?
2. 如何进行合成生物的研究,合成生物与组装电器有何异同?
3. 分析合成生物学的应用领域,并举实例。
4. 应用合成生物学可解决哪些工程技术问题?
5. 合成生物面临的最大挑战是什么? 从生物学、工程技术和社会伦理等不同角度论述。

参考文献

[1] 张春霆. 合成生物学:我国急需发展的前沿科学[J]. 前沿科学,2007,3:55.

[2] 赵学明,王庆昭. 合成生物学:学科基础、研究进展与前景展望[J]. 前沿科学,2007,3:56-66.

[3] Atsumi S, Hanai T, Liao J C. Non-fermentative pathways for synthesis of branched-chain higher alcohols as biofuels[J]. Nature, 2008, 451: 86-89.

[4] Benner S A, Sismour A M. Synthetic biology[J]. Nat Rev Genetics, 2005, 6: 533-543.

[5] Cello J, Paul A V, Wimmer E. Chemical synthesis of poliovirus cDNA: generation of infectious virus in the absence of natural template[J]. Science, 2002, 297:1016 - 1018.

[6] Chan L Y, Kosuri S, Endy D. Refactoring bacteriophage T7[J]. Mol Systems Biology, 2005, 1: 1-10.

[7] Endy D. Foundations for engineering biology[J]. Nature, 2005, 438(7067):449-453.

[8] Endy D. Genomics. Reconstruction of the genomes[J]. Science, 2008, 319(5867):1196-1197.

[9] Gibson D G, Benders G A, Venter J C, et al. Complete chemical synthesis, assembly and cloning of a *Mycoplasma genitalium* genome[J]. Science, 2008, 319:1215 - 1220.

[10] Haseltine E L, Arnold F H. Synthetic gene circuits: design with directed evolution[J]. Ann Rev Biophys Biomol Struct, 2007, 36: 1-19.

[11] Hasty J, McMillen D, Collins J J. Engineered gene circuits[J]. Nature, 2002, 420: 224 -230.

[12] Haynes K A, Broderick M L, Brown A D, et al. Engineering bacteria to solve the Burnt Pancake Problem[J]. J Biol Eng, 2008, 2:8 doi:10.1186/1754-1611-2-8.

[13] Keasling J D. Synthetic biology for synthetic chemistry[J]. ACS Chem Biol, 2008, 3 (1): 64-76.

[14] Lartigue C, Glass J I, Venter J C. Genome transplantation in bacteria: changing one species to another[J]. Science, 2007, 317:632 -638.

[15] Levskaya A, Chevalier A A, Voigt C A. Engineering *Escherichia coli* to see light[J]. Nature, 2005, 438: 441-442.

[16] Martin V J, Pitera D J, Withers S T, Newman J D, Keasling J D. Engineering a mevalonate pathway in *Escherichia coli* for production of terpenoids[J]. Nat Biotechnol, 2003, 21(7): 796-802.

[17] Ro D K, Paradise E M, Ouellet M, et al. Production of the antimalarial drug precursor artemisinic acid in engineered yeast[J]. Nature, 2006, 440(7086):940-943.

[18] Sayut D J , Kambam P K, Sun L. Engineering and applications of genetic circuits[J]. Mol Biosyst, 2007, 3(12):835-840.

[19] Shetty R P, Endy D, Knight T F Jr. Engineering BioBrick vectors from BioBrick parts[J]. J Biol Eng, 2008, 2(1):5.

[20] Smith H O, Hutchison C A, Pfannkoch C, Venter J C. Generating a synthetic genome by whole genome assembly: X174 bacteriophage from synthetic oligonucleotides[J]. Proc Natl Acad Sci USA, 2003, 100:15440-15445.

[21] Tian J, Gong H, Sheng N, et al. Accurate multiplez gene synthesis from programmable DNA chips[J]. Nature, 2004, 432:1050-1054.

第5章 病毒与艾滋病

5.1 概述

5.1.1 艾滋病的发现

1981年,美国加州和纽约市医院同时发现住院的男性同性恋患者染上一种相同的疾病,临床表现为严重的免疫缺陷,伴有多种感染,均因治疗无效而死亡。同年,在美国疾病控制和预防中心的发病率与病死率周报上首次作了报道。该病是以全身免疫严重受损害为特征的传染病,病死率极高。一年后又接到报告,一海地移民的血友病患者也发生了类似的疾病。流行病学调查发现男性同性恋与输注血制品者发病,显示该病与性和血液有关,但病源不清,将该类患者定义为获得性免疫缺陷综合征(acquired immunodeficiency syndrome,AIDS)。

首次发现艾滋病(AIDS)病例两年后,科学家才从AIDS患者标本中分离出引起AIDS的病毒——一种逆转录病毒。当时美国、日本、欧洲学者将其命名为人类嗜T淋巴细胞病毒(human T-lymphortropic viruses-3,HTLV-3)。1984年,科学家又发现非洲绿猴的STLV-3与人的HTLV-3高度相关,且能引起类似AIDS的疾病。直至1986年基因序列分析发现两者的核苷酸序列相似,确认为同一种病毒,国际病毒分类与命名委员会正式将其命名为人类免疫缺陷病毒(human immunodeficiency virus,HIV),即艾滋病病毒。

5.1.2 艾滋病的起源

1998年,美国著名华裔科学家何大一等对1959年采集的血浆标本进行了研究分析。结果表明,一位生活在非洲班突部落的男性体内发现的HIV,是目前在全世界传播的HIV亚型的祖先。从进化程度推测,HIV感染人类的时间应该是在1959年以前不太长的一段时间内,大约在20世纪40年代或50年代初期。

那么,艾滋病到底来源何处?又是如何传给人类的呢?科学家们一直在试图解开这个谜。但到目前为止,艾滋病的真正来源依然笼罩在重重迷雾之中。归纳起来有三种推论。①自然说:认为HIV是自然演变而产生的,因偶然的机会感染了人类。比较流行的观点认为HIV主要有两个来源,一是非洲的黑猩猩的组织器官,二是中非洲的绿毛猴子的血液。当地人因为捕杀上述动物被咬伤或食用它们而被传染。②医源说:认为人类在生产脊髓灰质炎疫苗时使用了被病毒污染的黑猩猩或短尾猴的组织器官,使得人们在接种疫苗时被感染。③人为说:认为HIV是基因工程带来的灾难;也有人认为HIV是生物武器或某些人企图进行种族灭绝,建立"世界新秩序"的产物。上述三种学说,自然说和医源说尚有一些事实根据,但存在争论,而人为说则缺乏直接证据。我们相信,总有一天,艾滋病的起源之谜一定会被解开。

5.1.3 艾滋病的流行现状

因为艾滋病毒的休眠期可能长达12～13年之久，说明近期患艾滋病的人早在几年之前就已经受到艾滋病毒的感染，在发展成艾滋病病人以前外表看上去正常，他们可以没有任何症状地生活和工作很多年，并能够将病毒传染给其他人。研究人员经过这样或那样的论证，推测艾滋病可能很早以前就已经在少数人的身体里潜伏，一直到现在才暴发成为现行的流行病。而20世纪70年代初期去非洲国家从事福利和医务工作的欧美人员被认为是将艾滋病毒带回欧美的第一批人，由此使艾滋病也在欧美传播开了。随着国际间的交往频繁以及航空事业的发达，艾滋病由旅游者传播到世界各国的可能性也越来越大。

在全球所有HIV感染者中有2/3以上生活在非洲，非洲是艾滋病的重灾区。尽管HIV传入亚洲较晚，但它在亚洲的传播和扩散却相当迅速。另外，几乎每一个拉丁美洲国家都报告已发现HIV感染者，但其分布是分散的。美国每年约产生4万新HIV感染者，1997年年底加拿大累计报告艾滋病病例15 528例(以报告延迟作调整估计共有20 000例艾滋病病人)。自HIV发现以来，艾滋病发病率在欧洲呈快速增长的趋势，到1990年初这一趋势仍然存在，到1995年发病率趋于稳定且逐渐下降。

多年来，国际社会为防治艾滋病作出了积极努力，防治工作也有所进展，但艾滋病在全球范围内的传播仍未得到有效控制。联合国艾滋病规划署和世卫组织2007年共同发表的《全球艾滋病现状报告书》称，到2007年底，HIV艾滋病病毒感染人数将达到4 030万。新增感染人数为490万，其中成人达到420万。同时，2007年有310万人因艾滋病死亡，儿童死亡人数达到57万。从不同地区来看，除大洋洲、中西欧和北美外，其他地区都呈上升趋势。死亡人数除加勒比海、中西欧和北美地区，都在不断增加。尤其在亚洲，感染者在急剧上升。亚洲地区感染人数排在沙哈拉以南非洲地区之后，居第二位，达到930万人，今年死亡52万人(估算)。南亚和东南亚地区的感染人数为740万。其中，印度感染者最多，达到510万。泰国感染者占全国人口的1.5%，是近几年感染人数最少的一年。另外，柬埔寨也成为成功抑制感染者上升的国家。东亚地区有87万人感染，比2003年底增加25%。从另一方面看，报告显示：2007年，全球感染HIV的人数从2006年的3 950万下降到3 320万，下降率为16%；2007年度新感染HIV人数也从2006年度的430万下降到250万。对以往数据进行的修正研究表明，全球HIV感染人数在20世纪90年代达到峰值，即每年平均300多万人。2005年以来，全球已有310万人死于艾滋病，使自1981年以来因感染HIV而死亡的总人数达到2 500万。目前，妇女、青少年已成为艾滋病防治工作中不容忽视的两大群体。在全球4 030万的HIV感染者中，女性达1 750万，15岁以下的儿童230万。在2007年度新增的感染者中，年龄在15～24岁之间的人数超过一半，15岁以下的儿童70万。据联合国有关信息，艾滋病流行仍在继续发展，全球截至2001年累计是6 480万人。据专业人员推测，从2002年到2010年全球还将有4 600万人被感染，到2010年全球累计HIV/A1DS将有1亿人。

中国于1985年发现首例艾滋病感染病例。在1985年至2000年底的15年间，中国累计报告的发病人数和死亡人数分别为880例和496例，而2001年和2002年两年合计报告的艾滋病发病人数和死亡人数分别为1 742例和716例，2002年全年报告艾滋病病例数比2001年增长44%。《中国艾滋病防治联合评估报告(2007年)》指出，截至2007年10月底，全国累计报告艾滋病病毒感染者和艾滋病病人223 501例，其中艾滋病病人62 838例，死亡报告22 205

例。报告估计,到2007年底,我国现存HTV感染者和病人约70万(55万~85万)人,全人群感染率为0.05%(0.04%~0.07%)。其中艾滋病病人约8.5万(8万~9万)人;2007年新增HIV感染者约5万(4万~6万)人,因艾滋病死亡约2万(1.5万~2.5万)人。在5万新增感染者中,异性性传播占44.7%,同性性传播占12.2%,注射吸毒传播占42.0%,母婴传播占1.1%。目前,我国的艾滋病疫情处于总体低流行、特定人群和局部地区高流行的态势。我国艾滋病流行具有艾滋病疫情上升速度有所减缓,性传播逐渐成为主要传播途径,艾滋病疫情地区分布差异大,艾滋病流行因素广泛存在等特点。

5.2 病毒与免疫

5.2.1 病毒

1. 病毒的概念

病毒(virus)是一类由核酸和蛋白质等少数几种成分组成的超显微"非细胞生物",其本质是一种只含DNA或RNA的遗传因子,它们能以感染态和非感染态两种状态存在。在宿主体内时呈感染态(活细胞内专性寄生),依赖宿主的代谢系统获取能量、合成蛋白质和复制核酸,然后通过核酸与蛋白质的装配而实现其大量繁殖;在离体条件下,它们能以无生命大分子状态长期存在,并可保持其侵染活性。

病毒具有以下特性:①形态极小,能通过细菌滤器,只能在电子显微镜下观察;②无细胞结构,有大分子特征,其主要成分为核酸和蛋白质,并且一种病毒只含一种核酸(DNA或RNA);③既无产能酶系,也无蛋白质和核酸合成酶系,只能利用宿主活细胞内的代谢系统合成自身的核酸和蛋白质组分;④在宿主细胞的协助下,以核酸和蛋白质等装配实现其大量繁殖;⑤在离体条件下,以无生命的化学大分子状态存在,可形成结晶,并长期保持其侵染活力;⑥对抗生素不敏感,但对干扰素敏感;⑦有些病毒的核酸还能整合到宿主的基因组中,并诱发潜伏性感染。

2. 病毒的形态及化学成分

绝大多数病毒是能够通过细菌滤器的微小颗粒,因此,必须借助电子显微镜才能观察其形态和精确测定其大小。多数病毒粒子的直径在100 nm左右,迄今为止,测量到最大的病毒直径已超过250 nm(牛痘病毒),最小的病毒直径小于10 nm(菜豆畸矮病毒)。

成熟的、结构完整的以及有感染性的单个病毒,称为病毒粒或病毒体。病毒粒的基本成分是核酸和蛋白质,核酸位于它的中心,称为核心或基因组。蛋白质包围在核心周围,形成了衣壳。衣壳是病毒的主要支架结构和抗原成分,有保护核酸等作用。核心和衣壳合称核衣壳,它是病毒的基本结构。有些比较复杂的病毒(一般为动物病毒,如HIV病毒、流感病毒),其核衣壳外还被一层含蛋白质或糖蛋白的类脂双层膜覆盖着,这层膜称为包膜。包膜中的类脂来自宿主的细胞,有的包膜上还长有刺突等附属物。

病毒的基本形态有球形、杆形和蝌蚪形三种类型。在球形病毒中,由完全相同的蛋白质亚单位以二十面体对称方式排列成的衣壳包裹着核酸;在杆状病毒中,衣壳由许多相同的蛋白质亚单位螺旋排列而成;在蝌蚪形的病毒中,除了有二十面体对称的核衣壳体作为头部外,还有蛋白质亚单位螺旋排列而成的中空尾部,以及具有吸附功能的尾丝,实际上这种蝌蚪形病毒是上述两种病毒形态对称相结合的结果，故也称之为复合对称形病毒。

核酸构成了病毒的基因组，它是病毒粒中最重要的成分，具有遗传信息的载体和传递的作用。病毒核酸的种类很多，是病毒系统分类中最可靠的分子基础，主要有以下几种指标：①是DNA还是RNA；②是单链还是双链；③呈线状还是环状；④是闭环还是缺口环；⑤基因组是单分子、双分子、三分子还是多分子；⑥核酸的碱基或碱基对数目，以及核苷酸序列等。根据这些指标特征而将病毒划分为不同的类型。

3. 病毒的分类

由于病毒是专性活细胞内的寄生物，因此，凡在有细胞的生物生存之处，都有与其相对应的病毒存在，这就是病毒种类多样性的原因。至今，从人类、脊椎动物、昆虫和其他无脊椎动物、植物，直至真菌、细菌、放线菌和蓝细菌等各种生物中，都发现有各种相应的病毒存在。现代病毒学家已把病毒这类非细胞生物分成真病毒和亚病毒两大类：

- 非细胞生物
  - 真病毒（至少含有核酸和蛋白两种组分）
    - 噬菌体
    - 植物病毒
    - 人类和脊椎动物病毒
    - 昆虫病毒
  - 亚病毒
    - 类病毒：只含具有独立侵染性的RNA
    - 拟病毒：只含不具有独立侵染性的RNA
    - 朊病毒：只含单一蛋白质组分

4. 病毒的繁殖方式

病毒是以复制的方式进行增殖，复制只能在其核酸进入特异性的活宿主细胞后发生。宿主细胞表面有能与病毒选择性结合的特定化学基团（识别位点）。一旦结合，则核酸或整个病毒进入细胞质，并立即控制了宿主细胞的生物合成系统，按照病毒基因携带的密码进行转录翻译，然后，合成的病毒蛋白质和核酸被装配成新的病毒粒子。通常许多装配好的病毒粒子，以“出芽”或细胞破裂（溶菌）的方式释放。

噬菌体是侵染原核生物（细菌、放线菌、蓝细菌）的病毒。噬菌体的繁殖一般分为5个阶段。①吸附：噬菌体与相应的特异宿主在水环境中发生偶然碰撞后，随即就附着在受体细胞的表面上。②侵入：吸附后核心的核酸迅速穿透宿主细胞壁和膜而注入细胞质中，并将蛋白质躯壳留在壁外。③增殖：在宿主细胞中噬菌体进行核酸的复制和蛋白质的合成，它是以自身的核酸为模板，利用宿主细胞的代谢系统中有的核酸，复制噬菌体的核酸，并合成大量的蛋白质。④成熟（装配）：将已合成的各种“部件”进行自行装配。DNA分子缩合，通过蛋白质衣壳包裹DNA而形成完整的头部，尾丝和尾部的其他“部件”独立装配完成，头部和尾部相结合后，最后再装上尾丝。⑤裂解（释放）：由于宿主细胞裂解，胞内大量成熟的子代噬菌体被释放出来。总之，经过上述5个阶段噬菌体完成了繁殖过程。

人类和脊柱动物病毒的增殖过程在总体上与上述的噬菌体类似，只是在一些细节上有所不同，也可分为5个阶段。①吸附：在宿主细胞表面一般都有病毒特异受体存在，病毒首先可特异性地吸附到动物细胞表面，但并不引起细胞发生任何变化。②侵入：吸附在细胞表面的病毒，以四种方式侵入宿主细胞内，其一是以类似吞噬的方式使病毒粒子被动地“侵入”细胞；其二是病毒的脂蛋白包膜与宿主细胞膜发生融合，脱去包膜，核衣壳能直接穿入细胞质中；其三是通过病毒粒子与宿主细胞膜上特异受体的相互作用，使其核衣壳能进入细胞质中；其四是少数病毒能以完整病毒粒子形式直接穿过细胞膜而进入细胞质中。③脱壳:以核衣壳结构进入细胞内的病毒,需脱去蛋白质衣壳,释放出核酸,才能进行下一步的复制和增殖,随着病毒类型的差异其脱壳的方式也存在很大的差异。④复制和增殖:动物病毒以与噬菌体相类似的复制方式进行核酸的复制和蛋白质的合成,从而实现它们的大量增殖。⑤装配、成熟和释放:动物病毒的装配、成熟与释放是与病毒在宿主细胞中的复制部位及其是否存在包膜密切相关的。

无包膜的DNA病毒,其核酸与衣壳在细胞核内进行装配,而无包膜的RNA病毒则在细胞质内装配,且这两类病毒均待寄主细胞裂解后才能释放;有包膜的DNA病毒其方式多样。有的病毒在宿主细胞核内装配成核衣壳后,移至核膜上以芽生方式进入细胞质中,从而获得同宿主细胞核膜一样的包膜,再从细胞质中的细胞通道而释放到细胞外。有的病毒核衣壳能通过核膜裂隙进入细胞质,再从细胞膜上获得其自身的包膜;还有的大型复杂的病毒其DNA和蛋白质均在细胞质中合成,通过装配成核衣壳后,一部分通过细胞释放,大部分则留在细胞内,通过细胞之间的接触而扩散;有包膜的RNA病毒,其RNA与蛋白质在细胞质中先装配成核衣壳,成熟的病毒以芽生方式通过细胞膜时,就裹上一层细胞膜成分,并产生刺突(如艾滋病毒、副流感病毒)。必须指出的是,病毒在胞内复制后,并非一切组分均用于装配成完整的具有感染力的子代病毒粒子,在活细胞中,经常可以找到装配后的各种"残存零件",甚至有时它们会随同子代病毒游离至细胞外。

5.2.2 免疫

1. 免疫性

免疫性通常是指机体对感染疾病具有的高度的抗性。所有参与免疫的细胞和分子构成了免疫系统。免疫系统对外源物质所产生的反应称为免疫应答。实际上机体免疫性不仅只是对疾病因子表现抗性,而且是对所有能被机体免疫系统识别的物质,包括外来的生物和非生物的物质(如微生物、病毒、蛋白质和多糖等),甚至于机体内部的某些能被识别的成分都表现出抗性,所以免疫性也可以说是机体具有保护自己免受其他物质损害的特性。机体对感染疾病具有的高度抗性依赖于机体的免疫系统,免疫性又可分为天然免疫与获得性免疫。

天然免疫是指机体在种系发育和进化过程中形成的免疫防御功能,也称非特异性免疫。它的特点是作用范围广,既不针对特定的外源物质,也不会因机体接触外源物质而增强,先天获得,出生后即具备。机体的天然免疫系统(非特异性免疫系统)包括:皮肤黏膜、淋巴结、血清、泪液、唾液、汗液、组织分泌物等系统。由上述机体的各个系统中可以产生天然免疫所需的防御成分。天然免疫系统在抗感染及抗异物侵入过程中起直接的抵御作用。这些抵御作用包括:屏障作用、过滤作用、杀菌作用、炎症作用以及吞噬作用。

获得性免疫是指出生后通过与外源性物质接触后所产生的一系列防御功能(也称特异性免疫)。它的特点是具有特异性、多样性及记忆性。①特异性:对外源性物质应答的特异性,可以精确区分致敏的和其他无关的外源性物质;②多样性:参与获得性免疫应答的免疫细胞及抗体等的多样性,赋予机体具有识别数量极大的外源性物质并与之起反应的能力;③记忆性:再次遇到同一抗原时,出现增强性应答。获得性免疫系统(特异性免疫系统)作为机体整个免疫系统的一个主要组成部分,它包括的实质器官及组织细胞有:中枢免疫器官(骨髓、胸腺、法氏囊或腔上囊)、外周免疫器官(淋巴结、脾脏、淋巴小结、淋巴组织)、免疫细胞(淋巴细胞、单核细胞、树突状细胞、巨噬细胞、多形核细胞、辅助细胞素)、免疫活性介质(细胞因子、抗体、补体素)。获得性免疫的防御作用是通过上述免疫系统分泌的抗体物质、免疫细胞及细胞因子相互协调地发挥效应来实现的。

2. 免疫细胞

免疫细胞是机体免疫系统的重要组成部分,它们行使着免疫防御、免疫稳定及免疫监视的三大功能。这些功能主要通过免疫应答的方式和过程得以实现。从广义的角度看,所有参与免疫应答及免疫条件用的有关细胞都称为免疫细胞,主要包括淋巴细胞、抗原提呈细胞和裸细胞三大类。其中淋巴细胞是在艾滋病感染中发挥重要作用的细胞。

1)淋巴细胞

淋巴细胞主要分为T细胞和B细胞两种类型。

(1)T细胞　T细胞是T淋巴细胞的简称,因成熟于胸腺而得名,是最重要的免疫细胞。T细胞来源于骨髓干细胞。它在胸腺中发育和分化,成熟后离开胸腺进入外周免疫器官的胸腺依赖区定居,经淋巴道而进入血循环而分布于全身。外周血中T细胞占淋巴细胞总数的65%~70%,也可高达80%。

T细胞的主要功能是特异性免疫应答的激活、免疫记忆、细胞毒杀伤效应等。其结构特点在于T细胞表面的各种标志。所谓表面标志,是指细胞膜表面存在的一些独特的物质结构,使其得以与其他细胞区别。它们实质上是镶嵌于细胞膜双层类脂层中具有流动性的膜蛋白。

T细胞抗原受体,是T细胞识别外来抗原并与之结合的特异性受体,是T细胞的专有标志。按照抗原受体的不同,T细胞主要分为两种功能明显不同的亚群,一为CD_4^+,另一为CD_8^+。前者称辅助性T细胞,有辅助增强其他免疫细胞的功能;后者称抑制性T细胞,有抑制减弱其他免疫细胞的功能。此外,T细胞还有一些其他类型的亚群。

(2)B细胞　B细胞是由禽类的法氏囊或哺乳类的骨髓中发育成熟的一类淋巴细胞,其在形态上与T细胞无明显差异,但其主要功能是被抗原激活后,分泌抗体,产生体液免疫效应。存在于B细胞膜上的膜表面免疫球蛋白即为特异的抗原受体,是B细胞的专一标志,按SmIg类型生产各类免疫球蛋白。

2)抗原提呈细胞及裸细胞

抗原体呈细胞是指在免疫应答过程中,能将抗原物质提呈给T细胞的一类辅佐细胞。它们是一群异质性细胞,白细胞中主要有单核巨噬细胞和树突状细胞,一些非白细胞在细胞因子的影响下,亦可具有提呈细胞的功能(如内皮细胞等)。裸细胞是指除T细胞和B细胞外的淋巴细胞的统称,也称为第三群淋巴细胞。这类细胞大多形体较大,胞质中含有较大颗粒,故又称大颗粒淋巴细胞。它们不具有T细胞或B细胞特征的表面标志,在早期发育阶段获得某些干细胞标志,在后期获巨噬细胞的标志。裸细胞经淋巴因子激活后,能出现更强的杀肿瘤细胞特性,故裸细胞与机体肮肿瘤能力密切相关,这类细胞也可能参与某些病理过程。

自然杀伤细胞来源于骨髓,不黏附、不吞噬、不需抗体激活,也可经或不经抗体介导直接杀伤多种靶细胞(如肿瘤细胞或感染细胞)。其主要杀伤物质是穿孔蛋白和包括蛋白酶等的颗粒酶,在体内担当第一线免疫监视任务。

3. 抗原与抗体

1)抗原

抗原是指能刺激机体免疫系统引发免疫应答,使免疫活性细胞产生抗体或致敏淋巴细胞,并能与之发生特异性结合的物质。因此,一个抗原物质具有两种性能:①刺激机体产生免疫反应的免疫原性,②同免疫应答产物发生特异性结合的免疫反应性。只具有免疫反应性,但在与蛋白等载体结合后不具有免疫原性的物质称为半抗原。一种物质对某一机体是否具有免疫原性与该物质的三个特征有关。①异物性:机体的免疫系统有识别自身物质和非自身物质的功能。对自身的物质一般不产生免疫应答,对非自身物质则可产生免疫应答,因此,抗原通常是非己的异种或异体物质。②分子的大小:相对分子质量 M_r 是决定抗原免疫原性的重要指标之一,M_r >6 000 的分子(如白蛋白、破伤风毒素等),一般都具有抗原性,且 M_r 值越大,抗原性越强。③分子的化学结构:作为抗原须具有一定程度的化学结构复杂性,且免疫原性与化学结构复杂性成正比。此外,抗原分子上复杂的化学基因必须暴露在分子表面才具有免疫原性,具环状分子的免疫原性比直链分子强,聚合蛋白质的免疫原性比单体强。一般说来,含较多芳香族氨基酸的蛋白质,含复杂多糖的糖类才具有免疫原性。以上三个特征仅针对抗原物质本身。一种物质能否使机体产生免疫应答及其反应的强度,除了与免疫原性有关外,还与机体的种系和品系有关。

抗原特异性是指抗原具有能与相应的抗体或致敏淋巴细胞发生特异性结合的性质。例如,伤寒杆菌抗体只与伤寒杆菌结合,对痢疾杆菌则无作用;反之亦然。一个抗原分子并不是所有的化学基因都和抗原特异性有关,只有其中一小部位——抗原决定簇才和抗原的特异性有关。所谓抗原决定簇,是指在抗原分子上的特异性化学基团,决定其刺激机体所产生抗体的特异性的某一较小的特定结构部位,也可称为表位。一个抗原可含有多个不同的抗原决定簇,相同的抗原决定簇也可存在同一个抗原上。在天然抗原中,构成蛋白质抗原决定簇所含氨基酸数约为 5 个,碳水化合物抗原所含的己糖约 6 个,核酸半抗原中的一个抗原决定簇包括 6 ~ 8 个核苷酸。抗原分子上抗原决定簇的总数即是抗原结合价。抗原决定簇大多存在于抗原分子表面,但也有埋藏在抗原内部的,经酶切或其他方式降解后才可显露出来。一般情况下,一个抗原分子表面有几类抗原决定簇就可刺激机体产生几种与之相结合特异性抗体。

2)抗体

抗体是由抗原刺激 B 细胞经分化增殖形成的浆细胞合成和分泌的,是能与相应抗原发生特异性结合并具有多方面免疫功能的球蛋白。免疫球蛋白(Ig)是指具有抗体活性或其化学结构与抗体相似的球蛋白。抗体主要存在于血液中,也可见于其他体液与外分泌液中,是构成机体体液免疫的主要成分。Ig 有五类,分别称为 IgG、IgM、IgA、IgD、IgE,各类抗体具有各自的生物学功能,它们各司其职,共同完成免疫防护任务,包括中和毒素、固定微生物、中和病毒活性、凝集抗原颗粒、结合并沉淀可溶性抗原、激活血清补体等,并能穿过胎盘由母体转给胎儿。

Ig 的基本结构是由两条相同的轻链和两条相同的重链,经二硫链(—S—S—)连接起来的蛋白分子。重链和轻链内部具有一系列重复的同原结构单位,每个单位长约 110 个氨基酸残基,并折叠形成球状结构,称为抗体的功能区。每条肽链上氨基酸的种类及排列顺序变异较大的部分为可变区,而氨基酸的种类及排列顺序相对较稳定的部分则为恒定区。在可变区特定位置的氨基酸残基,显示更大的变异性,称此特定部位为高变区,它是抗原结合点与抗体密切接触的部位。当抗体未与抗原决定簇结合时为“T”形,当抗体与抗原表位结合后,则变构为“Y”形。

3)免疫应答

免疫应答是指机体免疫系统对抗原物质进行识别和排斥的全过程。机体通过免疫应答完成排除异己物质,维持自身生理平衡和稳定。免疫应答包括特异性免疫应答和非特异免疫应答。通常所说的免疫应答是指针对抗原性物质的特异性免疫应答，也可以称为免疫反应，包括抗原刺激后机体免疫细胞识别抗原，免疫细胞之间相互作用，免疫活性细胞活化、增殖、分化并产生免疫效应物质（抗体或致敏淋巴细胞）。针对抗原诱发免疫反应的整个过程，特异性免疫应答具有分辨自己和异己的能力，显示多样性、特异性和记忆性，由多种免疫细胞和可溶性介质参与，并涉及多种基因的表达和调节。

5.3 艾滋病的发病机制

艾滋病的发病机制是，HIV 病毒特异性的侵犯人体免疫系统的中枢 CD_4^+ T 淋巴细胞造成 CD_4^+ T 淋巴细胞数量进行性减少，细胞免疫功能损害，最终导致艾滋病。

5.3.1 艾滋病毒

1. HIV 的分类

1983 年法国巴斯德研究院首次发现艾滋病病毒，1986 年，国际病毒分类学会命名为 HIV，属于逆转录病毒科，慢病毒属，灵长类免疫缺陷病毒亚属。根据毒株种类，HIV 可分为 HIV-1 型和 HIV-2 型。HIV -1 型已发现 12 种亚型，即 A、B、C、D、E、F、G、H、I、J、O 及 N 亚型。HIV-2 型可分为 6 种亚型，即 A、B、C、D、E 及 F 亚型。HIV-1 型与 HIV-2 型在结构上有相当一部分具有相同性，HIV-2 型对人体的致病性比 HIV-1 型弱。目前全球流行的毒株主要是 HIV-1 型，HIV-2 型主要在西非流行，欧洲、北美等少数国家发现少数 HIV-2 型。

2. HIV 的生物学特性

HIV 为逆转录病毒中的的一员，它显示出所有逆转录病毒共有的特征。同样具有核糖核酸（RNA）的核和蛋白质的衣壳所组成的动物病毒结构。

1）HIV 的形态和结构

HIV 是带有包膜的 RNA 逆转录病毒，在分类上属于逆转录病毒科。HIV 呈球形或卵形，二十面体立体对称，直径为 100～130 nm，有高密度的锥形核心和糖蛋白刺突镶嵌的包膜。包膜为脂质双层结构，它由 12 个五边形和 20 个六边形组成，在六边形各角上伸出 72 个刺突，其直径 15 nm，长约 9 nm（图 5.1）。

HIV 的主要结构组成为具有 2 个相同拷贝数的单链 RNA 分子以及三类蛋白质：编码核心蛋白（gag）、病毒的聚合酶类（pol）及包膜蛋白（env）。包膜蛋白包括外膜糖蛋白（gp120）和跨膜糖蛋白（gp41）。病毒核心直径约 40 nm，含有 RNA 分子、病毒反转录酶（RT）、核糖核酸酶（H）、整合酶及核衣壳蛋白。聚合酶位于病毒的核区并与病毒的 RNA 紧密相连，其功能是反转录病毒 RNA 为 DNA。整合酶将病毒 DNA 整合到宿主细胞的 DNA 上。CD_4^+ 细胞是 HIV 最重要的靶细胞，在 CD_4^+ 淋巴细胞内逆转录酶将 RNA 逆转录成前病毒 DNA，接着整合到宿主细胞的基因组 DNA 中，而后和细胞一起复制。

2）HIV 的理化特性

HIV 对 pH 敏感，尤其是酸性条件下，当 pH 值为 6 时，病毒滴度即大幅度下降；pH 值为 2 时能完全灭活病毒；但 HIV 耐碱，pH 值为 9 时病毒效价降低不多。室温下（23～27℃）液体环境中病毒可存活 15 天以上；56℃，30 min 可使病毒酶系破坏，但还不能灭活血清中的 HIV；

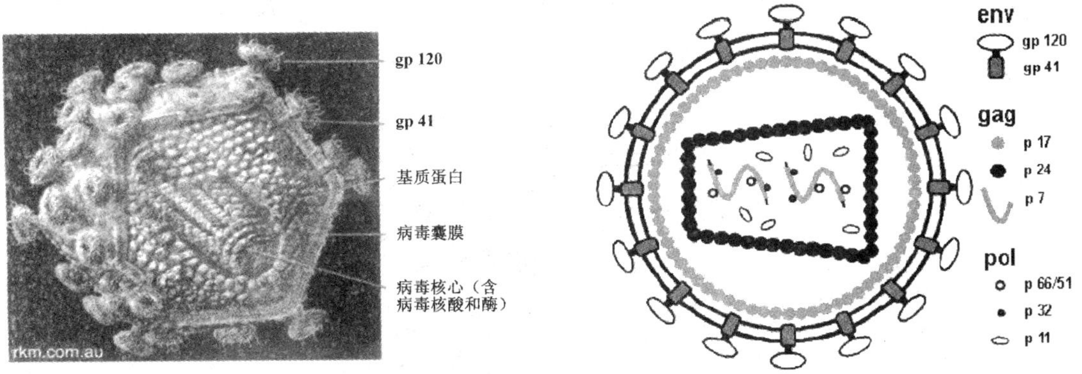

图 5.1 HIV 病毒立体结构和结构模型

60℃,3h 或 80℃,30 min 则检测不出感染性 HIV。而在干燥情况下,数小时内病毒效价下降 90% ~99%。HIV 对紫外线和 γ 射线不敏感。HIV 对消毒剂和去污剂等化学因素很敏感,50% ~70% 乙醇,2% 甲醛,5% 苯酚,1% 煤酚皂溶液(来苏尔),0.1% 家用漂白粉,0.1% 戊二醛,0.3% 过氧化氢,0.25% 丙内酯,0.1% 次氯酸钠和 0.2% Trieon x-100 均可灭活 HIV。植物外源凝集素可通过共价键作用结合糖蛋白而使 HIV 灭活,如琥珀酰伴刀豆球蛋白、扁豆凝集素、麦芽凝集素和植物凝集素 P 均可完全灭活 HIV。

3. HIV 的增殖过程

HIV 是属于逆转录病毒的一种,它的复制与增殖过程主要包括以下 9 个步骤(图 5.2)。①吸附:细胞表面的 CD_4分子是 HIV 的主要受体,它是决定 HIV 亲嗜性的关键。CD_4是 T_4 淋巴细胞和巨噬细胞表面的一种膜糖蛋白,由 433 氨基酸组成,分子量为 55kD。HIV 表面的包膜糖蛋白 gp120 与 CD_4^+ T 淋巴细胞表面的 CD_4 相互作用,是 HIV 病毒吸附和产生感染的重要环节。②融合和穿入:HIV 与细胞表面的 CD_4 受体结合后,构型发生改变,再与辅助受体反应引起病毒与细胞的融合,使 HIV 病毒粒子穿透细胞膜后迅速脱壳。③ 反转录:在细胞质内病毒 RNA 在逆转录酶的作用下完成逆转录过程,形成双链 DNA。④ 整合:双链 DNA 进入细胞核内,通过病毒的整合酶与宿主细胞染色体上的 DNA 整合,形成前病毒。⑤ 复制:病毒 DNA 随宿主细胞 DNA 的复制而复制,因而造成长期潜伏感染。⑥转录:在静止的 T_4 淋巴细胞内前病毒不繁殖,一旦被激活,前病毒 DNA 就在宿主细胞转录因子的作用下,由宿主细胞的 RNA 聚合酶转录形成病毒 mRNA。⑦ 翻译:初始的转录产物经多次剪切,被转运到胞浆内,翻译合成调节蛋白,调节蛋白累计到一定数量便激活所有编码病毒结构蛋白的 mRNA 表达。⑧装配:结构蛋白与 HIV 全长的 mRNA(即病毒基因组 RNA)和逆转录酶、核糖核酸酶、整合酶及蛋白酶一起进行装配形成病毒的主要结构。⑨释放:病毒以芽生的方式获取宿主细胞的脂质双层膜及附在其上的病毒被膜糖蛋白 gp41 和 gp120,再经过成熟阶段,释放到细胞外。

5.3.2 HIV 的感染

HIV 病毒感染者的机体免疫系统被破坏,使人体对威胁生命的各种病原体丧失了抵抗能力,从而发生多种感染或肿瘤。当艾滋病病毒感染者的免疫功能受到病毒的严重破坏,以至不能维持最低的抗病能力时,感染者便发展为艾滋病病人,随着人体免疫力的降低,人会越来越频繁地感染上各种致病微生物,而且感染的程度也会变得越来越严重,最终会因各种复合感染

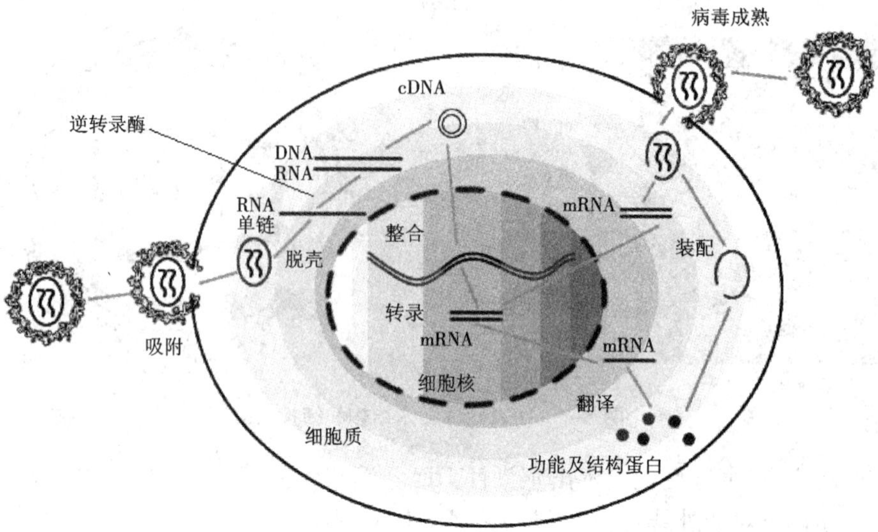

图 5.2 HIV 的增殖过程图解

而导致死亡。目前,对于艾滋病的发病分子机制尚未明确,一般认为,艾滋病是 HIV 特异性的感染 CD_4^+ T 淋巴细胞亚群和其他血细胞的结果。

1. HIV 特异性的侵犯 CD_4^+ T 淋巴细胞

HIV-1 的靶细胞主要是免疫细胞,包括 CD_4^+ T 淋巴细胞、巨噬细胞、树突状细胞以及星状细胞。其中最主要的靶细胞是 CD_4^+ T 淋巴细胞。HIV 对 CD_4^+ T 淋巴细胞的特殊亲噬性是由病毒的包膜糖蛋白 gp120 与细胞表面的 CD_4 分子决定的,即 CD_4 分子是 gp120 的特异性亲和受体。传播需要病毒与细胞表面成功的相互作用,这种相互作用便于病毒核衣壳最终穿过细胞膜进入细胞。病毒经过 9 个步骤完成复制,并从被感染的细胞中释放出来,进而去侵染更多的正常细胞,周而复始。

最初认为 HIV 是一种淋巴细胞病毒,但现在发现 HIV 是一种多嗜性病毒,可感染人体不同组织中的多种细胞。当然,CD_4^+ T 淋巴细胞产生的病毒水平最高,对 HIV 易感的人类细胞详见表 5.1。HIV 感染细胞后,能通过不同的途径引起细胞死亡。细胞死亡表现为:多核细胞的形成、坏死和细胞凋亡。

2. HIV 感染对组织及器官的影响

HIV 感染后可直接或间接侵犯宿主中的许多机体组织,具体包括以下几方面。

(1)造血系统　实验结果表明体外培养的 HIV 会抑制骨髓细胞的生长,检测患者血液中免疫细胞,发现其 B 淋巴细胞、巨噬细胞、自然杀伤细胞和树突状细胞数目均减少,细胞因子生成也减少,证明 HIV 的感染会引起免疫系统紊乱,免疫功能下降。此外,HIV 最可能存在于早期感染的淋巴组织中,并逐渐破坏其结构和功能,最终导致活性下降。HIV 感染后对机体免疫系统和淋巴组织的影响,说明其对造血系统造成了破坏。

(2)中枢神经系统　目前已从感染者的中枢神经系统中分离出 HIV,并且艾滋病患者的临床症状之一就是中枢神经系统紊乱。说明 HIV 感染后会对人体的中枢神经系统带来损伤,可诱导中枢神经系统功能紊乱、急性脑病、艾滋病痴呆综合征等中枢神经系统方面的疾病。

表5.1 HIV易感的人类细胞

造血系统细胞	T淋巴细胞、B淋巴细胞、巨噬细胞、巨核细胞、NK细胞、嗜酸性粒细胞、树突状细胞、原粒细胞、干细胞、胸腺细胞、胸腺上皮细胞、骨髓内皮细胞、骨髓基质成纤维细胞
脑	毛细血管内皮细胞、星形(胶质)细胞、巨噬细胞(小神经质细胞)、少突胶质细胞、脉络丛、神经节细胞、成神经细胞瘤细胞、神经胶质瘤细胞
肠	柱状和杯状细胞、嗜铬性肠细胞、结肠癌细胞
皮肤	郎汉斯巨细胞、成纤维细胞
其他	心肌、肾小管细胞、滑液膜、肝细胞、肝窦内皮细胞、肝癌细胞、枯否细胞、牙髓成纤维细胞、口腔黏膜细胞、肺成纤维细胞、胎儿肾上腺细胞、肾上腺癌细胞、乳腺上皮细胞、视网膜、子宫来源上皮细胞、子宫颈来源上皮细胞、阴道来源上皮细胞、子宫上皮、前列腺、睾丸、尿道、骨肉瘤细胞、肌细胞、横纹肌肉瘤细胞、胎儿绒毛细胞、滋养层细胞

(3)肠胃道系统 HIV感染会出现慢性消化不良、营养不良和腹泻等肠胃症状,这些均为免疫缺陷所致的机会性感染的结果,这表明病毒对肠道细胞膜的完整性具有直接的破坏作用,这可能是由于分泌的细胞因子失衡,导致吸收不良和水盐代谢失衡。此外HIV感染者也会出现代谢异常,如高脂血症等。

(4)其他器官系统 在心脏、肾脏、肺脏及关节液等多种组织系统中,均已检测到HIV,机体对病毒的免疫应答可能在这些组织系统中起作用。

3. HIV感染的免疫反应

1)体液免疫反应

人体感染HIV病毒后,会产生抗HIV的抗体,在临床各期均以IgG为主,而其他类型和亚型的抗体IgM、IgA、IgD、IgG2、IgG4水平根据临床病期的不同而变化;HIV感染者还会产生中和抗体,用以结合并灭活(中和)病毒,然而,长期存在于机体中的HIV在免疫系统的作用下会发生改变,可逃避这种中和作用,故中和抗体的诱导对HIV的感染早期有效,对晚期则没有影响,此外,感染者可产生能与病毒结合并且增强病毒复制的抗体,称为增强抗体,这种抗体有助于HIV的繁殖复制或变异,变异后的病毒毒株不能被中和抗体所灭活。

2)细胞免疫反应

细胞免疫系统的有效反应取决于抗原提呈细胞的完整功能。自然杀伤细胞是一种机体全面的抗病毒的免疫细胞,能够识别和杀伤HIV感染的细胞。但当感染者发展成AIDS时,自然杀伤细胞功能显著降低,这是由于自然杀伤细胞本身已被HIV所感染的缘故;另一方面,CD_4^+和CD_8^+ T淋巴细胞都具有细胞毒活性,因此也被称为细胞毒T淋巴细胞,它们对HIV感染所产生的免疫应答反应,就是对被HIV感染的细胞产生毒性作用,即它们不是直接杀伤病毒,而是对被病毒感染的宿主细胞产生毒性,进而杀死该细胞,摧毁了病毒潜伏、复制繁殖的大本营。

5.4 艾滋病的临床症状

人体感染HIV后,一般需要2~12周,平均45天左右血液中才可检测到HIV抗体。因为从感染HIV到机体产生抗体的这一段时间检测不到HIV抗体,故称之为窗口期。在窗口期虽然检测不到HIV抗体,但体内已有HIV,因此窗口期同样具有传染性。HIV侵入机体后,机体临床反应可分为：急性 HIV 感染期、无症状 HIV 潜伏期以及艾滋病期三个临床分期。在未进入艾滋病期的患者被称为 HIV 感染者，之后称为艾滋病病人。

5.4.1 急性 HIV 感染期

在感染 HIV 2～4 周后，可出现急性病毒感染的临床症状，类似单核细胞增多症的症状，表现为发热、淋巴腺炎、咽喉痛、皮疹、肌肉痛、关节痛、腹泻及头痛等（表 5.2），但临床症状轻微，持续 1～2 周后自行缓解。此期 HIV 大量复制，可检测到高病毒效价（1 千万每毫升血），CD_4^+ 细胞数下降，CD_8^+ 细胞数增加，但两者的数目均可恢复至正常值。同时巨噬细胞也被感染。

表 5.2 急性感染期的临床症状

总症状	发烧，皮疹，肌痛，头痛，咽炎，淋巴结病
皮肤症状	皮疹，口腔溃疡，口腔念珠菌，生殖器溃疡
肠胃	恶心，呕吐，腹泻
神经系统	脑脊髓炎，横肌脊髓炎，神经病
血液	淋巴细胞减少，中性白细胞减少，中性粒细胞减少，非典型的淋巴细胞、血小板减少

5.4.2 HIV 潜伏期

此期可延续数月到十多年，从 HIV 感染到发展成为艾滋病病人的潜伏期约为 10～12 年。此期除可有持续性全身淋巴腺病外，很少有其他临床症状或体征。约在 HIV 感染后 6 个月时，机体内 HIV 病毒载量维持较低水平。急性感染期后，机体便出现过高的免疫应答，体现在病毒几乎从血液中消失，产生有效的细胞毒性 T 细胞应答，并且针对病毒表面和内部蛋白的可溶性抗体出现。大部分病毒来自于才被活化和感染的 CD_4^+ 细胞（半寿期大约一天），CD_4^+ 细胞被激活，大量繁殖来补偿由病毒引起的感染细胞被溶解和细胞毒 T 细胞所致的感染细胞被破坏。进一步，HIV 病毒进入潜伏期，在此期间，病毒持续在血管外组织存在，同时静止的 CD_4^+ 记忆细胞（曾经被感染具有获得性免疫的记忆性）和静止的带有前病毒的 CD_4^+ 细胞都长期地存在于患者的体内。HIV 携带者如果 CD_4^+ 细胞数一直维持较高的水平，将不会发展为 AIDS。

5.4.3 艾滋病期

潜伏期若无法控制，随着 HIV 对淋巴细胞的破坏，机体免疫功能进行性恶化，病人更易受各种机会性感染或肿瘤侵害，而出现各种症状或体征，CD_4^+ 细胞的下降与临床症状的出现有明显的呈正比关系，即 CD_4^+ 细胞的数目下降越快，临床症状的出现的种类越多并且临床症状表现情况越严重，最终进入艾滋病期。此时，CD_4^+ 细胞的数目大量减少，对病毒应答的细胞被破坏，树突状细胞提呈抗原和病毒给 CD_4^+ 细胞，抗原表位的变异使越来越多的 HIV 逃脱机体的免疫应答，部分 CD_4^+ 细胞凋亡。CD_4^+ 细胞的减少意味着病毒的感染不再能够控制，当 CD_4^+ 细胞降低到 200 个每毫升以下时，病毒数量迅速上升。此时，CD_8^+ 细胞的数量也显著下降，机会性感染的几率迅速升高。若不加干预，从进入艾滋病期至病人死亡的时间约为半年至二年。

可以看出,CD_4^+ 细胞的下降与艾滋病的发展有着密切的联系,那么 CD_4^+ 细胞为什么会减少,又是如何减少,其内在机制是什么呢?主要可以从以下四个方面得到解释:①CD_4^+ 细胞被 HIV 感染,病毒在胞内的繁殖过程中,子代病毒穿越细胞膜,而导致细胞破碎死亡;②合体细胞的形成,使得病毒在细胞之间完成传递,从而使病毒逃过体液免疫,并导致更多的 CD_4^+ 细胞被破坏;③细胞毒性 T 细胞介导的细胞毒作用,使得受感染的 CD_4^+ 细胞被自身免疫系统清除;④游离的 gp120 蛋白结合了 CD_4^+ 细胞膜表面上的 CD_4^+ 抗原,使没有受到感染的 CD_4^+ 细胞看起来像感染细胞,经由补体介导的溶解作用而被清除,这一点可用于解释未感染 HIV 的 CD_4^+ 细胞减少的缘由。

5.4.4 HIV 的实验室检测

1. 实验室检测方法

HIV 的实验室检测结果是 HIV 感染者和 AIDS 患者诊断、处理及治疗的重要依据。目前实验室检测包括以下几方面。①检测病毒本身:HIV 抗原检测,HIV 核酸检测,HIV 病毒分离培养。②检测病毒抗体:HIV 抗体的检测。③检测患者的免疫功能:T 细胞亚群的检测。④其他辅助检查:血细胞计数,肝肾功能等血清指标。⑤HIV 机会性感染的检查。

2. HIV 抗体的检测

人体在感染 HIV 后,都会针对 HIV 基因编码的抗原物质产生抗体,利用抗原—抗体的特异性反应的原理,可选择合适的 HIV 抗原,检测病人体内由于病毒感染而产生的相应的抗体。若 HIV 抗体呈阳性,则该患者为艾滋病病毒感染者或艾滋病人。HIV 抗体检测的方法很多,我国已经研制出对 HIV 抗体具有高度敏感性的双抗原夹心法(金标法)检测试纸,其准确率高达 99%,特异性高达 100%。具体检测方法为:首先,在指尖或耳垂采血,弃去第一滴血,用第二、三滴血做检测。血滴直接滴入加样孔,或先吸入洁净的吸管,然后滴入加样孔。加样后 10 ~ 15 min 内观察结果:①试纸上只出现一条红线为阴性结果;②试纸上出现两条红线,为阳性结果;③试纸上未出现红线,表示测试实验失败,需另取卡重新检测。

由于该法准确、快速、便捷,已广泛应用于临床及实验室研究中。

5.5 艾滋病的治疗与预防

5.5.1 艾滋病的治疗

1. 抗病毒化学药物治疗

从 1987 年第一个抗病毒药问世以来,人们一直致力于治疗艾滋病的药物研发。虽然至今仍无法根治艾滋病,却可以成功地延长 HIV 感染者及艾滋病患者的生命。

1)HIV 药物的研发策略

HIV 的繁殖过程包括吸附、穿入、脱壳、早期蛋白合成、病毒基因核酸的复制、晚期蛋白合成、核壳体装配、病毒体成熟、释放等。其中蛋白质的合成和病毒基因核酸复制是关键步骤,需要某些特异性酶参与。目前筛选抗 HIV 药物的焦点集中于针对 HIV 生命周期各阶段寻找这些特异性酶的抑制剂。HIV 生命周期各阶段防治措施包括:病毒结合抑制剂、病毒细胞聚变抑制剂、病毒脱壳抑制剂、逆转录酶抑制剂、整合酶抑制剂、基因表达抑制剂、蛋白酶抑制剂、葡萄糖苷酶抑制剂。

2)抗 HIV 的化学药物

目前,美国 FDA 批准使用的共有 23 个抗 HIV 药物,包括以下四类。

(1)核苷类逆转录酶抑制剂　目前已商品化的核苷类逆转录酶抑制剂示于表 5.3,此类药物均为双核苷,通过阻断病毒 RNA 基因的逆转录过程,阻止病毒双链 DNA 形成,使病毒失去复制的模板。核苷类药物阻断 HIV-1 早期阶段的生命周期,以降低病毒的复制率。由于该药物仅能防止 HIV 易感细胞的初始感染,因此对已经感染的细胞没有抗病毒作用。

表 5.3　核苷类逆转录酶抑制剂

英文名	中文名	商品名
Zidovudine(ZDV 或 AZT)	齐多夫定	克度、立妥威
Didanosine(ddI)	去羟基苷	惠妥滋
Zalcitabine(ddC)	扎西他宾	双脱氧胞苷
Stavudine(d4T)	司他夫定	赛瑞特
Lamivudine(3TC)	拉米夫定	贺普丁、益平维
Abacavir(ABC)	阿巴卡韦	赛进
Combivir(AZT + 3TC)	—	双汰芝
Trizivir(AZT + 3TC + ABC)	—	三协维

(2)非核苷类逆转录酶抑制剂　目前已商品化的非核苷类逆转录酶抑制剂示于表 5.4,此类化学结构完全不同,但具有同样的别构作用机制的化合物,能特异性抑制 HIV-1。该类药物间没有交叉的抗药性,与核苷类药物间也没有交叉耐药性,并且与核苷类药物间还具有协同的抗病毒作用。单独应用易引起耐药性,临床上常与其他抗 HIV 药物联合应用。

表 5.4　非核苷类逆转录酶抑制剂

英文名	中文名
Nevirapine(NVP)	奈韦拉平
Delavirdine(DLV)	地拉韦定
Dfavirenz(EFV)	依费韦伦

(3)蛋白酶抑制剂　HIV-1 在淋巴细胞内经逆转录酶作用后,进入细胞的染色体,形成前病毒,之后经蛋白酶作用而进一步完善病毒结构。蛋白酶抑制剂(表 5.5)是阻断 HIV 在复制过程中所必需的蛋白质,从而完全阻遏 HIV 的复制。蛋白酶抑制剂可进入包括外周血在内的多种组织器官而发挥抗病毒作用,因而疗效深入而持久。但值得注意的是,蛋白酶抑制剂口服生物利用率低,长期用药出现毒副反应甚为明显,且不少 HIV 毒株已经产生了对蛋白酶抑制剂的耐药性。

表5.5 蛋白酶抑制剂

英文名	中文名
Saquinavir(SGC 或 HGC)	(软胶囊)沙奎那韦
	(硬胶囊)沙奎那韦
Indinavie(IDV)	茚地那韦
Ritonavir(RTV)	利托那韦
Nelfinavir(NFV)	奈非那韦
Lopinavir/ritonavir	洛匹那韦/利托那韦

(4)融合抑制剂　融合抑制剂是通过阻止病毒与淋巴细胞等免疫细胞的接触融合来发挥作用的。融合抑制剂是一类新的抗 HIV 药物。最近,美国 FDA 批准融合抑制剂 fuzeon 上市,这种新药原名"T-20",由瑞士罗氏制药公司研发。fuzeon 是一种皮下注射剂,与以往所有抗 HIV 类药物不同,fuzeon 能够阻止 HIV-1 进入机体免疫细胞,并能促进免疫细胞的生长,这种药物适用于对传统抗艾滋病药物已经产生抗药性的患者,但价格十分昂贵。

上述四大类药物的研究和开发经历了多个阶段。20 世纪 80 年代单一用药,毒副作用大,易出现抗药突变株而出现耐药性;20 世纪 90 年代中期蛋白酶抑制剂进入了临床,开创了"鸡尾酒疗法";经过最近几年的临床实践表明,最行之有效的治疗是联合使用多种抗 HIV 药物,即高效抗逆转录病毒治疗(HAART),该药物有效地抑制了 HIV-1 的复制,部分恢复了机体免疫功能,减轻症状并延长艾滋病患者的生命,但仍然无法根治。

2. 免疫治疗

虽然,目前临床上普遍使用高效抗逆转录病毒治疗,但不能根除病毒,且费用昂贵,长期使用有毒副作用及产生耐药性。免疫治疗的目的是调整、增长和重建患者的免疫功能,从而减轻病情,延缓病程进展。

1)增强抗 HIV-1 非特异免疫反应

(1)被动免疫　输入 HIV-1 感染患者的血浆或免疫球蛋白、丙种球蛋白,可以暂时增强感染者的非特异性免疫力。高效价免疫血清可防 HIV 感染,但感染后使用无预防作用。

(2)过继细胞免疫　输注未同时感染 HIV 的双胞胎的同基因淋巴细胞或骨髓细胞,但临床使用中效果不肯定。

(3)抗 TNF-α 抗体　TNF-α 是一种前炎症细胞因子,既有保护性免疫功能,又可促进 HIV 的感染,其抗体能恢复机体免疫功能,降低病毒复制。

2)治疗性疫苗

目前研究较广的为 remune 疫苗。Remune 是缺损膜蛋白的灭活全病毒疫苗,是由位于加州卡尔斯巴德的免疫反应公司利用几乎灭活的 HIV 制造而成。HAART 治疗抑制病毒血症后,用 HIV 疫苗增强 HIV 特异的免疫力,以抑制潜伏储藏库释放的病毒,从而控制潜伏储藏库释放的病毒。研究者设计用 HAART 方法抑制患者的病毒血症后使用 remune 疫苗,期望 remune 疫苗能够激活患者的免疫系统,从而将病毒保持在较低水平,防止正在接受药物治疗的患者出现病情反复,最终使患者停药,克服耐药性。目前正在进行临床实验,结果表明 remune 能抑制抗病毒治疗后的病毒数量反跳。

3)细胞因子

(1)白细胞介素2(IL-2) IL-2是由活化CD_4^+ T淋巴细胞产生的细胞因子,可以引起T淋巴细胞的增殖和分化。IL-2可活化T细胞分泌,以调节淋巴细胞增殖和成熟,提高外周血CD_4^+ T淋巴细胞计数,改善免疫功能。IL-2还可以减少潜在感染细胞的概率。IL-2能激活潜伏储存库中的病毒,先使用IL-2之后再加用HAART,可更好地清除病毒。HIV感染者缺乏HIV特异的T辅助细胞,而IL-2则是特异性T辅助细胞产生的主要细胞因子之一。然而,HIV感染者体内往往分泌IL-2减少。

(2)白细胞介素10(IL-10) IL-10是由单核细胞产生的具有很强抗炎作用的细胞因子。IL-10促进B细胞增殖并增加免疫球蛋白,体外研究已经证实IL-10有很强的抗HIV作用,IL-10抗HIV复制的作用有赖于其他细胞因子的存在以及被感染细胞的类型,在急性感染期的巨噬细胞内具有最显著的抗HIV作用。IL-10在HIV感染患者的高免疫球蛋白血症中起重要作用。IL-10抗HIV的治疗作用目前尚不太清楚。

(3)白细胞介素12,15,16,7 它们与上述IL-2和IL-10相似,均是由各种不同类型的免疫细胞产生的细胞因子,大多数治疗作用机理尚不十分清楚,且药物仅处于实验研制、临床试验阶段,但已均发现它们是具有增强HIV感染者和AIDS患者免疫力及延长生命的疗效。

(4)干扰素(IFN) 在人体内,IFN通过干扰病毒装配和释放而抑制HIV在被感染T细胞内的复制。目前IFN被注册用于卡波西肉瘤的患者。IFN-α对部分患者可略提高CD_4^+ T淋巴细胞,40%卡波西肉瘤患者有瘤体消退。IFN-γ对于提高单核细胞—巨噬细胞活性、抗弓形虫等机会性感染可能有一定效果。

4)集落刺激因子

(1)生长因子(GFs) 在细胞的生长与分化过程中,GFs对基因的转录与表达有重要的调节作用,异常高浓度GFs可抑制机体的免疫功能,激发疾病进展。因此调节体内的GFs于合适的浓度有助于延缓HIV感染者的疾病进展。研究表明,采用多种GFs联合治疗HIV感染者,发现患者的HIV病毒载量明显下降,CD_4^+和CD_8^+ T淋巴细胞数量稳定,说明该法可明显改善患者的代谢及免疫功能,具有可重复性及安全无毒的优点。

(2)多核细胞集落刺激因子(G-CSF) G-CSF是维持循环中性粒细胞数量及功能极其重要的造血生长因子,可用于HIV感染者接受抗病毒治疗后出现白细胞减少毒副作用时,或AIDS患者发生白细胞减少时。

(3)多核—巨噬细胞集落刺激因子(GM-CSF) GM-CSF是由T淋巴细胞、成纤维细胞和皮细胞产生的糖蛋白。其主要作用是调节中性粒细胞和巨噬细胞的生长及功能。体外研究显示,GM-CSF抑制HIV在巨噬细胞的复制。因而G-CSF和GM-CSF最初被用于HIV感染者粒细胞减少症的治疗。虽然尚无足够的资料支持GM-CSF在临床上具有意义的、辅助的免疫调节作用,但是现有的证据则支持HIV感染者发生中性粒细胞减少症时可使用GM-CSF。

5)计划性中断抗逆转录病毒治疗(STI法)

STI法即在HAART治疗过程中,采用短期中断给药,再恢复给药,这种断断续续地进行HAART治疗,可恢复或增强患者自身的部分抗HIV病毒的免疫功能,从而达到治疗艾滋病的作用。

由于病毒细胞潜伏储藏库和解剖学潜伏储藏库(肠道、男性生殖道和CNS中的感染细胞)的存在,使得HAART不能完全清除人体内的病毒,而只是将病毒抑制在一定水平上,同时维

持 CD_4^+ T 淋巴细胞数量。虽然持续性 HAART 可以使血浆病毒载量下降到检测不到的水平，并且同时升高 CD_4^+ T 淋巴细胞计数，然而这种疗法会导致针对 HIV 特异性的免疫反应下降。计划性中断抗逆转录病毒治疗使患者体内的病毒数量反跳，再次刺激免疫系统，从而提高机体对 HIV 特异性的免疫反应，最后让免疫系统本身通过特异性和非特异性免疫反应的协同作用来控制 HIV。因此该疗法可以减轻患者的经济负担，防止或减少药物毒副作用的发生，同时增强自身免疫功能。当患者在血清抗体转为阳性之前阶段用药、在慢性感染早期开始用药、出现高度耐药株前，可考虑该治疗方案。

总之，只有免疫系统将最终能控制病毒复制的水平以避免发展成 AIDS，并且能中断抗病毒治疗。因此治疗艾滋病最重要的临床试验设计，应该是抗病毒药物最大程度抑制 HIV 复制后，进一步用免疫治疗加强。

3. 机会性感染的治疗

艾滋病的主要表现之一为多种机会性病原体引起的反复感染，且难于根治，这是导致艾滋病患者死亡的最主要原因。因此，机会性感染的治疗是延长艾滋病患者生命和提高其生命质量的重要手段和措施。目前常用的机会性感染治疗可按照所感染病原体不同分类，包括：原虫感染、真菌感染、分枝杆菌感染、病毒感染、细菌感染等。治疗这些机会性感染均采用已商品化的消炎、杀菌、抗病毒类药物，只是针对不同类型的感染，设计不同的用药品种、剂量及疗程，以达到减轻和控制病情的作用。

4. 其他治疗方法

除上述几种治疗艾滋病的方法外，目前还有一些其他的治疗方法用于 HIV 感染者和艾滋病病人，包括：

(1) 对症治疗　是针对发热、感染、恶性肿瘤引起的疼痛、胸腹水的治疗。主要使用目前已商品化的药物对症服用。

(2) 支持治疗　是指营养支持，针对艾滋病的代谢、胃肠道消化系统，防止艾滋病患者营养不良，极度消瘦。

(3) 中医药治疗　采用传统中药对症治疗机会性感染，采用中西药复方治疗艾滋病、抗 HIV 病毒、增强机体的免疫能力等方面，目前正处于临床及实验室研究阶段。

(4) 基因治疗　应用基因治疗技术进行抗 HIV 感染的研究包括：抗 HIV 治疗、保护 CD_4^+ T 淋巴细胞不被感染以及提高机体免疫力等几个方面为目的的基因治疗方法。

5.5.2 艾滋病的预防与控制

1. HIV 的传播途径

艾滋病虽然很可怕，但 HIV 病毒的传播力并不是很强，它不会通过人们日常的活动来传播。不会经亲吻、握手、拥抱、共餐、共用办公用品、共用厕所、游泳池、共用电话、打喷嚏、蚊虫的叮咬而感染，甚至照料 HIV 感染者或艾滋病患者都没有关系。HIV 的传播主要通过性接触、血液和母婴三种途径传播。

1) 性接触传播

HIV 可通过性活动，特别是性乱交传播。男性同性恋肛门性交、口交都会传播 HIV。生殖器患有性病（如梅毒、淋病、尖锐湿疣）或溃疡时，会增加感染 HIV 的危险。无论是同性、异性间的性接触都会导致艾滋病的传播。

2)血液传播

血液传播主要包括以下3种情况。

(1)输血传播　如果血液里有HIV,输入此血者将会被感染。

(2)血液制品传播　有些病人(例如血友病人)需要注射由血液中提取的某些成分制成的生物制品。有些血液制品中可能有艾滋病病毒,使用血液制品就有可能感染上HIV。

(3)共用针具的传播　使用不洁针具可以把艾滋病毒从一个人传到另一个人。例如:静脉吸毒者共用针具、医院里重复使用针具、吊针等均为感染途径。另外,如果与艾滋病病毒感染者共用一只未消毒的注射器,也会被留在针头中的病毒所感染。使用被血液污染而又未经严格消毒的注射器、针灸针、拔牙工具,都是十分危险的。

3)母婴传播

如果母亲是艾滋病感染者,那么她很有可能会在怀孕、分娩过程或是通过母乳喂养使她的孩子受到感染。

2. 预防与控制

艾滋病是一种目前尚无有效治愈办法、病死率极高的传染病,它在全世界的广泛流行已成为严重的公共卫生问题和社会问题。我国将艾滋病感染率一直控制在世界较低水平。然而,随着近年来全球艾滋病的迅速传播,我国艾滋病感染率已呈逐年大幅度上升趋势。世界各国艾滋病流行态势及防治经验表明,预防与控制艾滋病是一项刻不容缓、复杂而长期的艰巨任务,需要全社会参与并实施综合治理。

目前针对不同的艾滋病易感场所有效的艾滋病预防措施可以大致分成以下四种:一般预防措施,免疫接种,病人、接触者及其直接接触环境的管理以及国境检疫。

(1)一般预防措施　包括健康教育、输血筛选策略、避孕套的使用、针具交换、美莎酮维持法。近年来采用美莎酮维持法,来代替吸毒者对海洛因或其他毒品的需求,以逐渐减少吸毒者对毒品的需求,减少HIV的传播。

(2)免疫接种　有效的疫苗不仅可以诱导出中和抗体,还可以产生细胞介导的细胞免疫应答,才能阻止感染的建立,或阻断游离的或与细胞结合的病毒的传播。常见的HIV的疫苗包括以下几种类型:诱导黏膜产生分泌型抗体的疫苗,诱导中和抗体的疫苗,诱导特异性细胞毒T淋巴细胞的疫苗,诱导Th1细胞因子表达的疫苗,诱导抗HIV趋化因子的疫苗,可以诱导化学因子和HIV抗原混合疫苗。上述疫苗都处于试验阶段,真正有效的艾滋病预防性疫苗尚未问世。

(3)病人、接触者及其直接接触环境的管理　我国已公布了《关于对艾滋病病毒感染者和艾滋病病人的管理意见》,对艾滋病病毒感染者和艾滋病病人主要在社区进行管理。常用的消毒剂有:一般用于肝炎的消毒剂就能使HIV灭活。50%的酒精、35%的异丙醇、0.1%的漂白粉、0.5%的来苏水、0.5%的甲醛及0.3%的双氧水,在作用2~10 min后,即可将艾滋病病毒灭活。

(4)国境检疫　国际上多数国家入境时不作HIV抗体检测,但移民需作HIV抗体检测;少数国家对入境者规定需作HIV抗体检测。我国海关检疫规定:对长期出国(6个月以上)归国的中国公民需作HIV抗体检测,对入境的外籍公民,若居住时间超过一年者需作HIV抗体检测。

我国政府确立了“预防为主,宣传教育为主,防治结合,标本兼治,综合治理”的艾滋病防治基本策略,先后印发了《中国预防与控制艾滋病中长期规划(1998—2010年)》和《中国遏制与防治艾滋病行动计划(2001—2005年)》。2006年卫生部组织制定了《艾滋病防治行动计划(2006—2010年)》,已报请国务院审核下发。《计划》明确今后五年我国艾滋病防治工作的总目标:到2010年全国艾滋病病毒感染者控制在150万人以内。在日常生活中,养成良好的生活习惯,阻断传播途径。艾滋病威胁着每一个人和每一个家庭,预防艾滋病是全社会的责任。

思考题

1. 简述病毒的特性及噬菌体的繁殖方式。
2. 论述免疫细胞的类型及功能。
3. 描述HIV的形态和结构。
4. 简述HIV的增殖过程。
5. 艾滋病的发病机制是什么?
6. 简述艾滋病三个临床分期特征。
7. 艾滋病人体内的CD_4^+细胞减少机制是什么?
8. 简述HIV的传播途径及预防措施。
9. 论述抗HIV化学药物治疗的策略及方法。

参考文献

[1] Elmore K. The migratory experiences of people with HIV/AIDS (PWHA) in Wilmington, North Carolina[J]. Health and Place,2006,12(4):570-579.
[2] Stilianakis N, Schenzle D. On the intra-host dynamics of HIV-1 infections[J]. Mathematical Biosciences, 2006, 199(1):1-25.
[3] 张淑玲,罗端德. 艾滋病的发病机制和病理改变[J]. 新医学. 2006,37(1):5-9.
[4] 王福祥. HIV感染中的特异性细胞毒T淋巴细胞反应若干研究[J]. 国外医学:流行病学. 传染病学分册,2005, 32(6):347-349.
[5] 徐钟渭,徐红,项珍. 艾滋病低流行区防治HIV/AIDS机会性感染的实践[J]. 中国感染控制杂志,2006,5(1):35-38.
[6] 周先志,赵敏. 艾滋病诊疗新技术[M]. 北京:人民军事出版社,2005.
[7] 董德祥. 疫苗技术基础与应用[M]. 北京:化学工业出版社,2002.
[8] 陶义训. 疫学和免疫学检验[M]. 北京:人民卫生出版社,1995.

第6章 分子肿瘤学

6.1 概述

6.1.1 肿瘤的概念

癌症是威胁人类健康的最严重的疾病之一。据统计,全世界每年大约有500万人死于癌症,在因病死亡的总死亡率中居第二位,仅次于心脑血管疾病。因此,长期以来癌症一直是世界上各国科学家研究的重点疾病,许多科学家也因在这个领域的出色研究而频频获奖。那么,什么是癌呢?它与医学上常说的肿瘤又有什么关系呢?生长和发育是生物的重要特征之一,构成生命体的细胞每时每刻都在处于增殖、存活和死亡的有控动态平衡中。但是,有时在一些因素的影响下一些细胞的增殖活动失常,表现出快速增长从而形成组织肿块,这种由异常增殖而形成的细胞群就称为肿瘤(tumor)。习惯上,这类与肿瘤相关的疾病也就被称为了肿瘤,它们的基本特征就是细胞增殖与凋亡失控,扩张性增生形成新生物。

肿瘤可分为良性肿瘤(benign tumor)和恶性肿瘤(malignant tumor)。良性肿瘤生长缓慢,虽可增长至相当大的体积,但仍保留正常细胞的某些特性,通常在瘤体外有完整的包膜,手术切除后患者预后良好。绝大多数良性肿瘤基本上是无害的,不引起或很少引起宿主损伤。不过有极少数良性肿瘤因其靠近生命中枢或能合成大量生物活性物质也可能杀伤宿主。例如:脑膜上生长缓慢的良性肿瘤通过压迫使得生命中枢萎缩破坏,最终导致宿主死亡;胰岛细胞良性肿瘤可以分泌大量胰岛素而引起体内胰岛素过量,导致低血糖和死亡。

恶性肿瘤统称为癌症,它不同于良性肿瘤的最重要的特性是能侵袭周围组织。疾病晚期癌细胞发生远端转移,破坏受侵袭的脏器,最终使机体衰亡,但如能在侵袭转移前切除癌瘤,一般预后明显改善。由于技术水平的限制,目前临床诊断的癌症患者多处于中晚期。加上不良生活方式如吸烟、过度饮酒、不合理饮食习惯,以及环境污染增加等因素,在刚过去的20世纪,世界各国许多常见癌症的发病率在总体上呈上升趋势,或维持在高水平,在我国的情况亦大致如此。目前,除几种较少见的癌症如妇科的宫颈癌、绒癌等的死亡率有明显下降外,多数常见恶性肿瘤死亡率还处于令人忧心的高位态势下。恶性肿瘤几乎在所有类型的细胞中均可发生。根据组织学来源,癌症的起源可分为三种:癌(carcinoma)起源于上皮细胞,大部分成人癌症属此类;淋巴瘤起源于脾和淋巴结等的淋巴细胞;肉瘤(sarcoma)起源于间叶组织,如结缔组织、骨和肌肉等。以上在各种实质性组织、脏器中发生的癌症属实体肿瘤(solid tumor)。白血病起源于骨髓造血细胞,恶性细胞存在于流动的血液中,属液体肿瘤(liquid tumor)。

6.1.2 人类对肿瘤本质的认识

1775年,伦敦的一位内科医生Percivall Pott曾经留下这样的记录:在童年曾经做过清扫烟囱工作的男人中阴囊癌的发生率特别高。在19世纪,医生们发现在德国东部的沥青工人易患肺癌死亡。20世纪初,人们又发现经常受X射线照射的人容易罹患白血病和皮肤癌,而为夜光表涂抹镭的女工由于常常舔刷毛而易患舌癌。另外,早期的流行病学资料还表明,癌症的发病率还具有地方性的特征,而且,当人们从世界的一地迁移到另外一地后,其后代往往具有新地区的癌症地方特征。据此,不少人开始认为癌是由身体之外的某种因素所引发的,如生活方式、饮食习惯和环境等,从而形成了最初的外因致病论观点。

19世纪末,Louis Pasteur和Robert Koch发现细菌是引起肺结核、霍乱和白喉等传染病的病因。这使很多医生认为,癌症也是一种由细菌或病毒等微生物引发的传染性疾病。1910年,Peytou Rous将鸡肉瘤组织的无细胞滤液注射到健康鸡的体内,结果诱发了健康鸡长出肉瘤。紧接着,他又证明引发这种肿瘤的病原体是病毒,即现在被称为Rous的肉瘤病毒(rous sarcoma virus,RSV),因而确立了病毒致癌的新观点。然而,当时在哺乳动物中还没有发现肿瘤病毒也像一般病毒传染病那样传染癌症,而且大多数人的癌症并不具有传染性。因此,学术界认为,Rous的实验结果只不过是一个特例,并不具有普遍意义。

进入20世纪以后,由于遗传学的发展,尤其是1953年DNA双螺旋结构的发现,人们对癌症的认识有了质的飞跃,逐渐从表象深入到了基因层次的研究。1914年,Boveri首先提出了癌变的染色体异常学说,但未被后人所接受。之后在很长一段时间内众说纷纭,有免疫缺陷说、分化失常说和突变说等。20世纪70年代后至今,随着分子生物学和基因工程技术的快速发展,肿瘤细胞、分子遗传学和基因组学的研究不断深入,人们逐渐认识到原癌基因的活化和肿瘤抑制基因的灭活在癌变过程中起着中心的生物学作用。20世纪80年代后,肿瘤病因学和分子流行病学等的研究表明,人类癌症的主要风险因素是环境因素,而与此相关的代谢酶等修饰基因的遗传多态,决定了个体对这些因素的肿瘤易感性。近几年,癌症研究进入了全新的表遗传学(epigenetics)领域,许多实验事实证明,癌相关基因可遗传的表遗传学改变,与遗传学改变具有同样重要的意义。

分子肿瘤学,就是用分子生物学的理论和技术来研究肿瘤的一门科学,是医学和生物学的一门交叉学科。它既是一门基础科学,也是一门应用科学。作为基础科学,分子肿瘤学研究癌症的遗传学病因、遗传因素和环境因素的相互作用在肿瘤发生中的意义,检测和分析癌变过程中癌相关基因的遗传学、表遗传学改变及其机制,以及肿瘤类型和个体特征性的癌变遗传学途径。作为应用科学,分子肿瘤学开发、验证上述各类肿瘤的特异性改变。作为生物学标志,用于临床早期诊断、监测、预后,探讨可作为预防、治疗干预的遗传学和表遗传学靶的和有效的防治措施。对于家族性癌综合征,研究其癌相关基因的种类突变、世代间传递和表达的规律,并探讨癌高发家族中如何合理地开展遗传学测试、筛查和咨询,研究有效的干预方法,以达到降低癌的发病率和死亡率,同时把社会伤害减少到最低程度的目的。

从目前分子肿瘤学的研究成果来看,癌症是一种遗传学疾病或体细胞遗传学疾病,可简称为遗传病。在癌细胞中发生的遗传学变异有基因内的碱基替代、缺失、插入和基因扩增等,以及染色体的数量和结构的改变,如非整倍体、易位等;表遗传学改变有DNA甲基化形式改变、组蛋白修饰和染色质改型等。这些改变引起了肿瘤抑制基因灭活和原癌基因的活化,它们所产生的恶性表型通过有丝分裂能在细胞世代间传递。上述过程均发生在体细胞,这是占全部癌症中绝大多数的、散发性癌症的发生模式。遗传性癌综合症不同于其他一些遗传病,它遗传的仅是癌易感性,还需要体细胞的多次击中才能产生恶性表型。在人类的基因组内存在两类癌相关基因:一类基因直接调控细胞增殖与凋亡、运动与黏着,以及细胞基质的改型等,并参与细胞的信号转导,结果得以维持正常组织细胞的自稳性。当这些基因缺陷造成上述过程失衡,随着细胞各种恶性特征的积累,最终导致癌症发生。这些基因包括癌基因、肿瘤抑制基因中把关基因(gatekeeper gene);另一类基因并不直接调控细胞的增殖和凋亡,而是影响第一类癌相关基因的突变速率的管护基因(caretaker gene),这包括各类 DNA 修复基因,还包括代谢酶多态性在内的一组修饰基因(modifier gene)。

此外,分子肿瘤学的研究还表明:除少数例外,癌是原始的、单个癌细胞增殖的后代,即癌为单克隆起源。这一观点已被普遍接受,部分是依据来自 X 染色体上基因表达的观察。妇女有两条 X 染色体,在卵裂的后期其中一条 X 染色体会随机失活,如果一位基因杂合子的妇女患癌,若是多克隆起源,癌细胞则可能有两种等位基因表达的产物;若是单克隆起源,则癌细胞仅有一种等位基因表达产物,而研究结果证实了癌为单克隆起源。由于与 DNA 修复和细胞分裂等一系列相关基因的缺陷,使癌细胞基因组和染色体的稳定性下降,于是在肿瘤演进过程中,就可能不断产生新的癌细胞干系,它们在彼此间免疫系统和治疗等因子作用下,如不能被全部杀灭,就可能选择了恶性程度更高的癌细胞干系,它们继续重复突变、扩增和选择的过程,给治疗带来困难。

6.1.3 癌细胞及其生长的特性

肿瘤最基本的生物学特征是瘤组织的无限增殖和瘤细胞的分化异常,因此恶性肿瘤细胞在形态、功能和代谢方面与其起源的组织细胞均有不同程度的差异,这种差异称为异型性,或称恶性表型。

从形态学角度来说,癌细胞大小和形态不一,通常较起源细胞为大,可有单核或多核瘤巨细胞出现,另外有些内分泌肿瘤的细胞可呈多形性。肿瘤细胞核的大小、形态和染色也表现出异型性。一般来说,胞核的体积增大,胞核与胞质的体积比可从正常细胞的 1∶4~1∶6 增大到 1∶1。细胞核形状不一,有时会出现巨核、双核、多核或奇异形核。从生物化学角度来说,在体外培养的正常细胞中增殖至彼此接触时,就停止生长和分裂(接触抑制),故细胞呈单层生长,而癌细胞失去了接触抑制,会继续分裂而呈多层重叠生长,见图 6.1。同时,癌细胞表面的识别能力和黏着性发生了改变,从而导致癌细胞易于游离、浸润乃至转移。此外,在代谢上表现出物质的合成代谢增强,分解代谢则减弱,从而导致二者的平衡失调。

在细胞生长和动力学方面,癌细胞主要表现为失去了对中止细胞增殖信号和细胞分化信号的反应,并可传出自主的细胞生长、增殖信号,而且,癌细胞逃避了细胞凋亡和衰老,达到永生。一般来说,当正常细胞受到严重损伤和营养缺乏时,就发生凋亡并自动解体。体外培养的正常细胞,即使没有受到损伤,约分裂 50 次后也会自动停止分裂,最终细胞死亡(细胞凋亡)。而癌细胞并不一定会发生凋亡,能无限制地增殖,获得了永生化。深入地研究表明,细胞生长调节因子,即生长因子,与癌细胞的分化和增殖有着密切的关系。例如:在正常情况下人血小板衍生生长因子(platelet derived growth factor,PDGF)分子被包裹在血小板内,每个血小板中大约有 1 000 个 PDGF 分子,只有在出现创伤时血小板才局部释放出 PDGF,刺激伤口附近血管内皮细胞和上皮细胞增殖以充填伤口,实施其参与组织和血管损伤的修复功能。一旦伤口愈合,血小板即不再释放 PDGF,增殖的细胞即转入静止状态。假如由于某种因素的作用而失去了这种正常的调控,使 PDGF 基因不断产生出 PDGF 分子,就可能使细胞增殖失控而导致癌

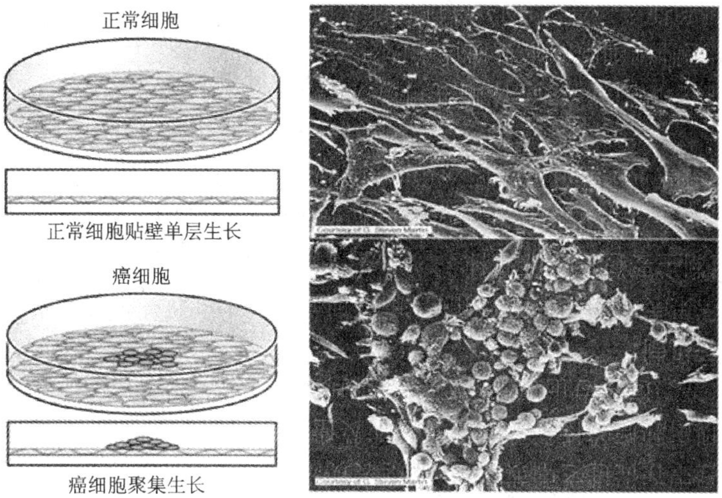

图6.1 正常的(上)和转化的(下)成纤维细胞比较

变。肉瘤、胶质母细胞瘤等结缔组织肿瘤显示原癌基因 *SIS* 的表达证实了这一假设。在这以后,发现相当数量的人原癌基因的蛋白质产物是生长因子(growth factor)。

6.1.4 常见的恶性肿瘤

胃癌是严重威胁人类健康的主要恶性肿瘤之一,我国每年胃癌新发病例占全部恶性肿瘤发病的17.2%,死亡率占全部肿瘤的20%以上,二者均高居首位。胃癌在临床上分为早期胃癌和进展期胃癌。早期胃癌指癌组织限于黏膜层和黏膜下层,不论有无淋巴结的转移(亦有学者认为只要有淋巴结转移即应视为进展期)。对处于早期胃癌的始发阶段,直径小于5 mm的胃癌称为微胃癌,介于5~10 mm的为小胃癌,统称为微小胃癌,微小胃癌的术后10年生存率可达100%,这说明早诊断早治疗在临床上的重要意义。进展期胃癌指癌组织浸润已达肌层或浆膜,故亦称为中、晚期胃癌,其中局限于肌层者为中期,超出肌层者为晚期。胃癌的组织分型中的Lauren分型法将胃癌只分为肠型和弥漫型两种,肠型胃癌主要由类似肠道柱状细胞的腺上皮所组成,可伴有刷状缘,在有的病例中还可见杯状细胞,肠化时柱状细胞有黏液分泌,肿瘤附近的黏膜亦有广泛肠化,肿瘤的边界较清楚,恶性度相对较低。弥漫型胃癌可呈腺管状排列,但细胞黏着力差,癌细胞易形成对胃壁的广泛而弥漫浸润,许多细胞含黏液,呈典型印戒形,肿瘤边界不清。肠型胃癌常见于胃癌高发区人群,老人及男性多见,分化程度较高,术后预后相对较好。弥漫型胃癌多见于非胃癌高发区病人,常见于青壮年,恶性度高,预后较差。总体上讲,临床以肠型为多,相对弥漫型而言,肠型胃癌有一个相对较为清楚的发生发展过程。

肝癌可以是单个病灶,也可以是多个病灶,与周围的正常肝脏组织界限分明。它有两种组织类型。一种由分化较好的肝细胞(肝实质细胞)组成,肝细胞排列在小梁(结缔组织纤维索)中,其中间为肝血窦(微小静脉)。其中有许多肿瘤细胞是功能性的,因为有一些结节能被胆汁染色(肿瘤的胆小管不与正常的胆管相连),而且含有多种可以通过组织化学方法检测出来的肝酶。另一种肝细胞癌是由小胆管发生的间变性腺癌。肝癌相关病因的研究中,黄曲霉毒素、酒精的长期摄入,抗结核等药物的医源性损伤,饮食中硒、钼等微量元素的缺乏,以及饮水污染等属于肝癌发生的重要相关环境因子。肝细胞癌能合成α-甲胎蛋白,这是一种有用的肝癌标志物。

肺癌是人类常见的恶性肿瘤之一。从临床着眼,肺癌可分为两种治疗的类群和四种组织学类型:肺鳞癌、肺腺癌、大细胞肺癌合称为非小细胞肺癌(NSCLC),另一类为小细胞肺癌(SCLC)。NSCLC 约占全部肺癌的75%,SCLC 约占肺癌的25%。这两个类群肺癌均与吸烟有密切的关系。各类群肺癌的治疗方法都不太理想,这反映在其死亡率较高。每一类群肺癌初始诊断几乎都基于慢性咳嗽、发热、呼吸困难、咳血、嘶哑或胸痛,而且患者常有长期吸烟史。NSCLC 治疗成功的关键在于早期手术,因为其转移发生较晚。NSCLC 的初始诊断处于早期,5 年生存率近于 75%;如初始诊断为不能切除的 NSCLC,可用化疗或放疗,5 年生存率为 5%。SCLC 的临床过程、治疗方法和对治疗的反应不同于 NSCLC,它是实体瘤中最易转移的,而且很易致死。这种癌的播散发生早,手术很少作为主要方法。治疗主要靠联合化疗,无转移的病例可附加胸部照射。SCLC 最初对这种治疗很敏感,但常常发生复发和抗性,2 年生存率为 14% ~24%。

乳腺癌是女性最常见的恶性肿瘤,全世界每年约有 120 万妇女患乳腺癌。发达国家的发病率明显高于发展中国家。北美和北欧国家乳腺癌发病率最高,亚、非地区最低,南美及拉丁美洲居中。在国内,沿海发达地区发病率高于内陆地区,上海市为全国乳腺癌发病率最高的省份。乳腺癌通常表现为一个无痛的小包块,此病在 20 ~ 30 岁十分罕见,但在绝经期和绝经期后发病率明显升高。乳房产生泌乳腺泡的干细胞群定位于小导管,也存留于老年人乳房的纤维间质中,这些干细胞是肿瘤发生的靶细胞。大多数乳腺癌就发生于这些腺泡小导管,大致可以有以下几种情况:绝大多数乳腺癌发展成无痛性孤立小结节,但有些小导管中的乳腺癌,则在小结节开始长大而尚未形成包块前,随血流从乳头渗出。随着乳腺癌的生长,浸润周围组织,最终使深部组织和皮肤粘连固定,从而引起皮肤凹陷,状似酒窝,如果侵袭乳头会造成乳头凹陷。癌肿进一步发展后,首先转移到腋窝淋巴结,然后再转移到肺、胸膜、脊柱和骨盆。患者通常需要取少量组织活检,亦即对瘤块组织进行冰冻切片检查。如果确诊是癌,可能就要切除乳房和腋窝淋巴结。仔细彻底检查这些活检标本,可以确定疾病的分期和乳腺癌的分型。分期非常重要,因为如果肿瘤未发生转移,通常可以治愈;如果累及的淋巴结超过两个,患者的预后就很差;如果转移的腋窝淋巴结少于两个,则预后良好,治愈率可达 50%。

白血病是由于造血干、祖细胞发生恶变,失去进一步分化、成熟的能力,使细胞阻滞在不同的造血阶段,从而导致一组异质性造血系统恶性肿瘤。白血病是儿童和青少年中最常见的恶性肿瘤,我国的年发病率和死亡率为十万分之三至十万分之四,在各种肿瘤中居第六位。白血病的发病原因至今尚不明确,有许多因素可能与其发病有关,包括病毒因素、物理因素、化学因素、遗传因素等。胚胎的原始中胚层细胞分化成造血干细胞,后者又能分裂并分化成红系、粒系、单核系、淋巴系和巨核细胞系的干细胞。导致白血病的进程可以影响任何干细胞系或原始的多能造血干细胞。因此,此病起源于骨髓,继发性影响脾脏、淋巴结和肝脏。当恶性细胞增殖时,骨髓中正常的造血成分就被白血病细胞取代。为了维持现状,正常细胞在肝脏和脾脏克隆扩增(骨髓外造血)。继之,肝脾及其他器官也因长满白血病细胞而肿大。结果,产生功能性造血细胞的最后储库也丧失了,患者表现为骨髓衰竭。这些症状和体征包括:不能调动有效的防御机制抵抗细菌、真菌和寄生虫感染,不能停止因巨核细胞被取代而引起的毛细血管出血,如淤点性出血——出现在皮肤和黏膜上的小紫血斑,伴随牙周出血;当幼红细胞系被取代时就导致贫血;最终白血病细胞将在任何器官的基质中生长。虽然很难精确地描述特定器官的症状,但这些器官都肿大,触之有沉重感,而且白血病细胞的大量增殖可导致变病质。

6.2 致癌因素及其致癌机制

肿瘤是危害人类健康和生存的顽疾之一,长期以来一直困扰着广大的科学家和医疗工作者。近一个世纪来,人们致力于探讨和研究肿瘤发生、发展的机制,试图找到预防、诊断、监控和治疗肿瘤的有效方法。研究表明:肿瘤的发生、演变是一个涉及环境与遗传多因素、多阶段、多步骤的生物学过程,因而注定了人类与肿瘤的斗争将是漫长而曲折的一个过程。尽管肿瘤的发生涉及许多复杂的机制,但就本质而言,它是一种遗传性疾病,即遗传信息或遗传物质的改变是肿瘤发生的根本原因。从目前的研究结果来看,影响人类基因突变的因素主要包括化学致癌因素、物理致癌因素和生物致癌因素三大类。目前,许多研究人员致力于这些因素中的致癌分子机制的研究,并取得了很多可喜的成果。

6.2.1 化学致癌因素及其致癌机制

化学致癌物质是人们发现的最早与肿瘤相关的一种环境因素。1775 年,伦敦内科医生 Percivall Pott 就观察到清扫烟囱的男人易患阴囊癌;1895 年,德国的 Rehn 报道了染料工人接触芳香胺类化学物与膀胱癌的关系。1918 年,日本科学家山极和市川在实验室内成功地用煤焦油涂擦兔耳诱发出皮肤鳞状细胞癌,从此对化学致癌物的鉴定及其致癌机制的研究进入到实验室研究阶段。随后的研究发现,许多化学物质具有致癌作用,主要包括有机化合物(如烷化剂、芳烷基化制剂、芳香羟胺)、无机化合物(如石棉)和天然化学物质(如氡)。这些化学物质在基因和蛋白水平上均具有致突变作用,从而导致调控细胞生长、死亡状态和基因组稳定性的关键基因蛋白发生变化,进而导致肿瘤的发生。

1. 化学致癌物的种类和主要特性

国际癌症研究中心(IARC)和美国环保署(EPA)是目前评定致癌物的主要机构。1969 年,IARC 开始实施一项计划,评价化学因素对人类的致癌危险性。经过几十年的研究,迄今已经对数以千计的化学物质的致癌危险性进行了评价。大体上来说,IARC 对化学物质的致癌危险性分为三组,即对人致癌物(1 组)、对人大概致癌物(2A)和可能致癌物(2B)以及对人致癌性暂无法分组的物质(3 组)。根据化学结构来分,化学致癌物可以分为以下几类。

(1)烷化剂　烷化剂的主要特点是具有烷化性能及活泼的化学反应性,常被用作化疗药物、杀菌剂和灭霉剂,常见的烷化剂主要有氮芥和硫芥类、磺酸酯类、乙撑亚胺类、环氧化合物、内酯类、卤醚类和(亚)硫酸酯类等。

(2)多环芳烃类　多环芳烃也称稠环芳烃,是由多个苯环缩合而成的化合物及其衍生物,很小的剂量就能引起局部组织的恶变。主要包括苯并芘、苯并蒽和二苯并蒽等,常存在于含碳物质的不完全燃烧产物中,如煤烟、香烟烟雾、熏烤食品和汽车废气等。

(3)芳香胺类化合物　芳香胺类化合物主要包括氨基芴、苯胺和氨基联苯胺等,广泛应用于制备染料、药物、杀虫剂、塑料和橡胶等。

(4)氨基偶氮染料　氨基偶氮染料是指含有偶氮基团—N—N—,具有颜色,被用作纺织品、食品与饮料的染料。一般需要长期给大剂量的该种物质才会引起癌症,而且癌一般发生于远离给药途径的器官。

(5)亚硝胺类物质　这类物质致癌性强,致癌剂量远小于芳香胺类和偶氮染料,且对多种器官有致癌作用,主要有二甲基亚硝胺、二乙基亚硝胺和甲基亚硝基脲等。此外,这类化合物也可以由环境中广泛存在的非致癌前体(如仲胺和亚硝酸钠)在体内合成。

(6)黄曲霉毒素　黄曲霉毒素是黄曲霉、寄生曲霉等真菌的代谢产物,广泛存在于高温潮湿地区的霉变食品中。其中以黄曲霉毒素B1的致癌能力最强,比二甲基亚硝胺大75倍,是已知致癌化学物中最强的一种。

(7)植物毒素　植物霉素主要是指来源于植物体的致癌化学物,如来源于旋花苏铁树果实中的苏铁素,蕨类植物中发现的黄樟素和千里光碱等。目前,这方面的研究还处于起步阶段,对常见植物药和各种植物毒素的致癌可能性还需进行系统和深入的研究。

(8)金属致癌物　金属致癌物主要包括铬、镍、砷和镉等。

经过几十年的不懈研究,人们发现化学致癌物的主要生物学特性可以归纳为以下几点:致癌作用依赖于化学致癌物的剂量;致癌作用的充分表达需要相当长的时间;致癌作用所引起细胞变化可传到子细胞;致癌作用可被非致癌因子所修饰;同一种化学致癌物诱发的肿瘤常具有不同的抗原性和表现等。

2. 化学致癌的多阶段模式

化学致癌作用是一种多阶段过程,主要包括启动、促进和演进三个阶段,三个阶段连续进行,最后导致肿瘤的形成。启动阶段为化学致癌作用的开始阶段,一般是很快的过程,但是化学致癌物会使靶细胞DNA产生永久性的变化。一般认为,基因受致癌因素作用发生突变,经过细胞分裂增殖被固定下来,并能传代。促进阶段为促进启动形成的肿瘤细胞分裂生长的作用阶段,导致该作用的化学物质称为促进剂。促进剂单独作用无效,必须在启动之后间隔数周给予才可能使肿瘤加速生长,而且促进作用有可逆性、剂量反应关系和阈剂量。因此,这个阶段是肿瘤形成过程中较易受干预的阶段,也是最容易取得预防成效的部分。第三阶段是演进,是指肿瘤形成过程中在促进之中或之后,细胞表现出不可逆的基因组,在形态上或功能代谢和行为方面逐渐表现出肿瘤的特征。演进有时涉及遗传物质的重大改变,如染色体的结构编译、丢失、易位或嵌入等。迄今为止,对导致演进的物质或因素尚未有足够的研究。

3. 致癌的分子机制

目前的研究结果表明,化学致癌物的致癌机理主要是诱导癌基因的激活与抑癌基因的失活,具体的分子机制主要包括以下几种。

(1)点突变　点突变是化学致癌物诱发肿瘤癌基因和抑制癌基因变化的最主要方式,其形式包括碱基的置换(substitution)、插入(insertion)、缺失(deletion),其中以碱基置换最为常见。

(2)染色体畸变和易位　染色体畸变可分为染色体数目畸变和结构畸变,与肿瘤发生和演进有重要关联,是肿瘤细胞的常见遗传学改变。

(3)DNA重排和插入诱变　DNA重排和插入诱变会激活原癌基因,从而导致细胞发生癌变。

(4)基因扩增或缺失　基因扩增或缺失会使原癌基因过度表达或抑癌基因不能正常表达,从而导致细胞发生癌变。

(5)DNA甲基化的改变　DNA甲基化状态可以调节基因的表达,导致控制正常生长规律的基因表达异常。

(6)细胞遗传或基因组不稳定性 近年的研究还发现,化学诱变剂还可通过诱发细胞遗传的不稳定性,增加癌基因和抑癌基因等重要基因的突变发生率。

6.2.2 物理致癌因素及其致癌机制

诱发癌症的物理因素很多,包括各种波长的电磁波、粒子射线、高温和低温、机械刺激、固体或胶体物质等。1931年,Martland对镭针刻度盘油漆工进行了研究,首先提出摄入放射性核素可诱发癌症的观点。最近几年发现氡作为一种辐射源,可能是导致肺癌的危险因素。随着现代分子生物学的发展,对物理因素致癌的研究取得了一定的进展,如在对辐射致癌的分子机制研究中,提出了DNA损伤中双链断裂涉及大量基因改变,从而引起染色体缺失或重组,诱发肿瘤的形成。

1. 物理因素的种类和特征

目前,已经证实的物理致癌因素的种类主要是电离辐射、紫外线、纤维物质,以及热辐射、创伤、慢性刺激和片状异物等。

(1)电离辐射 电离辐射是指电磁波波长很短的X射线、γ射线和带亚原子(β粒子、质子、中子或α粒子)微粒的辐射,它们可以在局部释放大量的能量,从而使化学键断裂。电离辐射可以直接作用于生物分子,导致其结构的改变和生物活性的丧失,也可以首先作用于水引起水分子的活化和自由基的形成,进而再作用于生物分子。在液态环境下,后者是导致DNA损伤的主要原因。低剂量的放射线致癌率很低,而且能杀死癌细胞,因此放疗成为目前治疗癌症的有效手段之一。

(2)紫外线 紫外线是非电离辐射,以320~280 nm之间的光对诱发多种肿瘤的效能最强。紫外线照射有致突变性,对DNA有其特有的光化学作用;另一方面,又有致癌性,19世纪末发现,长时间大剂量的照射紫外线是皮肤癌发生的必需因素。

(3)纤维状异物 纤维状异物是指长径大于其横径3倍以上的细长微小物体,如去污粉、化妆品、食物、药物和空气中的矿物纤维等。其中,以石棉纤维与诱发肿瘤的关系更为密切。研究发现,石棉工人20%死于肺癌,发病率比一般人高5~10倍。异物致癌机制目前尚不十分清楚,可能是由于消除了细胞间的接触抑制,致使细胞发生突变或转化。

(4)热辐射 我国北方地区居民冬季烧炕取暖,局部组织因慢性高热发生癌变,形成"炕癌"。研究表明,热本身不会诱发肿瘤,但可能有一定的促癌作用。

(5)慢性刺激与炎症 慢性刺激与炎症是否致癌目前尚有争论,它们可能只是对致癌起到一种辅助作用,是一种促进因素。

2. 辐射致癌的分子机制

辐射致癌是一个复杂的过程。辐射只是一系列相互作用的因子之一,其整个过程主要包括:辐射引起细胞DNA的初始分子损伤;损伤的修复缺陷和错误修复,并导致染色体的畸变,启动肿瘤的形成;在适当的体细胞中特定基因或染色体发生缺失或重排,启动致癌过程;启动的细胞早期克隆进展形成前恶性肿瘤疾患;其他遗传学和外因时间的积累及其进一步的克隆选择性演变,从而导致最终恶变、肿瘤性生长并演进。与化学致癌因素所具有的特异性不同,辐射致癌一般是非特异性的。在整个细胞启动、促进和发展过程中,辐射起到了引发因子的作用,但它不是重要的启动因子和进展因子。因此,一般认为,辐射是一种弱的致癌因素。据统计,只有大约4%的癌症死亡人数可归因于电离辐射。

目前,对辐射致癌的分子机制可归结为以下几个方面。

(1)癌基因激活 癌细胞激活主要是在辐射作用下将正常细胞的原癌基因激活,使细胞的遗传信息发生改变,从而导致细胞的癌变。

(2)DNA 损伤与错误性修复 各种类型的 DNA 损伤如果未能进行正常性修复,将把这种异常结构的 DNA 经过几次核分裂固定下来并传递给子细胞,最终导致肿瘤性转化。

(3)细胞突变 在辐射致癌过程中,细胞突变是细胞肿瘤性转化的一个重要中间环节。

(4)染色体畸变 DNA 损伤后未能进行正常性修复的一个重要宏观表现就是染色体畸变,大多数细胞转化都要经过这个环节。

(5)肿瘤发生发展的多阶段性 辐射中的 X 射线、γ 射线和中子等,具有启动因子和促进因子的双重作用,只要它们作用于机体,不必再有促进因子的作用就可诱发肿瘤。

6.2.3 病毒致癌因素及其致癌机制

生物性因素也是主要致癌因素之一,主要是指肿瘤病毒,其次某些肿瘤的发生与一些真菌、细菌和寄生虫有关。凡能致癌的病毒称为肿瘤病毒(oncovirus),包括 DNA 病毒和 RNA 病毒两种。其致癌作用的特点有:①肿瘤病毒是具有生命的微生物,含有 DNA 或 RNA,可进行复制和遗传产生子代病毒,继续发挥致癌作用;②肿瘤病毒对动物和人类具有感染性,有些病毒对某些细胞具有特异的亲嗜作用,能够引发疾病并诱发肿瘤;③肿瘤病毒 DNA 可以整合到宿主细胞 DNA 链上,通过不同的机制而使细胞发生癌变;④有些肿瘤病毒基因组中含有特殊的序列,即病毒癌基因(v-onc),可编码转化蛋白进而使细胞发生恶性转化。

早在18世纪就曾有人怀疑肿瘤的发生可能与病毒有关,但直到1908年 Ellennann 和 Bang 证明将鸡的白血病无细胞滤液注射给健康的鸡诱发白血病以后,才奠定了病毒致瘤的实验基础。随后发现了一系列的肿瘤病毒,包括 Rous 鸡肉瘤病毒(1911年)、兔纤维瘤病毒(1932年)、兔乳头状病毒(1933年)、蛙肾腺癌病毒(1934年)和小鼠乳腺癌病毒(1936年)等。但是,因为当时在人类医学中并没有发现肿瘤病毒可以垂直或横向传播的根据,所以这些研究没有受到重视。1970年,Temin 和 Baltimore 同时在肿瘤病毒中发现了逆转录酶,极大地促进了分子病毒学的发展。随着近年来分子生物学的发展和研究工作的不断深入,对肿瘤病毒的研究已经全面进入到分子水平,并逐渐发展成为一门新的学科——病毒肿瘤学(viral oncology)。

1. 致瘤性 DNA 病毒及其致癌机制

目前,发现的致瘤性 DNA 病毒属于5个科:乳多空病毒(papovaviridae)、腺病毒(adenoviridae)、疱疹病毒(herpesviridae)、嗜肝 DNA 病毒和微小病毒,其中前4个科中有50多种病毒可引起动物肿瘤。对人类恶性肿瘤发生密切相关的 DNA 病毒主要有3种,即人类乳头状瘤病毒(human papillma virus, HPV)、Epstein-Barr 病毒(EBV)和乙型肝炎病毒(HBV)。致瘤性 DNA 病毒一般为水平传播,会因进入细胞的不同种类而产生不同的结果。如果病毒进入允许细胞(permissive cell),会产生增殖性感染,即产生有感染性的子代病毒,同时细胞溶解死亡。如果病毒进入非允许细胞(non-permissive cell),则产生非增殖性感染,即病毒不能繁殖,细胞继续存活。但是,病毒能够以某种方式存在,并与宿主基因组发生整合,进而可能导致细胞转化。

对于不同的致瘤性 DNA 病毒,其致癌机制有所差别,但一般主要通过以下几种方式。

(1)转化基因编码产物直接致癌　DNA 肿瘤病毒基因组的转化基因与病毒增殖有关,其中早期转录区与细胞转化有关,而晚期转录区与病毒复制有关。

(2)转化基因编码产物间接致癌　病毒中的一些编码产物与某些抑制生长、促进分化的细胞蛋白结合,使后者失活而发挥致癌作用。

(3)转化基因编码产物反式激活致癌　乙型肝炎病毒基因组中有 4 个开放读码框架,X 基因是其中之一,它编码的 X 蛋白具有丝氨酸/苏氨酸蛋白激酶活性,且具转式激活作用,可反式激活其他病毒基因和细胞基因,从而导致肝细胞癌变。

2. 致瘤性 RNA 病毒及其致癌机制

目前,发现的致瘤性 RNA 病毒均含有逆转录酶,故也称为逆转录病毒(retroviridae)。该种病毒在动物界分布极广,能引起鸟、小鼠、地鼠和猫的白血病、恶性淋巴瘤和肉瘤。主要包括:鸡 Rous 肉瘤病毒(RSV)、小鼠白血病病毒(MuLV)、猫白血病病毒(FeLV)、牛白血病病毒(BLV)和猿猴肉瘤病毒(SISV)等。20 世纪 80 年代初期,人们确定了人类第一个致瘤性 RNA 病毒,它是一种人类 T 细胞白血病病毒(HTLV I),能引起 T 细胞系列的非霍奇金淋巴瘤。各种致瘤性 RNA 病毒的结构基本相似,呈圆形或椭圆形,病毒颗粒有包膜,内有衣壳和由 RNA 酶组成的核心。其生化特征也相似:各种生物组分的含量接近,含有逆转录酶,以及含有 DNA 连接酶、内切酶、外切酶、核糖核酸酶以及参与糖代谢的多种酶类。与致瘤性 DNA 病毒不同的是,致瘤性 RNA 病毒复制增殖时并不会导致宿主细胞的死亡。

致瘤性 RNA 病毒根据其病毒基因组结构和致癌作用的不同,分为转导性逆转录病毒(transducing retroviruses)、顺式激活逆转录病毒(cis-activating retroviruses)和反式激活逆转录病毒(trans-activating retroviruses)。转导性逆转录病毒具有癌基因,能转导入宿主细胞;顺式激活逆转录病毒基因组无病毒癌基因,但其整合至细胞基因组后能激活近旁细胞癌基因;反式激活逆转录病毒的基因编码产物能激活病毒基因和(或)细胞基因而发挥致癌作用。

6.3 肿瘤相关基因及其调控机制

6.3.1 癌基因

1. 癌基因的发现

1910 年,Rous 将鸡肉瘤组织的无细胞滤液注射到健康鸡的体内,结果诱发了健康鸡长出肉瘤,从而发现了现在被称为鸡 Rous 肉瘤病毒(RSV)的一种 RNA 急性致癌病毒。然而,这一发现与当时人们所推崇的中心法则是矛盾的,因而在肿瘤研究中长期遭到漠视。20 世纪 60 年代开始,病毒与肿瘤关系的研究才又一次受到重视。1964 年,Temin 首先提出了前病毒的设想,即 RSV 的活动周期中存在着 DNA 中间产物阶段,它含有 RNA 病毒基因组的全部遗传信息。1970 年,Baltimore 实验室和 Temin 实验室分别报告他们在两种 RNA 急性致癌病毒(Rauscher 小鼠白血病病毒和 Rous 鸡肉瘤病毒)中分离了一类很特别的 DNA 聚合酶,能以 RNA 为模板指导合成 DNA,这类酶被称为“反转录酶”。病毒 RNA 经过反转录酶的催化可合成出病毒 DNA,从而使 Temin 的前病毒假说得到证实。1972 年,Huebner 和 Todaro 提出“癌基因假说”,认为在所有脊椎动物的细胞内都含有致癌病毒的全部遗传信息,其中,与致癌有关的信息称为癌基因。在通常情况下癌基因处于被阻遏状态，只有当细胞内有关的调节机制遭到破坏的情况下癌基因才表达，从而导致细胞癌变。

癌基因研究的实质性突破是1970年由Martin用RSV的温度敏感突变体完成的。温度敏感突变体是遗传学在鉴定基因时常用的研究方法，它在较低温度(允许温度)下能使体外培养的细胞转化为癌细胞，但在较高温度(限制温度)下细胞于几小时内就恢复正常状态，只有当温度再降低时才会再次被转化。Martin的实验结果表明，在RSV基因组内确实有能使细胞转化的癌基因，在限制温度时，该基因发生突变，使该基因本身或其蛋白质产物失活了，所以，导致转化的基因是一种必须不断表达才能保持其致癌特性的基因。1975年，Varmus和Bishop发现了Martin证明的这个基因，并将其命名为病毒癌基因(virus oncogene，v-onc)*src*，这是人类证明的第一个癌基因。随后的研究发现，*src*基因位于正常的鸡细胞基因组中，而不是病毒中，从而得出结论：正常细胞基因组中存在着高度保守的低拷贝数的细胞癌基因(c-onc)，也称原癌基因(proto-oncogene，POG)。

自此以后，又相继在包括人在内的许多生物的基因组中发现了癌基因，确切地证实了癌基因的存在。20世纪80年代初，研究人员已建立了鉴定人细胞癌基因的有效方法——DNA转染法检测。通常是将人肿瘤组织的细胞DNA以磷酸钙沉淀法转染体外培养的NIH3T3小鼠成纤维细胞，如出现转化灶，可将转化灶细胞注射入裸鼠体内致癌加以确认，然后，用人基因组特有的Alu重复序列为探针通过Southern杂交从转化灶细胞和裸鼠瘤细胞DNA中分离出人DNA片段，即为人癌基因。用这种方法以及分析人癌细胞中染色体断裂点处的序列和人癌细胞中被大量扩增的序列等方法，迄今为止已经发现了100多个癌基因。

2. 原癌基因及其产物

癌基因是正常细胞基因即原癌基因(proto-oncogene)的一种转化形式。它编码具有显性转化性质的调节蛋白，即改变了的单拷贝序列能转化整个细胞，而另一正常序列不能阻断这种转化能力。原癌基因在进化中是高度保守的，其产物是从原始真核生物到人类各个物种正常细胞生长和分化的重要调节物，它们位于细胞的各个部位，调节着维持细胞周期、细胞分裂、细胞分化有序进行的级联事件。只有在这种有序进行的级联事件部分地丢失，也就是原癌基因的产物不正常的表达时，才有致癌能力。1984年"癌基因，细胞生长和肿瘤"国际讨论会指出：细胞癌基因是维持细胞正常功能的重要成分，在控制细胞生长分化中起重要作用，只有当它的结构域调节区域发生变化，使其被激活，影响了正常生物学功能时，才使细胞发生转化，导致癌变。部分原癌基因及其功能见表6.1。

表6.1 部分原癌基因及其功能

原癌基因	功 能	相关肿瘤
sis	生长因子	Erwing网瘤
erb-B	受体酪氨酸激酶，表皮生长因子受体	星形细胞瘤、乳腺癌、卵巢癌、肺癌、胃癌、唾腺癌
fms	受体酪氨酸激酶，集落刺激因子受体	髓性白血病
ras	G－蛋白	肺癌、结肠癌、膀胱癌、直肠癌
src	非受体酪氨酸激酶	鲁斯氏肉瘤
abl－1	非受体酪氨酸激酶	慢性髓性白血病

续表

原癌基因	功　能	相关肿瘤
raf	丝裂原活化蛋白激酶,丝氨酸/苏氨酸激酶	腮腺肿瘤
vav	信号转导连接蛋白	白血病
myc	转录因子	Burkitt 淋巴瘤、肺癌、早幼粒白血病
myb	转录因子	结肠癌
fos	转录因子	骨肉瘤
jun	转录因子	—
erb-A	转录因子	急性非淋巴细胞白血病
bcl－1	细胞周期蛋白	B 细胞淋巴瘤

根据原癌基因产物的类别和功能性质,通常将原癌基因主要分为以下几类。

(1)生长因子类　生长因子类也称 *sis* 类,其典型代表 *c-sis* 基因的产物是人血小板衍生生长因子(platelet derived growth factor,PDGF),主要功能是促进伤口愈合和促进早期胚胎生长,在肉瘤、胶质母细胞瘤等结缔组织肿瘤中发现它会过量的表达。

(2)酪氨酸磷酸激酶　迄今已鉴定了 40 多种不同的酪氨酸蛋白激酶。除生长因子受体以外,其余的就是非受体酪氨酸蛋白激酶,如 src、YES、FGR、FPS、FES、ABL1 等原癌基因的产物。酪氨酸蛋白激酶能调节那些控制细胞形状和细胞生长的信号转导途径中的关键事件。

(3)GTPase 活性蛋白类　GTPase 活性蛋白类也称 *ras* 类,是生长因子受体下游对细胞形状、游动性和生长的关键调节物。*ras* 癌基因已在许多种肿瘤中鉴定到,它与 *ras* 原癌基因的差别是点突变,导致其蛋白质产物在磷酸结合结构域的第 12 位、第 13 位、第 59 位、第 61 位氨基酸的置换。

(4)胞质丝氨酸苏氨酸蛋白激酶类　迄今所研究的丝氨酸苏氨酸蛋白激酶都是可溶性胞质蛋白,它们是原癌基因 *MOS*、*COT*、*PIM*1、*RAF* 等的产物。

(5)核内蛋白类　这些原癌基因编码的产物中有许多起转录因子的作用,其致癌机制是组成型激活。

(6)其他原癌基因　除了上述主要 5 种以外,原癌基因还包括细胞质衔接子蛋白类、线粒体膜因子类和功能未知类等。

3. 原癌基因的激活与细胞癌变

人类原癌基因的激活除了肿瘤病毒诱导的活化外,还有非病毒诱导的活化,主要包括点突变、DNA 重排和癌基因扩增,以及外基因机制的活化。原癌基因的活化问题相当复杂,它们往往也是以多种形式完成的,具体到某一肿瘤则可能是以某种机制为主要激活方式。原癌基因的恶性激活机制见图 6.2。

(1)点突变　点突变一般是指由于各种原因导致原癌基因单碱基替换、碱基插入或缺失。它可分为单点突变(即只有一个碱基对发生改变)和多点突变(即有两个以上的碱基对发生改变)。最常见的为 *ras* 基因的点突变,多发生于编码蛋白的第 12、59 和 61 位密码子处。

(2)基因扩增　基因扩增是指原癌基因以某种不适当的方式被复制,拷贝数增多,是原癌基因过度表达。基因扩增会使相应的 mRNA 增加,同时也增加了原癌基因编码的蛋白质的含量。例如:细胞在接收到生长信号时才合成 MYC 蛋白,但是在人神经母细胞瘤细胞中含有多

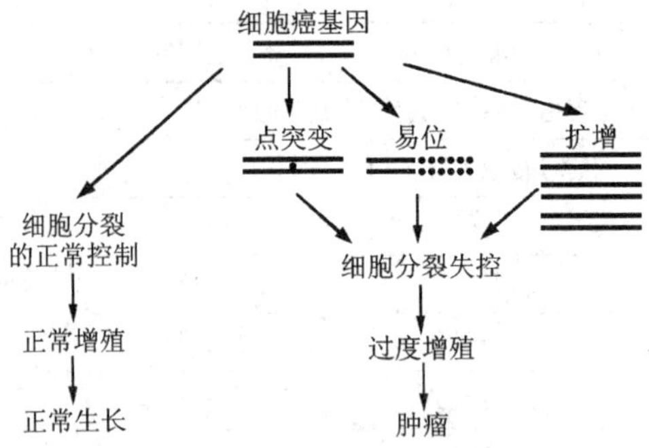

图 6.2 原癌基因功能和恶性激活机制

个 *myc* 基因副本,这样过量表达的 *MYC* 蛋白使细胞核连续不断地接收生长信号,导致细胞快速增殖发生癌变。

(3)基因重排　基因重排是指正常细胞中原癌基因的编码区,在染色体易位时被插入或重排到其他调节基因区内,从而使原癌基因被激活。例如:人类 Burkitt 淋巴瘤多是因为 *c-myc* 基因的易位而使其在患者体内的转录水平提高到了正常水平的 20 倍,从而使淋巴细胞快速增殖发生癌变。

(4)外基因机制(epigenetic)　基因的活化还与外基因机制相关,其中甲基化程度最受重视。许多实验表明,DNA 的缺甲基化与基因的活化关系极为密切,即基因未扩增而相应的 mRNA 增多了。

4. 癌基因在细胞转化中的作用

癌基因普遍存在于正常的体细胞中,为什么肿瘤的发生仅是个别的呢? 癌基因研究表明,一方面是因为激活的癌基因是细胞恶性转化的内在因素,即原癌基因没有转化能力,只有被活化为癌基因才获得了这种转化能力。目前,许多实验结果已经充分证实了这一点,如有人将激活的癌基因片断转染到癌前细胞 3T3 中,体外可见细胞发生了恶性转化。深入地研究发现,单个活化的癌基因不能转化原代细胞,而至少需要两个功能完全独立的癌基因参与,其一是与细胞的永生化相关,其二是使肿瘤表型充分表达。因此有人把癌基因分为两个互补群:第一群是使细胞免于衰老和凋亡的基因,或称无限增殖化基因(immortalizing gene),包括 *myc* 基因家族、核内转录因子基因 *fos* 和 *jun* 等;第二群是使已能无限增殖的细胞改变细胞形状并使之发生致瘤性转化的基因,或称转化基因(transforming gene),包括 *ras* 基因家族、*src* 基因家族等。另一方面,癌基因可能是多种致癌因素作用的共同点。在以往的研究中已经发现了许多致癌的相关因素,如果从癌基因的角度来看,原癌基因的激活很可能就是诸多致癌因素导致肿瘤发生的共同途径。正如加尔顿教授指出的那样,“癌的很可能原因来自我们自身,外界因素所起的作用只是按对了电钮”。

6.3.2　抑癌基因

1. 抑癌基因的发现

从 1968 年起,Harris 等用体细胞杂交的方法研究肿瘤。他们发现,小鼠的恶性肿瘤细胞与正常小鼠细胞杂交后,产生的杂种细胞失去了恶性表型,接种到适当的宿主体内后也不再长瘤。这用癌基因的显性转化作用是完全不能解释的。这一结果提示,正常细胞中存在一些基因可以抑制肿瘤细胞的恶性表型，后来人们将其命名为肿瘤抑制基因(tumor suppressor gene)，也称抑癌基因(antioncogene)。癌基因对细胞的作用是显性的，同一基因座上的一对基因，只要其中一个发生突变，就可使其蛋白质产物超表达或活性改变而成为致癌蛋白。而抑癌基因对细胞的作用则是隐性的，只有在同一基因座上一对基因都丢失或失活后方能致癌，故也被称为隐性癌基因。1987年，美国圣迭戈加州大学的一个研究小组宣布，他们成功分离第一个抑癌基因Rb，为抑癌基因的研究奠定了强有力的基础。迄今为止，发现的抑癌基因已有20余个，部分抑癌基因及其功能见表6.2。

表6.2 部分抑癌基因及其功能

抑癌基因	功能	相关肿瘤
Rb	转录调节因子	视网膜母细胞瘤、成骨肉瘤、胃癌、小细胞肺癌、乳癌、结肠癌
p53	转录调节因子	星状细胞瘤、胶质母细胞瘤、结肠癌、乳癌、成骨肉瘤、SCLC、胃癌、磷状细胞肺癌
WT	负调控转录因子	WT、横纹肌肉瘤、肺癌、膀胱癌、乳癌、肝母细胞瘤
NF-1	GAP，Ras GTP酶激活因子	神经纤维瘤、嗜铬细胞瘤、雪旺氏细胞瘤、神经纤维瘤
DCC	细胞黏附分子	直肠癌、胃癌
p21	CDK抑制因子	前列腺癌
p15	CDK4、CDK6抑制因子	成胶质细胞瘤
BRCA1	DNA修复因子，与RAD51作用	乳腺癌、卵巢癌
BRCA2	DNA修复因子，与RAD51作用	乳腺癌、胰腺癌
PTEN	磷酯酶	成胶质细胞瘤
APC	WNT信号转导组分	结肠腺瘤性息肉，结/直肠癌

抑癌基因的研究历史较癌基因要短，所以对其在肿瘤发生中的变化研究也比较少，根据目前的研究有如下几种方式：基因缺失、基因突变和基因重排。目前，对抑癌基因的研究方兴未艾，许多研究小组都在从不同的角度加紧对它的研究，归纳起来主要集中在三个方面：新抑癌基因的分离；将现有抑癌基因引入癌细胞观察其抑癌效果；癌基因和抑癌基因的相互作用研究。

2. 几种肿瘤抑制基因及其产物

肿瘤抑制基因按照失活机制的不同可分为两类：Ⅰ类肿瘤抑制基因，其功能丢失是由于DNA点突变或缺失，如*Rb*和*p53*等；Ⅱ类肿瘤抑制基因，其功能丢失则是由于其表达调节受阻。Ⅱ类基因的表达调节又往往受控于Ⅰ类基因，即Ⅰ类基因的突变能抑制某些Ⅱ类基因的表达。

(1) *Rb*　*Rb*基因编码的蛋白P105含928个氨基酸，85%的Rb蛋白存在于细胞核内，约10%在质膜上，胞质和间质中几乎没有Rb蛋白。Rb蛋白是一种磷酸化蛋白，它能与DNA结合，另外，还有一个GGAAGTGA元件，对*p53*的作用敏感，受它的调节。在60%以上P105蛋白的人类肿瘤中失活，肿瘤类型除视网膜母细胞瘤外，包括骨肉瘤、软组织肉瘤、小细胞肺癌、前列腺癌、膀胱癌、乳腺癌等。Rb蛋白的失活可通过多种不同的机制实现，包括基因突变导致直接丢失功能蛋白，Rb蛋白磷酸化，或者Rb蛋白与DNA肿瘤病毒的癌蛋白结合。将*Rb*正常基因导入几种肿瘤细胞系的实验证明,*Rb* 基因可以完全抑制视网膜母细胞瘤的致瘤性,但只能部分抑制前列腺癌、膀胱癌、乳腺癌细胞的致癌性,说明这些肿瘤的发生还有其他基因的改变。

(2)*p53* 自从1979年*p53* 基因被发现并命名以来,人们对p53蛋白和*p53* 基因的认识经历了由癌蛋白抗原到癌基因,而后到肿瘤抑制基因,再到DNA损伤激活的细胞周期调节物的转变过程。*p53* 基因是迄今发现的与人类肿瘤相关性最高的基因,在80%以上的肿瘤组织中发现了*p53* 基因的突变。如图6.3所示,p53蛋白是细胞核内的一种序列特异性转录因子,正常情况下它在细胞内的半衰期仅为30 min,所以p53保持在很低的浓度。另外,在有些细胞中,p53还可能处于失活状态。在这些条件下,p53必须接受一个激活信号才能发挥其功能。DNA损伤会引起p53水平急剧上升,诱导*p21* 的转录而将细胞停止在G_1期,使细胞赢得时间通过DNA修复系统在进入S期之前修复损伤的DNA。如损伤太大不能修复时,p53将诱导细胞凋亡,这样,p53防止了携带广泛性DNA损伤的细胞通过克隆性生长而导致肿瘤。

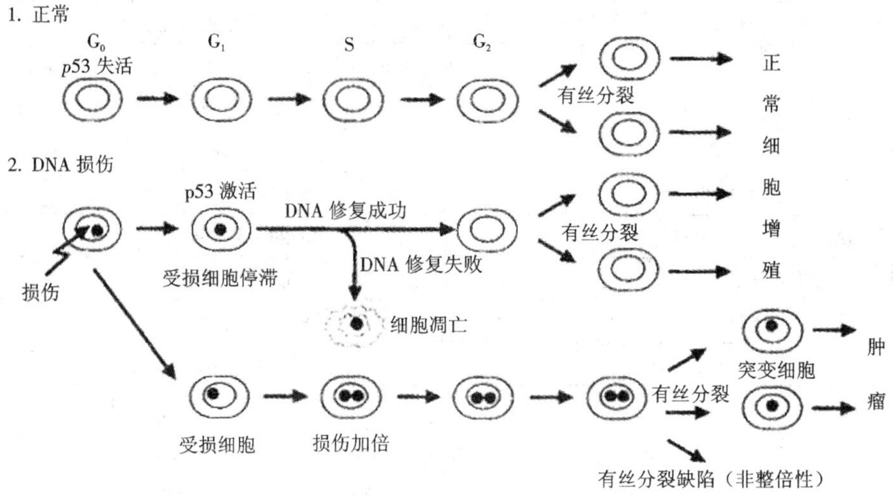

图6.3 *p53* 基因的功能

6.3.3 肿瘤转移相关基因

1. 肿瘤转移的级联反应

肿瘤往往不是一种局灶性疾病,这是因为在发现原发瘤(primary tumor)之前,恶性肿瘤通常已经在患者体内播散并生长为继发瘤(secondary tumor),形成的继发瘤不再与原发瘤接触,这一过程称为肿瘤转移。肿瘤转移是一个复杂的生物学过程,包含了一系列相互关联的事件,是一个“多步过程”。对于上皮肿瘤来说,肿瘤转移一般包括以下几个过程。

(1)基底膜的破裂 基底膜是位于上皮细胞和血管化的结缔组织之间的一层薄膜组织(神经、肌肉、血管和淋巴管周围都有基底膜)。上皮组织中没有毛细血管和淋巴管,必须从下面血管丰富的结缔组织中获取养料和氧气。所以,肿瘤细胞要进入血管和淋巴管继而播散形成转移病灶就必须破坏基底膜。基底膜的酶消化作用,使肿瘤细胞得以进入结缔组织。因此,肿瘤细胞的攻击性与各种蛋白质水解酶的水平呈正相关。

(2)细胞脱落 一般来讲,正常细胞不会离开正常组织细胞群,它们都驻留于原位。然而，癌细胞则表现出一种内聚力的缺陷，能够从原发瘤组织中脱落下来。

(3)侵袭　从原发瘤块脱落下来的癌细胞经过运动穿过基底膜，然后继续运动，最终到达毛细血管和淋巴管。这个过程中要解决的问题与破坏基底膜相类似，即细胞必须消化出一条通往附近小血管的“路”。研究发现，某些肿瘤细胞可分泌Ⅰ型胶原酶，用来消化结缔组织胞外基质的主要成分——Ⅰ型胶原蛋白。

(4)穿越血管和淋巴系统　肿瘤细胞到达血管后，消化外壁形成小孔，再穿过小孔进入内腔，细胞通过小孔进入血管的过程就像血球渗出一样。

(5)癌细胞在循环系统中运动　循环系统是一个不利于癌细胞生长的环境，循环中的癌细胞可以相互粘连及与淋巴细胞或血小板粘连，形成瘤栓，黏附于毛细血管内壁，有些癌细胞会在血栓内死亡。但是，纤维蛋白也可以溶解，从而导致稳定的肿瘤细胞重新回到体循环。幸运的是，进入循环系统的绝大多数细胞都被损伤或破坏了，仅少部分存活并表达其转移能力。

(6)外渗、转移灶的生长和转移灶的转移　癌细胞外渗需要细胞运动及穿越毛细血管和基底膜。迁移时，癌细胞先在收缩的上皮细胞间移动，再穿过基底膜，进入结缔组织细胞间基质。肿瘤细胞的增殖、肿瘤的生长可以在转移后立即开始，也可以经历一段长短不一的休眠期。由于血液渗透提供的养料有限，癌细胞肿块只能长到直径0.5～1 mm，没有血管增生作用，肿瘤细胞群中间的细胞即会坏死。但是，转移灶新生血管中的血液可以提供充足的氧和营养物，也可以带走转移灶产生的有毒代谢物，肿瘤继而长大。随着生长，整个过程周而复始，转移灶可以产生其他的转移灶，于是这些转移灶又转移了。

2. 肿瘤转移的相关基因

有些癌是高度转移的，另一些(如卵巢癌)则极少经血液播散。因此，研究者不断寻找控制转移的基因。虽然已经鉴定了一个个在癌转移过程中起重要作用的基因，但考虑到癌转移是一系列事件组成的复杂过程，这一现象很可能由一系列基因控制，当这些基因以协同的方式激活时，就会引起侵袭和转移。目前的研究表明，在肿瘤转移进程中所涉及的细胞黏附、蛋白质水解酶类、细胞运动和血管生成等有关分子及其编码基因，以及在肿瘤发生和进展中的某些癌基因或肿瘤抑制基因都对肿瘤的转移起着各自一定的重要作用。在此仅简单介绍一些在研究肿瘤转移中或在特定类型肿瘤中发现的肿瘤转移基因和转移抑制基因。

(1)促进肿瘤转移的基因　1992年从小鼠乳腺癌细胞中分离到*Pgmz*1基因，它在高转移能力的小鼠乳腺癌细胞中高表达，现已发现它与人编码真核翻译延长因子的基因*EF1A*有相似的碱基序列。EF1A是GTP结合蛋白，作为一种翻译调节因子同时也是肌动蛋白的结合因子，与细胞的增殖和运动有关；*S100A4*基因是*S*100基因家族的一个成员，它所编码的蛋白质——S100A4钙结合蛋白也是S100蛋白家族的成员之一，该蛋白家族是一低分子质量的酸性蛋白质。S100A4蛋白具有调节细胞周期进展和细胞间黏附作用并与癌细胞的侵袭和转移特性有关；*MTA*1基因在转移肿瘤比在非转移肿瘤中高表达，在人乳腺癌细胞系中，该基因的转录物明显增加，且与转移的增强相关。最近报道，Martin等研究腋窝淋巴结阴性原发性乳腺癌发现，有一些基因与乳腺癌的发生和转移相关，其中就有*MTA*1，并位于该区的中心，所以它是乳腺癌转移最有力的候选基因。

(2)抑制转移的相关基因　*NM*23基因是1988年Steeg等首先从小鼠黑色素瘤K1735细胞中分离的抑制癌细胞转移的基因。该基因的mRNA水平表达在低转移的细胞系约为高转移的10倍；1990年Dear等在大鼠非转移的乳腺癌细胞DMBA8中分离出一种高表达的

*Wdnm*1 基因,其 mRNA 的高表达是转移癌的 20 倍,随后又克隆了第二个基因 *Wdnm*2,其表达水平与非转移细胞呈正相关。序列分析表明 *Wdnm*2 与大鼠的 NADH、维生素 K 以及氧化还原酶 cDNA 完全同源;H2 - K 基因是小鼠主要组织相容性复合体(MHC)系统的一个基因,H2 - K 抗原决定簇具有强大的免疫原性,细胞失去其抗原表达,肿瘤细胞则可逃脱宿主的免疫监视而增强其转移能力。

3. 肿瘤转移相关基因的临床意义

当前的现实是,当患者确诊为癌症时多数已是中晚期并已转移,通过一定现行的常规方法治疗,其生存时间大多都是有限的。因此,如果以不同的基因及其产物作为不同类型肿瘤的诊断和预后标志物能在早期发现癌,同时认识其早先存在可能转移的细胞及其亚群的相关基因和分子,这对癌的后续治疗具有重要的意义。此外,由于肿瘤发生及其转移的异质性和多样性,不可能有统一的药物和方法解决肿瘤的治疗问题。因此,在诸如克服肿瘤逃脱宿主免疫监视的特点,增强机体的免疫功能,利用转移过程中涉及的促进和抑制转移的诸多细胞因子相互拮抗的作用中,试验可能的有效免疫疗法。同时还可应用确定的转移基因(至少在某种类型癌中)作为靶基因,由有效的载体导入体内进行基因治疗,从而开辟有关肿瘤免疫治疗和基因治疗的新途径。

经过长期的研究,人们发现在癌细胞中基因组总是在多个位置上发生改变,逐渐意识到肿瘤是一种基因组疾病。因此,对于肿瘤的研究开始上升到了基因组学的高度,出现了癌症基因组学这一新的学科方向,它主要研究各种癌症中有哪些基因发生了改变以及它们是如何改变的。虽然迄今还没有一种癌症中所有发生改变的基因被完全描述,但已有一些可喜的探索。

6.4 端粒、端粒酶与肿瘤

端粒是染色体末端独特的蛋白质和 DNA 的复合结构,具有保护染色体完整性和维持细胞正常复制能力的重要生物学功能。端粒酶则是由蛋白质亚基和 RNA 构成的一种特殊的反转录酶,具有延长端粒长度的功能。近年来发现,端粒和端粒酶与细胞的衰老、永生化和癌变有着密切的关系。因此,在分子肿瘤学领域,有关端粒和端粒酶的研究成为广泛关注的研究热点。

6.4.1 端粒和端粒酶

1. 端粒

早在 20 世纪 30 年代,遗传学家 McClintock 和 Muller 就发现,位于真核细胞内染色体末端处,有能稳定染色体结构和功能的特殊结构,他们将其命名为端粒。然而,由于当时技术水平所限,端粒的具体结构如何并不是很清楚。直到 1978 年,美国的 Blackburn 和 Gall 发现,四膜虫的端粒是由 DNA 和结合蛋白(TBP)两部分构成的。其中,四膜虫的端粒 DNA 是由一种极短的简单重复序列 TTGGGG 多次重复而成。后来发现,其他动物、植物和微生物端粒的结构也类似。1986 年,从尖毛虫属(oxytricha)的巨核 DNA 中首次分离出了两种分子质量为 55 kD 和 26 kD 的 TBP。接着,人们又从包括人在内的多种生物中分离纯化了数十种 TBP。

简单来说,端粒就是指真核细胞内线性染色体末端由染色体和结合蛋白构成的一种特殊结构。其主要生物学功能包括:完成染色体末端的复制,防止染色体 DNA 降解、末端融合、缺失和非正常重组而影响细胞分裂;稳定和保护染色体的完整性,使真正的遗传信息得到完整复制;指导染色体与核膜相接;端粒的长度可作为分裂时钟反映细胞的分裂能力。实验表明,不同生长时期的同一种细胞其端粒的长度明显不同,且端粒 DNA 序列的重复程度与细胞的寿命呈正相关。在每次细胞分裂后,细胞的端粒 DNA 序列会缩短甚至完全丢失,细胞逐渐老化,当端粒的长度不再改变时,细胞停止分裂而转为衰亡。由此,科学家们得出结论,端粒的长度与细胞寿命密切相关,端粒缩短是细胞衰老的一个普遍现象。甚至有人乐观地认为,人类已经掌握了彻底解决衰老的钥匙。

端粒是由端粒 DNA 和端粒结合蛋白构成的一种复合体结构。端粒 DNA 为规则或不规则的双链重复序列和最末端的一条单链富含 G 的重复序列组成,尽管许多物种端粒 DNA 有相当大的变化,但是仍可在进化关系非常远的生物中发现相同的端粒序列,如包括人在内的脊椎动物、原生动物锥虫与几种黏菌和真菌都有相同的的端粒 DNA 序列$(TTAGGG)_n$。根据结合部位的不同,TBP 可分为两种。①单链 TBP:与端粒末端的富 G3′突出单链末端结合,提供帽状结构以稳定端粒。②双链 TBP:结合到双链端粒 DNA 上的蛋白质,为端粒延伸的抑制因子,参与负反馈调节。

2. 端粒酶

首先发现端粒 DNA 结构的美国生物学家 Blackburn 在实验中观察发现,某些细胞试图将染色体端粒保持在大致稳定长度。由此他推测,可能有一种尚未发现的酶,具有使缩短的端粒延长的功能。1984 年,首先在四膜虫中证实了这种假设,并将这种酶命名为端粒酶。研究发现,端粒酶含有 RNA 组分和蛋白质组分,两者均为酶活性所必需,对 RNA 酶极为敏感。端粒 RNA 含有一段模板序列,用于指导合成端粒的 DNA 重复序列片断,因而端粒酶属于一种逆转录酶。1995 年,Collins 首次从四膜虫克隆到两种分子量分别为 80 kD 和 95 kD 的端粒酶蛋白质组分,并命名为 p80 和 p95。

到目前为止,人们所认识到的端粒酶是一种由 RNA 和蛋白质亚基构成的复合物,它可以一段自身 RNA 为模板通过反转录过程合成端粒片段并使其连接于染色体的端粒末端,其主要生物学功能是保持染色体端粒的完整性和防止染色体的末端融合。端粒酶主要包括两部分:其一是 RNA 组分,它是合成端粒 DNA 的模板,同时也具有催化功能。端粒 RNA 组分的一级结构同源性很差,缺乏保守性,但是具有保守的二级结构,这对于保持端粒酶的活性极为重要。人端粒酶 RNA 组分基因于 1995 年克隆,命名为 hTR 基因,含有 450 个碱基,位于第 3 号染色体。其二是蛋白亚基。1995 年,首先在四膜虫中克隆得到了两种端粒酶亚基 p80 和 p95,二者与端粒酶 RNA 组成紧密的复合体。而后,又陆续发现了其他四类不同的端粒酶蛋白亚基组分——p123(游仆虫)、EST2p(酿酒酵母)、TP1/TLP1(人、鼠)和 hEST2p(人)。

端粒酶在正常人体细胞内处于失活状态,但是在恶性肿瘤细胞中得到高表达,从而使得肿瘤细胞染色体的端粒在分裂过程中不会缩短,达到永生化。因此,利用端粒酶作为肿瘤早期诊断的标志物和抑制端粒酶活性治疗肿瘤成为肿瘤研究新的热点。为此,确定体内表达端粒酶活性的细胞群成为首要解决的问题。1989 年,Morin 首先创建了端粒重复序列延伸法,其原理是利用端粒酶能合成延伸端粒的特性。1994 年,Kim 等建立了更灵敏、快速、高效的端粒重复序列扩增法(TRAP),在医疗检测中得到了迅速的应用。3 年后,Kim 等又对这种方法进行了改良,建立了 TRAP-PCR 法,使端粒酶的检测达到了定量水平。

6.4.2 端粒、端粒酶与肿瘤

1. 端粒、端粒酶与肿瘤的发生

正常人的细胞分裂次数是有限的，一般来说，正常情况下培养的人体细胞分裂40～70次之后即衰老死亡，称为Hayflick限制或M1期。在M1期，细胞端粒会逐渐缩短，到达临界水平时发生DNA损伤反应，这时激活了p53等抑癌蛋白，导致细胞衰老死亡。如果癌基因和抑癌基因发生突变，破坏了原本正常的细胞衰老和死亡程序，就会使一些细胞逃逸M1期，获得额外的增殖能力。此时，端粒酶活性仍为阴性，端粒进一步缩短，最终进入第二死亡期——M2期。接着，大部分细胞达到极限而死亡，只有极少数的细胞由于激活了端粒酶而恢复了端粒的结构和功能，基因组保持稳定，细胞达到永生。总之，根据这个M1/M2假说，细胞要获得永生化必须克服两个危机期M1和M2期。对于永生化的细胞来说，无限增殖可能会给另外的基因损伤的积累提供机会，从而导致肿瘤性发展。因此，在肿瘤的形成过程中，端粒的延长是一个重要的甚至是必要的步骤。1994年，Kim利用其创建的高灵敏度TRAP法先后对来自18种不同人体组织的100个永生细胞株、代表人类12种不同肿瘤组织的101个针吸活检标本、22个正常细胞株和50个癌旁组织进行了端粒酶活性的检测，结果发现98%的永生细胞株、90%的肿瘤活检标本呈端粒酶阳性反应，而正常细胞株和癌旁组织全部呈阴性。这有力地佐证了端粒酶的激活在维持细胞永生化、促进恶性肿瘤的发生和发展方面具有重要作用。

2. 端粒酶在肿瘤中的应用

目前，关于端粒酶在肿瘤中的应用研究主要集中在两方面。

（1）肿瘤早期诊断的标志物　在大多数人类原发性肿瘤标本及肿瘤衍生细胞系中均可监测到端粒酶活性，其阳性率高达85%～90%。此外，端粒酶活性与恶性肿瘤具有很高的相关性，目前的端粒酶检测方法也非常灵敏。因而，在1996年的国际肿瘤会议上，有关专家经过讨论认为端粒酶可以作为恶性肿瘤特异性的标记物。最近的研究也表明，利用端粒酶完全可以对某些早期癌症进行筛查。

（2）以端粒酶为靶点进行肿瘤的治疗　端粒酶活性与恶性肿瘤的发生有密切的关系。理论上讲，抑制端粒酶的活性应该可以抑制肿瘤细胞生长。目前，已经发现了多种抑制端粒酶活性的制剂和手段。一方面是针对端粒酶本身的策略，例如：引入端粒酶RNA的反义基因抑制端粒酶合成端粒DNA序列；用核酶特异性切割端粒酶RNA使其失去生物学功能；用逆转录酶抑制剂抑制端粒酶活性；使用端粒酶蛋白抗体等。另一方面是针对细胞的策略，例如：使用细胞周期阻断剂抑制端粒酶的表达；引入细胞分化诱导剂抑制端粒酶的活性等。

自从端粒酶被发现以来，研究工作进展相当迅速，目前已经对端粒酶的结构和基因克隆、端粒酶抑制等问题有了比较深入的认识，但是还有一些重要问题亟待解决，如端粒酶的激活和调控机制、端粒酶定量检测方法及其标准化、端粒酶与端粒结合蛋白的关系等。总之，端粒和端粒酶的研究使得人们对细胞衰老和癌变有了更为深入的认识，这将有助于阐明衰老和致癌的机制，并为实践中抗衰老和治疗肿瘤提供新的理论基础。

6.5 肿瘤的防治

6.5.1 肿瘤的预防

1. 肿瘤的遗传易感性

目前普遍认为，绝大多数肿瘤是环境因素（指相对于遗传物质而言的体内外因素）引起的。但是，肿瘤这种疾病在人群中的分布具有显著的异质性，即同样暴露于特定的致癌因素，有些人发生肿瘤，而另一些人则不发生肿瘤。研究表明，个人的遗传性状可能是决定肿瘤易感性的重要因素。概括而言，目前认为与肿瘤易感性有关的遗传因素，主要包括一些经遗传获得的高度外显的基因突变，以及一些低外显的影响个体对环境致癌因素作用的基因突变。高度外显的肿瘤易感性基因在人群中的突变频率非常低（小于1%），通常称为种系突变（germline mutation）。而频率大于1%的种系变异则称为遗传多态性（genetic polymorphism）。基因多态包括基因结构中的核苷酸缺失或增多以及单个核苷酸改变即单核苷酸多态（SNP）。

2. 肿瘤的预防策略

分子流行学研究表明，除少数高风险癌易感基因为主引起的家族性癌综合征（约5%）外，大部分癌是环境与遗传易感因素相互作用的结果。环境致癌因子与基因相互作用的方式主要有两种。一是如不存在致癌剂暴露时，癌易感基因不增加癌发生率，代谢酶遗传多态多属此类；二是易感基因型和环境致癌因子均增加癌风险，二者结合出现协同效应。因此，在人群中减少或消除环境致癌因子的暴露（一级病因预防），可显著减少肿瘤发生率，乐观估计可达到80%～90%。

一般在暴露引起临床癌症之前，人体会先发生分子、细胞和组织水平的改变。如果分子流行学应用这类生物学标记的研究，发现了致癌剂－DNA加合物、基因、染色体，以及细胞、组织结构与功能的特异性改变，或为癌易感个体时，应及早避免致癌剂的暴露，或同时进行化学预防，如用微营养素等抑制原致癌物的活化、诱导或增强Ⅱ相酶的活性、灭活自由基和活性致癌物以及治疗癌前病变等。早期警报为早期预防和早期治疗提供了机会，将有助于降低高危人群的患癌风险，进而降低人群的癌发病率，此即所谓肿瘤发生学预防。

此外，因遗传、种族、性别等因素，以及未成年人、老年人和有既往病史、免疫和营养缺陷等产生的癌易感人群，应作为预防的重点。

6.5.2 肿瘤的生物治疗

1. 生物治疗

治疗肿瘤有两种观点：其一，将患者体内的癌细胞全部根除或至少消灭足够的量，从而使患者在生存期内肿瘤不再复发，临床上常用的手术、放疗和化疗就属于这一类；其二，是改变癌细胞的特性，使得病程减慢乃至完全停滞，但是癌细胞仍然留在体内（带瘤生存），同时提高患者的生活质量，属于这一类的主要是生物疗法。长期以来，人们一直采用第一种方法进行癌症的治疗，但是由于早期诊断技术差强人意，往往发现患上癌症时患者已经处于中晚期，此时癌细胞已经扩散转移，所以这一种方法对大多数癌症的治疗效果并不令人满意。随着生物技术的发展,尤其是一些肿瘤早期诊断技术的出现,相信这种治疗方法在不久的将来能够给癌症患者带来福音。包括早期诊断技术在内的生物技术在肿瘤治疗中的应用是近些年人们研究和临床试验的重点,因而第二种疗法——生物治疗逐渐受到了重视。

目前,肿瘤的生物治疗(biotherapy of cancer)尚无一完整和统一的定义,根据人们对手术、放疗及化疗概念及其含义的认识,生物治疗可理解为应用生物学原理治疗疾病的一切手段。尽管肿瘤的生物治疗是从肿瘤的免疫治疗发展起来的,且肿瘤的发生、发展与宿主的免疫状态有着密切的关系,但肿瘤生物治疗的外延较肿瘤免疫治疗有明显的扩大,有学者将肿瘤生物治疗定义为利用某些生物学物质或采取某些措施直接地修饰宿主与肿瘤的相互关系,改变宿主对肿瘤的生物反应状态,使之有利于宿主,不利于肿瘤细胞而产生治疗效应的肿瘤治疗方法。此外,20 世纪 80 年代提出的生物反应调节剂(biological response modifier,BRM)的概念也可纳入肿瘤生物治疗的范畴。生物治疗的适应症非常广,用于肿瘤生物治疗的生物学物质或生物制剂及所采取的方法种类繁多,发挥治疗作用的机制也各不相同,有直接作用于肿瘤细胞者,如抑制肿瘤细胞的生长、诱导肿瘤细胞的分化、增强肿瘤细胞对其他疗法的敏感性等;有间接作用于肿瘤细胞者,如增强机体的抗肿瘤免疫功能、作用于肿瘤血管而影响其供血后导致肿瘤细胞的坏死、促进放疗及化疗所致造血损伤的恢复而增强机体对这些治疗的耐受等。

早期用于肿瘤生物治疗的物质主要是一些对免疫功能具有调节作用的免疫调节剂,如各种微生物制剂(细菌菌体及病毒有关成分等),真菌和植物多糖以及一些合成的高、低分子化合物等。随着研究的深入尤其是生物技术的发展,当代生物治疗的概念已扩展为"任何生物学物质或生物制剂的治疗性应用",除了那些常规的生物制剂及一些天然的物质外,通过生物工程技术所生产的高科技产品也成为当今肿瘤生物治疗的主要研究和开发应用的对象。这些产品按其化学本质可分为核酸、蛋白质、细胞三大类。细胞工程及基因工程等生物高技术的发展和在肿瘤治疗领域的应用也使生物治疗得以飞速发展,并被誉为手术、放疗、化疗后的肿瘤第四大疗法,各种生物治疗技术也不断发展和完善。20 世纪 80 年代初至今,人们所建立的五大生物治疗技术包括淋巴因子和细胞因子技术、免疫活性细胞过继回输技术、单克隆抗体及其偶联生物技术、肿瘤疫苗技术以及基因治疗技术已发展成为肿瘤生物治疗的 5 种模式。在这 5 种治疗模式中,前 4 种已广泛应用于恶性肿瘤的治疗并取得了较明显的疗效,恶性肿瘤的基因治疗研究也已取得了一定进展且某些项目也已开始进入临床试用。随着研究的不断深入,生物治疗必将在恶性肿瘤的治疗中发挥越来越重要的作用。

2. 各种生物疗法简介

以下简要介绍一些生物疗法对肿瘤的治疗作用及其在肿瘤治疗中的应用。

1)卡介苗(BCG)等微生物制剂

BCG 等微生物制剂主要是通过激活机体的非特异性免疫功能而发挥治疗作用。这类制剂有多种,包括 BCG(或其细胞骨架 BCG-CWS 和从中纯化出来的胞壁酰二肽 MDP)、短小棒状杆菌 CP、诺卡菌细胞骨架、溶血性链球菌 OK-432、济南假单胞菌细胞壁组分等。其中,BCG 的研究和应用最广,可用于术前缩小瘤体,为手术根治、防止转移等创造条件,也可用作免疫佐剂以增强其他抗肿瘤药物的治疗效果。但是,瘤体内注射 BCG 及其组分会引起某些毒副作用,如寒颤、高热、低血压等,应采取相应的措施加以防范和处理。最近,美国国立癌症研究所(NCI)的研究表明,OK-432 的疗效好,且毒副作用小,目前常被用于与化疗药物等的联合使用,具有良好的临床应用前景。

2)抗体的导向治疗

利用抗体治疗肿瘤的研究已有40年的历史,早期人们使用的是用人的肿瘤细胞免疫动物后获得的血清,这一血清所含成分复杂,疗效非常差且副作用多。20世纪70年代初,Primus及Goldenberg等开始采用纯度及特异性相对较高的抗癌胚抗原(CEA)的抗体对恶性肿瘤进行导向治疗并将这一技术引入临床研究。自从Kohler及Milstein建立了制备单克隆抗体的杂交瘤技术以来,单克隆抗体在人类肿瘤的治疗中发挥着越来越重要的作用。尤其是近年来单克隆抗体耦联技术的建立及基因工程技术在抗体制备中的应用,使利用单克隆抗体治疗肿瘤的研究成为近年肿瘤生物治疗研究领域的热点,并已显示出良好的临床应用前景。

目前,单克隆抗体已广泛地用于肿瘤治疗的基础研究及临床应用,然而随着研究的深入及应用的推广,人们发现常规单克隆抗体本身的许多不足对其疗效有明显的影响。人们采用了两种方法来解决这一问题。一是对其本身进行改造从而提高其应用价值。人们研制出了一种具有较高使用价值的双功能抗体,即能结合两种特异性抗原的抗体分子。根据双功能抗体的两个臂结合的抗原的不同,常将双功能抗体分为能启动免疫效应功能的双功能抗体及能携带毒性物质的双功能抗体。前者的一臂可结合肿瘤细胞,另一臂与免疫细胞表面的活性分子结合后可诱发免疫反应;后者的一臂结合肿瘤细胞,另一臂可结合一些对肿瘤细胞具有毒性作用的物质,从而介导对肿瘤的杀伤。另外一种方法是将单克隆抗体与某些能够直接杀伤肿瘤细胞的物质如毒素、化疗药物、放射性核素等结合,以形成抗体偶联物,利用单抗的导向作用,将这些物质定向地运载至肿瘤细胞以便有效地杀伤这些肿瘤细胞。有学者也称这些与单抗偶联的物质为生物弹头,这即是单抗的导向治疗。

3)细胞因子输注疗法

细胞因子是指一类由免疫细胞(淋巴细胞、单核巨噬细胞等)和相关细胞(成纤维细胞、内皮细胞等)产生的调节细胞功能的高活性多功能多肽分子,不包括免疫球蛋白、补体和一般生理性细胞产物。目前被发现并得以正式命名的细胞因子有数十种,每种细胞因子均有其独特的、起主要作用的生物学活性。根据细胞因子的主要生物学活性,与免疫学密切相关的细胞因子分为四类,即具有抗病毒活性的细胞因子、具有免疫调节活性的细胞因子、具有炎症介导活性的细胞因子以及具有造血生长活性的细胞因子。

人们常根据这些细胞因子功能的不同用于不同肿瘤的治疗。白细胞介素2(IL2)是应用最多的一种细胞因子,对机体的免疫功能具有重要的调节作用。其主要功能包括刺激已激活并表达IL2受体的T细胞生长增殖、激活T细胞的细胞毒功能、增强单核细胞的抑瘤活性、趋化T细胞、协同其他因子刺激B细胞生长、增殖和分化、诱导释放其他的细胞因子,以及诱导非MHC限制的CTL的杀伤等。干扰素(IFN)也是一种常用于肿瘤治疗的细胞因子,它是一类由受病毒感染或经抗原、有丝分裂原刺激的细胞分泌的蛋白质,其主要功能是干扰病毒mRNA的表达而抑制病毒的繁殖。肿瘤坏死因子(TNF)是由激活的单核巨噬细胞产生的一种具有广泛生物学活性的细胞因子,也是迄今所发现的直接抗肿瘤作用最强的细胞因子,而且还能和其他许多生物学因子协同扩大其抗肿瘤范围。其最大特点是对肿瘤专一性的作用而对正常细胞影响较小,而且,在体内TNF还能通过增强单核巨噬细胞及NK细胞的抗肿瘤活性,破坏肿瘤的血液循环,而发挥其间接的抗肿瘤作用。集落刺激因子(CSF)类细胞因子的主要功能在于对经放疗、化疗后的肿瘤患者进行造血损伤恢复的治疗。目前常用的是G-CSF及GM-CSF,它们可以有效地恢复患者已经损伤的造血功能,改善患者的生活质量,从而提高患者的抗肿瘤能力。

4)过继免疫治疗

肿瘤发生的主要原因可能在于肿瘤细胞免疫原性低下且能分泌多种免疫抑制因子,使机体的免疫系统不能有效识别和杀伤。将活化的免疫活性细胞转输给荷瘤宿主,为其提供现成的免疫力,达到治疗肿瘤的目的,这就是过继性免疫治疗。淋巴因子激活的杀伤细胞(LAK)是最先用于过继免疫治疗的活化免疫活性细胞,主要是通过将患者的淋巴细胞与IL2共同培养而获得,常用于实体肿瘤如肝癌、肺癌等的治疗。后来发现,将肿瘤中浸润的淋巴细胞分离出来,并在体外用IL2培养后,形成的对肿瘤具有较强杀伤活性的淋巴细胞中,主要是具有特异性杀伤活性的T细胞,即细胞毒性T细胞(CTL)。将这一细胞联合IL2过继回输肿瘤患者,可以取得较LAK等更好的治疗效果,主要用于治疗肾癌、肺癌等。最近,研究发现单核巨噬细胞是一类同时具有效应功能及抗原提升功能的细胞,用于治疗肿瘤优于TIL,且副作用较微。

5)特异性主动免疫治疗

肿瘤发生发展的根本原因之一是机体的免疫系统不能对其生长进行有效的控制,这一方面是各种因素所致机体的免疫抑制;另一方面是因肿瘤细胞免疫原性太弱。特异性免疫治疗的基本原理就是使机体的免疫系统能有效产生对肿瘤细胞的免疫排斥反应,肿瘤疫苗是其主要的研究内容。肿瘤疫苗发挥抗肿瘤的作用主要是其表达的肿瘤抗原,尤其是特异性的肿瘤抗原,进入体内后能诱导机体产生对肿瘤特异性的CTL,进而杀伤肿瘤细胞。但是,肿瘤疫苗不能像对一般感染性疾病那样用于预防接种,而只能用于对患者进行治疗或对手术后的复发进行预防。

早期用于治疗的肿瘤抗原主要是自体的肿瘤细胞经照射、酶解或病毒感染、加热等处理,使其失去致瘤性而保留其免疫原性,再加入佐剂如BCG等,用于治疗肿瘤。但多数报告显示其效果不理想,原因可能在于疫苗中不仅有肿瘤抗原,还含有免疫抑制成分,且肿瘤患者本身的免疫功能低下。于是人们开始研制抗肿瘤作用更强的瘤苗,如通过化学法制备特异的肿瘤抗原再加佐剂制成的瘤苗、经过病毒感染后的肿瘤细胞制备的瘤苗、经过外源基因修饰的新型瘤苗以及基因工程瘤苗等。目前,研究最为热门的是应用树突状细胞(DC)开展的肿瘤免疫治疗。DC是目前所知的机体内功能最强的专职性抗原呈递细胞,其最大特点是能够显著刺激初始型T细胞增殖,是机体免疫反应的始动者,在免疫应答的诱导中具有独特的地位。无论何种肿瘤疫苗在使用时均面临患者免疫功能低下这一难题,若能将肿瘤疫苗与其他具有激活机体免疫功能作用的疗法联合应用,将会取得更好疗效。

6)基因治疗

从分子生物学角度,基因治疗可被理解为将正常有功能的基因置换或增补缺陷基因的方法,从更广义的疾病治疗角度,可以认为凡是将新的遗传物质转移到某个体内使其获得治疗效果的方法均属基因治疗。基因治疗可分为两种方式:一种是基因矫正和置换,即将基因的异常序列进行校正和精确的原位修复,如通过同源重组可以用正常基因置换缺陷的基因,目前这种方式尚无突破性进展;另一种方式是基因添加和填补,即不去除异常基因,而是通过具有治疗意义的外源基因做定点的整合,使其表达正常产物以补偿缺陷基因的功能,目前绝大多数基因治疗属于此种。基因治疗方法主要包括体内法(*in vivo*)和回体法(*ex vivo*)两种。体内法是指将外源性基因直接导入受者体内有关的器官组织或细胞内以达到治疗目的,这是一种简便易行的方法,如肌肉注射、静脉注射、器官内灌输、皮下包埋等,但是基因转染率太低,近年来随着腺病毒等基因治疗载体的改进和发展，此方面进展较大。目前研究最多的还是回体法，即先在体外将外源基因导入载体细胞，然后将基因转染后的细胞回输给受者，使携有外源基因的载体细胞在体内表达治疗产物以达到治疗目的。

根据基因治疗作用靶点的不同，基因治疗的研究主要集中在以下几个方面。

（1）免疫基因治疗　免疫基因治疗是指应用基因转移技术治疗免疫性疾病或根据免疫学的理论技术而建立的基因治疗方案。一方面可以将体外基因修饰的具有抗肿瘤效应的 TIL、瘤苗、成纤维细胞等免疫活性细胞进行体内回输来治疗肿瘤；另一方面也可将细胞因子或肿瘤抗原的基因表达载体直接体内注射或将 MHC 基因直接注射入瘤体内等治疗肿瘤。

（2）肿瘤抑制基因治疗　肿瘤抑制基因治疗是指通过恢复肿瘤抑制基因的功能来抑制肿瘤的发展或恢复其正常表型的方法。在所有肿瘤抑制基因中，*p*53 基因是迄今发现的与人类肿瘤相关性最高的基因，因而将正常 *p*53 基因导入肿瘤细胞或拮抗异常 *p*53 基因的表达、恢复其正常功能，是当前这种方法的主要研究方向。

（3）反义基因治疗　反义基因治疗就是应用反义核酸在转录和翻译水平阻断某些异常基因的表达，以期阻断瘤细胞内的异常信号传导，使瘤细胞进入正常分化轨道或引起细胞凋亡。例如：激活的癌基因、异常表达的肿瘤抑制基因，以及与肿瘤恶性表型相关的细胞生长因子及相关受体等都可以成为反义基因治疗的靶基因。

（4）自杀基因治疗　一些病毒或细菌基因的表达产物可将原先对哺乳动物细胞无毒的或极低毒性的药物转换成毒性产物，导致这些细胞的死亡，这类基因即称为“自杀基因”。人们利用这一特点，将这类基因转移至靶细胞，使之对某些药物具有特别的敏感性，可以利用这些药物使靶细胞“自杀”的方法就是肿瘤的“自杀基因”疗法。

1990 年，Anderson 第一个用 ADA 基因治疗严重免疫综合缺乏症（SCID-ADA）并取得一定疗效后，在全世界掀起了基因治疗的高潮。但是，随着临床试验的失败，如逆转录病毒携带 tk 基因治疗脑胶质瘤（glioma）经过Ⅲ期临床试验以失败告终，人们的热情很快平息下来。人们认识到基因治疗的主要问题在于重组病毒载体不能靶向肿瘤细胞，转基因效率低，时间短，故表达量低。经过 10 年的努力，在 2000 年有 3 名患 SCID－Ⅺ的儿童用逆转录病毒载体经过基因治疗获治愈，这是基因治疗历史上首次成功。根据 2003 年的统计，全世界 63.4% 的临床基因治疗用于癌症。目前，癌症的基因治疗主要是用复制缺陷型腺病毒载体（第一代腺病毒 Adv.）携带抗癌基因进行癌症治疗。其中，用腺病毒携带 *p*53 的研究进展最快，我国彭朝辉教授研究开发的 Ad-p53 2004 年在国内上市，成为国际上第一个被批准上市的基因治疗药物。目前，在肿瘤基因治疗载体的研究中仍以病毒载体为主，溶瘤病毒载体是一类值得关注的载体，多数常用的溶瘤病毒载体仍由腺病毒或单纯疱疹病毒改建而来。

生物治疗作为一种新兴的肿瘤治疗方法，仍存在疗效的评价、副作用及个体差异等许多问题有待解决，应用辩证的观点正确对待并设法解决这些问题，不能因这些问题的存在而对生物治疗产生怀疑和对其应用产生抵触心理。在目前，生物治疗仍然是肿瘤的三大常规疗法（手术、放疗、化疗）的辅助治疗方法，不能完全替代这些常规疗法。应将这些疗法与多种生物治疗结合，以开展肿瘤的综合治疗，只有这样才能发挥生物治疗的作用，从而有效地提高肿瘤的治疗效果。

思考题

1. 癌症和肿瘤这两个名词的内涵有什么区别?
2. 引发肿瘤的因素主要包括哪些?
3. 什么是癌基因和抑癌基因? 它们与肿瘤有何关系?
4. 简述 *p*53 和 *Rb* 基因的致癌分子机理。
5. 肿瘤转移的级联反应主要包括哪些过程?
6. 什么是端粒和端粒酶? 它们与肿瘤有何关系?
7. 什么是肿瘤的遗传易感性?
8. 肿瘤的生物治疗方法有哪些? 简述其基本治疗原理。

参考文献

[1] Blackburn E H 等. 端粒. 张玉静,等,译[M]. 北京:科学出版社,2002.
[2] Mckinnell R G,等. 癌的生物学基础. 高静,等,译[M]. 北京:清华大学出版社,2003.
[3] 陈意生,史景泉. 肿瘤细胞分子生物学. 第 2 版[M]. 北京:人民军医出版社,2004.
[4] 吴旻. 肿瘤遗传学[M]. 北京:科学出版社,2004.
[5] 詹启敏. 分子肿瘤学[M]. 北京:人民卫生出版社,2005.
[6] Frame M C. Newest findings on the oldest oncogene: how activated *src* does it[J]. J Cell Sci, 2004, 117: 989 - 998.
[7] Jhiang S M. The *RET* proto-oncogene in human cancers[J]. Oncogene, 2000, 19: 5590 - 5597.
[8] Kondo K, Kaelin W G. The von Hippel-Lindau tumor suppressor gene[J]. Exp Cell Res, 2001, 264: 117 - 125.
[9] McCormick F. Cancer gene therapy: Fringe or cutting edge[J]? Nat Rev Cancer, 2001, 1: 130 - 141.
[10] Murakami Y. Functional cloning of a tumor suppressor gene, *TSLC*1, in human non-small cell lung cancer[J]. Oncogene, 2002, 21: 6936 - 6948.
[11] Sherr C J, McCormick F. The *RB* and *p*53 pathways in cancer[J]. Cancer Cell, 2002, 2: 103 - 112.
[12] Wadhwa P D, Zielske S P, Roth J C, et al. Cancer gene therapy: Scientific basis[J]. Annu Rev Med. 2002, 53: 437 - 452.
[13] 徐宁志,董志伟. 肿瘤的分子生物学基础及其应用[J]. 国外医学肿瘤学分册,2003,30(1):3 - 6.
[14] 韩金祥,高雪芹. 中国肿瘤分子生物学研究的现状及述评[J]. 肿瘤防治杂志,2003,10(1):9 - 12.

第7章 基因技术

基因扩增、基因测序和基因重组是三位一体的实验方法,构成了现代分子生物技术的基础。基因扩增的聚合酶链式反应(polymerase chain reaction,PCR)方法在理论上最早出现,应用最广。基因重组技术实现了物种间的基因融合和交流,生产新物质,用于医药、食品、农业、化工、材料、环境、能源等领域。基因测序就是将遗传信息转化为具有明确化学结构的物质并排出顺序,大量的基因和多种生物的基因组已被测序。

7.1 基因扩增技术

7.1.1 PCR 简史

基因扩增是指通过一定的反应,把少量的基因大量复制,增加其数量的过程。扩增获得的基因既可用于生物学功能研究,也可用于有用物质的生产。基因作为一种具有明确化学结构的高分子化合物,最初是用化学合成的方法实现的。为减少化学合成基因的工作量,1971年,Kleppe 等首先准确、客观描述了酶法基因合成的基本原理:在两个引物足够过量时,双链 DNA 变性为单链。冷却时,全长模板链和对应引物形成的复合物。加入 DNA 聚合酶,完成修复性复制,得到两个与初始分子相同的双链分子。这个过程可以重复进行,需要加入新的聚合酶。由于条件不具备,该想法被人们淡忘。1983年春天的一个晚上,Kary Mullis 在开车的路上,构想出两条寡核苷酸链引导靶 DNA 链的合成,想到了2的乘幂。利用反复相同程序,DNA 聚合酶在体外扩增特定的 DNA 片段。Mullis 于1985年,用大肠杆菌 DNA 聚合酶 I 的 Klenow 片段扩增出哺乳动物单拷贝基因,从而发明了 PCR 技术,1993年获得诺贝尔化学奖。当时他在 Cetus 公司,PCR 技术的专利由该公司持有,Taq 聚合酶也受专利保护。

在 PCR 反应中,将 DNA 聚合酶用于体外试验。双链 DNA 加热到 96 ℃,使得双链分离成为两条单链。但是在这个温度下,DNA 聚合酶被破坏,因此在每个循环加热步骤后必须补充新的聚合酶。所以原始 PCR 反应效率极低,需要大量时间和 DNA 聚合酶,并且在整个 PCR 反应中都需要人工操作。

从超过110 ℃的温泉中发现嗜热细菌水生栖热菌(*Thermus aquaticus*),它的 DNA 聚合酶具有耐热性,称为 Taq 聚合酶。由于高温不能破坏这种 DNA 聚合酶,因此不需要不断加入新的聚合酶,改善了低效问题,PCR 反应变得简单并且可以由机器操作。Taq 酶广泛用于目前的 PCR 操作中。Taq 酶的缺点是它缺少 3′→5′ 校正外切酶活性,因此在复制 DNA 时有时会出错,造成 DNA 序列突变。从古细菌中获得的 Pwo 酶及 Pfu 酶均有校正机制,大大降低 PCR 反应中的错配。将 Taq 与 Pfu 结合使用,可保证真实准确地扩增 DNA。

聚合酶链式反应是一种分子生物学技术,在生物体外进行特定的 DNA 片段的扩增,而不必依赖大肠杆菌或酵母等生物体。PCR 技术已广泛应用在医学检验和生物学研究,例如某遗传疾病的图谱、传染病的诊断和克隆基因以及亲子鉴定等。

7.1.2 PCR 原理与技术

1. PCR 的生物学基础

PCR 的基本原理是细胞在 DNA 聚合酶催化下的 DNA 的复制过程(图 7.1)。DNA 在复制时,双链 DNA 在拓扑异构酶和解旋酶催化下,熔链形成两条单链分别进行复制。形成的子代 DNA,其中一条链是亲本链,另一条链是新合成的,因此 DNA 复制是半保留复制机理。

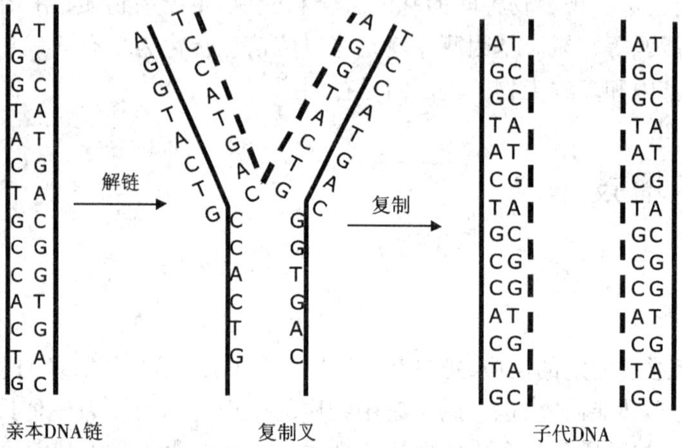

图 7.1 双链 DNA 的半保留复制机理

DNA 复制过程的复制起点呈现叉状,故称复制叉。以复制叉向前移动的方向为标准,与复制叉解链方向相同的为前导链,其模板链为 3′→5′, DNA 以 5′→3′方向连续合成。后续链与复制叉解链方向相反,其模板链为 5′→3′, DNA 以 5′→3′方向合成,故随着复制叉的移动形成许多不连续的冈崎片段,最后由修补酶填补空缺,并连接在一起,形成一条完整的 DNA 链。这就是半不连续复制过程(图 7.2)。

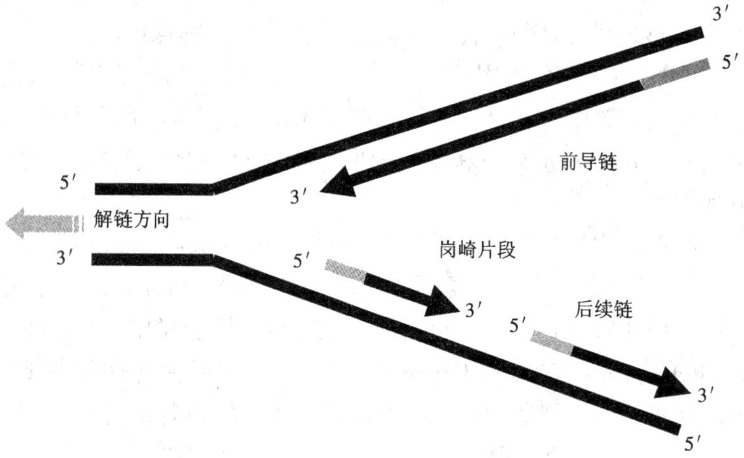

图 7.2 DNA 不连续复制过程

2. PCR 的实现过程

体内 DNA 复制是在生物酶催化的条件下进行的。在离体进行 DNA 的复制,必须采取相对剧烈的物理化学条件,才能实现与体内相同的结果。主要策略是加热使 DNA 变性解链,退火则使 DNA 复性配对结合。因此采用 94 ℃加热变性 DNA 实现双链的解离,55 ℃退火使引物与模板链配对结合,在 DNA 聚合酶催化下延伸合成新 DNA 链。变性—退火—延伸这三个步骤可以重复进行,其产物量将以指数级增加(图 7.3)。

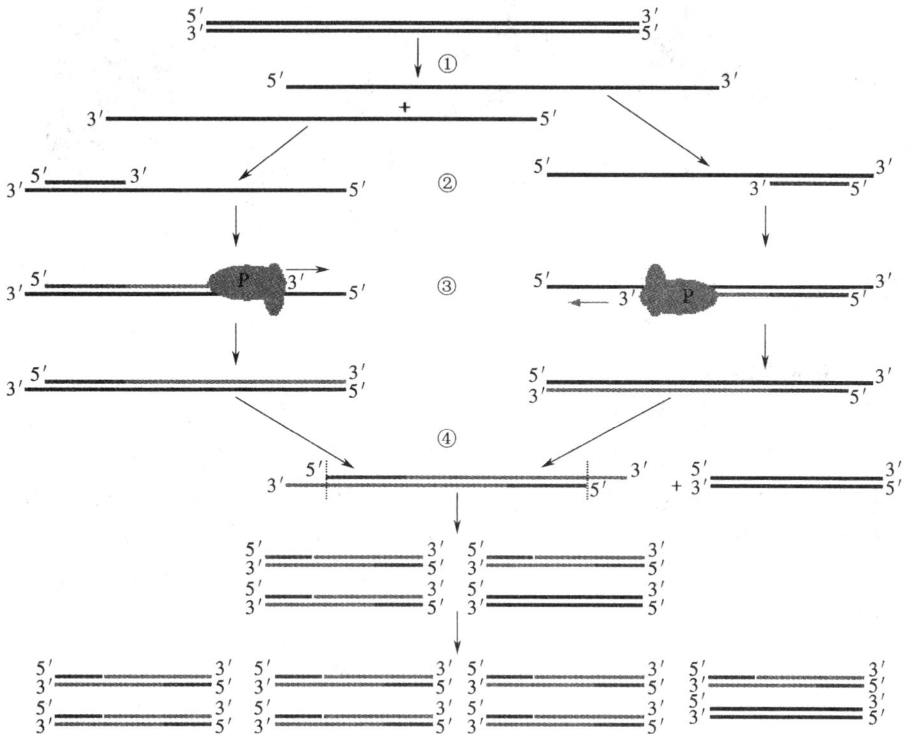

图 7.3 PCR 的实现过程

①加热使双链 DNA 打开,形成单链;②引物与模板 DNA 的 5′端配对结合;③在 DNA 聚合酶催化下 DNA 延长,一次增加一个单核苷酸;④第一循环完成,生成两段双链 DNA,又可作为下一个循环模板,这样每次循环都使得扩增的 DNA 片段加倍。

体内 DNA 复制的引物是寡核糖核苷酸,离体合成 DNA 的引物是寡脱氧核糖核苷酸。另外,与活体生物不同,PCR 只能用于扩增一小段 DNA 片段,可以是单个基因,或者仅仅是某个基因的一部分,通常不超过 10 kb。某些特定的方法可以扩增 40 kb 左右,但与真核细胞的染色体 DNA 相比仍然是很短的。因此目前仍然无法用 PCR 扩增出一个生物的基因组。

3. PCR 仪结构与控制

PCR 仪或称为热循环仪,最早的仪器是机械手操作,使反应在不同温度的水浴中不断循环,所以效率很低,而且不稳定。现在已经实现全自动化,其构造包括三个传感器,双区域温度梯度,通过全程计算机芯片控制过程参数(图 7.4)。

为缩短 PCR 反应时间,ABI 公司设计的新型 PCR 仪(ABI 9800 快速热循环仪),扩增来源于基因组 DNA 样本的 500 bp 目标 DNA 片段仅需 25 min,而传统扩增仪器需要 2 h。在快速模

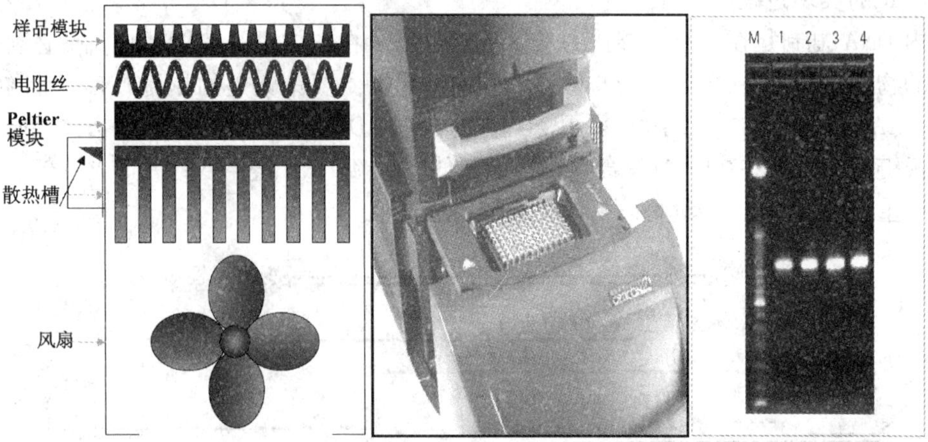

图7.4 PCR 仪(左为结构示图;中为实物仪器;右为扩增产物电泳图)

式下,时间短,重复性好,结果可靠,大大提高工作效率。快速 PCR 系统对于加速 PCR 过程是一个理想的选择。

4. PCR 反应的基本组分

DNA 模板,含有需要扩增的 DNA 片段。2 个引物是人工化学合成的一段短寡核苷酸,决定了扩增的起始和终止位置及扩增 DNA 片段的长度。引物一般不超过 50 bp(通常 18 ~ 25 bp),与所要扩增的 DNA 片段的起始和终止区域完全互补。现有一些帮助设计引物的程序和软件可供使用。DNA 聚合酶,起催化功能,复制需要扩增的区域。脱氧核糖核苷酸(dNTP),是底物,用于新的互补链的合成。缓冲体系,提供适合聚合酶行使功能的化学环境。

5. PCR 操作过程

一般 PCR 反应由 25 到 40 个循环组成,每个循环包括以下 3 个步骤 。

(1)变性　高温(94 ~ 96 ℃)使双链 DNA 解离(熔解),两条 DNA 链的氢键打断,使其仅以单链形式存在。该步骤时间 1 ~ 2 min。

(2)退火　在 DNA 双链分离后,降低温度使得引物结合到模板的特定序列上。温度通常低于引物熔点 5 ℃,一般为 50 ~ 55 ℃。该步骤时间 1 ~ 2 min。

(3)延伸　由引物的 3 端开始,DNA 聚合酶催化底物沿着模板 DNA 链合成新的互补链。延伸温度取决于 DNA 聚合酶的种类,一般为 72 ℃。延伸时间取决于聚合酶以及目标 DNA 片段长度,大概估计合成速度为 1 000 bp/min。

PCR 反应在热循环设备中进行。PCR 仪可以将反应管加热或冷却到每步反应所需的精确的温度。为防止反应体系中液体蒸发,在反应体系表面加入一层石蜡油,或者加热反应管的盖子。

7.1.3　PCR 技术应用进展

PCR 技术自建立以来,发展迅速、应用广泛,具有强大的生命力。近年来,基于 PCR 的基本原理没有变化,对 PCR 技术进行了大量的改进,派生出了许多新的类型和用途。

1. 基因克隆方面

反转录 PCR(RT-PCR):以 RNA 为模板,反转录催化合成 cDNA。以 cDNA 为模板,建立

PCR 反应体系,即可进行基因扩增。

多重 PCR(multiplex PCR):在同一个管中使用多组引物,扩增多个基因。一般 PCR 仅应用一对引物,通过 PCR 扩增产生一个核酸片段。

反向 PCR(reverse PCR):用反向的互补引物来扩增两引物以外的未知序列的片段,而常规 PCR 扩增的是已知序列的两引物之间 DNA 片段。限制性内切酶对该段 DNA 进行酶切,然后用连接酶使带有黏性末端的靶序列环化连接,再用一对反向引物进行 PCR,其扩增产物将含有两引物外未知序列。

2. 基因检测方面

(1)实时 PCR(real-time PCR) PCR 过程中利用荧光探针或染料半定量检测,又称定量 PCR(quantitative PCR)。qPCR 的指数扩增很灵敏,可以检测很低拷贝数的 RNA。qPCR 广泛应用于病毒性感染的诊断,并且可以用于定量监测某种 RNA 的含量。

(2)原位 PCR 技术 Hasse 等于 1990 年建立的,是在组织细胞(新鲜组织、石蜡包埋组织、脱落细胞、血细胞)里进行 PCR 反应,它结合了具有细胞定位能力的原位杂交和高度特异敏感的 PCR 技术的优点,是细胞学科研与临床诊断领域里的一项有较大潜力的新技术

(3)免疫-PCR(immuno-PCR) 一种灵敏、特异的抗原检测系统,它利用抗原—抗体反应的特异性和 PCR 扩增反应的极高灵敏性来检测抗原,尤其适用于极微量抗原的检测。主要步骤是:①抗原—抗体反应;②与嵌合连接分子结合;③PCR 扩增嵌合连接分子中的 DNA。免疫-PCR 中,嵌合连接分子有两个结合位点,一个与抗原抗体复合物中的抗体结合,一个与质粒 DNA 结合,其基本原理与 ELISA 和免疫酶反应类似,不同之处在于其中的标记物不是酶而是质粒 DNA,在操作反应中形成抗原抗体—连接分子—DNA 复合物,通过 PCR 扩增 DNA 来判断是否存在特异性抗原。

7.2 基因测序技术

基因决定了一个人的相貌、身高甚至疾病,它存在于每个人体细胞的 DNA 中。而组成 DNA 的基本物质则是由 A、T、G、C 表示的 4 种碱基,基因测序就是排列出其 DNA 上所有碱基的顺序。自从 1977 年第一种测序方法产生以来,DNA 测序技术的发展突飞猛进,如四色荧光燃料终止剂、毛细管电泳、自动化的样品制备技术。目前正在研究开发并行高通量测序技术,如微珠克隆、乳化 PCR、固相 PCR、胶内测序、单分子测序、焦磷酸测序、连接测序、环式反向终止测序、鸟枪杂交测序等,将极大扩展测序的能力,目的在于降低成本和增加数据的产出。1986 年出现第一台平板胶测序仪,1996 年出现第一台毛细管测序仪,进入 21 世纪,测序仪也正在发生革命性变化。本节主要介绍几种已经商业化的测序技术。

7.2.1 核酸测序技术简史

1965 年 Holley 等用 RNA 酶消化 RNA,产物用离子交换和二维同系色谱分离纯化,之后再用外切酶消化各片段,确定碱基序列。他们通过两种不同的片段断裂方式之间重叠,测定了酵母丙氨酸 tRNA 的全部 77 bp 的序列。

1971 年 Wu Ray (吴瑞)和 Taylor,在 1、2、3 种 dNTP 存在时,测定了 λ 噬菌体 DNA 的黏性

末端 12bp。1973 年哈佛大学 Gilbert 和 Maxam 用 RNA 聚合酶转录 DNA,进行 RNA 测序。1975 年剑桥大学 Sanger 采用加减法测定了 X174 噬菌体 DNA 的 6386bp 序列,1977 年 Sanger 等人发明了酶法降解测序。同年,Maxam 和 Gilbert 创造了化学降解法测序技术。

1980 年代,Messing 等进行了噬菌体 M13 克隆,优化了测序条件,开始用计算机辅助处理数据。同时,使用荧光检测设备把 PCR 技术引入测序,实现了部分自动化操作。

1990 年代,改进了测序酶,使用配套荧光染料,测序仪全自动化,人类基因组测序启动。

2000 年,毛细管测序仪、机器人广泛应用于生物基因组测序。

2005—2007 年,以 Genome Sequencer System、Genome Analyzer system、SOLiD System 为代表的基因组测序分析系统的诞生,标志着进入超高通量基因组测序的新时代。

测序技术进步有以下特点。

(1)自动化程度提高　1990 年之前,测序仪的自动化程度很低,数据质量差,而且复杂。PCR 引入后,提高了检测信号。2000 年, ABI 公司的平板胶自动化测序仪一直控制着商业市场。随后是毛细管(50 ~ 100 μm)电泳仪处理量大幅度增加,节约了人力和费用。

(2)标记与检测技术　每个样品进行四个独立反应,每个反应含有一个不同的染色标记的引物。四套产物混合后在一个泳道中进行电泳。早期是单染料,现在是双染料。由供体和受体染料组成。供体受激光激活,将能量转移到发不同光的受体染料上,产生四色。

(3)测序的效率不断提高　2000 年之前,主要是测序长度的增加,之后主要是处理量的增加,规模程度更高。按照样品/(人 · 周) × 平均长度的基因测序处理量计算,1977 年为 4 × 50 bp,1980 年为 20 × 100 bp,1985 年为 30 × 250 bp,1990 年为 60 × 300 bp,1995 年为 180 × 500 bp,1999 年为 500 × 650 bp,2000 年为 5000 × 600 bp,2003 年单反应测序读长达 700 bp（毛细管电泳)。而超高通量测序技术的每天数据积累在 1 Gb 以上。

7.2.2　传统测序技术

1. 基因测序的原理

(1)产生长度只差 1 bp 的一系列寡核苷酸　通过某种方法,使 DNA 生成互相独立的若干组标记的寡核苷酸,每组寡核苷酸都有固定的起点,但随机终止于特定的一种或者多种残基(A、T、C、G)上。由于 DNA 上的每一个碱基是终止喊基的机会均等,因此每组产物都是一些寡核苷酸混合物,其长度由某一种特定碱基在原 DNA 片段上的位置所决定。

(2)检测长度只差 1 bp 的一系列寡核苷酸　对各组寡核苷酸进行 SDS-PAGE 电泳分析,把几组寡核苷酸加样于测序凝胶若干个相邻的泳道中,电泳后,放射自显影或荧光扫描。

(3)确定碱基序列　根据发光(^{32}P、^{35}S 或非放射性荧光)结果,直接读出 DNA 上的核苷酸顺序。一般加样顺序为 TCGA(将容易压缩干扰的 G 和 C 靠近)或 CTAG(即嘧啶在前,嘌呤在后),从凝胶底部开始阅读,得到互补链(3′至 5′方向)顺序。

根据产生只差 1 bp 的寡核苷酸的方法,把序列测定的技术分为两种,即 Sanger 双脱氧链终止法和 Maxam-Gilbert DNA 化学降解法。

2. Sanger 双脱氧链终止法

引入双氧核苷酸(ddNTP)作为链终止剂, 2′,3′ddNTP 与普通 dNTP 不同之处在于脱氧核糖的 3′位置缺少一个羟基。在 DNA 聚合酶作用下,通过其 5′三磷酸基团掺入到正在伸长的 DNA 链中,但由于没有 3′羟基,它们不能同后续的 dNTP 形成磷酸二酯键,因此, DNA 链不能继续延伸而被终止。在 DNA 合成反应混合物中加入少量的一种 ddNTP 后，与 4 种普通 dNTP 展开偶然性竞争，但链延伸却被特异性的终止，反应产物是一系列的寡核苷酸链，其长度取决于引物末端与链终止的位置。在 4 组独立的酶反应中分别采用 4 种不同的 ddNTP，结果将产生 4 组寡核苷酸，它们将分别终止于模板链的每一个 A、每一个 G 或每一个 T 的位置上。四种反应产物在测序胶的相邻泳道中电泳分离，根据每条带的位置，从凝胶底部到顶部按 5′到 3′方向读出的合成链的序列（图 7.5）。

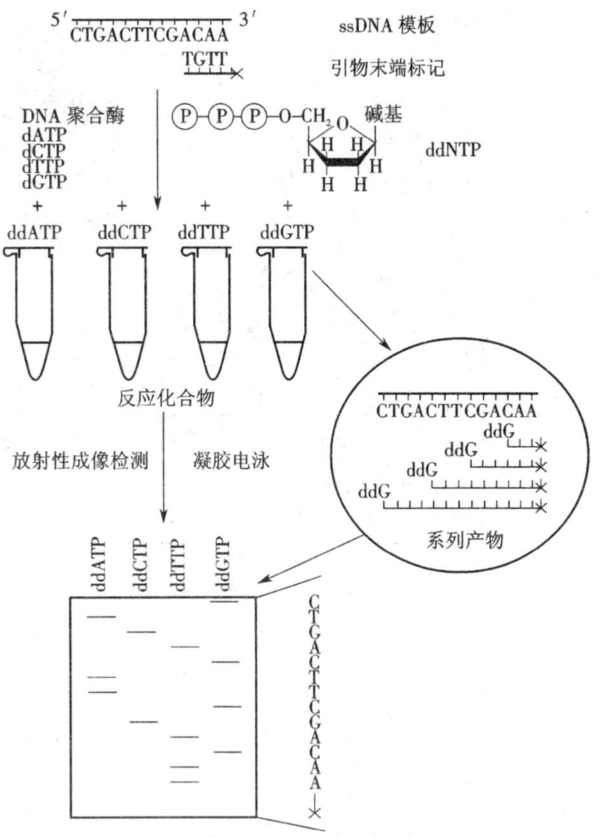

图 7.5 Sanger 法测序原理

测序的基本过程如下。

（1）PCR 测序反应　设置四种反应。对于每组测序反应，标记四个 0.5 mL 管（G、A、T、C），其组成包括单（双）链模板 DNA 模板（待测样品），dNTP，ddNTP 混合物，缓冲液，通用测序引物（17～20 bp），DNA 聚合酶（化学修饰 T7 噬菌体 DNA 聚合酶）和测序酶 2.0，加无菌水至终体积。加入 1 滴（约 20 μL）矿物油，进行 PCR。

（2）制胶与电泳　用测序级的丙烯酰胺和甲叉双丙烯酰、过硫酸铵等制备测序凝胶板或毛细管，加入上样缓冲液，在高压电泳仪上电泳。

（3）凝胶的显色与读序　电泳完毕后，对凝胶进行固定。洗胶，用超纯水振荡洗胶 3 次，每次 2 min。凝胶扫描，读取序列（图 7.6）。

毛细管测序仪比平板凝胶电泳通量提高，如 96 道毛细管测序仪，可同时运行 96 个样品。自动化程度、光路灵敏度、数据产率大大提高，同时增加了新的应用领域和范围。

3. Maxam-Gilbert DNA 化学降解法

与 Sanger 的合成反应的链终止技术不同，Maxam-Gilbert 采用对原 DNA 进行化学降解。该方法是 Gilbert 实验室的偶然发现。20 世纪 60—70 年代，Gilbert 集中研究 lac 抑制子与 lac 操纵基因相互作用。分离得到抑制子保护操纵子 DNA，将 DNA 转录成 RNA，用 Sanger 建立的 RNA 测序技术测定了 DNA 片段序列。苏联科学家 Mirzabekov 到访，提出抑制子的结合是否与 DNA 的甲基化有关。因此，通过化学修饰、化学裂解可使 DNA 产生一系列片段，关键是发现具有这种能力的化学试剂，以确定断裂的碱基或碱基类型。1976 年确定了 40 bp DNA 中的腺嘌呤和鸟嘌呤位置。以后找到了胞嘧啶和胸腺嘧啶的断裂方法，于 1977 年发表了测序技术论文。

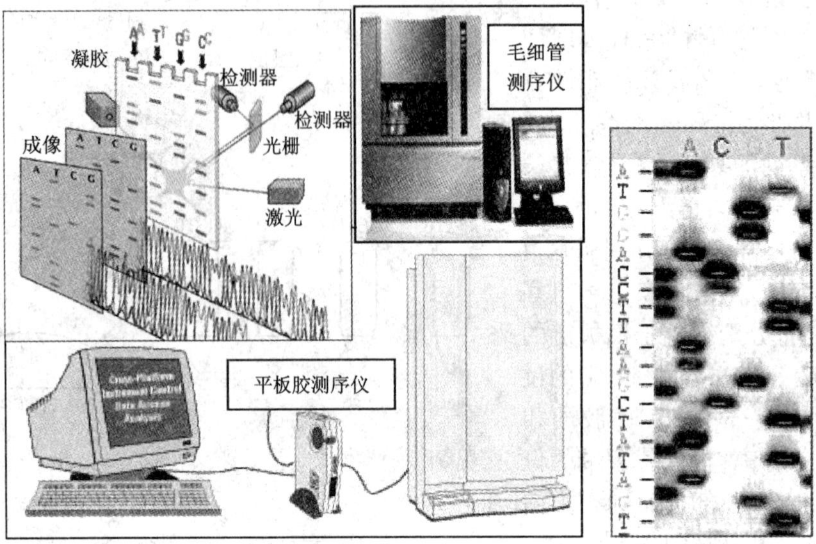

图 7.6　核酸测序仪(左)及电泳结果(右)

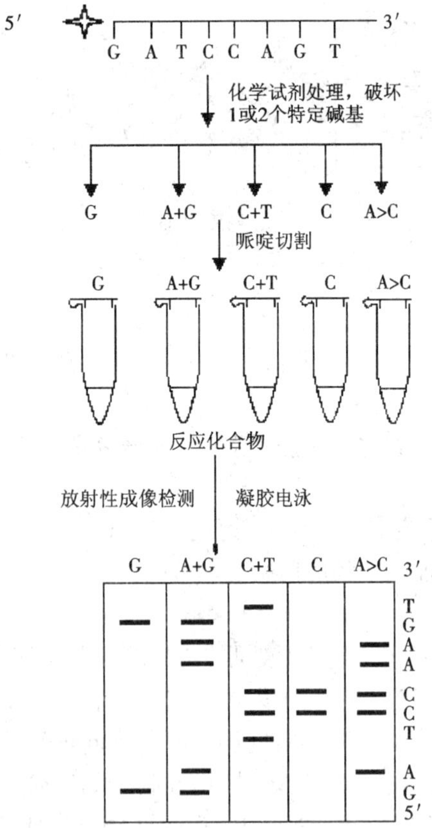

图 7.7　Maxam-Gilbert 测序原理

末端标记的 DNA 片段,先对特定碱基(或特定类型的碱基)进行化学修饰(硫酸二甲酯使 G 甲基化;呱啶甲酸作用于 A 和 G;肼使 C 和 T 水解,高盐抑制 T 反应),然后用特定化学试剂(哌啶)切割磷酸二酯骨架链,修饰碱基从糖环上脱落,5′和 3′链断裂,生成 1 组长度从 1 到数百个核苷酸不等的末端标记分子。精心控制条件,以确保 1 个 DNA 分子平均只有 1 个靶碱基被修饰,切割产物为一系列依次加长的分子,而不是完全切割成短核苷酸。5 组互相独立的化学反应分别得到部分降解,其中每一组反应是特异地针对某种或某一类碱基。生成 5 组放射性标记的分子,从共同起点(放射性标记末端)延续到发生化学降解的位点。每组混合物中均含有长短不一的 DNA 分子,其长度取决于该组反应所针对的碱基在原 DNA 全片段上的位置。各组均通过聚丙烯酰胺凝胶电泳进行分离,再通过放射自显影来检测末端标记的分子,得到比较 G、A + G、C + T、C 和 A > C 各个泳道,从测序凝胶的放射自显影片上读出 DNA 序列(图 7.7)。

由于种种原因(如采用 ^{32}P 进行放射性标记、末端标记 DNA 的比活度、裂解位点的统计学分布、凝胶技术方面的局限性等),Maxam-Gilber 法所能测定的长度比 Sanger 法短一些,它对放射性标记末端

250 bp 以内的 DNA 序列效果最佳。

在 20 世纪 70 年代,Maxam-Gilbert 法和 Sanger 法刚刚问世时,化学降解进行测序不但重现性高,也易被研究人员所掌握。Sanger 法要单链模板和特异寡核苷酸,并需高质量 DNA 聚合酶,而 Maxam-Gilbert 法只需要简单化学试剂。随着 M13 噬菌体和噬菌粒载体的发展,合成引物及测序反应的日臻完善,机器人和荧光测序仪等自动化设备的应用,Sanger 法体现出既简便又快速的特点,逐渐成为传统测序的唯一选择。Maxam-Gilbert 法则主要应用于基因功能研究中。

4. 基因组测序策略

单套测序反应所能准确测定的靶 DNA 序列最长可达数百碱基对,进行从头侧序必须经过精心策划。将 DNA 片段按互为相反的方向分别克隆于 2 种 M13 噬菌体载体(如 M13mp18 和 13mp 119)上,然后以通过通用测序引物进行的单套反应,测定每条链的全序列。如果要对基因组进行测序,有两种通用策略。

(1)随机法(或鸟枪测序法) 把基因组 DNA 断裂(机械剪切),产生随机重叠片段,克隆到 M13 载体上,构建一个重叠克隆文库(片段超过靶序列 5 倍以上)。对这些克隆进行测序,得到片段的序列,把积累资料贮存起来,最后用计算机辅助拼接排列,获得基因组序列。

(2)克隆法 采用 BAC 连续克隆系进行测序,先分离单染色体,对每条染色体进行克隆和亚克隆,直至能测序的克隆。对这能克隆测序,拼接出染色体的序列,最后得到基因组序列。所以基因组 DNA 的测序是按计划有秩序地进行的,这种方法早期需要较多的时间用于克隆和草图绘制。

7.2.3 高通量测序技术

高通量测序技术主要应用于未知物种基因组的从头测序和已知物种的重新测序,环境基因组测序,基因转录组和表达调节,sRNA 分析、染色质免疫共沉淀、SNP 等多个领域,是后基因组时代的先锋技术。目前上市的仪器有 Roche 公司的 GS FLX 系统、Illumina 公司的 Genome Analyzer 系统、和 ABI 公司的 SOLiD 系统。

1. 焦磷酸测序技术

焦磷酸测序技术(pyrosequencing)的原理是新加入的核苷酸,如果碱基发生配对,就释放出一个焦磷酸。该焦磷酸在磺酰化酶和荧光素酶催化下,经过一个合成反应和一个化学发光反应,将荧光素氧化成氧化荧光素,释放出光信号。该信号被高灵敏度 CCD 监测器捕获,将数据贮存。这样将每个 dNTP 聚合反应与荧光信号的释放偶联起来,随着新链的合成延伸,加进去的 dNTP 依次通过化学发光信号的有无和强度被检测,确定碱基类型和数目,序列随着反应的进行而同步读出(图 7.8)。该技术的特点是,无需荧光标记的引物,也无需电泳,无需加 ddNTP,缩短了时间,降低了费用。

454 公司(454 Life Sciences Corporation)的 Margulies 等于 2005 年在《Nature》发表乳液皮升级反应孔的焦磷酸测序法,被称为 454 测序方法。将乳胶分离和离体扩增 DNA 片段相结合,利用皮升(picolitre)级反应器进行高通量快速测序,是测序技术的又一次飞跃。

454 测序技术是将基因组 DNA 进行随机切割,不需要在细菌中进行亚克隆或单克隆,属于鸟枪法,但整个测序反应都是批量进行的。切割后的 DNA 加上特定的接头,被分成单链。DNA 片段结合到相应的微珠上,控制条件使每个微珠只结合自己特有的单一 DNA 片段。在

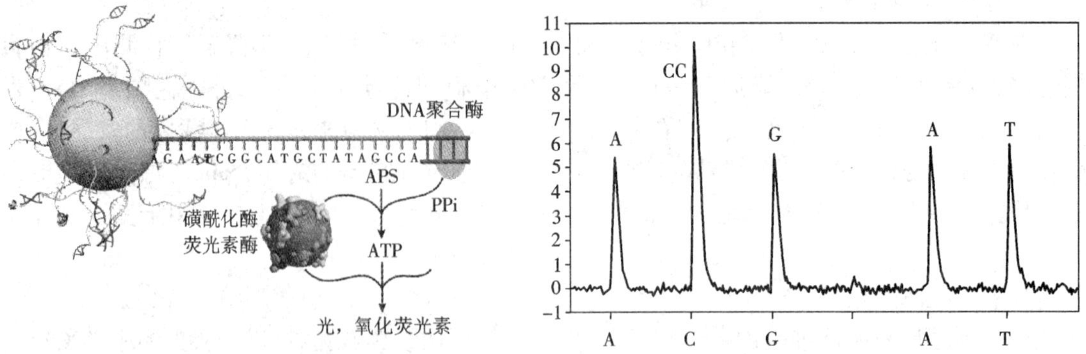

图 7.8　焦磷酸测序技术的原理(左为生化反应,右为序列读出)

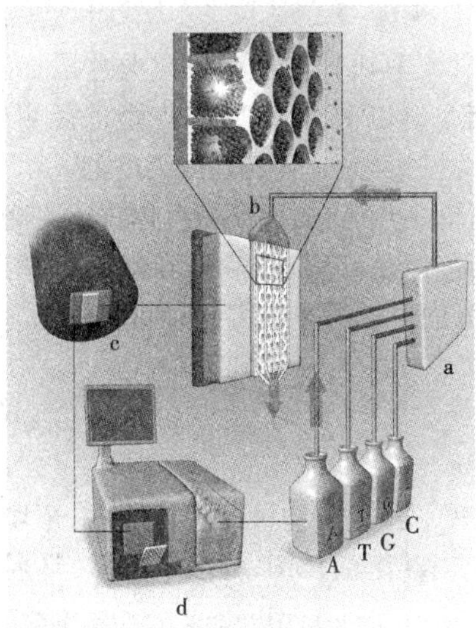

图 7.9　GS FLX 仪器及其工作流程

微流体装置(a),从 A、T、G、C 瓶来的溶液垂直流过开放的板面,进行 PCR 反应(b)。电荷偶联装置(c)是基于照相机的成像装置,负责捕获每个孔发出的光子。计算机提供人机对话界面和仪器控制(d)。

含有 PCR 反应化合物的乳化液中捕获微珠,形成微乳胶颗粒,每滴乳胶颗粒上发生测序的 PCR 扩增反应。每个微珠上携带 1 千万拷贝的模板 DNA,将带有单链 DNA 的微珠加入到光学纤维玻片上。再加入含有固定化的焦磷酸测序所需酶。在光学纤维玻片上,有 160 多万个孔。每个孔的直径大约 44 μm,边缘厚 2 ~ 3 μm,深 55 μm,每个孔的反应容量为 75 皮升(pL),$1mm^2$有 480 个样孔。

微孔反应中含有 DNA 聚合酶、磺酰化酶、荧光素酶。测序开始时,依照 T、A、C、G 次序,把四种碱基循环流入微孔板,但每次只流入一种碱基。如果碱基发生配对,就是释放出一个焦磷酸。该焦磷酸在酶催化下,把化学能量转化为光信号。该信号被 CCD 检测到。整个测序的设备及其工作流程如图 7.9 所示。

2007 年 3 月 Roche 公司收购了 454 公司,已经推出了新一代高通量测序仪 GS FLX 系统。10 h 内完成一个测序反应,单反应读长由最初的 100 bp 已经扩展了目前的 400 bp,准确性达 99%,产出数据量达 1 亿碱基对,每次运行可分析 16 个非混合的独立样品。

2. 桥扩增测序技术

桥扩增测序的原理是单链 DNA 片段被固定在特殊芯片上形成单链桥,它以芯片上的引物进行扩增,形成双链桥。双链桥变性后又形成单链桥,如此进行 30 多轮扩增,每个单链 DNA 分子扩增形成单克隆 DNA 簇(cluster)。DNA 簇在测序仪上进行序列分析,得出碱基的精确序列(图 7.10)。

Genome Analyzer 仪器是 Illumina 公司于 2007 年推出的测序仪。它的读序原理是基于可逆性末端终结反应。在桥扩增过程,四种碱基底物分别标记四种不同荧光,每个碱基末端被保护基团封闭,即单次反应只能加入一个碱基,经过扫描,读取该次反应颜色。然后,除去该保护基团,以使下一个碱基的延伸反应继续进行。如此反复多轮反应,按顺序可排出 DNA 的序列

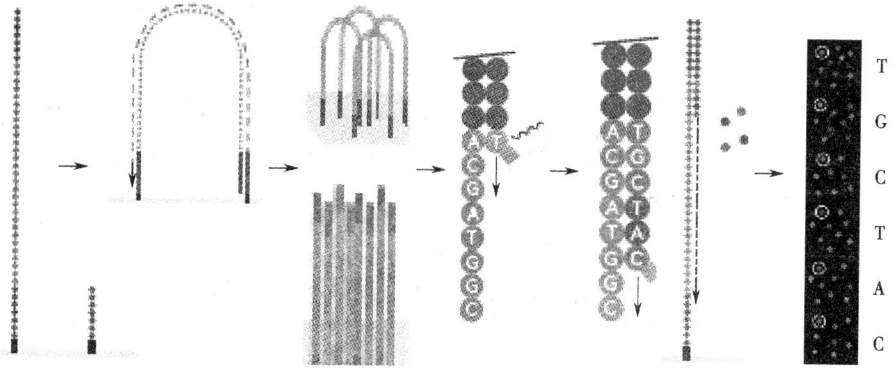

图7.10 桥扩增测序原理与过程

基因组DNA片段化形成几百个碱基(或更短),在片段的两端添加接头。单链DNA的接头与芯片上的单链引物之间形成碱基互补配对,单链DNA片段的一端固定在芯片上。用芯片上的引物,以单链DNA序列为模板进行扩增,使得单链DNA成为双链DNA。该双链变性解离后成为单链,一端以同样的方式固定在芯片上,另外一端随机地与附近的另外一个引物互补,在芯片上形成桥。

(图7.11)。

目前该仪器的单端读序长度已经大于36 bp,双端读序的长度达2×36 bp。读取的准确性在99%以上。每次可平行分析8个非混合独立样品。单次实验可得到15~30×10^8 bp的数据。

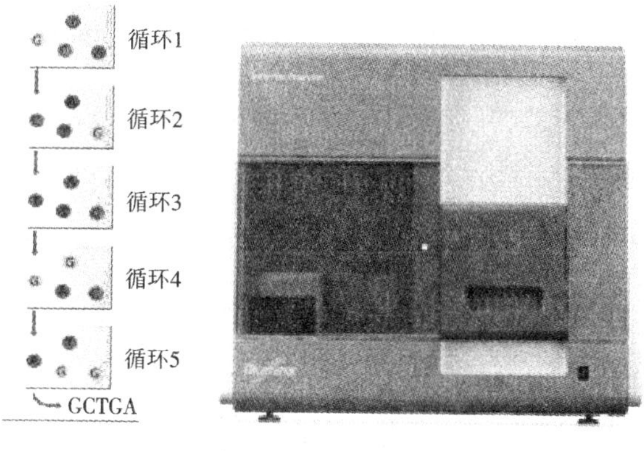

图7.11 Genome Analyzer的读序原理与仪器

3. 连接测序技术

寡核苷酸连接测序技术的基本原理见图7.12。设计8聚体探针,一组共4种不同荧光染料标记的5′末端。通用测序引物与微珠接头序列配对,在连接酶催化下,探针竞争性地与测序引物发生连接反应。连接反应的特异性是由探针中间的第4~5位碱基决定的。可视化检测连接产物发出的光,形成图像,记录第5位碱基位置的颜色。随后切割除去含染料的末端,完成一轮连接反应测序。之后,新引物(比前一个引物减少一个碱基)重新开始连接、成像、切割等过程,每轮包括5~7次连接循环,可读出DNA片段序列的25~35 bp。每轮运行可产生超过10×10^8 bp的数据。

ABI公司基于以上原理,于2007年推出了新一代基因测序仪SOLiD系统(图7.13),以四色荧光探针进行连续的连接反应为基础,对单拷贝扩增的DNA片段进行大规模、高通量并行测序。可用末端配对技术和双碱基编码,对复杂基因组进行测序。基因组测序的基本流程(图7.13)如下:①将基因组剪切成小片段,与接头连接,构建随机文库或配对末端文库。②在油包水的微反应器中对文库片段进行PCR扩增,变性扩增产物,与有延伸模板的磁珠杂交,分离除去未反应的片段,富集PCR反应产物。对磁珠上的模板DNA 3′端进行修饰,使之能共

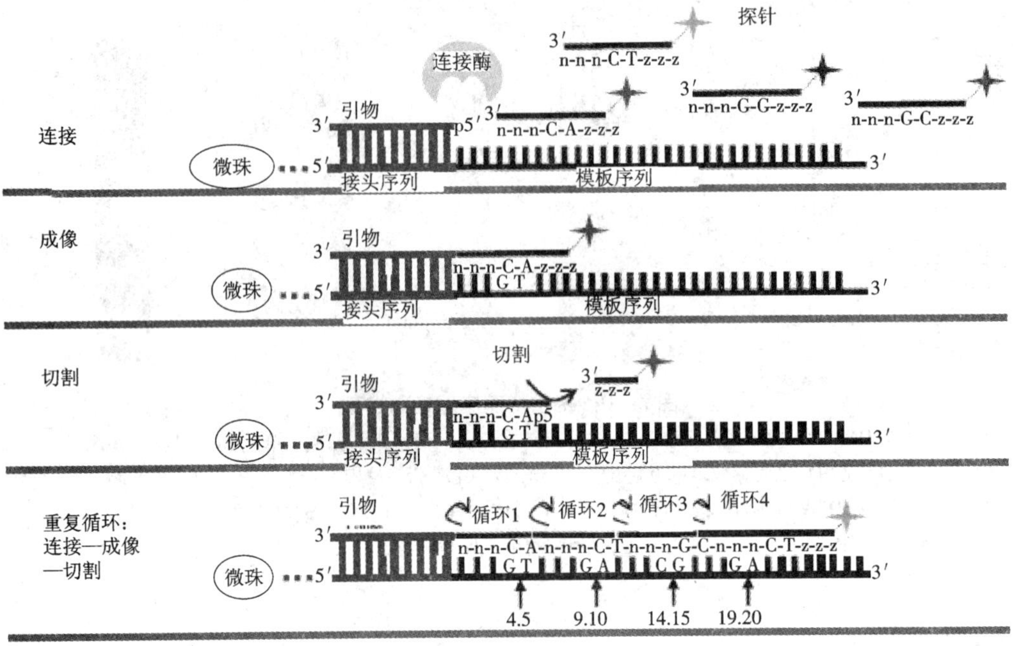

图 7.12　连接测序技术的原理

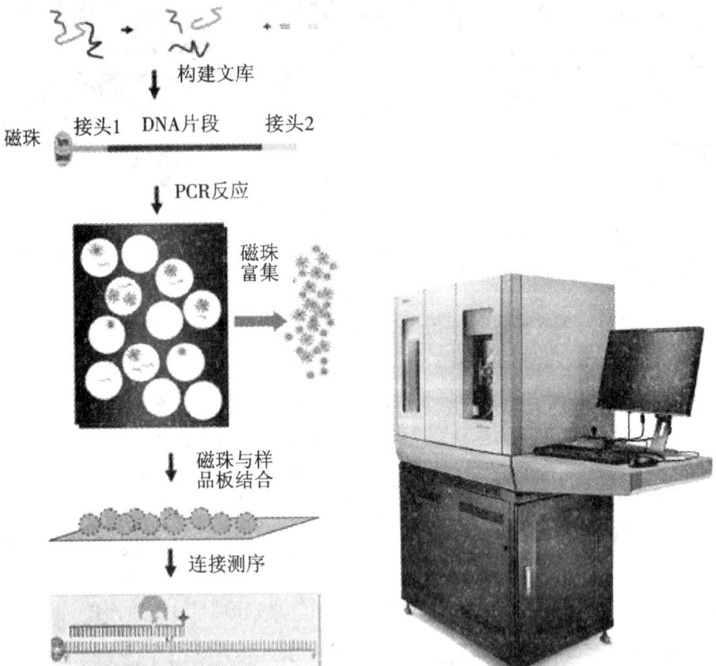

图 7.13　SOLiD 测序过程及其仪器

价键结合到样品板上。③将磁珠沉积在样品板上，并分割成不同的小室。④在连接过程中读出碱基类型，获得测序数据，进行拼接和分析。

7.3 基因重组技术

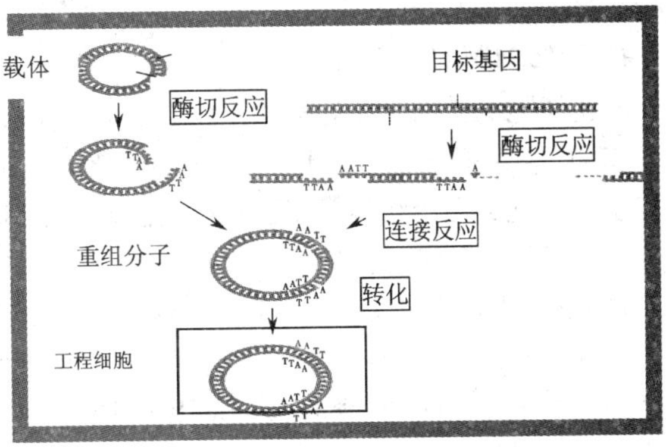

图7.14 基因重组的基本过程

不论用什么方法克隆目标基因,所得数量是相当有限的。很多研究,如测序、表达编码产物、修饰和改造基因,构建各种基因工程生物,都需要对基因进行体外操作。基因重组就是在体外,将不同的基因通过切割、连接,形成杂合片段,插入到合适的载体上形成重组分子,转化到宿主细胞中(图7.14)。随着细胞的繁殖,基因得以真实的复制扩增和表达。

7.3.1 传统的重组技术

在传统的基因重组中,需要三大工具:限制性内切酶、连接酶和载体。载体是运送目的基因片段进入宿主细胞的工具,目前最常用的载体包括细菌质粒、噬菌体、cosmid 质粒和 YAC 载体等。质粒是细菌细胞中自然存在于染色体外可以自主复制的环状 DNA 分子。进入到宿主细胞中的 1 个质粒可以大量增加其拷贝数。

1. DNA 的限制性酶切反应

限制性核酸内切酶识别双链 DNA 上的特异性位点,催化双链 DNA 分子的磷酸二酯键断裂,形成相应的片段。基因的限制性酶切反应体系由双链 DNA、限制性内切酶、缓冲液组成,一般在 37 ℃反应 1 h,即可在与酶识别的位点处切断 DNA。

2. DNA 片段的连接反应

不同 DNA 片段的连接是通过核酸连接酶得以完成。DNA 连接酶催化的基本反应形式是将 DNA 双链上相邻的3′羟基和5′磷酸基团共价结合,形成 3,5－磷酸二酯键,使原来断开的 DNA 缺口重新连接起来,实现体外 DNA 的重组。连接反应体系由被连接的两个 DNA 片段(具有可连接的末端,由内切酶完成)、连接酶、缓冲液组成。一般在 10～26 ℃下,反应 0.5～8 h。连接酶功能越强,反应时间越短。

3. 重组 DNA 分子的转化

转化是将重组 DNA 分子导入到受体细胞的过程。外源 DNA 导入受体细胞的方法包括转化、转染、接合以及电穿孔和显微注射等。宿主细菌细胞的转化方法是建立在物理学和生物学原理基础之上的。

(1) Ca^{2+} 诱导转化　Ca^{2+} 诱导转化在大肠杆菌中非常有效。将重组分子与 $CaCl_2$ 混合,在冰浴中使 DNA 吸附在细胞表面。短暂 42 ℃热击处理(90 s),细菌细胞膜出现许多间隙,使 DAN 分子进入细胞内。

(2)转染　转染是利用噬菌体或病毒的感染,把外源基因导入受体细胞内。转染之前,必须对噬菌体载体的重组 DNA 分子进行人工体外包装,成为具有感染活力的噬菌体颗粒。体外包装体系可以直接从大肠杆菌的溶原株中制备,已有商品化供应。

其他转化方法还有 PEG 介导的原生质体转化、电穿孔转化、基因枪转化、农杆菌介导的植物转化等。

4. 转化细胞的扩增培养

转化细胞的扩增是指转化后的细胞立即进行短时间的培养，如 Ca^{2+} 诱导转化后的大肠杆菌在 37 ℃培养 45 min 至 1 h，原生质体转化后的细胞壁再生过程，以及 λ 重组 DNA 分子体外包装后与细胞的混合培养等，使转化细胞增殖达到一定数目，以利于筛选和鉴定。

5. 重组子的筛选与鉴定

在 DNA 体外重组实验中，外源 DNA 片段与载体 DNA 的连接反应物一般不经分离直接用于转化，由于重组率和转化率不可能达到 100%，因此必须使用各种筛选与鉴定手段，从混合体系中把期望重组子（只含有目标基因的重组子）分离出来，去除其他非期望重组子和非转化细胞。

载体遗传标记筛选的方法有抗生素抗性筛选、营养缺陷性筛选、α 互补筛选以及噬菌斑筛选。目标基因序列的检测方法有菌落原位杂交、测序测定、产物检测。

7.3.2 Shuffling 技术

1. DNA shuffling

Shuffling 是 DNA 的定向进化技术，人为引发后，构建分子突变库，凭借定向的选择方法，选出所需的优化蛋白质，从而排除其他突变体，即定向进化 = 随机突变 + 选择。

自从 1994 年 Affymax 研究所的 Stemmer 在《Nature》发表第一篇体外 DNA shuffling 进行快速蛋白质进化以来，先后出现了基因家族 shuffling、合成 shuffling、单链 shuffling、基因组 shuffling 等多种 shuffling 技术，越来越多地应用于蛋白质改性、新药研发、菌种选育、代谢工程等领域，并取得实质性进展和成果。

DNA shuffling 是一个反复突变和重组的循环过程，一组相关基因的随机片段（来自不同种类生物，具有相关功能的基因），通过无引物 PCR 的方式重新组合，装配形成重组基因。这些基因，再次被酶切成片段，再一次重组成新的组合基因，此过程一再重复，一直到具有新功能的蛋白质（图 7.15）。利用 DNA shuffling 改组基因，重要的参数是 DNA 退火的温度，基因功能的同源性以及 DNA 片段的大小。

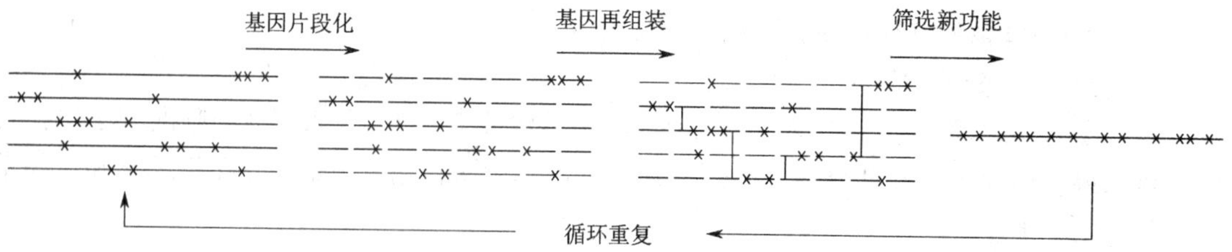

图 7.15 DNA shuffling 原理

Shuffling 技术显示出其强大的改进蛋白质特性和生物活性的潜力，最终获取最佳突变组合的蛋白质。如果被改造的基因为一组同源基因，则称为家族 shuffling。常有两种策略。第一种是，以一个基因的编码链和另一个基因的非编码链为对象，进行 shuffling。在第一轮重组中，避免了同源重组体的形成。第二种是，用限制性酶消化（而不是 Dnase I 随机消化）双链 DNA，然后进行 PCR 扩增，只有异源重组体才能发生延伸反应而扩增，而同源重组体不能扩增。

Shuffhling 优点是在短时间内使各种基因的功能最佳化，而不必事先知道这些基因产物的详细信息。由于它能快速使基因向所需的性状快速进化，主要用于编码各种酶或蛋白质的基因功能的改进，所以又称分子进化或分子育种。通过 DNA shuffling，可加速积累有益突变，使蛋白质的 2 个或更多的功能合为一体。

2. 基因组 shuffling

基因组 shuffling 是基于原生质体融合的基因组重组技术。当不同基因型的原生质体融合时，基因组之间发生交换和重组，形成突变候选库。经过合理筛选可得到生产途径和表型改进的菌株，即经济适用的菌株。其基本过程包括：去除单个性状优良菌株的细胞壁，多个菌株的原生质体混合，通过物理或化学方法进行原生质体融合，在适宜的再生培养基上，重新形成细胞壁，生长形成第一个融合库（F1）。从第一个融合库中筛选出改进菌株，再次重复循环融合，依次得到融合库 F2、F3、F4，筛选鉴定以至达到预期目的。

以前的随机突变和选择工业微生物菌株至少需 10 ~ 20 轮，但对表型改进仍然困难。而基因组 shuffling 无疑是目前最理想的解决方法。基因组 shuffling 的关键是起始突变体的选择、遗传重组的效率、选择方法的灵敏性，已经在泰乐霉素生产菌的改造、蛋氨酸生物合成途径的进化等方面取得显著效果。

7.4 生物制造

生物制造（bio-manufacturing）是基因技术的具体产品应用和工业规模生产，包括生物制造的新产品、新工艺、新技术。生物制造体现在三个方面，即仿生设计、生物制造工程和生物过程加工工程。

7.4.1 生物制造领域

1. 仿生设计

仿生设计或仿生学是借鉴生物的某些特殊的功能，改善机器设计。研究生物、模仿生物的各种特征，生物的自组织、自生长、自生成、遗传等许多特性和规律，启迪制造，形成新的制造技术原理。这些仿生原理在制造技术上的应用将促进制造技术的变革。

2. 生物制造工程

上世纪末美国提出组织工程，将细胞加工制造成材料和组织，其应用包括医疗设备、整形植入物、组织工程化的修复物、人工器官等。从制造科学的角度看，组织器官就是各种功能细胞按特定结构装配成的复杂机器。将细胞在三维空间中精确定位、排列和组装，制造出人体组织的雏形，在三维支架上对其进行培养，最终发育成具有生命功能的组织结构。这是制造科学与技术发展的崭新方向。针对生物医学的应用，生物制造工程可以按照加工材料的生物学特性分为四个层次，四个层次所需的制造技术难度逐次提高。

第一层次：使用不具备生物相容性的材料，制造个性化的组织或器官的模型，用于手术规划、模拟以及假肢的辅助设计加工。

第二层次：使用较好的生物相容性但不具备生物可降解性的材料，在体内长期存在，制造的产品是可以替代组织或器官部分功能的人工器官或植入物。

第三层次:使用具有良好的生物相容性又具有生物可降解性的材料,在人体内逐渐被分化、分解、吸收并排出,主要是组织工程所需的各类具有特定形状和结构的支架。用作细胞生长、组织再生的临时性支架,辅助并促进器官组织的修复。

第四层次:使用活细胞作为加工制造的材料,制造出具有特定细胞空间分布结构的三维细胞堆,称为类组织前体。研究内容包括人工支架的设计与制造、人工活性器官体外生物平台、器官再造的环境构建与控制等。利用微流输送技术进行细胞和外基质仿生材料的人工构造以实现细胞和生命物质的三维受控组装。

3. 生物加工工程

利用生物体的合成过程和生命机能、活动特性进行制造,包括化合物(药物、食品、化学品、材料、能源)的制备、加工和信号检测。

生物制造是近年来制造技术发展的新方向,美国在2020年制造技术的挑战中将其列为11个主要方向之一,已经日益受到来自生物医学、材料科学、制造科学领域的科学家们的认同和参与。国内已有多所大学和研究所开展了相关研究工作。

7.4.2 微生物发酵技术

微生物发酵技术就是在发酵罐内,人工创造适用于微生物的生长繁殖的物理和化学环境,使微生物生产各类各级代谢物的工业过程。微生物发酵的产品主要有有机溶剂和有机酸、药物、酶制剂、糖类、单细胞蛋白、生物转化、工业酶类。工业化生产的微生物药物主要为抗生素、氨基酸、维生素、核苷酸和核苷、酶抑制剂、免疫调节剂和受体拮抗剂、疫苗等。

发酵的基本过程是,制备无菌培养基(微生物发酵的原料),把菌种接种到发酵罐,控制温度、pH值、溶解氧、搅拌、通气、培养基成分。在微生物生长的同时生产产品。经过分离提取,从发酵液中获得相应产品。

对于基因工程微生物,常用宿主细胞包括大肠杆菌、酵母等微生物表达生产重组蛋白产品,如重组人干扰素、重组人胰岛素、重组人乙肝疫苗等。其他基因工程微生物可用于新材料、新能源等的生产制造。

7.4.3 转基因植物

植物是人类衣、食、住的主要来源,自从基因重组技术诞生以来,转基因植物就被不断研究,并呈快速发展趋势。

1. 转基因植物的培育过程

构建植物表达的载体:采用基因重组技术。

外源DNA导入植物有在体转化和离体转化两种策略。离体转化包括农杆菌转化、基因枪转化、原生质体转化等。在体转化包括浸花、花粉管通道、微注射等。

农杆菌转化主要适用于双子叶植物。受体组织的培养与扩增,获得大量的可转化的细胞。然后与农杆菌共培养,农杆菌感染愈伤组织、叶片、胚轴等外植体,把外源目标基因导入植物细胞内。在含有抗生素等选择剂的培养基上,筛选转化细胞,诱导生芽、生根,形成完整植株。驯化锻炼后,移入温室种植。收获相应的农产品(种子、棉花、蔬菜等)。

对于小花、量大的植物(如拟南芥),还可用农杆菌进行浸花转化。在一定压力下,整个花絮浸没在农杆菌悬浮液中,则可实现外源T-DNA插入到拟南芥基因组中。侵染数分钟后,除去农杆菌,让植株继续生长,花发育形成种子,收获种子。在含有抗生素的培养基上进行发芽,筛选转化的种子,种子生长形成转基因植株。

2. 转基因植物的应用与发展

自1983年首例转基因植物烟草问世以来,至今全球已有120多种植物获得转基因植株。全球转基因植物种植面积由1996年的170万 hm^2 跃升到2006年的1亿 hm^2,22个国家的1 000万农户种植转基因植物(图7.16)。转基因作物给人类带来了巨大的经济效益。发达国家和发展中国家的农民对于转基因农作物的接受程度都在迅速增加,预计2010年世界转基因农产品销售额可达250亿美元。

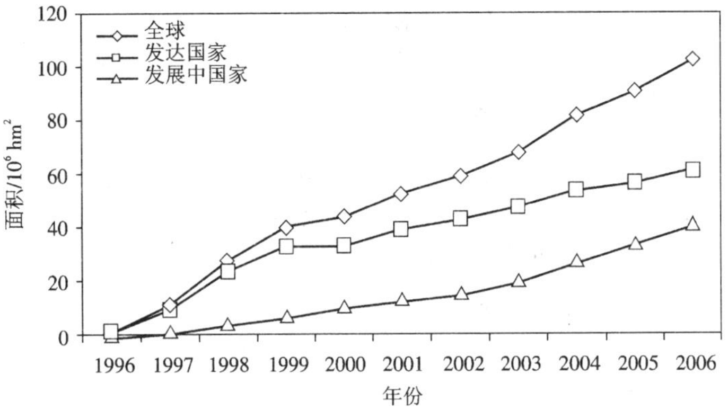

图7.16 全球转基因作物的发展年份(引自BIO(www.bio.org))

美国是世界上第一个批准转基因农作物商业化种植的国家,其转基因作物种植面积一直居世界首位。在全球主要种植转基因作物的14个国家中,2006年美国转基因作物种植面积占世界的53.5%。中国排名第六,转基因作物面积占全球转基因作物面积的3.7%(表7.1)。

表7.1 2006年全球种植转基因作物的国家、面积及其作物种类(引自BIO(www.bio.org))

排名	国家	面积(10^6 hm^2)	主要转基因作物
1	美国	54.6	大豆、玉米、棉花、油菜、南瓜、木瓜、苜蓿
2	阿根廷	18.0	大豆、玉米、棉花
3	比利时	11.5	大豆、棉花
4	加拿大	6.1	油菜、玉米、棉花
5	印度	3.8	棉花
6	中国	3.5	棉花
7	巴拉圭	2.0	大豆
8	南非	1.4	玉米、大豆、棉花

虽然科学家已经培育出了多种转基因作物,但只有很少的几种被实际种植。最主要的转基因作物是大豆和玉米,这两种作物的种植面积大约占全球转基因作物总面积的80%。其中转基因大豆占全球转基因作物面积约60%,转基因棉花和油菜的种植面积位居第三和第四。其他的转基因作物加起来占不足世界总面积的1%。转基因作物带有单一抗虫Bt基因或抗除草剂基因,或具有这两种基因。大约18%的转基因玉米带有抗害虫基因,73%的转基因大豆、玉米和油菜带有抗除草剂基因。其余的种类则同时含有这两种基因。在世界转基因作物

市场上,美国孟山都农产品公司的份额最大,其次是德国安万特公司、德国巴斯夫公司、瑞士先正达公司、美国杜邦公司。

1991 年我国开始启动转基因抗虫棉的研究,并列入国家 863 计划。转基因抗虫棉作为新的棉花品种类型,在中国种植推广速度相当快。1996 年,全国转基因抗虫棉种植面积仅 1 万 hm^2 左右,2000 年达到 60 万 hm^2,2001 达 150 万 hm^2,2002 年达到 210 万 hm^2,占全国棉花种植面积的 51%。2006 年,中国种植的转基因棉花的面积达到了 350 万 hm^2。在主要产棉区,播种转基因抗虫棉面积最大的三个省是河北、山东和河南。

思考题

1. 简述 PCR 基因克隆的生物学原理及其体外操作的实现过程。
2. 比较 Sanger 法、Maxam-Gilbert 传统测序技术的原理。
3. 分析三种高通量基因测序技术的原理及其应用特点。
4. 比较传统基因重组技术和 shuffling 技术。
5. 举例说明基因技术的应用领域。

参考文献

[1] 吴乃虎. 基因工程原理[M]. 北京:科学出版社, 2002.

[2] 罗伯特·维弗(Robert F Weaver). 刘进元,李骥,赵广荣,等,译[M]. 分子生物学. 第 2 版. 北京: 清华大学出版社,2007.

[3] Dieffenbach C W, Dveksler G S. PCR Primer: A Laboratory Manual[M]. New York: Cold Spring Harbor Laboratory Press, 1995.

[4] Sambrook J, Russell D W. Molecular Cloning: A Laboratory Manual. 3rd ed[M]. New York: Cold Spring Harbor Laboratory Press, 2001.

[5] Ausubel F M, et al. Short Protocols in Molecular Biology. 3rd ed[M]. New York: John Wiley & Sons Ins, 1995.

[6] Maxam A M, Gilbert W. A new method for sequencing DNA[J]. Proc Natl Acad Sci USA, 1977, 74: 560 - 564.

[7] Sanger F, Nicklen S, Coulson A R. DNA sequencing with chain-terminating inhibitors[J]. Proc Natl Acad Sci USA, 1977, 74:5463 - 5467.

[8] Prober J M, Trainor G L, Dam R J, et al. A system for rapid DNA sequencing with fluore scent chain-terminating dideoxynucleotides[J]. Science, 1987, 238:336 - 341.

[9] Luckey J A, Drossman H, Kostichka A J, et al. High speed DNA sequencing by capillary electrophoresis[J]. Nucleic Acids Res, 1990, 18:4417 - 4421.

[10] Margulies M, Egholm M, Altman W E, et al. Genome sequencing in microfabricated high-density picolitre reactors[J]. Nature, 2005, 437:376 - 380.

[11] Blazej R G, Kumaresan P, Mathies R A. Microfabricated bioprocessor for integrated nano

liter-scale Sanger DNA sequencing[J]. Proc Natl Acad Sci USA, 2006, 103:7240 -7245.

[12] Bennett S T, Barnes C, Cox A, et al. Toward the 1,000 dollars human genome[J]. Pharmacogenomics, 2005, 6:373 -382.

[13] Ronaghi M, Karamohamed S, Pettersson B, et al. Real-time DNA sequencing using detection of pyrophosphate release[J]. Anal Biochem, 1996, 242:84 -89.

[14] Williams R, Peisajovich S G, Miller O J, et al. Amplification of complex gene libraries by emulsion PCR[J]. Nat Methods, 2006, 3:545 -550.

[15] Wheeler D A, Srinivasan M, Egholm M, et al. The complete genome of an individual by massively parallel DNA sequencing[J]. Nature, 2008, 452:872 -876.

[16] Stemmer W P. Rapid evolution of a protein in vitro by DNA shuffling[J]. Nature, 1994, 370:389 -391.

[17] Stemmer W P. DNA shuffling by random fragmentation and reassembly: in vitro recombination for molecular evolution[J]. Proc Natl Acad Sci USA, 1994, 91:10747 -10751.

[18] Crameri A, Cwirla S, Stemmer W P. Construction and evolution of antibody-phage libraries by DNA shuffling[J]. Nat Med, 1996, 2:100 -102.

[19] Crameri A, Raillard S A, Bermudez E, Stemmer W P. DNA shuffling of a family of genes from diverse species accelerates directed evolution[J]. Nature, 1998, 391:288 -291.

[20] Christians F C, Scapozza L, Crameri A, et al. Directed evolution of thymidine kinase for AZT phosphorylation using DNA family shuffling[J]. Nat Biotechnol, 1999, 17:259 -264.

[21] Coco W M, Levinson W E, Crist M J, et al. DNA shuffling method for generating highly recombined genes and evolved enzymes[J]. Nat Biotechnol, 2001, 19:354 -359.

[22] Zhang Y X, Perry K, Vinci V A, et al. Genome shuffling leads to rapid phenotypic improvement in bacteria[J]. Nature, 2002, 415:644 -546.

[23] Patnaik R, Louie S, Gavrilovic V, et al. Genome shuffling of *Lactobacillus* for improved acid tolerance[J]. Nat Biotechnol, 2002, 20:707 -712.

[24] Stephanopoulos G. Metabolic engineering by genome shuffling[J]. Nat Biotechnol, 2002, 20:666 -668.

[25] Sharakhov I V, Serazin A C, Grushko O G, et al. Inversions and gene order shuffling in Anopheles *gambiae* and *A. funestus*[J]. Science, 2002, 298:182 -186.

[26] Ness J E, Kim S, Gottman A, et al. Synthetic shuffling expands functional protein diversity by allowing amino acids to recombine independently[J]. Nat Biotechnol, 2002, 20:1251 -1255.

[27] Kagami O, Kikuchi M, Harayama S. Single-stranded DNA family shuffling[J]. Methods Enzymol, 2004, 388:11 -21.

[28] Thomason B, Read T D. Shuffling bacterial metabolomes[J]. Genome Biol, 2006, 7(2): 204.

[29] Stutzman-Engwall K, Conlon S, Fedechko R, et al. Semi-synthetic DNA shuffling of aveC leads to improved industrial scale production of doramectin by *Streptomyces avermitilis*[J]. Metab Eng, 2005, 7:27 -37

[30] Huang Z, Sucgang R S, Lin Y Y, et al. Plasmid-chromosome shuffling for non-deletion alleles in yeast[J]. Nat Methods, 2008, 5:167 -169.

第8章 动物克隆

8.1 概述

细胞是生命有机体的基本组成部分,是生命活动的基本功能单位。生物体的遗传、变异、新陈代谢、生长、发育、衰老、死亡都以细胞为基础。所以,对细胞进行研究,使其按照人们的意愿发生变化是目前生命科学研究的一个热点,也是细胞工程的研究目标。动物体细胞克隆技术是细胞工程研究中的一项新兴研究领域,对动物细胞的增殖、分化与衰老机制的理论研究和疾病治疗、器官移植和动物细胞反应器等实际应用,具有重要的科学意义和实用价值。

8.1.1 细胞克隆技术

1. 克隆

一个细菌细胞在适当的生存条件下经过20 min就可以一分为二;一根葡萄枝切成数段移栽后就可以变成数株葡萄枝;仙人掌切成几块移栽后每块就可以生长成完整的仙人掌;一株草莓苗依靠它沿地"爬走"的匍匐茎,一年内就可以长出数百株草莓苗……凡此种种,生物体通过自身的一分为二的方式或自身的一小部分来繁衍后代的这种方式,其实就是无性繁殖。无性繁殖的英文名称叫"Clone",译音为"克隆"。实际上,英文的"Clone"起源于希腊文"Klone",原意是用"嫩枝"或"插条"繁殖,其含义就是无性繁殖。生物体的繁殖方式主要有两种,即无性繁殖和有性繁殖。无性繁殖的生物学定义是指由单个祖先细胞直接分裂长生子代细胞的方式,多数原核生物和一些真核生物以这种方式来增殖。有性繁殖则是指生物体通过两性细胞的结合而产生子代细胞的增殖方式,例如精细胞和卵细胞结合产生受精卵细胞,进而发育成新的个体。所以,无性繁殖是生物体最基本最原始的繁殖方式。对于微生物和植物细胞而言,无性繁殖是比较普遍的繁殖方式。

2. 细胞克隆

细胞克隆仅仅是指通过无性繁殖而获得子代细胞或个体的这种增殖方式。所以,细胞克隆是指由同一个祖先细胞通过无性繁殖而形成的纯细胞系。纯细胞系是指该细胞系中每个细胞的基因彼此相同,从而决定了每个细胞由基因所控制的性状是彼此相同的。由于上一代和下一代的遗传信息是一致的,所以细胞克隆是生命的全息复制。时至今日,"克隆"的含义已不仅仅是单个细胞上的"无性繁殖",而是来自一个祖先,经过无性繁殖出的一群个体,也叫"克隆",因此细胞克隆技术通常也称为克隆技术。

3. 细胞克隆技术的发展

细胞克隆技术在现代生物学中被称为"生物放大技术",它已经历了两个发展时期。

第一个时期是微生物细胞克隆技术,即用一个细菌很快复制出成千上万个和它一模一样的细菌,从而加以利用。我国历史上的酿酒技术、酱油制造技术等其实就是利用微生物细胞的克隆技术来完成的。

第二个时期是动物克隆,即由一个细胞克隆成一个动物。动物克隆技术的发展可以归纳为三个发展阶段。

1)胚胎细胞克隆阶段

1938年,德国胚胎学家汉斯·斯伯曼(Hans Spemann)首次提出动物细胞克隆的设想。他建议用成年动物的细胞核植入卵子的办法进行哺乳动物克隆。

1952年,根据美国科学家布雷格斯和金运用汉斯·斯伯曼的构想,克隆了蝌蚪。

1981年,IIlmensee和Hoppe报道他们用小鼠的正常囊胚或孤雌活化囊胚的内细胞团细胞作为供核体,直接注入去掉雌雄原核的受精卵胞质中,重构胚体外发育到桑葚胚或囊胚后移植寄母子宫,获得了克隆小鼠,这是在哺乳类第一次用胚胎细胞进行核移植获得成功,但别的实验室一直无法重复此项实验。

1983年,美国科学家利用核移植技术结合细胞融合方法获得了克隆小鼠,此项工作真正拉开了哺乳动物克隆的序幕。

1984年,丹麦科学家斯丁·维拉德森成功利用胚胎细胞克隆出一只绵羊,这是首次证实的通过核移植技术克隆哺乳动物。

1986年,英国的Willadsen用绵羊的8~16细胞阶段的胚胎细胞作供体进行核移植,首次应用电融合的方法克隆出一只小羊。此后,其他科学家也相继成功地克隆出小鼠、绵羊、牛、兔、猪和猴等。

我国科学家也在20世纪90年代成功开展了胚胎细胞克隆兔、山羊、小鼠、牛和猪等研究。

以上这些克隆实验中所用供核细胞均属发育至不同阶段的胚胎细胞。

2)同种体细胞克隆阶段

1997年2月,英国罗斯林研究所Wilmut等人宣布,他们用6岁成年羊的高度分化的乳腺细胞进行了核移植,成功地获得了克隆羊"多莉,Dolly"。这是第一次用成年体细胞作为供核细胞,此项实验的成功说明高度分化的成年动物的体细胞可在适当条件下发生逆转恢复其全能性。这是生物技术史上具有划时代意义的重大突破,是克隆技术的一个重要里程碑,也改写了部分生物学的理论。

1998年5月,美国科学家Robl的研究组利用胎儿成纤维细胞克隆出了3头牛,而且携带了转移的基因。

1998年7月,日本科学家Dato等用牛的输卵管细胞克隆出了8头小牛。

1998年7月,美国夏威夷大学Yanagimachi领导的研究小组获得小鼠卵丘细胞进行克隆再克隆小鼠成功的结果。

1999年6月,Yanagimachi的研究小组又利用成年雄性小鼠尾尖的成纤维细胞为供核体细胞成功地克隆出了一只雄性小鼠,这也是第一只供体细胞不是来源于雌性动物被克隆的动物。此后,同种体细胞克隆的山羊、猪、猫、兔和狗也都相继诞生。我国体细胞克隆山羊和克隆牛不论雌的还是雄的也都已获得成功。在同种体细胞克隆研究中,所用供核体细胞均为高度分化的体细胞。

3)异种体细胞克隆阶段

异种体细胞克隆是将一种动物的体细胞核移植到另一种动物的去核(遗传物质)卵母细胞中。由于濒危物种的个体数量少,很难提供用于克隆的卵母细胞和代孕受体,这就促使科学家提出了异种克隆的设想。但是,异种体细胞克隆研究面临着许多问题,如体细胞核能否在异种卵胞质中去分化并支持早期胚泡发育?异种核质能否相容?异种重构胚能否着床并进行全程发育等问题。这些问题的探讨有利于充实细胞生物学、发育生物学、生殖生物学、免疫学和信号传导等研究领域的理论。

8.1.2 真核细胞的特点

施莱登和施旺的研究报告使得细胞及其功能有了一个较为明确的定义,宣告了细胞学说基本原则的创立。细胞学说的建立有力地推动了生物学的发展,并为辩证唯物论提供了重要的自然科学依据。恩格斯誉之为19世纪自然科学三大发现之一。

1. 细胞的功能

细胞是所有生命体的组成单元(除了病毒以外),无论是肉眼看不到的细菌,还是庞大的鲸,无论是低等的苔藓植物,还是意识高度发展的人类,都是由细胞组成的。每一种细胞包含了该生物体全部的生命信息和体现所有基本特点的潜力。细胞的主要功能体现在以下两方面。

①每一种细胞包含了该个体所具有的所有遗传信息,也是这些遗传信息的复制、维持和表达体系,其作用是保持这一特征性生命体的生存和形态,遗传和表现。

②每一种细胞都具有新陈代谢体系。这一体系包括了所有的物质、能量和信息的吸收、转换和使用等一切代谢行为,其主要作用是利用物质代谢、能量代谢和信息代谢维持生命体高度有序的结构,保证这一生命体的生长和发育。

2. 原核细胞与真核细胞的区别

像丰富多彩的大千世界一样,微观的细胞世界也是丰富多彩的,有圆形的(如球状菌)、有方形的(如脂肪细胞)、有纤维形的(如肌细胞)等。虽然,细胞有如此多种多样,但组成基本都是相似的,都是由细胞膜、细胞质(细胞液)、细胞器和细胞核等组成。为了研究方便,人们提出了多种分类标准,对细胞进行了分类,例如根据大小、组成、功能和来源等进行分类。其中一种经典的分类方法是根据细胞的基本组成来分类的。根据这一分类标准,将生物界所有的细胞分为原核细胞和真核细胞两种。原核细胞和真核细胞的主要区别是在它们的组成上,即原核细胞仅仅具有细胞膜、细胞质和一些简单的细胞器,如类核区(核拟区)和核糖体等,而没有真正意义上的细胞核;真核细胞的组成非常复杂,除了含有细胞膜、细胞质、核糖体等成分外,还含有真正的由核膜包裹着的细胞核和各种高度分化的细胞器,如线粒体、溶酶体、高尔基体、内质网等。原核细胞和真核细胞的组成如表8.1所示。

表8.1 原核细胞和真核细胞的组成

	原核细胞	真核细胞
代表生物	细菌	真菌、植物、动物
细胞大小	1~10 μm	3~300 μm或更大
细胞膜	有	有
细胞器	没有线粒体、叶绿体、内质网和溶酶体等细胞器	有线粒体、叶绿体、内质网和溶酶体等细胞器
细胞核	没有真正的细胞核	有
DNA	环状,细胞质中	线状,细胞核中
细胞分裂	二等分裂	有丝分裂、减数分裂
细胞组织	不形成细胞组织	形成细胞组织

8.1.3 细胞增殖与细胞分化

作为生物体的活细胞，它不断地进行新陈代谢活动。新陈代谢活动的本质是生长发育，所以，只要是活细胞，它就不断地生长发育。细胞的生长发育的最终表现分为两种，即细胞增殖和细胞分化。细胞增殖是指细胞通过生长和分裂使细胞的数目增加，使子细胞获得和母细胞相同的遗传特性。细胞增殖是生物体的重要生命特征，是生物体生长、发育、繁殖和遗传的基础。

细胞以分裂的方式进行增殖，所以也叫细胞分裂。细胞增殖的方式主要有三种。

1. 无丝分裂

无丝分裂(amitosis)是最早发现的一种细胞分裂方式。1841 年，德国科学家雷马克(R Remak)在鸡胚的血细胞中发现了无丝分裂。因为细胞通过无丝分裂进行分裂时没有纺锤丝出现，所以叫做无丝分裂。多数原核生物都是无丝分裂进行细胞增殖，但也有少数真核生物的细胞，如植物的胚乳细胞、动物的肝细胞、肾上腺皮质细胞和肌肉细胞等都以无丝分裂进行增殖。

2. 有丝分裂

有丝分裂(mitosis)是真核生物进行细胞分裂的主要方式。多细胞生物体以有丝分裂的方式增加体细胞的数量。体细胞进行有丝分裂是通过特定的周期连续进行的，也就是具有细胞周期。细胞周期(cell cycle)是指细胞从前一次分裂结束起到下一次分裂结束为止的活动过程。细胞周期的长短因物种的细胞类型而有所不同，如小鼠十二指肠上皮细胞的周期为 10 h，人类胃上皮细胞 24 h，骨髓细胞 18 h，培养的人类成纤维细胞 18 h 等等。但是，各种细胞在细胞周期中的变化基本都是相似的，根据这些变化内容，可以把细胞周期分为分裂间期与分裂期两个阶段。

1)分裂间期　分裂间期是指从细胞在一次分裂结束之后到下一次分裂之前的时间段。分裂间期又可分为三个阶段，即第一间期(G1，也叫 DNA 合成前期)、DNA 合成期(S)和第二间期(G2，也叫 DNA 合成后期)。第一间期的长短因细胞而异。体内大部分细胞在完成上一次分裂后，分化并执行各自功能，在第一间期的晚期阶段，细胞开始为下一次分裂合成 DNA 所需的原料、能量和酶类等。DNA 合成期是细胞周期的关键时刻，DNA 经过复制而含量增加一倍。与此同时，还合成组蛋白，进行中心粒复制。所以，DNA 合成期一般需几个小时的时间。第二间期为分裂期做最后准备。此时，中心粒已复制完毕，形成两个中心体，还合成 RNA 和微管蛋白等。第二间期比较恒定，一般需用 1 ~ 1.5 h。

2)分裂期　分裂期(M)是指细胞从一次分裂到这次分裂所结束的这一时间段。在这一时间段，从一个母细胞，通过前期、中期、后期和末期等连续性的变化，最终分裂成为两个子细胞。前期、中期、后期和末期中细胞内的主要变化如下。

(1)前期(prophase)　染色质(chromatin)高度螺旋化，逐渐形成在光学显微镜下可以辨认的染色体(chromosome)。染色体短而粗，强嗜碱性。两个中心体向相反方向移动，在细胞中形成两极；而后以中心粒随体为起始点开始合成微管，形成纺锤体。随着核仁相随染色质的螺旋化，核仁逐渐消失。核被膜开始瓦解为离散的囊泡状内质网。

(2)中期(metaphase)　细胞变为球形，核仁与核膜已完全消失。染色体均移到细胞的赤道平面上，从纺锤体两极发出的微管附着于每一个染色体的着丝点上。

(3)后期(anaphase) 由于纺锤体微管的活动,着丝点纵裂,每一染色体的两个染色单体分开,并向相反方向移动,接近各自的中心体,染色单体遂分为两组。与此同时,细胞被拉长,并由于赤道部细胞膜下方环行微丝束的活动,该部缩窄,细胞遂呈哑铃形。

(4)末期(telophase) 染色单体逐渐解螺旋,重新出现染色质与核仁,内质网囊泡组合为核膜,最后完全分裂为两个子细胞,如图 8.1 所示。

这一过程,一般需 1 ~2 h 的时间。

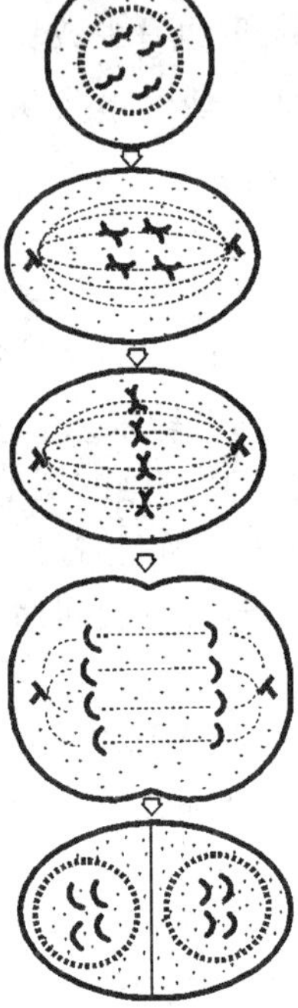

图 8.1 细胞的有丝分裂

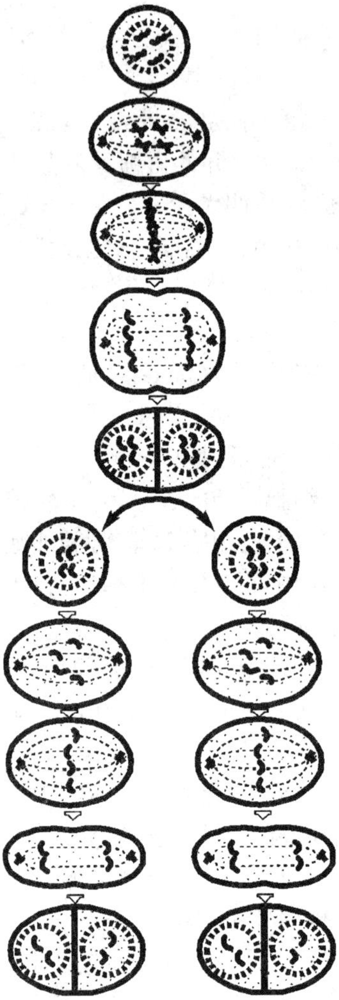

图 8.2 细胞的减数分裂

3. 减数分裂

减数分裂(meiosis)过程中 DNA 仅仅复制一次,而细胞连续分裂两次,从而细胞内 DNA 数量少一半的两个子细胞,即精子和卵子。减数分裂的分裂过程与有丝分裂非常相似,主要区别就是 DNA 含量减少一半,如图 8.2 所示。因此,可以把减数分裂称为有丝分裂的一种特殊形式。减数分裂的另一个重要意义是,在此过程中染色体发生重组,增加物种的变异,大大增强生物体对环境的适应能力。减数分裂主要是多细胞生物体生殖细胞产生的主要途径。减数分裂的过程可分为前减数分裂期、第一次减数分裂期和第二次减数分裂期等三个阶段。前减数分裂期相当于减数分裂前的间期,也可分为G1,S和G2期三个阶段。第一次减数分裂期和第二次减数分裂期均可分为前期、中期、后期和末期四个阶段,通过以上三个阶段,从一个母细胞分裂为四个子细胞,每一个子细胞当中仅仅含有母细胞一半的遗传物质DNA。

8.1.4 细胞分化

大自然界的多数生物体都是多细胞生物,如植物、动物和人类。这种多细胞生物体不是简单的单个细胞的聚集体,而是多种多样的细胞系统整合的结果。比如说我们人类,成人体内约有10^{14}个细胞,200多个种类。这么多种类的细胞,其最初的来源都是同一个细胞,即受精卵细胞。从一种单个细胞分裂为200多种类的各不相同的细胞,这种现象就是细胞分化的结果。

1. 细胞分化的定义

细胞分化是指由同一母细胞产生的同源细胞,在形态和功能方面发生稳定性差异的过程。任何一个有性生殖的生物个体都是从一个受精卵细胞开始,通过不断的分化、迁移、黏着、定位、增殖,逐渐显示出可以分辨的组织器官,最后形成完整的生物个体。

2. 细胞分化的潜能

细胞分化对于生物体来说是非常重要的,尤其是早期发育阶段。但是,生物个体一旦成熟以后,生物体的多数细胞都丧失了细胞分化的能力,仅仅是通过细胞增殖来维持其功能。所以,根据具有怎样的细胞分化能力,可以把生物体中具有分化潜力的细胞分为三种类型。

(1)全能性细胞 这种细胞可以通过不断的细胞分化最终发育成为完整的生物个体,例如动物的受精卵细胞、植物细胞等。

(2)多能性细胞 这种细胞可以通过细胞分化形成多种组织或细胞,但是不能分化形成完整的生物个体。例如多能造血干细胞,它可以分化为血小板、血红细胞、淋巴细胞等多种细胞。

(3)单能性细胞 这种细胞可以通过细胞分化只能形成一种特定功能的细胞,而没有具有分化为多种细胞或完整生物个体的能力,例如血小板单能造血干细胞通过分化只能形成血小板。

3. 细胞分化的机理

由同一个受精卵细胞分裂产生的细胞,为什么有的具有全能性、有的只有多能性或单能性、有的却没有细胞分化的能力呢?对此,生物学家进行了广泛深入的研究。从目前的研究结果来看,细胞分化的机理主要有如下解释。

(1)细胞分裂的不对称性 卵细胞具有一定极性,并把这种极性分为南极(也叫动物极)和北极(也叫植物极),细胞核靠近北极,也是极体释放的部位。相对北极而言,母体物质主要储存在植物极。卵细胞受精形成受精卵细胞,然后进行分化时,由于分化细胞中母体物质的不均匀分配而使其从动物极或植物极分化出来的细胞表现出不同的分化能力和分化方向。

(2)细胞之间的相互作用 无论哪一种细胞的分化都不是独立进行的。某一种细胞进行分化时,不仅受到自身所含有物质的调控,也同样受到相邻细胞的影响,或者受较远的细胞所分泌的物质的影响。因此,细胞与细胞之间的相互影响也是细胞分化的重要控制因素。

(3)细胞核内的变化 对生物体细胞而言,其表现的生物学特征都会受到细胞核内遗传物质的控制。染色体的变化或特定基因的变化都可能导致细胞表型的变化。因此,综合起来细胞分化是由于各种细胞各自表达不同基因的结果,一部分基因关闭,另一部分基因打开,也包括基因表达强度的改变,从而产生不同蛋白质的表达。不同蛋白质表达的结果是该细胞表现不同的分化功能。所以,细胞分化的最终原因应该是细胞核内基因的表达的不同而导致的综合性结果。

8.2 动物克隆技术

8.2.1 动物克隆的概念

动物细胞克隆技术,简称动物克隆技术,是指通过无性繁殖由一个细胞产生一个和亲代遗传性状一致,形态非常相像的动物。科学家们很早就尝试进行动物克隆的研究。1938 年,德国胚胎学家 Spemann 即认为,如果能用细胞核移植的方法,将不同发育阶段的细胞核,转移到除去了核的卵子中,对研究细胞核和细胞质的关系具有重要的意义。1962 年,英国剑桥大学的 Gurdon 进行了蛙胚胎核移植,获得成年蛙。我国科学家童第周教授曾于 20 世纪 60—70 年代进行鱼类细胞核移植工作,获得属间和种间移核鱼,使我国鱼类核移植研究居世界领先水平。早期的动物克隆研究均是用两栖类和鱼类作材料,直到 20 世纪 80 年代,哺乳动物克隆的研究才逐渐开展起来。1997 年 2 月,英国罗斯林研究所宣布他们用 6 岁成年羊的高度分化的乳腺细胞进行了核移植,成功地获得了克隆羊“多莉”。这是第一次从体细胞获得克隆动物,是动物克隆技术的一个里程碑,从而全世界开展了克隆动物的热潮。

8.2.2 动物克隆的方法

目前,动物克隆技术中采用的方法主要有胚胎分割和细胞核移植。

1. 胚胎分割

胚胎分割(embryo splitting)是运用显微操作系统将哺乳动物附植前胚胎分成若干个具有继续发育潜力部分,经过移植后就可以发育成正常的个体,从而增加了优良胚胎的发育个数。例如,在正常情况下,一头良种奶牛,一生约产犊 10 头,如用胚胎分割并找别的奶牛“寄母”怀孕,那么从一头良种母奶牛就能得到几百头良种奶牛。

2. 细胞核移植

细胞核移植(nuclear transfer)是指将不同发育时期的胚胎或成体动物的细胞核,经过显微手术和细胞融合方法移植到去核卵母细胞中,重新组成胚胎并使之发育成熟的过程。

根据核供体细胞来源的不同,可以把细胞核移植分为以下两种。

(1)胚胎细胞的核移植　以早期胚胎细胞为核供体,以去核卵母细胞或去核受精卵为胞质受体,这种技术已在多种动物上获得成功。例如,我国已故科学家童第周所做的鱼类细胞核移植工作就属于这种技术。

(2)体细胞的核移植　以体细胞为核供体,以去核卵母细胞或去核受精卵为胞质受体的核移植技术。克隆羊“多莉”就是用这种方法获得的。

根据供体细胞与受体细胞之间的关系,细胞核移植又可分为同种核移植和异种核移植。

(1)同种核移植　以体细胞或早期胚胎细胞为核供体,以同种去核卵母细胞或去核受精卵细胞为核受体细胞,进行的核移植技术。克隆羊“多莉”和目前已经获得的多种克隆动物都是用这种方法获得的。

(2)异种核移植 以体细胞或早期胚胎细胞为核供体,以异种去核卵母细胞或去核受精卵为胞质受体,进行的核移植技术。

8.2.3 动物克隆的操作

自从1997年2月获得克隆羊“多莉”以来,到目前为止已经获得多种动物的克隆。那么,这些克隆动物是怎样获得的呢?其实,目前培育这些克隆动物的实验操作方法基本上都是参照了克隆羊“多莉”的实验操作方法,其实验步骤大体上都相同。这里以克隆羊“多莉”为例,说明克隆动物的基本实验过程。克隆羊“多莉”(Dolly)是由英国爱丁堡大学罗斯林学院(Edinburgh's Roslin Institute)的胚胎学家伊恩·威尔马特(Ian Wilmut)领导的科研小组从一只成年绵羊的乳腺细胞克隆出来的,其具体步骤如下。

①威尔马特和他的同事们从一只不知姓名的Finn Dorset种白色妊娠绵羊的乳腺刮下若干个膜细胞。通常,这类细胞在10%的绵羊胎儿血清中能保持其活性。血清是血液的液体成分,它富含类似于食物的细胞营养物质。但是,威尔马特意识到,利用使细胞处于休眠状态的标准技术,即将它们置于浓度降低为0.5%血清之中,不仅可以使这些细胞“忘记”它们是乳房细胞,而且能使它们“记住”发育成整只绵羊的遗传指令。这是一个重大的突破。以前,其他科学家不理解使细胞遗传物质和接受细胞遗传物质的卵细胞二者在发育上同步的重要性。以往,在其他实验室,基因在由卵细胞激活的发育过程中行进得过于超前。处于休眠状态的乳房细胞的基因极易与卵细胞结合。

②威尔马特及其研究小组从形体较小的苏格兰黑面羊摘取卵细胞,通过手术去除其细胞核,并把白羊的乳腺细胞放入黑羊的已去除细胞核的卵细胞中,使这两个细胞合二为一。

③利用标准的人工繁殖技术,将以上融合细胞植入一只黑面母羊子宫内。4个月之后,这只举世震惊的小羊羔诞生了。人们发现它的颜色是白的,这暗示它与黑面母羊——它的生身之母是不同的。用几个月的时间进行了DNA测试,最终证实,多莉确实是一个生物学复制品(biological copy)。

这就是获得克隆动物的经典方法。到目前为止,所获得的克隆动物都是根据这一方法获得的,只是在实验对象和操作细节上有所差异而已。但是,克隆动物也并非如上所述那么简单的方法就能获得成功的。威尔特及其研究小组经历了400多次试验的失败,而在最后一次设置有277个乳腺细胞核移植试验中,仅仅获得了一只克隆羊。所以,克隆动物不仅需要科学家们的辛勤劳动和无数次的重复试验,还需要大量的人力、物力和财力的投入。

8.2.4 胚胎生物技术

体细胞克隆动物的成功推翻了传统的细胞分化不可逆转的理论,提供了基础研究的新模型,研究人类健康和长寿的新思路。克隆技术还可以用于复制优秀或者有特殊意义的动物个体(比如顶尖种公牛和宠物),拯救濒危灭绝的物种(比如正在进行的克隆大熊猫计划)。

胚胎生物技术是指以早期未着床的胚胎为基础,利用转基因技术、细胞克隆技术和干细胞技术创造转基因动物、克隆动物或治疗性组织器官的交叉性生物技术,如图8.3所示。胚胎生物技术涉及使用早期未着床的胚胎,特别是治疗性克隆技术还将无法避免的使用通过体细胞克隆获得的人的早期克隆胚胎。胚胎生物技术涉及很多其他学科,比如治疗性克隆研究需要胚胎生物学、干细胞生物学、分子生物学、发育生物学、组织工程学、遗传学、免疫学、器官移植等学科。多学科多方向的合作必不可少,而且必将相互补充和促进。我国在胚胎生物技术研究方面已经有了比较好的开始。20 世纪 80 年代,已经生产出转基因山羊、转基因牛等。进入 21 世纪后,我国科学家成功地克隆出山羊、牛和大鼠。我国的胚胎生物技术研究在特定领域和世界先进水平差距不大,在某些特定方向已经处于领跑地位。

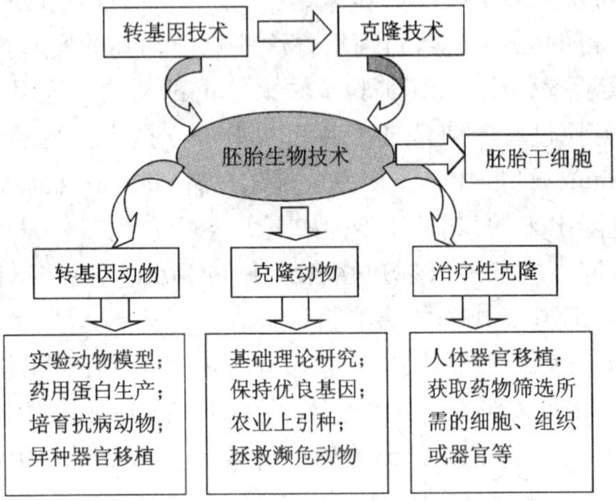

图 8.3　胚胎生物技术示意图

8.3　克隆技术与社会经济发展

8.3.1　克隆技术的科学价值

1. 有助于提供充足的实验动物

现代生物医学的进步一般都是在选择各种合适的实验动物模型,并进行大量的试验的基础上,再逐步对病人进行过渡性的临床实验而建立的。科学家可以利用细胞克隆技术建立比较稳定的动物试验模型,来进行较大规模的生物医学研究。这必将有利于在深层次上揭示生命的本质。

2. 促进生命科学基础研究

通过目前的细胞克隆技术,或将来的更完善的细胞克隆技术,将建立动植物多层次多种类的组织结构体系,无论是为生命科学基础理论的阐述还是疑难疾病的致病机理的阐述,均提供更广阔的研究对象和平台,推动生命科学的更进一步发展。

8.3.2　克隆技术的社会经济价值

1. 经济因素对克隆技术发展的推动作用

人们判断某项技术有较大的经济价值时,这项技术就会得到更多、更强的资助而得以更快的发展。生命科学的发展造就了一个又一个新的投资方向和产业生长点,这正是越来越多的企业、公司涉足生物技术领域的重要原因。例如,美国的生物技术产业自 1993 年以来规模扩大了一倍以上，收入从当年的80亿美元增加到1999年底的223亿美元，再到2000年的250亿美元。这种资金的不断滚动，进一步推动了生物技术产业的蓬勃发展。

2. 细胞克隆技术的农业经济价值

1）优质动物畜群的快速育种

通过传统的杂交育种方法获得优良的品种往往需要几年到几十年的时间，而采用细胞克隆技术培育优良品种一般需要几个月到几年的时间，这将大大节省了人力、财力和时间。所以，细胞克隆技术已经在畜牧优良品种的改良方面得到广泛的应用。

2）克隆动物更容易实现经济价值

克隆动物和转基因动物在本质上是不同的，前者更容易在人类社会实现其经济价值。因为，克隆技术只是已成年的优质动物为遗传“模型”而进行大量“无性繁殖”，并没有从根本上改变动物的基因，这便于人们从心理上接受克隆动物产品。

8.3.3 克隆技术的医疗保健价值

1. 通过克隆技术研制高水平的新药

用克隆动物生产新药和用克隆动物当作蛋白质的“化工厂”，这是克隆动物诞生以来科学家们的最大愿望。目前，多数药物都是通过化学合成或微生物发酵来生产的。化学合成不仅成本高，操作条件复杂，而且产生很多环境污染。通过微生物发酵来生产药物虽然避免了化学合成的诸多不足，但是由于表达系统上的差异，用微生物合成的药物对人体的疗效大打折扣。所以，绿色高效的最佳药物生产系统还是动植物体作为生物反应器。细胞克隆技术为动植物生物反应器的进一步普及和开发提供了重要的实验基础。目前，植物生物反应器有了一定的发展规模，但是动物生物反应器需要进一步发展。

2. 获取可供病人移植所需的器官或组织

目前，器官移植和治疗是医疗领域的重大难题，其原因有两个方面，一是可供移植的器官来源供不应求，仅仅我国每年进行肾脏移植手术只有3 000余例，而需求者大约有30余万人。二是器官移植过程中产生排斥反应还没有得到切实有效的解决，这也是影响器官移植成功率的重要因素。细胞克隆技术，尤其是动物细胞克隆技术的不断发展，器官移植有望获得重大突破。

8.3.4 克隆人的争论

无论是科学报道、报纸新闻和日常聊天，还是娱乐媒体、电视电影，克隆人已经是老生常谈的名词了。那么，到底什么是克隆人？关于克隆人，首先要了解克隆人的真正内涵。目前，国际上一般把人类自身的克隆分为生殖性克隆和治疗性克隆。

1. 生殖性克隆

生殖性克隆（reproductive cloning）是指源于生殖目的的克隆人胚胎，胚胎将被置入妇女子宫发育成人。人作为高级动物，在绝大多数情况下是通过有性生殖的方式来繁殖后代的。但是，在某种特殊的情况下，人类也会以特殊的方式发生无性生殖的现象，例如“一卵双子”的双胞胎，从某种意义上说，其中一个是另一个的无性繁殖系，这两个生物体的遗传特性是相同的，他们的外貌一模一样，性别也是相同的。然而，试图从一个成人身上取一个体细胞来繁殖一个完整的人，这几乎是不可能的。因为，人的细胞已经高度特化，失去了全能性，它们根本不能再分化。而目前所说的生殖性克隆采取的是胚胎细胞,也就是从人类的胚胎细胞来克隆人。

1)克隆人的可行性

(1)技术上　目前已经克隆了羊、牛、猪、兔,甚至克隆了灵长类动物——猴子。从理论上讲,克隆人也是简单的、可行的,即通过显微外科手术,取出一个体细胞的细胞核,同时取一个未受精的卵子,通过手术“切除”或化学处理使细胞内的细胞核去掉或失效,然后把已取出的细胞核放进卵细胞中,以代替卵细胞已失去的细胞核,让其自然生长。但是,这种技术操作实施起来非常困难,迄今为止仅仅是在羊、牛、猴子等少数几种动物上获得成功。同样的实验用于其他动物就没有成果,至于人就更困难了,仍有一段漫长的路要走。

(2)后天培养上　技术虽然成熟,能够克隆人类,但那只是躯体,而不是他的思维、情感和知识。因为,克隆的动物仅限于所具有其原形最基本的生物功能,而不包括后天通过学习积累的知识和经验。

(3)伦理上　人是生物、心理、社会的集合体,具有在特定环境下形成的特定人格。这种集合体,这种具有特殊心理、行为、社会特征的人,这种特定的人格,是不能复制的,是克隆不出来的。所以,克隆出来的只是与他或她的复本或母本相同的基因型,而不是与复本或母本一样的人。

(4)生物进化上　无性生殖是生物体低级生殖方式,例如细菌等原核生物才采取这种生殖方式。而随着生物界的进化,高等生物体都采取有性生殖来保持物种的复杂性和适应自然界的多样性。克隆人,从其本质上讲,就是无性繁殖,从高级的有性繁殖再返回到低级的无性繁殖肯定会带来意想不到的问题。正如克隆羊多莉,刚到英年就患了严重的进行性肺病,生命危在旦夕。因此,2003 年 2 月 14 日,罗斯林研究所为多莉实施了“安乐死”。这在某些方面反映了当前克隆技术存在不可预知的缺陷。

(5)道德上　对于目前所获得的转基因动物而言,都是经过无数次的试验失败才获得的。对于克隆人而言,因为它的实验对象是人,无论是什么人,他都应该具有自己的尊严和人权,不能像动物一样随便进行试验。专家预测,克隆一个人,至少需要 50 ~ 100 个卵,这对提供这些卵的妇女来说是不公平,会造成伤害。

综上所述,克隆人虽然理论上是可行的,但实际上是不可行的。

2)对克隆人的法律限制

自克隆羊“多莉”诞生以来,就开始了全世界范围内关于人类克隆的激烈争论。尤其是 2000 年 1 月,美国科学家第一次成功地克隆出灵长类动物——克隆猴“泰特拉”以来,关于人类克隆的争论进入了白热化的阶段。在此背景下,联合国和各国政府纷纷出台了克隆人相关的政策和法规。

(1)联合国　2001 年 2 月 18 日,第 59 届联合国大会法律委员会以 71 票赞成、35 票反对、43 票弃权的表决结果,以决议的形式通过一项政治宣言,要求各国禁止有违人类尊严的任何形式的克隆人。

(2)美国　2003 年 2 月 27 日,第 108 次美国国会通过了禁止克隆人类的法案。美国白宫宣布所有的人类克隆都是非法的,将受到 10 年监禁和 100 万美元罚款的处罚,美参议院也没有对此采取相应的行动。美国政府还禁止使用其他不是来自克隆胚胎的干细胞。

(3)英国　将一个细胞核替代产生的胚胎植入妇女的子宫内视为刑事犯罪。

(4)澳大利亚　克隆人者被判处 15 年徒刑。

(5)日本　提出克隆技术法,该法第三条明确规定任何人不可将人类体细胞克隆胚胎、人-动物融合胚胎、人-动物杂交胚胎或人-动物嵌合胚胎移植到人或动物的子宫内。

(6)中国　根据科技部和卫生部的伦理指导原则第四条,禁止进行生殖性克隆人的任何研究;第七条,禁止买卖人类配子、受精卵、胚胎和胎儿组织。

2. 治疗性克隆

1)治疗性克隆概述

治疗性克隆(therapeutic cloning)是指出于治疗目的而克隆人的胚胎,提取胚胎干细胞,并使干细胞定向发育,培育出健康的、可以修复或替代坏死受损细胞、组织和器官,通过这些被培养出来的组织细胞或器官的移植而治疗疾病。由于,目前治疗性克隆还都处于研究阶段,所以把治疗性克隆也称为"研究性克隆"。

2)治疗性克隆与生殖性克隆的区别

生殖性克隆与治疗性克隆都是以细胞核移植为基础的。生殖性克隆的目的是要得到一个个体,而治疗性克隆只需要得到早期胚胎,然后从早期胚胎中分离得到ES细胞(胚胎干细胞)。这种干细胞在遗传学上和病人完全一致,从而可以定向诱导其分化成病人所需要的体细胞,然后进行移植,以取代和修复患者已丧失功能的细胞、组织或器官,最终达到完全治愈。治疗性克隆不仅解决移植物与受者间的免疫排斥反应问题,而且可以解决移植物的来源问题。全球每年都有数以百万的病人需要细胞组织的修复或器官移植。治疗性克隆的出现将可能解决这些问题,为人类健康和长寿提供新的希望,其市场前景无限。

治疗性克隆与生殖性克隆的技术路线是一样的。两者之间仅隔一道门槛。将体细胞的细胞核注入卵细胞,替代卵细胞核,就成了一个新的细胞。这一新细胞不断分裂,很快就成了一个"桑葚儿",干细胞就形成了。这种干细胞用来治疗大量疾病,为人类健康造福,这就是治疗性克隆。但是,如果这一细胞保留时间超过14天,它就可能长出神经元,此时,这一细胞就有了生命意义,这就属于生殖性克隆的范畴。因此,目前国际上已对治疗性克隆规定了三条原则:

①取得的材料卵子、体细胞,必须是自愿的,不能是骗来的,不能是买来的,提供者有知情权;

②胚胎细胞保留时间不能超过14天,超过了,就被视为动机不纯,有克隆人之嫌;

③不能将克隆的胚胎细胞植入人体子宫。

思考题

1. 细胞学说的重要内涵是什么?
2. 细胞增殖和细胞分化的异同点是什么?
3. 植物细胞的克隆主要有哪些方面的应用?
4. 动物细胞的克隆主要有哪些方面的应用?
5. 你对克隆人有何理解?

参考文献

[1] 李青旺. 动物细胞工程与实践[M]. 北京:化学工业出版社,2005.
[2] 王捷. 动物细胞培养技术与应用[M]. 北京:化学工业出版社,2002.
[3] 程宝鸾. 动物细胞培养技术[M]. 广州:中山大学出版社,2006.
[4] 冯伯森,王秋雨,胡玉兴. 动物细胞工程原理与实践[M]. 北京:科学出版社,2000.
[5] (英)R. I. 弗雷谢尼著. 动物细胞培养:基本技术指南. 第4版. 章静波,徐存拴,等,译[M]. 北京:科学出版社,2004.

第9章 干细胞工程

9.1 概述

完美地修复或替代因疾病、战争、意外事故或遗传因素所造成的组织、肢体或器官的伤残，一直是人类的“梦想”，同时也是难以攻克的医学高峰。最新的研究表明，利用干细胞工程和现代生物医学技术，有可能使这一梦想成为现实。此外，利用干细胞工程技术，还有可能对一些无法根治的疾病（如恶性肿瘤、帕金森病、中风和其他疾病）提供解决方案。

9.1.1 干细胞

1. 干细胞的概念

“干细胞”一词最早出现于19世纪的生物学文献中，并随着研究的深入被赋予新的内涵。1896年，E. B. Wilson首次使用这一名词，专门用于描述存在于寄生虫（蠕虫、线虫、蛔虫等）生殖系的祖细胞。当时认为干细胞只是能够产生子代细胞的一种较原始的细胞。

1961年Till和McCulloch首先描述了造血干细胞的特征，他们将小鼠的骨髓细胞悬液静脉注入受致死剂量X射线照射的小鼠体内，发现鼠体内脾脏中形成集落（脾结节）。研究表明，该集落是由注入的单细胞克隆而成，并且是一个包含红细胞和粒细胞的混合体，此外还含有一些骨髓细胞。因此，Till和McCulloch认为“这种来自于集落的细胞，同时具有分化潜能和自我更新能力，因此具有造血干细胞的特点。”至今，人们仍认为多向分化潜能和自我更新能力，是干细胞的基本特征。

干细胞（stem cell，SC）的“干”，译自英文“stem”，意为植物的干、茎、叶柄、花梗等。类似于一棵树干可以长出树杈、树叶、开花和结果等。科学的定义应为，干细胞是来自于胚胎、胎儿或成体内具有在一定条件下无限自我更新与增殖分化能力的一类细胞，能产生表现型与基因型和自我完全相同的子细胞，也能产生组成机体组织、器官的已特化的细胞，同时还能分化为祖细胞。通俗地讲，干细胞是尚未发育成熟的细胞，它具有再生为各种组织、器官的潜能，医学界称其为“万用细胞”。

胚胎和成体组织中的祖细胞是部分特化的，它可以分裂并产生某种类型的细胞。祖细胞与干细胞的区别在于，一个干细胞分裂时，产生两个子代细胞中至少一个为干细胞另一个为干细胞或分化细胞，也就是说，在两个子代细胞中至少有一个是具有自我复制能力的干细胞；而一个祖细胞分裂时，产生两个子代细胞是相同的，它们可以是两个祖细胞或者是两个分化细胞，但是这些细胞都失去了自我复制的能力。体细胞是动植物体内任何生殖细胞以外的细胞。

成体干细胞不仅可以生成它们所在组织的成熟细胞，而且在特定环境下能分化成其他组织类型细胞，实现跨系统，甚至跨胚层的分化。干细胞具有的这种特性称为可塑性，而这种分化的现象称为横向分化或转分化。科学家发现多种成体干细胞都可以“横向分化”为至少2～

3种以上其他的组织细胞。例如，从骨髓间质中分离出的一种名叫MAPC（多样成熟原始细胞）的干细胞以及从脐血中分离出的一种干细胞，其分化潜能几乎可以与人胚胎干细胞媲美，可以在体内外分化出机体的任一组织；皮肤干细胞及从脂肪组织中分离出的一种干细胞在体内至少也能分化为5种以上的组织。这表明了成体干细胞横向分化不仅具有相当的普遍性，而且具有多能性。

2. 干细胞的分类

干细胞的种类很多，科学地将干细胞进行合理的分类，有助于对干细胞概念及生物学特性准确地把握和理解。分类的方法很多，目前较为公认的对干细胞分类有两种。

1）按分化潜能分类

按照不同的分化潜能，干细胞可以分为全能干细胞（totipotent stem cell）、多能干细胞（pluripotent stem cell）和单能干细胞（unipotent stem cell）三类。全能干细胞具有自我更新和分化形成任何类型细胞的能力，有形成完整个体的分化潜能。如胚胎干细胞，具有与早期胚胎细胞相似的形态特征和分化能力，可以无限增殖分化为全身200多种细胞类型，进一步形成机体的所有组织和器官。多能干细胞具有分化为多种组织细胞的潜能，但却失去了发育成完整个体的能力。如骨髓多能造血干细胞，可分化为至少12种血细胞。单能干细胞只能向单一方向分化，产生一种类型的细胞，如肌肉中的成肌细胞等。

2）按发生学来源分类

按照发生学来源，干细胞可以分为胚胎干细胞（embryonuc stem cell，ESC）和成体干细胞（somatic stem cell）两大类。胚胎干细胞是指由胚胎内细胞团或原始生殖细胞经体外控制培养而筛选出的细胞。它具有发育全能性，在理论上可以诱导分化成机体中所有类型的细胞；成体干细胞是指存在于一种已经分化组织中的未分化细胞，这种细胞能够自我更新并且能够特化为构成该类型组织的细胞。成体干细胞存在于机体的各种组织器官中。目前已发现的成体干细胞有：造血干细胞、骨髓间充质干细胞、神经干细胞、肝干细胞、皮肤表皮干细胞等。这些干细胞在正常情况下处于休眠状态，在病理状态或外因诱导下，可以表现出不同程度的再生和更新能力。

3. 干细胞的特性

1）形态和生化特征

干细胞在形态上有一些共性，细胞体积较小，通常呈圆形或椭圆形，核质比例较大。细胞核染色质分布较弥散，核仁较明显。细胞质内除含有游离核糖体外，其他细胞器均少且小。根据形态学特性和存在的位置可以辨认不同的干细胞，但对许多组织而言，干细胞存在的部位目前仍尚未确定，也没有与分化细胞截然不同的形态学特征。

不同种类的干细胞生化特征有所差异，但都有较高的端粒酶活性，因此具有较强的增殖能力。不同干细胞具有各异的生化标志，这对确定干细胞位置，寻找和分离干细胞有重要意义，如角蛋白质15是确定毛囊中表皮干细胞的标志分子；巢素蛋白（nestin）是神经干细胞的标志分子等。实验证明，干细胞生存的微环境可以影响其形态和生化特征，因此，不能仅依据细胞的形态和生化特征来寻找干细胞。具有增殖和自我更新能力以及在适当条件下表现出一定的分化潜能才是干细胞的本质特点。

2）增殖

（1）干细胞的增殖方式　干细胞通过两种有丝分裂方式进行繁殖：一种是对称分裂（symmetry division),形成两个相同的子代干细胞都是干细胞或都是分化细胞;另一种是非对称分裂(asymmetry division),形成一个为子代干细胞,另一个为子代祖细胞(progenitorlcell1),祖细胞再分裂后只能向一个方向继续分化,最终成为具有特定功能的成熟细胞。对无脊椎动物而言,不对称分裂是干细胞维持自身数目恒定的方式。但是,在大多数哺乳动物可自我更新的组织中,干细胞分裂产生的两个子代细胞既可能是两个干细胞,也可能是两个特定分化细胞。当组织处于稳定状态时,平均而言,每一个干细胞产生一个子代干细胞和一个稳定分化细胞。因此,哺乳动物的干细胞是种群(而不是单个干细胞)意义上的不对称分裂,称种群不对称分裂(populational asymmetry division)。

(2)干细胞的增殖特征

①缓慢性:干细胞的增殖速率一般比较慢。而一旦机体需要时,干细胞就可以进入分化过程,以适应组织器官生长、发育和修复的需要。进入分化期后,其增殖速率开始逐渐加快。这种缓慢增殖的特点,有利于干细胞对特定的外界信息作出反应,以决定其是进行增殖还是进入特定的分化程序。干细胞缓慢增殖还可以减少基因发生突变的危险,使其有更多时间发现和校正复制错误。因此,有的学者认为干细胞的作用可能不仅仅在于补充组织细胞,而且还具有防止体细胞自发突变的作用。

②自稳定性:干细胞基本特征之一是其可以在生物个体生命中的自我更新并维持其自身数目恒定,即自稳定性。当干细胞分裂时,通过采用对称分裂或不对称分裂方式进行增殖,可以使得机体对干细胞的调控更具有灵活性,进而灵敏地应对机体生理变化的需要。为了保持干细胞数目的恒定,机体需要对干细胞的分裂进行十分精确的调控。

3)特点

经过科学家多年的不断研究和总结,至今干细胞的特点可归纳如下:①干细胞属终末分化细胞,终生保持未分化或低分化特征,缺乏分化标记;②在机体的数目、位置相对恒定;③具有自我更新能力;④能无限地分裂、增殖,可连续地分裂几代,也可在较长时间内处于静止状态;⑤具有多向分化潜能,能分化为各种不同类型的组织细胞,同时也具有分化发育的“可塑性”。⑥分裂的慢周期性,绝大多数干细胞处于 G_0 期,采用对称或不对称的有丝分裂方式进行增殖。

9.1.2 干细胞工程的研究进展

1967 年,美国华盛顿大学的多纳尔·托马斯发表报告称,如果将正常人的骨髓移植到患者体内,可以治疗造血功能障碍,从而开始了干细胞应用于血液系统疾病的临床治疗(托马斯因此获得 1990 年诺贝尔医学和生理学奖)。1981 年,英国剑桥大学的 Evans 和 Kaufman 成功地从小鼠延迟着床的囊胚中分离获得了小鼠的内细胞团,并建立了胚胎干细胞系,从此,胚胎干细胞的研究不断地拓展和深入。1998 年 11 月美国的 Thomson 和 Shamblott 两个研究小组在《Science》杂志发表论文,首次成功地使人类胚胎干细胞在体外生长和增殖,使科学家们看到了干细胞工程的曙光,即利用胚胎干细胞体外培育的组织细胞取代病人体内坏损的组织细胞,达到治疗疾病的目的。该研究的成功,被科学家认为是干细胞研究中一块重要的里程碑,从而,带动了世界范围内的干细胞研究热潮。

1999 年 3 月,美国科学家 Goodell 发现小鼠肌肉组织干细胞可以横向分化(trailsdifferemiation)成血细胞。随后,世界各国相继证实,成体干细胞,包括人类的干细胞同样具有横向分化功能,这种横向分化的可塑性具有相当的普遍意义,一旦其分子机制得到阐明,就可以利用病人自身的健康成体干细胞,诱导分化为病损组织的功能细胞,从而治疗各种组织坏损性疾病。科学家认识到,干细胞可能成为未来一种"挽救生命"的有效治疗手段。这样,既克服了由于异体细胞移植的免疫排斥,又避免了胚胎细胞来源不足以及社会伦理法律问题。2001 年 11 月 25 日,美国马萨诸塞州先进细胞技术公司利用克隆技术培育出人体早期胚胎。该公司宣称利用该干细胞可以治疗某些疑难病症:帕金森病、糖尿病和老年性痴呆病等。但由此带来了社会伦理、法律及免疫排斥等问题。2002 年 2 月,麻省理工学院科学家首次用人体 ES 细胞培育出毛细血管。2002 年 4 月,韦克福里斯大学研究人员利用单性生殖的方法使猴子的卵细胞发育到早期胚胎阶段,并成功提取了具有 ES 细胞性能的干细胞。2002 年 7 月,马里兰州国立卫生研究所研究人员使实验鼠 ESC 细胞发育为神经细胞,并植入患帕金森病的实验鼠脑后,病症明显减轻。2001 年 12 月,日本信州大学科研人员利用老鼠 ESC 细胞培育肝细胞获得成功。2002 年 2 月,日本京都大学利用实验鼠的 ESC 细胞成功培育出神经细胞、视网膜细胞、胰岛细胞,并将它们分别移植给患有帕金森、视网膜色素变性、糖尿病实验鼠体内,均获得理想的治疗效果。中国北京大学干细胞研究中心完成了干细胞治疗糖尿病的动物实验,利用干细胞进行人的角膜移植也取得了重大进展。2000 年 8 月,西北农林科技大学窦忠英等在国际上首次得到人类心脏跳动样细胞团,并建立了人体克隆胚胎技术。

在随后的 3 ~5 年期间,各国的科学家们进一步致力于研究成体干细胞的"横向分化"方面的课题。例如:小鼠肌肉组织的成体干细胞,可"横向分化"为血液细胞;人的骨髓、脐带血等组织的成体干细胞,可"跨系甚至跨胚层分化"为骨、软骨、肌肉、神经、肝、脂肪等细胞类型;神经干细胞,可转变为血液细胞;脂肪基质干细胞可分化为骨或软骨细胞等等。

目前,从事干细胞研究的科学家已经试图将一些正常的体细胞直接转化为诱导多能性干细胞(induced pluripotent cells,iPCs),它们具有类似胚胎干细胞的功能。2006 年 3 月,日本京都大学山中伸弥(Shinya Yamanaka)领导的研究小组在小鼠尾部细胞中插入一个四基因联合体,成功得到了类胚胎干细胞,他们将这种"返老还童"的重新设定细胞称之为"诱导式多能性干细胞"(induced pluripotent stem cells, iPS cells)。2007 年 6 月,Yamanaka 和麻省理工学院 Rudolf Jaenisch 以及哈佛大学 Konrad Hochedlinger 领导的三项研究,改进了导入 4 种基因的载体以及 iPCs 的选择标记,并且证实了利用小鼠表皮细胞制得的 iPCs 确实是多能性的,具有分化成各种组织的潜力。

2007 年 11 月 20 日,日本京都大学教授山中伸弥(Yamanaka)领导的小组和美国威斯康辛大学詹姆斯·汤姆森(James Thomson)领导的小组分别发表论文,宣布成功把人体皮肤细胞改造成类似胚胎干细胞的"万能细胞"。日本研究小组使用的人体皮肤细胞来自一位 36 岁妇女的表皮和一位 69 岁男性的结缔组织,而美国研究人员则取自胎儿皮肤细胞以及一个新生儿的包皮细胞,然后借助逆转录酶病毒为载体,把 4 种基因注入皮肤细胞。这些特定基因能够"重组"皮肤细胞的基因,从而得到特定类型的人体干细胞。这一技术有望用于特定疾病的干细胞研究和治疗,并且避开了利用晶胚或卵母细胞获得胚胎干细胞的伦理争议。相关论文分别发表于《细胞》和《科学》杂志。从理论上来看,这种干细胞的功能类似通过胚胎克隆技术取得的胚胎干细胞,能够最终培育成人体组织或器官。由于这种干细胞能通过基因组合控制,因此有"万能细胞"、"变色龙细胞"之称。学界对这一研究给予高度评价。因为这种被称为"直接改造"的技术不仅能避免人体胚胎克隆技术引发的伦理争议,而且其高效、便利也为进一步医学应用打开了大门。

9.1.3 干细胞工程的重要性及意义

1998 年 11 月，美国威斯康辛大学汤姆森(Thomson)等科学家从人类胚胎组织分离培育出 ES 细胞的突破性进展引起了各国科学家的关注。该成果于 1999 年 12 月被美国《科学》杂志评为当年世界十大科学成就之首，而风头正劲的人类基因组研究只好屈居第二。2000 年，日本启动的“千年世纪工程”把以干细胞工程为核心技术的再生医疗作为四大重点之一。英、法等国也对干细胞工程给予了高度重视，投入了大量人力、物力进行研究。2001 年末，《科学》杂志把干细胞研究列为 2002 年六大热门科技领域榜首。而 2003 年，《自然》、《科学》杂志分别将老鼠的胚胎干细胞中产生出精、卵细胞列为十大科学进展第 4 和第 7 位。2007 年，《自然》和《科学》期刊把由日本和美国的研究小组将体细胞“返老还童”变成胚胎干细胞的研究结果，分别列为当年十大重要发现之一，《时代》杂志甚至将这项实验结果列为 2007 年重大发现之首！科学家对此作出这样的评价是基于干细胞工程对人类生命健康的重大意义。

干细胞工程(stem cell engineering)是指在体外对干细胞进行操作，包括体外增殖、定向诱导、横向分化、基因修饰和组织成形等。其科学价值在于其诱人的应用前景，用细胞技术治疗疾病将是未来医学的发展方向。目前，干细胞工程研究的主要内容是 ESC 细胞分离培养、定向诱导分化、基因操作、胚胎工程、核移植等。其目的是深入研究多能干细胞的分化机制，建立体外三维立体培养条件，构建不同的组织器官，开发可在体内应用的新型生物材料。

多年来，科学界一直以为，一个细胞的命运在胚胎发育初期就已被决定了，且不可逆转。近些年来，越来越多研究表明，胚胎期和成年哺乳动物的组织干细胞均具有多向分化潜能，不仅可以分化为相同胚层来源的细胞，而且可以分化为不同胚层来源的细胞。科学家发现，取自胚胎或骨髓的干细胞可用于培养不同的人体细胞、组织或器官，这有望成为移植器官的新来源。组织、器官移植可望成为 21 世纪人类攻克某些重大疾病，如心脑血管疾病、癌症、老年性疾病等的根本措施。由于干细胞研究发展迅速，新理论新技术不断涌现，不同观点也存在争论。干细胞研究还将促进科学家重新认识细胞生长、分化、生物发育机制等基本生命规律，尤其是胚胎干细胞的识别、分离、增殖、定向分化将成为细胞生物学以及整个生命科学的主攻热点。在人类基因组框架完成之后，细胞工程或称组织工程，尤其是干细胞的研究将成为后基因组计划(post genome pro. ject)的极为关键部分之一。

干细胞是重建或修复病损或衰老组织器官功能的理想种子细胞，对白血病、癌症、严重免疫性疾病以及心血管疾病、糖尿病、早老性痴呆症和脊髓受损患者有惊人的治愈作用。2006 年 4 月 10 日，由国家计委批准的我国唯一国家级干细胞工程产品产业化基地在天津正式投入使用。该基地由干细胞库、干细胞工程技术研究中心和移植医院三部分组成。它集干细胞资源保存、单克隆抗体和诊断试剂的研发生产、干细胞体外扩增技术、干细胞基础应用研究及干细胞产品、细胞治疗产品、基因工程药物的研发干细胞临床移植为一体，旨在加速干细胞相关技术及基因工程药物的科研成果向现实生产力转化，并带动我国基础医学和临床医学水平提高。作为产业化基地最重要组成部分的天津脐带血造血干细胞库是目前世界上最大规模和容量最大的干细胞库，总储存量为 30 万份，拥有最先进的硬件设备，HLA(人类白细胞抗原)配型实验室已达到国内一流水平。

总之，干细胞工程具有充满挑战与希望的未来，必将为人类的健康以及社会经济的发展提供强有力的支撑。

9.1.4 干细胞工程的应用

干细胞在生命科学的基础研究与临床应用中起着越来越重要的作用,干细胞在细胞治疗、组织器官修复、发育生物学、药物学等领域有着极为广阔的应用前景。

1. 作为细胞治疗与组织器官替代的种子细胞

按照一定的目的在体外人工培养、分离干细胞已成为可能,利用干细胞构建各种细胞、组织、器官作为移植的来源将成为干细胞应用的主要方向。比如,利用造血干细胞移植,可以治愈恶性血液病和实体瘤等疾病。利用骨髓间充质干细胞定向分化替代治疗肌萎缩、肌营养不良、脑萎缩、帕金森病等;以胰岛干细胞或胚胎干细胞作为种子细胞,进行细胞替代治疗糖尿病等等。理论上讲,干细胞工程和现代组织工程几乎涉及人体所有的重要组织和器官及人类面临的许多医学难题。

2. 探讨胚胎发育的调控机制

生命最大的奥秘就是探讨一个受精卵如何发育成复杂的组织、器官、系统乃至完整的有机个体。但是,由于受精卵植入子宫后的不可接近性,限制了人们对胚胎发育机制的探讨,而利用胚胎干细胞作为重要的工具可进行该项研究,并且,利用胚胎干细胞体外整合外源基因,可将发育过程中特定的基因敲除或突变,考察该特定基因在胚胎发育中的表达与功能。

3. 作为疾病基因治疗的载体

造血干细胞还可以作为基因治疗的载体细胞,在重症免疫缺陷、遗传性疾病、恶性肿瘤、造血干细胞保护、AIDS 等领域有广阔的应用前景。骨髓间充质干细胞可作为一种理想的基因治疗的靶细胞。人胚胎干细胞可作为基因治疗的载体,并且它的遗传性改造将有可能被用于遗传性疾病的治疗领域。

4. 药物筛选平台的建立、药物研究与新药开发

目前,普遍使用的用于药物筛选的细胞都来源于动物或癌细胞的非正常的人体细胞。若利用胚胎干细胞经过体外诱导,可提供各种组织类型的细胞,作为药物筛选、鉴定、毒理及药物代谢等细胞水平的研究手段,既减少了药物实验所需的动物数量,又便于找到有效和持久的治疗方法。

9.2 干细胞体外培养技术

干细胞工程(stem cell engineering)指在体外对干细胞进行操作,包括体外增殖、定向诱导、横向分化、基因修饰和组织成形等。干细胞培养技术与常规动物细胞培养的操作方法和所使用的仪器设备都是相同的,只是在具体的培养条件方面要根据干细胞在体内生长的环境要求,做适当的调整,以便更加适应于干细胞的培养和应用。动物细胞的体外培养技术,是指从动物体内取出细胞或者组织,模拟体内的生理环境,在无菌、适温和丰富的营养条件下,使离体细胞或者组织生存、生长并维持结构和功能的一门技术。

9.2.1 干细胞的获取

1. 单细胞悬液的制备

细胞分离是指将组织材料分散制成细胞悬液后，从中获取目的细胞的过程。而细胞纯化是从原代培养成分混杂的异质性细胞悬液中或者从培养物中获得单一类型的细胞的过程。通过细胞分离和纯化过程，使得培养物成为单一型培养物，甚至是遗传特性完全一致的培养物，既这种培养物就称为细胞系（细胞株）。许多情况下，分离和纯化并不完全彻底，培养物中只能达到以某种细胞为主（占大多数）的程度，这个过程称为富集。

为了分离所需的干细胞类型，应将该细胞所在的动物组织材料制备成单细胞悬液。首先，要进行组织的提取，一般是确定所需要的干细胞在机体中存在的部位，而取得这个部位的组织，这样既可获得目的干细胞同时又可达到初步富集的作用。然后，再从该组织中获得细胞，制备成细胞悬液，而将组织分散成单细胞常用的方法就是机械分离和酶法解离。机械分离法中常用的操作手段包括吸管或针头吹打，组织研磨器研磨、不锈钢或尼龙网搓洗等。酶法解离中，常采用胰蛋白酶消化和螯合剂处理等技术，胰蛋白酶消化法的操作条件一般为酶用量0.25%，37 ℃，pH值为6.8～7.2，酶解时间依具体的组织和细胞种类而定。螯合剂处理常用0.02%乙二胺四乙酸（EDTA），或采用不含Ca^{2+}、Mg^{2+}的缓冲溶液浸泡待处理的组织（使胞间质Ca^{2+}、Mg^{2+}游离出来）。经上述方法就可将提取的组织制成单细胞悬液。

2. 干细胞的分离纯化

由特定组织制成的单细胞悬液中含有组成该组织结构的各种各样的细胞，要想获得我们所需要的干细胞，则必须进行细胞的分离纯化。细胞的分离纯化的原理，主要是根据不同细胞所具有的各自不同的特性来实现的，包括：细胞的物理特性，如密度、体积、电荷等；细胞的化学特性，如特异性表面标志和功能等。细胞的分离纯化常用方法有以下几种。①利用细胞体积和密度，这是基于沉降作用原理，通过离心等方法，将沉降速度不同的细胞分开。②选择性的细胞凝集，加入某种絮凝剂或物理处理的方法，使某种细胞凝集，加速沉降出去。③基于不同黏附特性，某些细胞的基本生物学特性之一是黏附于某些固体物质，如玻璃或塑料表面。根据某些细胞的黏附能力强、快，而另一些细胞的黏附能力弱或根本不黏附的特点，将两者分离开来。④利用细胞表面标志，这是一种抗体介导的细胞分离技术，比如利用单克隆抗体的特异性和多样性，根据干细胞表面的抗原受体标志，选择某种单克隆抗体特异性地亲和吸附分离该目的细胞。

由于干细胞在组织中比例极低，必须采用多步骤的分离方法，通常每一步骤利用一种不同的分离参数。

3. 干细胞的冻存与复苏

获得的具有一定特性的目的干细胞应及时保存，以备科研、临床及生产使用，常用液氮低温冷冻保存法。所依据的原理是，一般细胞在－130 ℃下代谢作用停止，液氮的温度可达－196 ℃，可使细胞的代谢活动停止，化学作用消失。保存时采用甘油或二甲基亚砜（DMSO）作为保护剂，它们能够结合细胞中的水分子，降温时减少细胞内冰晶分子的形成，以免对细胞造成伤害，防止细胞破裂。

干细胞冻存与复苏方法是，首先在细胞悬液中加保护剂，再以1℃/min的降温速度缓慢地降温至－25 ℃，然后，先置于－80～－70 ℃低温冰箱过夜，最后再放入－196 ℃液氮中长期保存；待到需要细胞复苏时，直接取出冻存管（-196 ℃），立即置37 ℃水浴中，在1~2 min内融化，迅速倒入含培养液的离心管中，离心洗涤2~3次去除保护剂，最后将细胞转入培养液中培养。

9.2.2 干细胞培养的环境

干细胞的体外培养，即将上述从机体中的组织中分离纯化得到的单个细胞，给予必要的生长条件，模拟动物体内生长环境，使其在体外继续生长和繁殖。

①温度：哺乳动物细胞适宜的体外培养温度为35~37 ℃，一般控制37±0.1 ℃。②渗透压：多数动物细胞有一定的耐受渗透压能力，260~320 mOsm/kg适用于大多数细胞，可在培养基配制时加以控制。③气相：需要有氧条件，氧分压维持略低于大气状态（1995~9975 Pa），此外，还需CO_2（95%空气+5% CO_2）。④pH值：各种细胞对pH的要求不尽相同，多数细胞pH 7.2~7.6间生长良好。⑤环境无毒和无菌。⑥营养物质：主要包括12种基本氨基酸和谷胺酰胺、碳水化合物、维生素及一些无机离子、生长因子等。一般培养基有商品出售，也可根据具体的细胞营养要求，对商品化培养基进行适当调配改良。

9.2.3 干细胞培养的基本方法及类型

1. 基本方法

1）悬滴培养法

悬滴培养法是最早建立的体外培养技术，是组织、器官培养的经典方法，最早是由Harrison于1907年创立的。其基本要点是：将组织或器官植块接种在一张盖玻片上，滴上一滴培养液，然后翻转盖玻片使植块及营养液悬挂在盖玻片下，再置放于一凹形载片之上，最后用熔蜡密封后放入培养箱中培养。

2）培养瓶培养法

将拟培养的干细胞直接接种于含有培养基的培养瓶内，再放入CO_2培养箱中进行培养。凡是可以用于培养生物结构的瓶子都可称为培养瓶。早先的培养瓶主要是玻璃瓶，目前绝大多数采用一次性的塑料瓶。

3）旋转管培养法

旋转管培养法是将培养物接种于一管状培养器皿中，再将其固定在一可以旋转的装置上旋转培养的一种方法。该法可使培养物交替地接触培养液和气体环境，以利于细胞生长。

4）灌注小室培养法

将细胞接种于一个由上下两个盖玻片（分别构成上壁与下壁）与一金属圈（构成侧壁）密封围成的小室内，保持在一定营养及环境条件下培养。在小室的侧面分别有液体流入和流出的开口，供新鲜培养液流入和旧培养液排出。该法的最大优点是细胞生长过程中能够尽量少地受代谢产物积累的影响。最初是1912年由Burrows尝试设计了这种简单的灌注小室培养模型。

5）培养板培养法

培养板培养法也称为微量培养法，是现代体外培养技术最为常用的方法之一。具体做法是将培养细胞接种在培养板的孔内，然后在CO_2培养箱内培养。最常用的培养板有4孔、6孔、24孔和96孔等几种规格，材质为透明平坦、无毒性及利于细胞生长的塑料，一般都是一次性使用。

2. 培养类型

干细胞的体外培养类型主要有三种,即悬浮培养、贴壁培养和固定化培养(微载体培养系统)。所谓的悬浮培养是指细胞在培养皿中自由悬浮生长的过程,适用于非贴壁依赖型细胞;贴壁培养是指必须黏附在固体介质表面上生长的细胞培养,适用于贴壁依赖型细胞;固定化培养(微载体培养,多孔载体培养),是一种即适用于贴壁依赖型细胞,又适用于非贴壁型依赖性细胞的包埋培养方式。

9.3 干细胞治疗及临床应用

由于干细胞具有特定的分化潜能,表现其全能性、多能性和专能性。近年来的研究进一步发现,成体干细胞也可以横向分化为其他类型的细胞和组织,为干细胞的广泛应用提供了基础。通过与转基因技术联合应用,干细胞还能用于治疗包括艾滋病在内的许多自身免疫性疾病。最新的研究表明,组织特异性干细胞同样具有分化成其他细胞或组织的潜能,这为干细胞的应用开创了更广泛的空间。近几年来世界各国科学家对干细胞的临床应用研究已取得很大的进展。

9.3.1 造血干细胞

1. 何谓造血干细胞

造血干细胞 (hematopoietic stem cell, HSC)是最早被认识的成体干细胞。在人体血液中存在多种血细胞,按其类型可分淋巴系细胞(如 T、B、K、NK 等细胞)及髓系血细胞(包括单核吞噬细胞、粒细胞、巨核细胞、红细胞等)两大类。淋巴系细胞是人体免疫系统的重要活性细胞,循环于外周血液中,担任捕获机体外来的抗原的主要功能;髓系血细胞中的单核吞噬细胞和粒细胞的主要生理功能是吞噬异物,消除体内病变衰老细胞,调节机体的免疫应答。巨核细胞能够产生血小板,参与止血和凝血过程。红细胞具有携带 O_2 和 CO_2 的功能,所以可供全身组织和细胞生命活动所需 O_2,并带走代谢产生的 CO_2。

外周血中各种血细胞都有一定的寿命,机体必须不断产生各类血细胞来补充衰老、死亡的细胞,才能维持外周血细胞数量的相对恒度。以红细胞为例,一个成年人含有 2.5×10^{13} 个红细胞,而每一个红细胞的平均寿命为 120 天(10^7 秒)相当于机体每秒需产生 2.5×10^6 个红细胞才能维持其在外周血中的数量和比例相对稳定。

这些成熟的血细胞是如何产生的? 原来所有的血细胞均来自于一个共同的始祖细胞——造血干细胞,血细胞的产生不仅是一个细胞增殖的过程,而且同时也是一个细胞分化的过程,即成熟血细胞的生成需要经历一个从造血干细胞,分化为造血祖细胞,再分化为前体细胞,最后生成成熟血细胞的过程。在这一个过程中,细胞的数量逐级递增,因此,只需极少数的造血干细胞就可满足机体对大量成熟血细胞的需求。由此可以定义造血干细胞,它们是一小群具有高度的自我复制和多向分化潜能的最原始的造血细胞。

造血干细胞采用不对称的有丝分裂方式进行繁殖,即一个造血干细胞分裂为一个具有自我更新能力,仍保持干细胞的一切生物学特性的 HSC,从而保持机体内干细胞数量相对稳定;

另一个多向分化,可以分化为早期的造血祖细胞,进一步还可分化为成熟血细胞,释放入外周血中执行各自的功能,直至衰老死亡。

造血干细胞具有两个重要的功能,同时也是它的重要特征:其一,在体内终生生存,数量和质量保持不变,移植后可永久重建造血;其二,兼有向髓系和淋巴系多向分化的潜能,即重建造血的同时重建免疫。造血干细胞的来源很广泛,目前发现骨髓、外周血、脐带血、胎儿造血系统、胚胎干细胞和胚胎生殖细胞中都可分离得到造血干细胞。

2. 造血干细胞的临床应用

造血干细胞是一种能够分化产生各种血细胞和免疫细胞的成体干细胞,它是当前应用于细胞疗法最多的一类细胞。当把它注射到患有白血病、再生障碍性贫血、重症免疫缺陷性疾病、地中海贫血、急性放射病、恶性实体瘤或者淋巴瘤等造血及免疫系统功能障碍性疾病的患者体内时,它能够发挥功能,重建患者体内的造血系统和免疫系统,从而达到治疗的目的。这就是造血干细胞移植疗法,它是当前治疗恶性血液疾病和免疫疾病的最佳手段。最近几年来,造血干细胞移植疗法还被尝试用于艾滋病治疗、免疫治疗、替代疗法及基因治疗方面,也有着积极的效果。

1)治疗白血病和淋巴瘤

白血病和淋巴瘤(由白细胞的增殖失控引起的)的治疗是 HSC 最早的临床应用之一。

血癌包括急性淋巴细胞白血病、急性髓细胞白血病、慢性髓细胞白血病、何杰金病、多发性骨髓瘤和非何杰金淋巴瘤等。传统的治疗血癌方法,即放疗、化疗可对肿瘤有杀伤作用,但同时会对正常骨髓细胞产生严重的破坏作用,从而限制了放疗、化疗的剂量增加,也影响了疗效。另外,骨髓移植是目前较常用的方法,但需从兄弟姐妹等人寻找,来源受限,使用率也很低,并且还有免疫排斥反应,即便痊愈的病人也需终生给药抗免疫排斥。

若利用自体造血干细胞移植法(autologous haematopoietic stem cell transplantation, AH-SCT),仅需取病人本身少量的正常的造血干细胞,经体外大量扩增,再将其移植至病人骨髓中(前提是事先可用大剂量的放、化疗将骨髓中癌变造血细胞彻底摧毁),这样正常的 HSC 在病人体内就可自我更新并且分化出各种所需的正常血细胞,从而可使病人完全康复。同时,由于 HSC 是取自病人本身,也不存在免疫排斥问题。

用于造血干细胞移植的干细胞来源有三个。①骨髓:由于成人体内造血干细胞主要存在骨髓中,因此最初多采用骨髓来源的造血干细胞。②外周血:后来研究发现,将外周血经细胞因子和/或化疗动员后,外周血也可替代骨髓成为造血干细胞的另一个来源,它具有采集方便,造血功能重建快,免疫功能恢复早,并发症轻,被采集人痛苦轻等特点,因此,目前动员的外周血已逐渐代替骨髓成为造血干细胞移植的主要来源。③脐带血:1988 年,有人首次应用脐带血获取干细胞,用于临床。脐带血含丰富造血干/祖细胞,被认为是继骨髓和外周血后第三种造血干细胞的来源。包括同胞间脐带血移植和非血缘间脐带血移植。所以,世界上已有大小不同的脐带血库上万个,可不断地为临床提供可用于移植的脐带血。

2)治疗遗传性血友病

利用异基因 HSC 移植可治疗遗传性血液病,如:各种遗传性贫血(不能生成红细胞),先天性代谢失调(关键酶缺失),包括再生障碍性贫血、β-地中海贫血、骨髓石化症等。由于其造血干细胞本身存在缺陷,因此,不能直接采取自体造血干细胞移植进行治疗。异基因造血干细胞移植是一种治疗途径,但存在免疫排斥的问题;另外,通过对自体 HSC 进行遗传修饰后,使其缺陷基因的功能得到了补充,就可以用于以上的移植治疗,并且绕过了免疫排斥的问题。

3)癌症化疗后造血干细胞的恢复

化疗的目的在于杀灭快速增殖的癌细胞,同时也杀灭了快速增殖的HSC。医生可以给癌症病人进行自体干细胞骨髓移植以补充被杀灭的HSC;也可以通过放、化疗前动员的外周血中采集HSC并储存,之后将这些细胞重新注入该病人体内。上述两种HSC均来自于病人自身,所以无免疫排斥问题,但有可能一些癌细胞也被收集,这就需用恰当的方法首先在体外分离纯化HSC,去除癌细胞,将纯化的HSC重新注入病人体内。

4)治疗实体瘤

采用异体干细胞移植可用这些细胞攻击一些无法治疗的肿瘤,包括肺癌、前列腺癌、卵巢癌、结肠癌、食管癌、肝癌、胰腺癌和乳腺癌。

这种实验性治疗依赖于异体干细胞移植。采用供者与受体配型吻合的HSC,病人自身的免疫被抑制,但并未完全损害,将供者的HSC输给病人,观察供体细胞和病人自身的细胞再生情况,诱导病人体内的B、T淋巴细胞再生增殖,使病人的免疫系统恢复,用以攻击肿瘤细胞,达到治疗癌症的目的。该法也称为"细胞疗法"。

此外,研究者发现,脐带血和外周血采集的HSC(在试管中)具有抗白血病和乳腺癌肿瘤的作用。

5)治疗自身免疫性疾病

自身免疫性疾病(AD)包括溃疡性结肠炎、类风湿性关节炎、系统性红斑狼疮、牛皮癣等。使用大剂量化疗联合自体造血干细胞移植法治疗顽固的高危AD已在全世界各地广泛开展,据统计,1999年接受AHSCT治疗的AD患者已愈300例。

6)HSC与基因治疗

基因治疗是将外源基因转入靶细胞,通过在患者体内表达来纠正和治疗疾病的过程。HSC作为基因治疗的理想靶细胞除了具备靶细胞通常应该具备的条件特征外,它还具备如下优势:①许多遗传病与造血细胞异常有关;②HSC自我更新和多向分化的双重特征使转移导入HSC内的目的基因在整个生命过程的血细胞中都表达,并能将目的基因产物直接释放入血循环而到达靶器官或在循环中发挥作用;③临床有成熟的造血干祖细胞转移及体外培养扩增技术,加之易采集,便于操作与回输。目前以HSC为靶细胞的基因治疗主要有:*mdr*-1、*dhfr*、*mgmt*等耐药基因的转染,使造血干祖细胞能够耐受更高的化疗药物剂量,同时减少化疗药物对骨髓的毒性;一些遗传性疾病的治疗,如腺苷酸脱氢酶缺乏症、地中海贫血、镰刀型贫血、联合免疫缺陷病;艾滋病基因的导入治疗等。

7)造血干细胞的可塑性

通常认为,造血干细胞只能生成各系血细胞,但是,近来的一系列实验证明,造血干细胞具有远超过人们想象的可塑性——除可以分化为各系血细胞外,还可以分化为多种非造血组织的细胞。其实验的前提都是将HSC置于与以往环境不同的环境中,这样就使造血干细胞的分化不只受到细胞内在的调控,而且受到周围细胞的分化信号调节。

造血干细胞的这种可塑性被应用于实验室研究和临床研究中。例如:从HSC横向分化为肌肉细胞的应用,使通过骨髓移植治疗肌营养不良症和心肌梗死等将可能成为一条有效的途径;骨髓来源的HSC横向分化为肝脏细胞,可用于机体肝脏受损的治疗;从HSC横向分化神经细胞的应用,使得骨髓来源的细胞移植,有可能作为神经退行性疾病和中枢神经系统操作治疗的另一有效途径；从 HSC 还可以横向分化血管内皮细胞、多组织上皮细胞，主要包括肝脏、肾脏、小肠、肺及皮肤等多种组织的上皮细胞，因此，可用于治疗这些组织器官的损伤。

目前，对造血干细胞多向分化的机制仍不清楚，对这一机制的探讨以及对造血干细胞定向分化的调控将大大扩展其在临床上的应用，因为这不仅可以绕过用人的胚胎干细胞作为移植细胞的来源，而且可减轻异基因 HSC 移植带来的免疫排斥问题。

9.3.2 胚胎干细胞

1. 何谓胚胎干细胞

胚胎干细胞(embryonic stem cell, ESC)是指由哺乳动物囊胚的内细胞群(inner cell mass, ICM)或原始生殖细胞(primordial germ cell, PGC)分离出来的，能够在体外建系的多能干细胞。它具有与胚胎细胞相似的形态和分化潜能，具有分化为机体任何一种组织器官的潜能，习惯上称之为胚胎干细胞。

若在显微镜下观察，存活 5～7 天的胚胎由大约 140 个细胞所组成，看上去像黏稠的浆果或花粉粒。它们通体毛绒绒，相互依偎着呈空心的圆球状，被称为“胚泡”。其外层组织即滋养层，由一层扁平的细胞组成，会发育成胎盘。胚泡中心的腔称“囊胚腔”，腔内一侧的细胞群即“内细胞团”，它是由受精卵分裂得到的 16～33 个细胞组成。此时若将分裂细胞的单个细胞分开，每个细胞都能发育成一个完整的胚胎，胚胎干细胞便是由此“内细胞团”分离培养建系的。

存在于内细胞团中的 ESC 尚未决定今后生长发育的走向，但它们均具有“全能性”，亦即可演变为 200 多种构成从心脏、肝脏、肾到皮肤、神经元等人体任何一种器官组织的组成细胞。内层细胞团在形成人的内、中、外三个胚层时开始分化，每个胚层将分别形成人体的各种组织器官(图 9.1)。

ESC 细胞具有早期胚胎细胞相似的形态，胞体小、胞质少、核小，有 1～2 个核仁。ESC 细胞呈克隆状生长，细胞紧密聚集在一起，形似鸟巢，细胞界限不清。ES 细胞具有正常的二倍体核型和高度分化潜能。在体外需在饲养层细胞(feeder layer cell，如初级胚胎成纤维细胞)或抑制分化因子作用下才能保其未分化状态，一旦脱离饲养层就会自发地进行分化。在不同物质、不同刺激因素的作用下，ESC 细胞可向不同方向分化，表现出高度分化潜能。

胚胎干细胞具有如下特点：①具有多向分化潜能和受精卵的某些特性，可以分化为胎儿和成体内各种类型的组织细胞，所以这种细胞也称为“全能细胞”；②具有非特异性，它不具有特异的组织特征，不能行使特异的组织功能，例如胚胎干细胞不能像红细胞那样携带氧气；③可在体外培养条件下建立稳定的细胞系，能够进行长期的增殖和自我更新，并保持高度未分化状态和发育潜能性；④体外 ESC 具有培养细胞的特征，最大特点是可对它进行遗传改造、核转移和冻存等而不失去发育潜能。

胚胎干细胞的建系研究最多的是从胚胎的囊胚期内细胞群中直接分离胚胎干细胞(1995年)。另一种建系方法是从终止妊娠的胎儿组织中分离出胚胎干细胞(1998 年)。利用克隆技术制造出人体胚胎，并从中摘取 ESC，它与动物的克隆本质区别在于，将卵细胞置于体外培养，然后取其内细胞团制成 ESC，称“治疗性克隆”，而动物的克隆则是将卵细胞移植于子宫内，发育成胚胎，称为“生殖性克隆”。

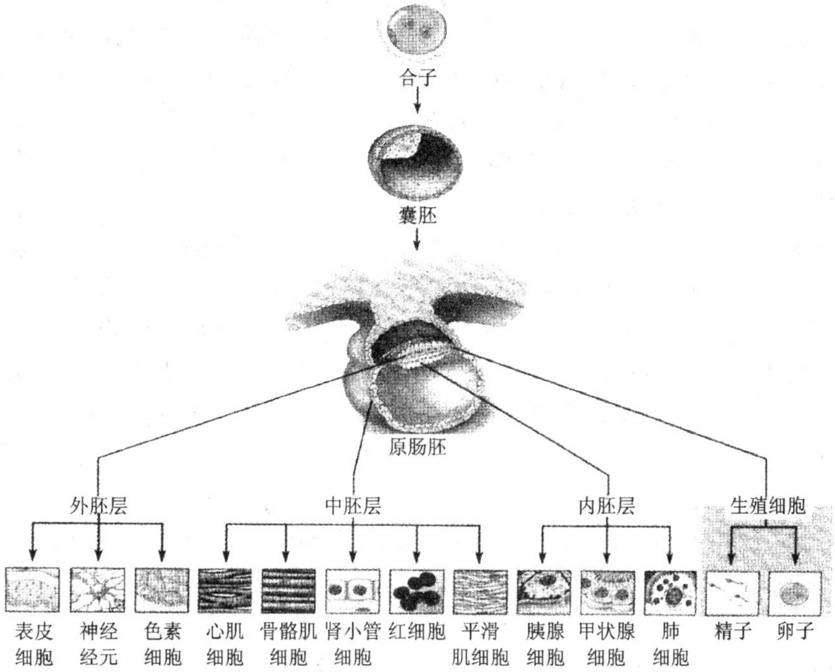

图9.1 人体组织器官的分化

2. 胚胎干细胞应用的潜力

1998年11月，Thomson J. A. 等培养出采集自人体胚胎的干细胞，特别是在维系人体胚胎细胞的"多能性"和遏制其异化发展上取得了重大突破。人胚胎干细胞(human embryonic stem cell,HES)是一类具有体内和体外发育多潜能性的细胞。由于人胚胎干细胞可以作为研究人类疾病的模型和治疗性克隆的工具，因此将广泛应用于人类发育生物学和医学治疗的研究，是21世纪生物医学的一个热点。迄今为止，在美国NIH网站上，登记的HES细胞系一共有78株，其中只有11株HES系正常，可供后期实验使用(http://stemcells. nih. gov/registry/)。如果科学家最终能够成功诱导和调控胚胎干细胞的分化与增殖，将对ESC的基础研究和临床应用带来积极的影响，使之有可能在以下领域发挥重要作用。

1)细胞替代治疗疾病

胚胎干细胞最诱人的前景和用途是生产组织和细胞，用于"细胞疗法"，为细胞移植提供无免疫原性的材料。从理论上讲，任何涉及丧失正常细胞的疾病，都可以通过移植由胚胎干细胞分化而来的特异组织的细胞来治疗。不论在什么情况下，胚胎干细胞均可经逐步处理、人工诱导分化变成相应的所需的细胞，然后植入病人体内。比如，用神经细胞治疗神经退行性疾病(帕金森病、亨廷顿舞蹈症等)，用胰岛细胞治疗糖尿病，用心肌细胞修复坏死的心肌等。

(1)治疗慢性心脏病　健康心肌细胞的移植可为慢性心肌病病人提供新的希望，这些病人的心脏已经无法正常跳动，若从人体胚胎干细胞中发育出心肌细胞，并移植到逐渐衰退的心肌肌肉中，以恢复衰退的心脏功能。从小鼠和其他动物的实验表明，这种类型的移植是切实可行的。

(2)治疗糖尿病　在许多患有Ⅰ型糖尿病人的身上，特异的胰岛(即胰腺)细胞生成胰岛素的功能遭到破坏。已有证据表明,移植完整的胰腺或分离的胰岛细胞可减少胰岛素的注射量。目前,以色列科学家已成功地将人类胚胎干细胞转化为能制造胰岛素的细胞。首先从受精后数日的人类胚胎萃取干细胞,在培养皿中诱导产生大量具有分泌胰岛素功能的细胞,这些细胞具有胰腺细胞的重要特质,称胰小岛或 β 细胞。科学家希望将这些细胞移植到患者体内,产生健康的胰小岛细胞,以分泌与控制胰岛素,用来治疗糖尿病。这项发现是以干细胞治疗幼年型糖尿病方法为"必需先决条件"。

(3)治疗其他疾病　由于人体器官结构复杂,到处是导管和瓣膜,很难进行体外培育。人们早先企盼通过"器官农场"来"栽种"肝脏、心脏和其他人体器官的美梦也无法立即实现。但给病人植入干细胞进行干细胞治疗却完全是另一回事。如:将胚胎干细胞或经诱导分化产生的其他干细胞,注射植入肝脏,不仅能产生新的肝细胞,还可使遭肝炎或肝硬化毁坏的器官恢复生机;通过置换受损软骨,可治愈风湿性关节炎和骨关节;可为治疗威胁生命的大面积烧伤提供新的皮肤等。

从动物实验研究表明,那些脊椎神经受伤、大脑原动皮层中风以及老年痴呆症、帕金森症和脊萎缩侧索硬化倾向的啮齿动物经干细胞治疗后,病情都有了一定程度的缓解,但距临床试验还需 3 ~ 5 年。

2)揭示人和动物的发育机制及影响因素

生命最大的奥秘便是人如何从一个细胞发展为复杂得不可思议的生物体的。人胚胎细胞系的建立及人胚胎干细胞研究,可以帮助我们理解人类发育过程中的复杂事件,促进对人胚胎发育细节的基础研究,比如:①胚胎细胞如何变成彼此不同的类型细胞,又是什么原因使之构成器官和组织;②可以确定参与导致细胞特异分化的决定因素,主要是指发育阶段的相关基因,以及使之启动和关闭的影响因素;③可以培育出大量人胚胎发育过程中不同时期的细胞,通过对它们基因的研究观察,也有望认识畸形胎儿发生的机制。

哺乳动物早期胚胎的体积很小,又在子宫内发育,要想在体内研究细胞分化及其机理几乎是不可能的。而 ESC 细胞具有独特的发育全能性,在特定的体外培养条件和诱导剂的共同作用下经过若干前体细胞阶段,可分化为神经、肌肉、软骨、血细胞、上皮细胞和成纤维细胞等,因此 ESC 细胞是研究特定类型细胞分化的模型、探索某些前体细胞起源和细胞谱系演变的较为理想的实验体系。应用基因芯片等生物技术,比较 ESC 细胞不同发育阶段细胞的基因转录和表达,不仅可确定胚胎发育及细胞分化的分子机制,还可发现新的基因。借助基因打靶技术,通过囊胚注射制作嵌合体的途径,将外源基因引入受体基因库,可在整体水平上研究高等动物的基因表达、调控和生理功能,同时也会为阐明胚胎发育中基因表达的时空关系提供手段。

3)药学研究方面

ESC 可分化为多种细胞类型,又是在培养基中不断自我更新的细胞来源,它发展为胚胎后的生物系统,可模拟体内细胞与组织间复杂的相互作用,所以,可用于药物筛选,虽不能完全取代在整个动物和人体上的实验,但会使药品研制的过程更为有效。当细胞系实验表明药品是安全且效果良好,才有资格在实验室进行动物和人体的进一步实验,从而大大减少了所需动物的数量,降低了成本。

4)在基因治疗方面的应用

ESC 是基因治疗最理想的靶细胞。这里的基因治疗是指用遗传改造过的人体细胞直接移植或输入病人体内,达到控制和治愈疾病的目的。这种遗传改造包括纠正病人体内存在的基因突变,或使所需基因信息传递到某些特定的类型细胞。

人胚胎干细胞因为具有自我更新的能力,利用这一特性,治疗基因通过它带入体内,能够持久地发挥作用,而不必担心像其他分化细胞那样,在细胞更新中可能丢失治疗基因。另外,ESC即使经过遗传操作仍能稳定地在体外增殖传代,为克服目前基因治疗中的主要障碍开辟了新途径。例如,ESC用于治疗某些目前无法治愈的遗传性疾病。当胎儿患此病,通常是采用先流产,然后再怀孕。但若父母双方均是该遗传病的携带者,那么就不可能有正常胎儿。也许有一天,通过基因工程技术将正常的基因替代胚胎干细胞中的缺陷基因,再将修复后的胚胎干细胞嵌入胚胎中,可发育为健康婴儿,从而使这一问题得以解决。

9.3.3 其他类型的干细胞

在前面已提到,按分化潜能分类,干细胞可分为全能干细胞(胚胎干细胞)、多能干细胞(如造血干细胞、骨髓间充质干细胞、神经干细胞、肌肉干细胞、皮肤干细胞)、专能干细胞(如肝干细胞、胰腺干细胞、肠上皮干细胞、角膜缘干细胞、生殖干细胞),除已介绍的造血干细胞和胚胎干细胞以外,其他类型干细胞的应用研究也正在全世界范围内展开,甚至有些成果已应用于临床,效果显著。

1. 间充质干细胞

间充质干细胞(mesenchymal stem cell, MSC)指存在于骨髓中的多能细胞,在体内处于休眠状态,在体外适当条件的刺激下进行细胞周期,从而形成类似于骨或软骨碎片的梭形细胞集落。它在一定条件下可分化为成骨细胞、成软骨细胞、脂肪细胞或成肌细胞,而且这些细胞扩增20~30代后仍能保持其多向分化潜能,这类细胞称为MSC。

自1993年开始,多种动物实验证明MSC具多向分化潜能,在特定的诱导条件下,骨髓MSC可以分化为间充质组织中的各类细胞,包括骨、软骨、脂肪、肌腱、韧带等细胞。目前已发现的MSC主要来源是骨髓和脐带血,最近又有报道在胎儿、成人及老年人的骨骼肌和皮肤结缔组织中存在MSC。现在,研究者们正在致力于进一步探讨不同来源的MSC特性是否存在差异。

间充质干细胞的应用前景非常广阔,目前主要有两方面的研究已进入临床阶段。①细胞替代治疗:可以直接将病人自体的MSC在体外培养后,植入病人患处,用于治疗骨、软骨以及肌腱损伤的修复。或者采用MSC与生物材料相结合的方法,修复骨、软骨、肌腱等组织的缺损;利用MSC在体外能分化为肌肉细胞和神经细胞的特性,用于细胞替代治疗组织器官退行性疾病(肌肉萎缩、肌营养不良、脑萎缩、帕金森病等),因为这些组织再生较难,用这种方法有望治愈上述这些疑难病症。②基因治疗:MSC有可能成为一种新型的基因治疗的靶细胞,通过导入目的基因,治疗因Ⅰ型胶原蛋白基因突变导致的儿童骨发育不良的临床实验已取得了可喜的进展。

2. 神经干细胞

具有分化为神经元细胞、星形胶状细胞、少突胶原细胞的能力,能自我更新足以提供大量脑细胞的细胞,称为神经干细胞。其主要的来源是发育的胎脑、成年个体脑区、成年哺乳动物脊髓区。与正常的干细胞相同,神经干细胞也具有自我更新和多向分化的潜能。在生长因子、激素和微环境因素的作用下,神经干细胞可以分化为神经元、星形胶质细胞和少突状胶质细胞。更令人感兴趣的是神经干细胞有横向分化的潜能,可分化为骨髓肌细胞和造血细胞。神经干细胞采用两种有丝分裂方式繁殖，一种是对称分裂，产生两个子代干细胞或两个祖细胞；另一种是不对称分裂，产生一个干细胞和一个祖细胞。而通常绝大多数干细胞仅具有不对称分裂方式。

目前神经干细胞的应用研究主要集中在以下两方面。①脑内移植用于治疗神经系统疾病(临床实验阶段)。采用生长因子体外扩增的神经干细胞进行脑内移植，在病例上已选择做临床治疗的有帕金森病、扭转痉挛、脑萎缩、脑血管病后遗症、垂体性侏儒、癫痫、脊髓损伤、席汉氏病、糖尿病、小脑萎缩、精神病、脑外科后遗症等。②在转基因和脑组织修复中的应用。神经干细胞不仅有很强的增殖能力，而且尚有潜在的迁移能力，利用这一特性可用于治疗脑内因代谢障碍而引起的广泛细胞受损疾病。借助于它们的迁移能力，可以避免多点移植带来的附加损伤。另一方面，将体外分离的神经干细胞采用一定的方法将其培养为永生化的神经祖细胞，即该细胞总是处于细胞周期内而不发生老化。利用此类细胞作为合适的体外转基因载体，若将这些能够表达各种外源基因的载体植入发育中或损伤的中枢神经系统后，可产生有意义的影响及治疗作用。

3. 皮肤干细胞

皮肤是人体最大的器官，也是再生能力较强的组织，在整个人的一生中，皮肤外层的表皮终生不断地自我更新。皮肤暴露在机械压力、化学刺激、紫外线照射和微生物侵袭所造成的压力下，表皮基底部的干细胞持续增殖分化以取代外层终末分化细胞，从而进行组织结构的更新。外层细胞的死亡脱落与基底干细胞的分裂维持一定的平衡，这是维持正常的组织结构和细胞内环境稳定的基本要求。皮肤干细胞包括表皮干细胞和毛囊干细胞两种，表皮干细胞可定向分化为角质细胞、毛发和皮脂腺；毛囊干细胞可定向分化为毛囊、表皮和皮脂腺。目前，表皮干细胞是研究最深入的皮肤干细胞。

表皮干细胞的来源，主要存在于毛囊隆突部、头发根部的毛囊中、人类毛囊凸起中，在没毛发的部位(手掌、脚掌等)存在于与真皮乳头顶部相连的基底层。表皮干细胞有丝分裂方式为两种：在机体正常状态下，采用不对称分裂，生成一个干细胞和一个定向祖细胞；当表皮组织受到外来损伤时，为了增加干细胞或分化细胞的数量，则采用对称分裂，生成两个干细胞和两个祖细胞。表皮干细胞最显著特征就是它的慢周期性和自我更新能力，因为皮肤外层的表皮终生不断地自我更新，这就要求表皮干细胞永远保持缓慢的分裂繁殖，保持自我更新能力。因此表皮干细胞在离体培养时，呈克隆性生长，若连续传代培养，细胞可进行140次分裂，即能产生1×10^{40}个子代细胞。表皮干细胞属贴壁依赖型细胞，体外培养采用贴壁培养技术。

表皮干细胞的应用前景主要包括以下两方面。①皮肤移植：利用皮肤干细胞再生能力强的特点，可进行自体皮肤的体外分离与培养扩增并应用于创面覆盖，治疗大面积、Ⅲ度烧伤、广泛瘢痕切除、外伤性皮肤缺损及皮肤溃疡等导致的严重皮肤缺损。因为采用自体皮肤干细胞培养的供临床移植的表皮或真皮细胞构建的全皮替代物，所以解决了免疫排斥问题。②基因治疗：因皮肤干细胞终身存在且可将遗传信息传给子代细胞，因而可用来研究基因的作用及某些疾病发现的基因机制，并用于一些遗传皮肤病的基因治疗，同时也为一些皮肤癌患者的临床治疗带来了新的希望。

4. 专能干细胞

肝干细胞是指肝内胆管系统源性的多潜能分化细胞群，既可向胆管细胞分化，又可向肝细胞分化。它的主要应用前景为，利用肝脏干细胞具有诱导分化大量的功能性肝细胞的潜能，将成为人工肝脏支持系统的最佳选择细胞,用于采用细胞移植技术治疗急性肝衰竭等肝病。

胰岛干细胞是指存在于胰腺中的具有自我更新的能力,并能分化为胰内、外分泌腺细胞。人们对胰腺干细胞的研究仅处于起步阶段。目前,临床上已在兴起的胰岛细胞移植疗法,所需的组织细胞来源不足,植入糖尿病患者体内的胰岛细胞多采用尸体供者,一个患者平均所需两具尸体以上的胰岛细胞来治疗。若今后,将具有自我更新能力的胰腺干细胞诱导分化成胰岛细胞,则可极大地解决胰岛组织来源不足的问题,将会成为糖尿病细胞治疗的新策略。

9.4 干细胞工程的展望

干细胞工程是目前细胞工程研究最活跃的领域,随着基础研究、应用研究的进一步深化,这项技术将会在相当大程度上引发医学领域的重大变革,它已成为21世纪生命科学领域的一个热点。造血干细胞是最早发现,研究最多和最先用于治疗疾病的成体干细胞。长期以来,人们一直认为干细胞只属于造血系统,随着干细胞的不断深入研究,近年来,几乎在所有组织中都发现了干细胞,干细胞生物学和干细胞生物工程已成为继人类基因组大规模测序之后最具活力、最有影响和最有应用前景的生命学科。

美国政府已批准投入巨资,用于支持人体胚胎干细胞的研究,并在短短的两年中,成立了几十家以干细胞研究应用为主的生物工程公司,并在美国上市。日本在2000年度启动的“千年世纪工程”中,把干细胞工程作为四大重点之一,并投入大量资金,鼓励有关科学家进行研究。在我国,党和政府也十分重视并大力支持有关研究院所与学校积极开展这项研究工作,成立专门研究干细胞基地,已在北京、上海、天津分别成立干细胞研究中心。近年来北京大学、协和医科大学、上海二医大和军事医学科学院等单位在造血干细胞研究和成体干细胞建库等方面已有相当的基础,并积累了大量经验,相信我国的科学家在不久的将来,在干细胞生物工程研究上必将取得辉煌成就。

9.4.1 干细胞工程的前景

1. 未来干细胞工程的理想阶段

虽然目前世界各国都在反对克隆人,但未来采取“病人体细胞核→核移入去核的成熟受体卵母细胞→早期胚胎→分离人胚胎干细胞→基因修饰→定向分化→培养组织或器官移植给病人”会成为一个理想的开发途径(图9.2),即从克隆胚胎建立稳定的人类胚胎干细胞以定向分化,进行临床克隆治疗是一种非常重要的使用途径。

但是,由于胚胎干细胞来源于人类胚胎,必然会遇到来自社会各方面的制约与争论,因此,有些国家对于是否支持干细胞的研究,一直是一个颇有争议的问题,然而随着干细胞生物工程研究的不断深入与发展,相信这些问题都会得到妥善的解决。

然而,自从2007年11月20日本和美国科学家宣布成功把人体皮肤细胞改造成类似胚胎干细胞的“万能细胞”之日起,人类有望将这一技术用于特定疾病的干细胞研究和治疗,并且这种被称为“直接改造”的技术能够避免人体胚胎克隆技术引发的伦理争议,其高效、便利也为进一步医学应用打开了大门。我们现在可以设想这么一个时代:能够以一种简单方式制造全能干细胞,任何人身上的组织标本均能培育出任何组织器官。

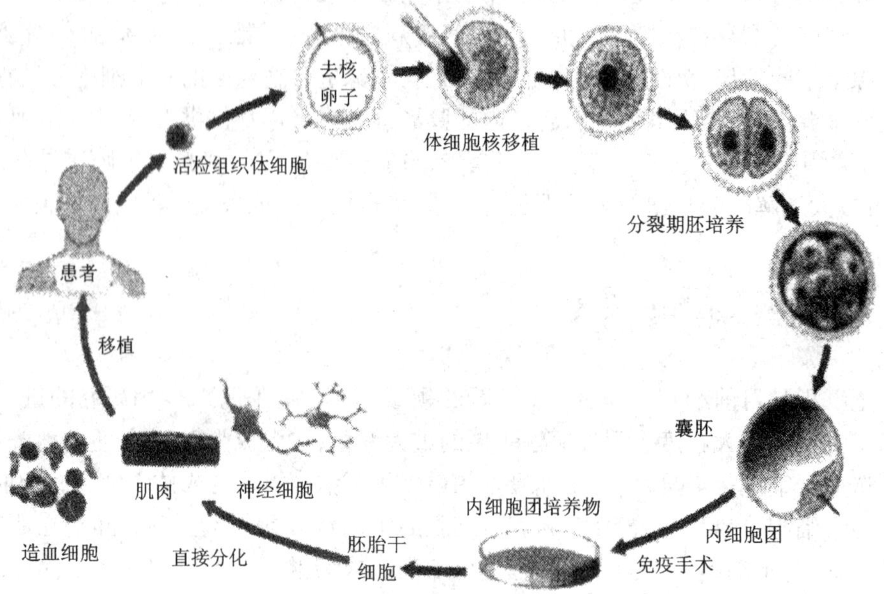

图 9.2 体细胞核转移技术用于人 ESC 系建立技术路线

2. 器官培养工业化

无论采取自体或异体移植来修复缺损组织和器官，都受到客观条件的限制，特别是种子细胞的来源不足。现在，干细胞工程学的诞生和发展，使组织和器官的移植研究进入了新的阶段，有望解决上述问题。据报道，小鼠 ESC 细胞在特殊条件下分化为骨母细胞，结合组织工程技术，形成有可能被用于骨修复的骨组织，由于尚有一些复杂的问题有待解决，因此目前着重于从成年或幼年器官或组织的碎片中分离、培养和扩增某一类型的组织干细胞。ESC 细胞作为移植源细胞和基因治疗源细胞，通过定向分化取代受损的细胞，其免疫排斥反应不大。现已证明，源于胚胎干细胞的细胞已能或可能治疗许多相关疾病，如心肌细胞治疗心脏疾病，白细胞治疗白血病，胰岛细胞治疗糖尿病，肝细胞治疗肝炎，软骨细胞治疗骨关节炎，皮肤细胞治疗烧伤和创伤，骨细胞治疗骨质疏松症，神经细胞治疗帕金森氏症等。

干细胞工程的最理想阶段是希望在体外进行“器官克隆”以供病人移植。如果这一设想能够实现，将是人类医学史中一项划时代的成就，它将使器官培养工业化，解决供体器官来源不足的问题；使器官供应专业化，提供病人特异性器官。人体中的任何器官和组织一旦出现问题，可像更换损坏的零件一样随意更换和修理。虽然“器官克隆”的名词已经不再陌生，但真正在体外形成一个具有空间结构和正常生理功能的人体器官绝非易事，但是这一“美好的愿望”终将会实现。可以预见的是，有朝一日肝病患者可以通过移植用肝细胞和塑料支架制造的“新器官”而治愈；依赖胰岛素的糖尿病患者可以不用频繁地注射胰岛素，因为他们已拥有了能够合成胰岛素的人工胰腺；肾衰竭患者可以从此与肾透析永久告别，因为任何肾脏受损的患者都可以从安装一个用他自己的细胞培育出的新肾。现在听起来还似乎都是科幻电影中的情节，但对科学家们来说，再造人体组织的器官——这一人类几千年的奇妙幻想，正一步步向我们的现实生活中走来。

3.“长生不老”的希望

用干细胞治疗许多疑难病症、提供器官移植，以及康复、保健，减轻老化、恢复青春活力等等广泛应用于临床已为期不远。目前科学家已能在体外以干细胞为种子培育成功一些组织器官,来替代病变或衰老的组织器官。假如在年老时能使用上自己或他人的婴幼儿时期采集保存的干细胞及其衍生组织,那么人类长期追求“长生不老”梦想就有可能成为现实!

9.4.2 干细胞工程的挑战

虽然干细胞生物工程的研究已经取得了令人瞩目的成就,对小鼠的研究资料已经证明,ESC 细胞是探讨分子、细胞、组织以及个体不同水平的生命现象的好模型,但是这个领域的研究还只能算刚刚起步,还有许多难题等待着我们去解决,就 ESC 细胞本身的生物学特性而言,也存在着不少基础性问题有待解决。

1. 干细胞的获取与社会伦理争论

要获取大量的成体干细胞比较困难。最普遍的成体干细胞是造血干细胞,由于这些干细胞在脐血中出现,需要在病人出生时采取并存储大量的脐血用于今后的治疗。人胚胎干细胞研究引发的争议涉及伦理、社会、法律、医学、神学和道德等问题,其中争论的焦点主要集中在伦理学(关于道德的起源、发展、人的行为准则和人与人之间的义务的学说)方面。因此,伦理学问题得不到社会的认可,胚胎干细胞的研究可能会在很大程度上受到阻碍。胚胎干细胞的来源是否符合法律和道德?人胚胎干细胞的来源大约有四种:①人工流产后的人类胎儿组织;②通过体外受精产生的人类胚胎;③用捐赠者的配子通过体外受精产生的人类胚胎;④通过体细胞核转移技术以无性生殖方法产生的人类胚胎,这一项遭到强烈的反对。围绕胚胎干细胞研究的伦理道德问题,主要包括人胚胎干细胞的来源是否合乎法律与道德,其应用是否会引起伦理及法律问题,引起的争议已成为世界性的话题。禁止生殖性克隆已成为普遍共识,而治疗性克隆的研究被多数科学家所认同。

2. 干细胞分化的控制

由于 ESC 细胞的全能性,应该可以获得任何一种想要的细胞,但这种探索性工作极为缓慢。对于成体干细胞横向分化的机制也不清楚,长期的培养可能影响细胞朝希望的方向分化。若细胞的治疗过程中,不能控制细胞的某些特性,将会出现人们所不希望的组织修复结构。准确的诱导分化是应用干细胞治疗疾病的基础,这就需要对干细胞发育的基因调控和微环境影响进行系统的研究。

3. 高度纯化的干细胞的分离

利用亲和分离方法,可以获得高度纯化的细胞,即细胞悬液中仅由一种细胞组成。在造血干细胞中,人们已总结出一整套与细胞分化阶段相关的细胞表面标志,这样便可从众多的混杂细胞群体中将有用的干细胞分离出来。但其他的干细胞是否也有实用的表面标志还需要进行研究探索。

4. 功能完善的人体器官的制造

这是干细胞工程的一个理想,ESC 细胞是实现这一理想的希望之所在,但真正在体外发育成一个完整的器官,尤其是像心、肝、肾等复杂器官,还需要技术上的重大突破。因为器官是由不同类型和来源的细胞在数量、时间、空间及功能表达上的有序组合,器官的形成是不同胚层的组织细胞相互作用而形成的,细胞与细胞之间、细胞与细胞外基质之间存在着复杂的相互联系。有学者设想合理利用细胞及组织间的相互联系,应用细胞外基质,最终可能会诱导生成一完整且有功能的器官如肾、肺、肝等,用于器官移植。也有人提出可利用原有的受体器官为支架，用ESC取代原有细胞而重建器官。总之，将ESC最终分化成一个复杂的器官尚需多方面的实验研究，而且这将是一个长期的过程。

虽然干细胞生物工程研究还有许多难点，还有许多问题需要解决，但是在未来10～15年内干细胞工程将是蓬勃发展、不断取得突破性进展的科研前沿，这个领域的突破将极大地推动整个生命科学的前进，为全人类作出巨大的贡献。

思考题

1. 简述干细胞的特性。
2. 简述干细胞工程的重要性及意义。
3. 简述细胞工程的研究内容及应用。
4. 简述胚胎干细胞的特点。
5. 简述干细胞的分类。
6. 论述干细胞的体外培养技术。
7. 论述造血干细胞来源及临床应用。
8. 论述胚胎干细胞定义及临床应用。
9. 展望未来干细胞的应用前景。

参考文献

[1] 王俊，刘颖斌，彭淑牖. 治疗性克隆的研究进展[J]. 国际外科学杂志，2007，34(3)：186-189.
[2] 卢霞，赵小立. 胚胎干细胞体外分化为造血干细胞[J]. 细胞生物学杂志，2006，28：797-802.
[3] 姜祖韵，袁毅君，赵小立，张铭. 人胚胎干细胞建系及培养的研究进展[J]. 浙江大学学报(医学版)，2006，35(1)：108-112.
[4] 裴雪涛，刘大庆. 干细胞：组织器官重建的理想种子细胞[J]. 中国修复重建外科杂志，2006，20(4)：344-348.
[5] 裴雪涛. 干细胞生物学[M]. 北京：科学出版社，2004.
[6] 陈英，原林译. 干细胞研究进展与未来[M]. 北京：人民卫生出版社，2003.
[7] 周德庆. 微生物学教程. 第2版[M]. 北京：高等教育出版社，2004.
[8] 李志勇. 细胞工程[M]. 北京：科学出版社，2003.

第10章 纳米生物技术

10.1 概述

10.1.1 纳米和纳米科技

纳米(nm)是一个空间尺度的单位,1 nm 等于 1×10^{-9} m,相当于几个原子排列起来的长度。纳米科技(nanometer science and technology)指的就是在纳米尺度(1~100 nm)上研究物质(包括原子、分子的操纵)的特性和相互作用,以及利用这些特性的多学科交叉的科学和技术。纳米科技诞生于20世纪80年代末,是正在飞速崛起的一个高新科技领域。科学家预言,纳米科技将是21世纪信息技术、材料和医药等发生革命性变革的关键所在。目前,纳米科技的基本思想和方法已经被引入不同的学科领域,从而发展出了许多新兴领域,如纳米物理学、纳米化学、纳米电子学、纳米计量学、纳米生物学和纳米医药学等。

纳米科技的思想最早可以追溯到美国物理学家 Feynman 1959 年 12 月在加州理工学院召开的全美物理学会会议上的演说"There's plenty of room at the bottom"。他指出,"如果我们能够按照意愿操纵一个个原子,将会出现什么呢? ……这些物质将会有什么性质呢? 这是十分有趣的理论问题。虽然我不能精确的回答它,但我绝不怀疑当我们在如此小的尺寸上进行操作时,将会得到具有大量独特性质的物质。"1981 年,瑞士苏黎世 IBM 实验室的 Binnig 和 Rohrer 发明了扫瞄隧道显微镜(STM),首次实现了人类直接"看"到单个原子的愿望。1985 年,Binnig 应 Quate 的邀请去美国斯坦福大学作访问研究。在这期间,他们发明了具有原子分辨率、可用于非导电样品的原子力显微镜(AFM)。STM 和 AFM 一起构成了扫描探针显微镜(SPM)系列的主体。使用 SPM,不仅能观察到一个个原子和分子,还能操纵一个个原子和分子。因此,SPM 的发明和广泛应用直接促进了纳米科技的诞生。Binnig 、Rohrer 和 Quate 分享了 1986 年的诺贝尔物理奖。1989 年,美国加州 IBM 实验室的 Eigler 博士使用低温、超高真空条件下的 STM 将 35 个氙原子排布成了世界上最小的 IBM 商标,首次实现了 Feynman 的设想:按照人的意愿排布一个个原子来构建纳米器件。从此,人类迈向纳米技术的征途真正开始了。1990 年,在美国巴尔的摩市召开了第一届国际纳米科学技术会议,会上美、英、日等国均提出了发展纳米科技的计划,纳米科技从此开上了发展的快车道。

10.1.2 纳米生物学和纳米生物技术

纳米生物学是纳米科技和生物学的交叉学科,同时也涉及物理学、化学、机械学、材料学、电子学、计算机学和医学等众多领域。纳米生物学具有两个含义:一方面是用先进的物理学、纳米科技手段研究生物学基本问题,即基于纳米技术的生物学;另一方面是向生命学习,开创发展纳米科技的新思路和新方向,即基于生物学的纳米科技研究。

纳米材料是指三维空间尺度中至少有一维处于纳米量级(1～100 nm)的材料,是由尺寸介于原子、分子和宏观体系间的纳米粒子组成的新一代材料。其特性主要包括量子尺寸效应、小尺寸效应、表面和界面效应、宏观量子隧道效应。当微粒尺寸小于100 nm时,物质的很多性能会发生质变,从而呈现不同于宏观物质的奇异现象。例如:低熔点、高比热容、高膨胀系数,高反应活性、高扩散率,高强度、高韧性,奇特磁性,极强的吸波性等。纳米微粒的尺寸一般比生物体内的细胞小得多,这就为生物学研究提供了一个新的研究途径。另一方面,生物学研究表明分子本身或通过装配可以形成具有复杂功能的分子机器。例如:酶是可以连接、断裂或重排分子间化学键的分子机器;核糖体是生产蛋白质的分子机器。这些生物大分子构成的分子机器为纳米生物学的研究提供了很好的借鉴。目前,已经研制出了基于生物分子组装的新功能器件分子马达和人工离子通道,以及利用生物分子特性进行改造获得的硅虫晶体管等。利用纳米技术操纵生物大分子,被认为有可能引发第二次生物学的革命。

目前,纳米生物学研究中出现了一些新方法和新技术。新方法主要包括单分子成像、单分子操纵和精确的分子间相互作用力测定等;新技术主要包括纳米生物传感器、纳米生物芯片、纳米机器人和纳米载体系统等,通常也被称为纳米生物技术。

10.1.3 生物大分子的观测和操纵

扫描探针显微镜(SPM)是研究生物大分子的有力工具,包括扫描隧道显微镜(STM)、原子力显微镜(AFM)、力调制显微镜(FMM)、相位检测显微镜(PDM)、静电力显微镜(EFM)、电容扫描显微镜(SCM)、热扫描显微镜(SThM)和近场光隧道扫描显微镜(NSOM)等各种系列显微镜。利用SPM人们可以直接对生物分子在其生命环境中进行检测,直观地了解生物分子的形态和分子间的相互作用,分析蛋白质和DNA的结构与功能。采用特殊的手段,人们甚至可以操纵生物大分子,得到不同结构的新的生物分子,了解大分子的功能与特性。

STM由探针及扫描器、电子学控制和计算机数据处理与显示三部分组成,通过利用存在于待测样品中的束缚电子来进行观察。物体表面的电子分布成离散状的电子云般的分布。当两个导体接近到1 nm以下时,电子云会发生重叠,电子会以一定的几率从一端飞向另一端,像穿过中间的隧道一般形成电流,故称隧道电流。随着两个导体之间的距离缩短,电流呈指数式增长。根据这种隧道效应,将一个导体设计为探针,当探针在另一个导体表面上扫描时,通过监测隧道电流的变化即可获得这种导体表面的轮廓。STM的针尖可以做得很尖,甚至其顶端仅有一个原子,这样在用STM针尖对样品进行扫描观察时,分辨率很高,甚至可达到单原子水平。

AFM是通过探针与样品原子间斥力梯度信息成像的,它不受样品导电性的影响。其工作原理见图10.1。原子、分子间的相互作用力基本上可以分为两类,即短程的斥力和长程的吸引力。当针尖与样品间距较大时,以吸引力为主;当间距远小于1 nm时,以斥力为主。利用这两种相互作用力,AFM有两种工作模式,即接触模式和非接触模式。AFM不需染色和金属包覆就能在样品自然表面测量,因而可以对一些难以用X射线、电子显微镜(EM)、核磁共振(NMR)等常规方法进行研究的生物分子进行研究。例如,Jacoboai等把水合状态的透明质酸样品沉浸于亲水的云母和疏水的石墨基板上,展现液态条件下透明质酸分子的形象,发现分子信息,这为组织中透明质酸形成的网状结构的力学原理和成因提供了线索。Ohnesorge等运用AFM对痘病毒和活细胞进行研究,在数小时内多次从活的感染细胞重复扫描,得到活细胞感

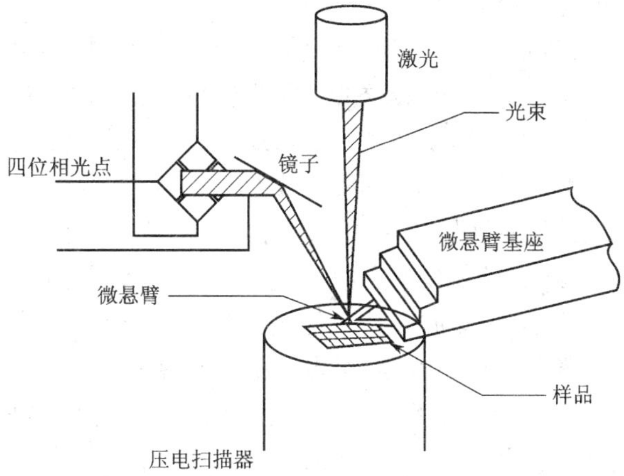

图10.1 AFM原理图

染的整个过程。用AFM在仍然活着的细胞内来观察子代病毒,在分子水平进行分离并得出准有序的纳米尺度的详细结构。

使用AFM还可以研究单个分子间的相互作用。利用低能量的激光不仅能“镊住”微粒,还能“镊住”生物大分子,并且在几秒钟内不会伤害生物分子,从而可以实现对生物大分子的直接操纵。如果在微粒上连接生物大分子,用激光镊子移动微粒,又可间接实现对生物大分子的操纵。中国科学院上海原子核研究所和德国萨尔大学合作,利用AFM观察、针尖操作等纳米操纵技术,将凝聚缠绕在一起的、呈双螺旋结构的单个DNA分子链,完整地拉直并构成二维的网状结构,将呈网状的单个DNA分子链切割、弯曲、推拉,在非常平整的云母表面写出了“DNA”三个字母。此外,这种方法还可以用来测定DNA分子的弹性,以及RNA酶在转录时对DNA分子间的作用力等。

除了SPM以外,近几年还出现了一些新技术,用于获取生物材料的结构信息。根据拉曼光谱可以描绘出细胞的大致图形,然而光谱通常很微弱。通过在细胞内导入金纳米微粒,可使拉曼信号增强5倍以上。为了逃避细胞对金纳米微粒的清除作用,可以采用包含有金纳米微粒的病毒。例如,Dragnea等采用病毒重组技术将直径5 nm的金纳米粒导入一种可感染大麦的病原体——雀麦属镶嵌病毒,从而实现了在显微镜下看到一个单独的病毒,这种图像具有与病毒直径相当的清晰度(约30 nm)。同时,拉曼光谱信号会随着病毒环境的pH值或离子强度的变化而变化,因此采用这项技术还可以描绘细胞的化学特性。

10.1.4 纳米生物技术的国内外研究现状

目前,纳米生物技术是国际生物技术领域前沿的研发热点,美、日、德等发达国家已将其列入国家重点发展领域,并斥巨资投入该项研究。美国将纳米生物医药列为突破重点,主要包括在分子生物学中的应用、疾病早期检测和治疗、纳米药物输运、纳米仿生、组织工程中关键纳米技术等方面。美国国家癌症研究所(NIC)的计划中,将借助纳米技术(如纳米颗粒材料技术和纳米传感器技术),研究一些新的、针对恶性肿瘤的早期诊断与治疗技术。日本纳米生物技术的研究重点主要包括对体内病灶进行诊断和治疗的微型系统以及纳米仿生材料。从2002年起,日本政府专门实施了“纳米医疗器械开发计划”,开发毫米级的内窥镜等各种微型医疗器械。德国纳米生物技术的研究重点包括先进的药物传递方式、生物分子或复合物的处理操纵和探测、具有生物实体的纳米电子学、生物实体界面的研究和生物实体的电子探测等。

我国纳米生物技术的发展与先进国家相比,起步较晚,但近几年在生物医药领域的研究已取得一定的进展,主要集中在纳米药物载体、纳米诊断技术、纳米生物材料和纳米中药等方面。在纳米药物载体治疗人体恶性肿瘤技术方面,完成了纳米载体制备工艺、生物学特性分析、药效学实验,建立了磁纳米粒、海藻酸钠纳米粒和阿霉素链接技术平台,药物的包封率达到90%以上,已进入临床前试验。纳米诊断技术方面,研制了纳米包膜超声造影剂,开发了基于纳米晶生物探针的免疫层析检测、纳米盒放大技术的电化学 DNA 传感器等技术,有利于疾病的早期诊断和鉴别诊断。在纳米生物材料方面,重点突破了纳米磷灰石类骨晶体与聚酰胺高分子复合生物活性硬组织修复系列制品开发技术。其中,纳米磷灰石晶体与聚酰胺复合生物活性材料体系取得了原始创新性成果。

2003 年,卫生部纳米生物技术重点实验室在中南大学(湖南省长沙市)挂牌成立。实验室在纳米生物技术研究方面,建立了较完善的研究体系,具有较好的实验条件和较强的、多层次的、多学科的、稳定的专业技术人员近百位。重点实验室的主要研究方向包括:提高抗恶性肿瘤化疗药物疗效的纳米磁性药物载体关键技术;纳米技术改造药物制剂工艺以提高化学药物生物利用度与疗效;纳米技术改造中药制剂工艺以提高疗效、生物利用率和降低毒副作用;纳米磁性颗粒在外加磁场的作用下治疗恶性肿瘤;具有生物相容性的纳米骨材料;纳米诊断技术芯片、生物表征、纳米尺度检测;碳纳米管、纳米探针的制作。

纳米生物技术在医学临床的应用在可预见的将来会非常广泛。利用纳米技术进行恶性肿瘤早期诊断与治疗的探索研究已全面展开,纳米药物载体的实验室研究在一些领域已取得重要进展,标志纳米生物技术应用于恶性肿瘤安全有效的靶向性治疗将成为一种新的诊疗方法,可望在 15 年内征服一部分恶性肿瘤。纳米基因载体将推进基因治疗的临床应用进展。纳米探针诊断技术和纳米磁珠细胞分离技术已在临床和生物技术产品开发广泛应用,纳米生物材料作为人体内植入物和应用于组织工程将解决传统材料在临床应用的许多弊端,纳米技术改造传统中药加工工艺将在很大程度上提高中医药的治疗效果。我国纳米生物技术的未来发展重点将在药物和转基因纳米载体、组织相容性纳米生物材料和体内植入物、纳米诊断技术和纳米中药等重要领域,以提高疾病的早期诊断效率和疗效为目标。

10.2 纳米生物材料

应用于生命科学中的纳米材料可称为纳米生物材料。根据生物材料的分类,纳米生物材料主要包括两类:一类是适合于生物体内应用的纳米材料,其特征是具有良好的生物兼容性,如组织工程材料等;另一类是利用生物分子的特性而发展的纳米材料,可能不再适用于生物体内,而被用于其他用途,如分子马达等。与相同组成的微米材料相比,纳米生物材料具有特殊的生物学效应。例如:纳米金属的毒性低,传感特性和弹性模量接近生物组织,细胞可在其表面生长,并可修复病变组织。尽管很多基本问题仍然不清楚,但是带有生物与纳米特征的新材料研究与开发已取得很大进展。现代材料科学在亚微米与纳米水平的合成与控制方面不断取得进展,使得制造具有一定特性的功能材料成为可能。

10.2.1 天然纳米生物材料

生物马达是一类能够将 ATP 水解产生的化学能转化为机械能的生物大分子或复合物，主要包括 Kinesin 与 Dynein 超家族，以及与 DNA 相互作用的蛋白质。它们在肌肉收缩、细胞移动和分化、囊泡转运、信号转导、DNA 复制、卷曲与翻译方面等起着重要作用，因此也称作纳米机器。目前，人们对生物马达的详细结构及其运动轨迹进行了大量研究，但是对其生物力学机制仍然不太清楚。

Kinesin 分子是一个线状双头马达，每个头由一个带有 ATP 结合结构域的重链与一个带有运动囊泡的轻链组成，两个轻链形成卷曲螺旋的劲部区域。Kinesin 分子通过在细胞内沿着微管移动囊泡而发挥转运作用。每消耗一个 ATP 分子水解提供的化学能，Kinesin 分子便沿着微管移动 8 nm，相当于两个微管蛋白亚单位之间的距离。阻止 Kinesin 分子的移动大约需要 5 ~7 pN 的机械力。Myosin 也是一个两头线性马达，每个头由一个球形马达结构域与一个长的杠杆臂结构域组成。在任一时间，只有一个头黏附到 Actin。ATP 水解提供的化学能，会使杠杆臂摆动，使得 Myosin 在骨骼与平滑肌内部的 Actin 网络与 Myosin 细丝之间产生滑动。ATP 合成酶是世界上最小的马达蛋白，包括一个构成质子通道的跨膜成分 F_0和一个包含催化位点的可溶性成分 F_1-ATPase。ATP 合成酶既能利用 ATP 水解对抗电化学梯度，泵质子穿过生物膜，又能利用来自跨膜质子梯度的能量合成 ATP。F_1-ATPase 直径小于 12 nm，每个 ATP 分子水解可使其旋转 120°，无载荷时转速可达 17 r/s。将 ATP 合成酶与纳米机电系统组合在一起可以制造出新型的纳米机械装置。

纳米马达也能以与 DNA 结合的单个蛋白分子形式存在。例如：细胞中 DNA 聚合酶、RNA 聚合酶及拓扑异构酶是参与基因转录、复制与 DNA 卷曲的马达分子。一些 RNA 聚合酶以每秒 10 多个核苷酸的速度合成模板 DNA 的 RNA 拷贝；T7 DNA 聚合酶以每秒高于 100 个碱基的速度复制 DNA。目前，关于 DNA 复制与转录机制的研究已部分地集中在纳米马达的分子机制上，其中许多研究利用激光镊子测量马达分子与 DNA 之间的相互作用力。例如：在饱和的 dNTP 浓度条件下，*E. coli* RNA 聚合酶在外加力为 14 ~25 pN 时可使转录停止，而且随着力的增加，转录速度降低。T7DNA 聚合酶沿着单链 DNA 模板移动时，对 DNA 链的张力非常敏感，DNA 扭转力似乎通过拓扑异构酶影响 DNA 超螺旋的松弛。阐明生物马达的力学、化学相互转变的机制，将有助于功能性纳米装置的设计与制造。

DNA 易合成，具有高度特异性与柔韧性，是构建纳米机器的最佳材料。DNA 不仅可形成双链二级结构，而且也可形成三级、四级，甚至更高级的结构。根据 DNA 碱基互补配对特性，DNA 已被用于制造二维晶体、DNA 计算机与电子线路原型。此外，在不同拉力下，DNA 至少会出现四种形变，其规律为：①熵-弹性形变；②虫样链；③外周笼廓伸展；④B-DNA 向 S-DNA 相变。DNA 分子的不同构象可用于 DNA 马达的设计。例如：一个人造的 DNA 纳米马达采用了分子内部结构与分子间的结构，通过两种构象之间的快速转化，使得纳米马达能完成虫样的延伸与收缩运动。由于具有简单的稳定结构，方便的操作与高效率，使得 DNA 纳米马达具有为纳米机器提供动力的潜力。蛋白质是制备纳米机器的另外一种天然材料，蛋白质构建的分子机器在细胞中大量存在。多肽分子在液体中经过自组装可形成纳米超分子结构，如胶态离子、囊泡、单向膜与微管等。这些自组织体可满足不同的纳米工程材料的需求。另外，蛋白质识别与结合结构域的研究，揭示了带有特殊化学键的蛋白分子结构，可提供靶分子的选择性识别区域。因为蛋白质是氨基酸的聚合物,化学残基的适当配对与定位能够制造出具有特殊识别能力的人造大分子。通过分析结合蛋白,科学家已成功地设计出特异性识别并结合生物分子的仿生材料。

最近,美国和北爱尔兰的研究者偶然发现了一种活的半导体,它能够嗅出生物战所用的毒气。这一发现来自于为消除计算机芯片生产线上的某些特殊细菌的实验。为消除这些微生物,研究者试用了从紫外线到强氧化剂各种手段,但是细菌仍可幸存。纽约州立大学的生物学家 Baler 认为,在清洗半导体芯片时,溶解于超纯水中的半导体材料会围绕细菌结晶,形成细菌的保护层。这一现象的发现为科学家们提供了广阔的想象空间,研究者们已经开始尝试将外面包上硬壳的细菌用于制造生物晶体管。在普通三极管中,由源极到漏极的电流受门极电压的控制,而这种细菌半导体晶体恰好可以用作生物晶体管的门板。在呼吸和光合作用等产生电子转移的生物过程中,光照或者器官的水气能诱导细菌产生电子,控制生物晶体管的开启。

10.2.2 纳米仿生材料

核酸与蛋白质是执行生命功能的重要纳米成分,是最好的天然纳米生物材料。这些成分相互作用编织了一个复杂的、完美的生物世界。纳米仿生材料研究不仅涉及基因与蛋白质的结构与功能,还包括它们的识别、结合、相变、特殊因子的释放、生物电化学信号的产生与传导、生物力学与热力学特性。昆虫的黏附系统是一种生物纳米材料,由很多纳米颗粒组成,这种结构导致黏附摩擦力呈几何级数增加。所以,昆虫能够在玻璃等物体上黏附住,而不掉下来。据此,可以根据生物陶瓷与聚合体材料的特性,通过不同排列方式植入纤维而得以优化其力学性能并修饰其结构。蜘蛛丝是由蜘蛛分泌的丝蛋白纤维构成的,具有平衡的硬度、强度与延展性。因此,一些研究者将蜘蛛丝用作原子力学显微镜的探针,将基因工程重组的蜘蛛丝用作纺纱纤维,利用丝纤维的仿生矿化制造特殊功能的生物复合材料。

生物矿化是指在生物体内形成矿物质(生物矿物)的过程。生物矿化区别于一般矿化的显著特征是,它通过有机大分子和无机物离子在界面处的相互作用,从分子水平控制无机矿物的析出,从而使生物矿物具有特殊的多级结构和组装方式。在生物矿化中,由细胞分泌的自组装的有机物对无机物的形成起模板作用,使无机矿物具有一定的形状、尺寸、取向和结构。生物矿化为纳米生物材料的设计加工提供了有效的手段。研究发现,在软体动物的损伤修复期间,其组织再生涉及壳生物材料的沉积。首先,形成一个由交叉连接的纤维组成的有机层,并形成33 nm 间隔的明暗带。接着,球粒结构的矿物质植入有机层,矿化过程发生。这表明有机层起着矿化形成的底物作用,这一过程对功能材料的制备非常有意义。在自然界,某些细菌细胞膜可以不同程度地矿化。细胞膜外 S 层含有规则排列的蛋白质分子,从而作为模板诱导矿化微结构纳米材料合成。模仿上述过程,制成的含纳米纤维的生物可降解材料已经开始应用于组织工程的体外及动物实验,并显示出良好的应用前景。

生物纳米材料的生化过程、力学形变与运动规律也为仿生材料的设计与制造提供了想象空间。坚果壳的形状结合了最好的材料特性,既能保护种子对抗外界的破坏,同时又能确保种子在发芽期间可从壳内出来。研究表明,坚果壳内部存在 10 ~ 20 nm 直径的单层草酸钙晶体,一方面可以储存大量的钙,满足细胞囊的要求,另一方面能够增强组织的力学性能,对抗外界的破坏侵袭力。坚果壳提供了过量储层钙与周期性间隔处理钙的有效机制,为仿生材料的设计提供了很好的思路。磁性细菌中存在磁性纳米材料,每个生物磁性分子被包裹一层膜,并排列成链状,在细胞内形成磁极。磁性粒子的直径在 50 ~ 100 nm 范围,每个细胞内有 10 个左右磁性分子。这些生物磁性分子有单个磁极,在液体中有超级弥散特性,可被用于免疫分析或诊断芯片。

10.2.3 纳米医学材料

纳米无机材料在人工器官的制造、临床应用等方面,具有广泛的应用和广阔的发展前景。氧化物陶瓷是一类重要的组织工程材料,在临床上主要用于人工骨、人工关节、人工骨钉、人工齿、种植牙和耳听骨修复等。此外,还可以用作负重的骨杆、锥体人工骨、修补移植海绵骨的充填材料、不受负重影响的人工海绵骨及兼有移植骨作用的髓内固定材料等。由于气孔和缺陷的影响,常规氧化物陶瓷存在着低温脆性的缺点,强度和韧性都难以满足临床上的要求,使其应用受到一定的限制。纳米陶瓷材料的晶粒尺寸、晶界宽度、第二相分布、气孔尺寸、缺陷尺寸等都限于 100 nm 的尺度。由于晶粒尺寸很小,纳米陶瓷材料中的内在气孔或缺陷尺寸大大减少,材料不易造成穿晶断裂,有利于提高材料的断裂韧性;而晶粒的细化又同时使晶界数量大大增加,有助于晶粒间的滑移,使纳米陶瓷材料表现出独特的超塑性。例如:在 180 ℃下,纳米 TiO_2 陶瓷在外力作用下呈正弦形塑性弯曲。即使是带裂纹的 TiO_2 纳米陶瓷也能经受一定的弯曲而裂纹不发生扩散,而在同样条件下,粗晶材料则会出现脆性断裂。

贴壁依赖型细胞只有在材料上黏附后,才能生长和分化。模仿天然的细胞外基质——胶原的结构制成的含有纳米纤维的生物可降解材料已开始应用于组织工程的体外及动物实验。清华大学崔福斋等模仿天然骨基质的组成和结构,研究开发出多孔的纳米级羟基磷灰石/胶原复合物材料。以该材料构成的三维支架可为成骨细胞提供与体内相似的微环境,因而细胞在该支架上能很好地生长并能分泌骨基质。体外及动物实验表明,这种羟基磷灰石/胶原复合物是良好的骨修复纳米生物材料,性能优于目前骨科医疗中使用的合金材料。另外,羟基磷灰石与骨骼主要成分的性能一致,其物理特性符合理想骨骼替代物的模数匹配,强度数值和密度指数也与骨骼相似。因此,这种材料与正常骨骼组织的相容性好,不易产生骨折,如果将其用作正畸医疗材料将具有明显的优势。

碳基纳米生物材料在人工心脏瓣膜、人工骨、人工关节、人工齿根等方面具有广泛的应用。碳纳米材料主要包括纳米碳纤维和碳纳米管。纳米碳纤维除了具有微米级碳纤维的低密度、高比模量、高比强度和高导电性之外,还具有缺陷数量极少、比表面积大和结构致密等特点。碳纳米管具有优异的力学和电学性能。其强度是钢的百倍,还具有毛细管性质,具有高效吸附特性,可将其用于血液的净化系统,清除某些特定的病毒或成分。利用碳纳米材料的这些超常特性和良好生物相容性,可以使碳基人工材料的强度、硬度和韧性等多方面性能显著提高。

纳米高分子材料在生物医学领域,如免疫分析、药物控释载体和介入性诊疗等方面都有着广泛应用。免疫分析是指在特定的载体上以共价结合的方式固定对应于分析对象的免疫亲和分子标识物,并将含有分析对象的溶液与载体混合,然后通过显微技术检测自由载体量,就可以精确地对分析对象进行定量分析。这种方法可用来对蛋白质、抗原、抗体乃至整个细胞进行定量分析。在免疫分析中,纳米高分子微粒,尤其是具有亲水性表面的微粒,对非特异性蛋白的吸附量很小,被广泛地作为新型的标记物载体来使用。纳米微粒的粒径小,比表面积大,具有较高的胶体稳定性和优异的吸附性能,并能很快达到吸附平衡,因而纳米高分子微粒可以直接用于生物物质的吸附分离。通过在纳米微粒表面引入羧基、羰基、磺酸基、胺基等不同官能团,就可以利用电荷或氢键作用,与蛋白质、核酸等生物大分子结合,产生共沉降而分离生物大分子。若改变条件,又可使生物大分子解吸附,从而回收生物分子。纳米高分子微粒经过表面修饰后带有正电荷,与发酵液、匀浆液中带有负电荷的微生物、动植物细胞或细胞碎片产生絮凝作用,将它们从体系中清除。

纳米材料在临床应用的一个主要问题是这些材料能否被机体免疫系统接受。到目前为止,人们对纳米材料与免疫细胞之间的相互作用了解很少。随着越来越多的纳米设备被制造出来,从根本上理解纳米材料与免疫网络之间的相互作用显得越来越重要。据报道,带有直径18 nm孔的生物膜能够保护被包裹的细胞或组织避开机体免疫反应。这种现象对特殊的纳米材料设计制造具有潜在的指导意义。生物兼容性是指控制与生物组织相接触的材料行为的一系列复杂的理化与生物学反应过程,包括生物材料的表面化学与形态特征以及吸收浆蛋白的图像。带有生物兼容性表面的纳米材料可直接用于制造临床纳米装置及用作组织工程材料。例如:水凝胶基础上的自组织肽拥有唯一的纳米与微米形态,已用作组织工程支架;生物降解的聚乳酸支架可用作骨的替代物;蜂房胶原结构是一个极好的三维的生物降解材料;一个生物降解性聚合体(如BMP2)递送系统已被用于促进骨形成。

目前,纳米生物材料展示出广阔的应用前景。一方面,通过纳米生物材料的研究可以更好地理解生命科学与材料科学交叉领域的基本原理,这些原理可用来设计与制造各种纳米装置。另一方面,纳米生物材料已有了巨大的商业市场。据英国纳米技术研究所统计,生命科学产品在全球创造了每年1 000亿美元的利润,目前纳米特征的产品只占总量的1%。相信随着纳米生物技术的快速发展,这个比例在不远的未来将呈指数增长。对生物医学的创新正越来越集中在纳米技术与传统技术的整合方面,在不远的将来,纳米生物材料将很可能改变我们的生活。

10.3 纳米生物传感器

10.3.1 基本概念

1962年,美国科学家Clark将酶法与电化学传感器结合起来,组成了一种新型的用于分析生物、化学样品的装置——“酶电极”,这是出现最早的生物传感器。生物传感器是能够感受生物量并转换成可用输出信号的传感器,是一种实时监测生物体、组织、细胞内各项成分、性质指标的技术。生物传感器具有灵敏度高、选择性好、响应快、操作简便、样品需要量少、易于微型化、价格低廉等特点,因此,在生物医学、环境监测、食品医药工业领域得到迅速发展和应用。生物传感器主要由两部分组成:其一是分子识别元件或称感受器,由具有分子识别能力的生物活性物质构成;其二是信号换能器,是一个电化学或光学转换元件。当分子识别元件与底物(待测物)特异结合后,所产生的复合物(或光、热等)通过信号转换器转变为可以输出的电信号或光信号,从而达到分析检测的目的。生物传感器是基于电化学或光学传感的原理,原则上可分为电化学式和光学式两大类。其中:电化学式包括电位式、电流式和电导式;光学式包括吸光式、反光式和发光式。

在生物学、医学研究中，传统的生物传感器体积较大，仅能用于组织、细胞悬液等的测量，当检测样品的尺寸缩小到微米级时，如检测活细胞或其他亚细胞组分时，实时、准确、无干扰地测量样品内化学和自然成分变得极为困难。纳米生物传感器是一种敏感部尺寸为 1 ~ 100 nm 的生物传感器，作为生物传感技术领域最近迅猛发展起来的一项新型传感器，它是研究单细胞最基本的技术。它具有体积小、能在细胞内实时测量、对细胞无损伤或微损伤等诸多特点。已有报道将纳米生物传感器用于多种领域，如生物、医学、环境监测等。

10.3.2 纳米生物传感器的研究状况

随着新技术、新工艺的发展，制造纳米光纤探针和纳米敏感材料的技术逐步成熟，运用纳米光纤探针和纳米级的识别元件检测微环境中的生物、化学物质成为可能。运用这种高度局部化的分析方法，能够监测微环境（如细胞和亚细胞结构）中各成分浓度的渐变及其在空间的不均一性。利用纳米技术和光纤技术可以制成各种纳米光纤生物传感器，如荧光纳米光纤生物传感器、光纤免疫传感器、DNA 纳米光纤传感器、无转换器的细胞内生物传感器以及利用纳米颗粒膜的巨磁阻效应研制的高灵敏度磁传感器等。

荧光纳米光纤传感器具有荧光分析特异性强、敏感度高、不用参比电极、使用简便和体积小等诸多优点，有广泛的应用前景。1992 年，Kopelman 等最早制作了基于荧光的纳米光纤传感器，用于检测微环境中的 pH 值。该纳米传感器响应时间大约为 300 ms，比传统的光纤传感器的响应时间缩短 1% 以上，而 pH 浓度检测下限精度比传统传感器提高了 6 个数量级，适宜于对单个细胞和亚细胞结构的检测。Barker 等制作出了一种胶体金 NO 纳米传感器。该传感器头部直径为 200 nm，在头部包被了能与 NO 相结合的亚铁细胞色素 c 和相应的荧光染料，用此传感器可以检测小鼠巨噬细胞内 NO 水平。

Dinh 等研制出用于检测 BPT（benzopyrenetetrol，一种与暴露于致癌物质苯并芘相关的 DNA 损伤的生物标志物）的免疫纳米光纤传感器，纳米探针是一支直径 50 nm、外面包银的光纤，并传导一束氦-镉激光。它的尖部贴有可识别和结合 BPT 的单克隆抗体。325 nm 波长的激光将激发抗体和 BPT 所形成的分子复合物产生荧光。此荧光进入探针光纤后，由光探测器接收，该传感器的最低检测限是 10^{-21} mol。如此高选择性和高灵敏度的纳米传感器能用于探测多种细胞内物质，监控活细胞中的蛋白质等的相互作用等。此外，该传感器还可以探测基因表达和靶细胞的蛋白生成，用于筛选微量药物，以确定哪种药物能够最有效地阻止细胞内致病蛋白的活动。

将能固定于微小载体上的纳米敏感材料注入细胞内，与待测生物标志物结合时能发出荧光，在细胞外精密测光，构成一类新型传感器，即没有换能装置的胞内生物传感器。这种传感器主要是针对荧光指示剂法检测细胞内离子浓度存在的许多问题而提出的，如荧光染料和细胞内蛋白质、细胞器等相互作用会导致检测数据失真，荧光染料从细胞中的快速漏出等。Kopelman 等在这方面率先做出了有益的尝试，他们研制了一种新型的局部生物性包埋的胶囊样探针 PEBBLE 传感器，可用于测量单细胞内的 pH 值。它是一种纳米级的球状聚合物，其内含有用化学惰性基质包裹的纳米级传感分子，即荧光染料。聚合物为荧光染料提供了一层保护膜，确保它们不会漏入细胞内，从而减少了因荧光染料与蛋白质或膜或细胞器的作用所致的误差。同时，聚合物还能防止荧光染料对细胞产生毒作用，起到了保护细胞内容物的作用。该传感器在体外校准后可直接用于测定体内生物化学物质，这样既保证了原有传感器的反应特性又无需考虑周围环境的影响。

生物系统拥有一些独特的能力,如控制晶体结构、相的方向、对无机材料纳米结构的调节以及识别与材料特异结合的蛋白等。因此,生物分子固有的自组织、高选择特性也可被用于制造纳米传感器。例如,直径0.2~2 nm、长度1~2 nm的生物离子通道具有高度的离子选择性,离子通道开合状态之间可快速切换,并可被一些离子抑制。Kasianoviez等将一种细菌的离子通道(α溶血素)组装在人工双分子层脂质膜上,在膜两侧加上电压使通道打开,同时在电场作用下单链的DNA或RNA分子通过1.5 nm宽的离子通道,由于不同碱基理化特性不同以及通道内电荷分布对离子通量的影响非常显著,因而在核酸链通过通道的过程中,随碱基序列的不同可以记录到单通道电流随时间改变的不同形式。这是一种全新的纳米探测技术,目前的速度已经达到1bp/ms。

最近,生物大分子用于制作纳米探针越来越受到重视。在很多方面,DNA都是构筑纳米线状材料较为理想的结构。以DNA为模板,可以在其表面诱导合成金属纳米粒子,从而得到具有导电特性的线状复合材料。在该材料中,DNA的表面覆盖了金属纳米粒子,因此DNA只起到了支架作用,不再具备选择性地结合其他生物分子的特性。研究发现,锌、镍、钴等离子很容易进入DNA双螺旋中心,从而形成DNA导线。在这种纳米复合材料中,DNA仍然保持着选择性结合其他分子的能力。利用这种材料可以用作探测遗传畸变和鉴别混合物的新型生物传感器。以所要探测的特定序列DNA为原料,合成出DNA导线。由于该DNA链是导电的,杂交DNA所引起的变化会起到阻碍电流的作用,因而可以通过测量电导的变化来识别DNA的异常。此外,当环境毒素、毒品或蛋白质等分子结合到这种金属DNA上时,金属离子会被排斥出来,导致导电性的变化。由于信号强度的减小正比于污染物的浓度,所以能够很容易地确定环境毒素的浓度。

10.4 纳米载药系统

10.4.1 纳米药物载体

纳米药物载体是目前纳米生物技术的重要研究领域,主要应用于抗肿瘤等药物的靶向或局部给药制剂。现有治疗肿瘤的药物在治愈肿瘤的同时,对人体正常组织的损伤和破坏也较严重。用于治疗肿瘤传统剂型的药物在给药后会形成全身系统性分布、靶向性差、毒性相对较大、治疗指数低、疗效差、需要多次服药或注射,给患者带来不便和痛苦。纳米药物载体以纳米颗粒作为药物的携带体,将药物包裹在纳米颗粒之中或吸附在其表面。由于纳米药物粒径小,能很容易地通过胃、肠黏膜和鼻腔黏膜,甚至皮肤的角质层,不仅可以进入血液循环,甚至可以进入骨髓。通过与导向物质等功能成分的组装,既可以显著提高靶向性,又可以提高药物在患部的相对浓度。同时,由于载药纳米粒的粒径小,比表面大,对受体组织的黏附性大,给药后滞留性及与组织的接触时间、接触面积均大为增加,从而可提高药物的生物利用度、降低毒性、减少药剂用量。

纳米高分子材料制成的药物载体与各类药物,无论是亲水性的、疏水性的药或者是生物大分子制剂,都有良好的相容性,能够负载或包覆多种药物,并能更有效地控制药物的释放速度。

在微球中应用的高分子材料应具有生物相容性、可生物降解性、无生理毒性、一定强度和稳定性。应用的高分子聚合物可分为合成聚合物、天然聚合物或两者结合使用。天然聚合物包括壳聚糖、纤维素及其衍生物、淀粉和蛋白质等;合成聚合物一般有聚乳酸(PLA)、聚乙交酯丙交酯(PLGA)、聚羟基烷酯(PHA)、聚羟基丁酯(PHB)、聚乙交酯(PGA)、聚内酯(PCL)及其共聚物等。例如,载有地塞米松的乳酸—乙醇酸共聚物的纳米微粒,动脉给药进入血管,可有效治疗动脉再狭窄;而载有抗增生药物的乳酸—乙醇酸共聚物纳米微粒经冠状动脉给药,可以有效防止冠状动脉再狭窄。载有抗生素或抗癌制剂的纳米高分子微粒也可以用动脉给药,用于某些特定器官的临床治疗。除了动脉给药以外,载有药物的纳米球还可以制成乳液进行肠外或肠内的注射,也可以制成疫苗进行皮下或肌肉内注射。

壳聚糖是一种从虾皮、蟹壳等提取出来的天然高分子氨基多糖,分子量一般为几万至几十万不等。壳聚糖具有生物兼容和体内缓慢降解的特性,无毒性,皮肤黏膜无刺激性和无免疫原性,在可控、缓释的药物载体研究中得到广泛的应用。口服的壳聚糖纳米粒显示了较好的肠上皮吸收和转运能力,这些特性在口服的DNA疫苗研究中受到关注。壳聚糖纳米粒载体易于进行表面共价修饰、靶细胞配体的修饰,可实现药物主动靶向性的传递,也可以表面进行PEG修饰,延长载体在体内的半衰期。

PLGA由乙交酯与丙交酯聚合而成,PLGA中单体分子的比例不同可影响其在体内的降解速度,而且聚合物分子量越大,分子结构排列越规整,生物降解速度越慢,因而可根据材料的选择实现可控的基因释放。由于其良好的生物兼容性,在体内最终的代谢产物为水和二氧化碳,已被美国FDA批准可作临床药用的辅料。PLGA纳米粒包裹或吸附的治疗基因一般在24 h内经历首次突发释放,可占其负载量的50%,其后进入缓慢释放的阶段长达一月之久,并保持所负载质粒的结构和功能的完整性,使质粒持久地释放和表达。

纳米复合材料是指由两种以上的纳米微粒进行复合,或两种以上的纳米薄膜逐层交替铺上,或纳米微粒和薄膜复合的复合材料。由于纳米微粒具有大的比表面积与表面能,使一些通常不互溶的组分有可能在纳米尺度上复合,从而形成新型的金属/陶瓷、陶瓷/陶瓷复合材料。由于存在的纳米效应,可以明显改善复合材料的韧性和耐温性等许多性能,拓宽材料的应用领域。例如,磁性纳米微球主要包括三种结构形式。①核—壳结构:一般由具有磁导向(靶向性)作用的磁性材料构成的核部和具有一定活性基团与生物相容性的高分子材料构成的壳层组成,在高分子壳层连接所需携带的药物和抗体等。磁性材料主要是由纳米级的金属氧化物,如铁、钴、镍等的氧化物组成,而壳层由合成高分子或生物高分子纳米包囊而成。由于磁性纳米生物材料的生物活性、亲和性或反应活性,可结合各种功能分子,如酶、抗体、细胞、DNA或RNA等,因而在靶向药物、酶的固定化、免疫测定、细胞的分离与分类等领域可望有广泛的应用。②壳—核结构,即将高分子材料作为核部,外面包裹磁性材料。③壳—核—壳结构,即最外层和核部为高分子材料,中间层为磁性材料。后两种结构是以高分子层为核部,可在核部结合对生物体内环境反应较敏感的药物等,避免其在到达靶部位前与生物环境发生反应,而降低疗效或对其他细胞、组织、器官产生毒副作用。

10.4.2 纳米基因传递系统

基因治疗是一种极具应用前景的肿瘤与遗传疾病治疗方法,生物治疗的重要组成部分。其基本原理是通过将质粒DNA插入目的细胞,来修复遗传错误或产生治疗因子,如多肽、蛋白质、抗原等，从而达到治疗的目的。介导基因转染的载体一般分为病毒型和非病毒型两种。病毒载体虽然转染效率高，但在应用中存在严重的副作用，如引起强烈的免疫排斥反应，故其发展已受到限制。传统的非病毒载体，如裸 DNA、脂质体、磷酸钙及电转移等虽然安全，但转导效率较低，难以获得满意的基因表达。因此，发展新型的安全、高效的基因治疗载体系统显得非常关键。此外，基因治疗过程中所使用的目的基因最好能特异地靶向靶细胞，否则会有一定的毒副作用或其他问题，因而靶向基因治疗是基因治疗长期的发展方向之一。

近年来，由于具有诸多良好的生物学特性，纳米生物材料逐渐成为制备高效、靶向基因治疗载体系统的良好介质。在药剂学中，纳米载体是指由纳米生物材料制备，尺寸界定在 1 ~1 000 nm 的药物载体，具有生物兼容性、可生物降解、药物缓释和药物靶向传递等良好的特性。正因为如此，药物纳米载体开始向基因治疗渗透，并形成新一代的纳米基因治疗载体，成为基因治疗研究的新热点之一，显示出良好的发展潜力。目前，纳米基因传递系统采用的纳米载体主要包括纳米脂质体、纳米微粒、微胶粒、LDH（layered double hydroxide）和树枝状分子（dendrimer）等。

纳米脂质体是由脂质体构建的囊泡/囊膜载体，根据载体自身所带电荷分为阳离子脂质体、中性脂质体和阴离子脂质体。阳离子脂质体是非病毒载体中研究和应用最多的载体之一。许多阳离子脂质体的基因传递效率受血浆蛋白的抑制，易于被体内的网状内皮细胞系统清除，限制了其在体内的应用。对脂质体进行修饰可逃避巨噬细胞的吞噬，实现靶向性、智能化的基因传递，具有很好的临床应用前景。

不同类型组织细胞，如肿瘤细胞，表面存在一些相对特异性的高表达的膜分子受体，对脂质体进行高亲和力配体的修饰可实现配体靶向基因传递。许多恶性肿瘤细胞表面高表达叶酸受体、转铁蛋白的受体，叶酸及转铁蛋白修饰的阳离子脂质体就增强了肿瘤组织的靶向性，而且克服了体内基因治疗时血浆蛋白对阳离子脂质体转染的抑制。肝脏是一些代谢性疾病基因治疗的靶器官，针对肝组织细胞高表达唾液酸蛋白受体而进行相应配体的修饰，如半乳糖唾液酸胎球蛋白，可加强肝靶向的基因药物传递。Hood 等利用肿瘤血管内皮细胞表面高表达的 $\alpha_v\beta_3$ 整合素高亲和力的有机小分子和脂质分子共价连接，组装成直径 40 ~50 nm 的阳离子纳米脂质体，其携带干扰内皮细胞信号传导的基因可特异性靶向肿瘤血管内皮细胞，显示靶向的高度特异性。静脉注射 72 h 后观察到小鼠肿瘤组织内的内皮细胞凋亡，长期观察发现部分小鼠肿瘤组织消退。

单克隆抗体、基因工程抗体技术的发展也加强了纳米脂质体在靶向治疗中的应用。针对靶细胞表面受体的抗体与脂质体偶联可形成免疫脂质体。$p185^{HER2}$ 是 20% 的人乳腺癌细胞高表达的膜受体蛋白，Park 等将 $p185^{HER2}$ 单克隆抗体的 Fab 片段通过硫醚键连接到纳米脂质体上，特异性的靶向乳腺癌肿瘤细胞，显著增加了细胞对脂质体摄取。此外，针对转铁蛋白受体的单链抗体（scFv）、E-选择素抗体修饰的脂质体等的研究亦显示出良好的靶向性。

病毒脂质体是指将病毒来源的蛋白或肽段连接在脂质体膜上构建而成的载体。利用病毒蛋白的特性以促进其进入细胞及核内定位，加强基因的传递和细胞内的表达。用灭活的仙台病毒（HVJ）或其包膜蛋白与阳离子脂质体组建的 HVJ-脂质体，显著增加了细胞的摄取和表达。近来发现 HIV-I 的反式激活蛋白（TAT）具有非受体、非能量，非细胞胞吞作用依赖性就可高效进入细胞。这种特性与 TAT 蛋白富含碱性氨基酸的蛋白转导结构域（PTD）有关。这些特性使其作为药物及基因载体方面的研究受到关注。Torchilin 等将合成的 11 个氨基酸的

PTD 短肽连接在 200 nm 的脂质体上，体外培养基因转染及肿瘤瘤内注射显示良好应用效果，并且体外基因转染未受低温和代谢抑制剂影响。

纳米微粒载体是由高分子材料合成的一种固态胶体纳米级颗粒载体。这些高分子材料通常具有良好的生物兼容性，可生物降解，对机体基本无毒害、无免疫原性。常用的合成材料有 PLA、PLGA、壳聚糖、聚氰基丙烯酸乙酯等，可制备成带正电荷的纳米粒吸附核酸或经物理包埋将核酸浓缩包裹在纳米粒。纳米粒有利于被组织细胞摄取，主要经胞吞作用进入细胞，通过高分子材料的降解逐渐释放出核酸。由于高分子材料的特性，从而实现了基因转移的可控性和缓释性。

PLGA 纳米粒有较大的比表面积，可在其表面连接靶向分子或促进细胞转运的因子，可实现基因治疗的主动靶向性。PLGA 在核酸疫苗应用中可以发挥免疫佐剂的效应。大多数的核酸疫苗都是将质粒 DNA 经肌肉直接注射，但激发体内免疫反应一般需要较大的 DNA 量。Singh 等将 HIV-gag 质粒吸附在由阳离子 PLGA 纳米粒上肌肉注射免疫小鼠，研究表明与等量的裸 DNA 相比，阳离子 PLGA 纳米粒免疫的组织中目的基因表达的量及血浆中保护性的 IgG 水平都显著提高，且激发了较强的细胞毒性免疫反应。树突状细胞（dendritic cell，DC）是免疫系统中最强大的抗原呈递细胞，如何在体内外激活 DC 细胞，加强特异性的免疫反应有重要的临床意义。传统的非病毒方法体外转染 DC 细胞的效率较低，Denis-Mize 等用阳离子 PLGA 纳米粒吸附疫苗 DNA 转染 DC 细胞，研究发现与标准的脂质体转染方案比较，阳离子 PLGA 纳米粒转染的 DC 细胞内目的基因的表达量高，其抗原呈递作用更强，从而激发更强的特异性免疫反应。

微胶粒（micelle）是一种新兴的纳米载体，由双亲性的共聚物在水溶液中自动聚合而成，亲油端形成核，亲水端形成其外壳。作为基因载体，阳离子的亲水基团可将核酸分子浓缩吸附在微胶粒的表面。例如：PLGA 与聚赖氨酸（PLL）的接枝共聚物在水溶液中可以自动聚合成纳米微胶粒，PLL-PLGA 微胶粒具有较好的基因转染效率、较低的细胞毒性。多聚阳离子形成的微胶粒外壳在内吞溶酶体内可干扰溶酶体膜的完整性，逃避溶酶体的降解。Savic 等对聚羟基己内酯聚氧乙烯嵌段共聚物微胶粒的研究发现，荧光素标记的 20～45 nm 微胶粒载体不但增强了药物的细胞内运输，而且发现其显著的线粒体靶向性，显示其在靶向线粒体基因治疗中的潜在应用前景。导向抗体修饰形成的免疫微胶粒的研究，亦将大大提高微胶粒载体系统的应用价值。

与传统基因载体相比，纳米基因载体具有以下几个特点。

（1）生物安全性　纳米基因载体一般由具生物兼容性、可生物降解的纳米生物材料制备，基本无毒性，无免疫原性，体内可以代谢降解，生物安全性好。纳米脂质体主要由磷脂及胆固醇合成，磷脂和胆固醇本身是细胞膜的主要成分，由于其自身的仿生物膜的特点，可以通过其与细胞膜的融合或/和胞吞作用将目的基因导入细胞。高分子纳米材料如 PLA、PLGA、壳聚糖（chitosan）等作为基因治疗载体目前已受到广泛的关注。用这些纳米生物材料制备而成的基因治疗载体具有良好的生物兼容性和生物降解性。PLA、PLGA 最终在体内降解为二氧化碳和水，已经被美国 FDA 批准可以作为临床药用的辅助材料，它作为化疗和基因药物载体，展现了良好的临床应用前景。

（2）核苷酸保护作用　众所周知，裸 DNA、寡核苷酸在体内可被核酸酶迅速降解。纳米脂质体和纳米粒可以通过表面电荷吸附作用或通过包裹在脂质体或纳米粒中负载核酸分子。通过纳米载体的负载,无论是吸附在表面,还是包埋在载体中都显著提高了核酸分子对核酸酶的抵抗性,在基因传递过程中起到保护核酸分子的作用。Fattal 等研究表明,聚氰基丙烯酸烷基酯(polyalkylcyanoacrylate)阳离子纳米粒负载的反义寡核苷酸在细胞培养基中具有抗核酸酶的作用,阻止了寡核酸的降解,静脉给药体内的稳定性显著提高。

(3)提高细胞摄取率　细胞主要是通过胞吞作用将负载外源基因的载体主动摄入细胞内。大量实验研究表明,细胞对载体的摄取效率有明显的尺寸依赖性。纳米级的基因治疗载体显著提高了细胞的摄取,从而提高了目的基因的表达水平。载体通过胞吞进入细胞内后,如何实现溶酶体的逃避,以及细胞核内的定位亦是提高基因治疗效率的关键问题。一些纳米材料制备的载体,如加入聚赖氨酸的脂质体、PLGA 纳米粒等在内吞溶酶体内酸性的环境中,可以干扰溶酶体膜的完整性,逃避核酸酶降解,以利于进入胞核表达负载的基因。

(4)缓释、控释性基因传递　载体在体内的循环时间受载体粒径大小影响。传统的脂质体与微球载体经静脉注射后,大部分被机体网状内皮细胞系统迅速摄取,限制其靶向其他部位。纳米脂质体与纳米粒在体内的循环时间可明显延长。纳米脂质体的表面修饰亲水性材料(如聚乙二醇),能在载体表面形成水化层,降低调理素作用,减少肝脏巨噬细胞的吞噬,使其兼有长循环和立体稳定的特性。纳米粒载体由可降解的高分子材料合成,不同的纳米材料有不同的降解速率。组织细胞摄取了纳米粒后,通过高分子材料的逐渐降解,释放出所负载的核酸分子。根据所选用的材料在体内的水解速度不同,可实现所负载核酸分子的可控、缓慢释放,如 PLGA 纳米粒载体可通过逐渐水解使目的基因缓慢释放达一个月之久。

(5)靶向性修饰　加强基因治疗的靶向性,是目前基因治疗面临的挑战之一。靶向性基因转移载体可有效提高基因传递的特异性,降低治疗副作用。纳米基因载体靶向性可分为主动靶向性和被动靶向性。由于纳米基因载体在肿瘤、炎性病变部位组织毛细血管通透性明显高于正常的毛细血管,可选择性地在病变部位渗漏,实现被动靶向基因传递,但这种靶向治疗的特异性不强。纳米基因载体的比表面积大,并且可在其表面偶联靶细胞的配体或抗体,实现基因治疗的主动靶向性。主动靶向载体大大提高了基因传递的特异性,并加强了靶细胞对目的基因的摄取。

纳米基因治疗载体系统所具有的诸多优点,为实现基因治疗中目的基因的靶向性、智能化传递以及高效、可控表达提供了崭新的技术平台,具有良好的应用前景。对纳米基因载体的细胞摄取、内质网逃避和核内定位进行进一步的深入研究,必将进一步扩展纳米基因载体在基因治疗中的应用。随着纳米生物技术的深入发展,新型纳米生物材料的开发,安全、高效、可控的靶向纳米基因载体,将大大提高基因治疗的疗效。总之,纳米生物技术基因治疗载体系统所具有的独特性能,使其在基因治疗中将发挥越来越重要的作用。

10.4.3　纳米微粒药物

纳米微粒药物技术也是重要发展方向之一。目前,有半数以上的新药存在溶解和吸收的问题。由于药物颗粒缩小时,药物与胃肠道液体的有效接触面积增加,所以药物的溶解速率随药物颗粒尺度的缩小而提高。药物的吸收又受其溶解率的限制,因此,缩小药物的颗粒尺度成为提高药物利用率的可行方法。纳米技术可将药物颗粒转变成稳定的纳米粒子,同时提高溶解性,以提高难溶性药物的药效率。目前,纳米微粒药物输送技术主要用于改造传统工艺以提高中医药的产业化水平和疗效。纳米技术在现代中药制剂中的应用研究,将利用纳米技术改造传统制剂加工工艺，提高中药的生物利用率和疗效。例如：针对治疗免疫系统疾病类风湿关节炎的中药雷公藤的有效部位，运用纳米制剂技术建立纳米中药的核心技术，即中药有效部位的纳米化，以及相应的药学、药效学、药理学、毒理学评价体系。在雷公藤纳米载体和剂型研究中，通过纳米技术开发雷公藤的新剂型，着重解决降低雷公藤的毒性问题，即如何拉开雷公藤的治疗窗。已研究了固体脂质体纳米粒、聚合物纳米粒、微乳、分子凝胶等四种技术，建立了可用于制备纳米药物载体的技术平台，雷公藤甲素的检测方法已建立，雷公藤甲素固体脂质纳米粒的初步质量检测标准也已确定。

同传统的药物制剂相比，纳米微粒药物具有以下一些特点。

①提高药物利用度，减少用药量。纳米微粒药物的比表面积大，与给药部位接触面积大，且其黏附性能使药物在吸收部位时间延长，从而大大提高了有效成分吸收速度和吸收程度。对于中药，采用纳米技术还可将细胞全部破壁，从而使内容物释放出来，有利于人体的吸收。

②呈现新的药效，拓宽原药适应症。由于量子尺寸等效应的出现，纳米微粒药物的物理、化学性质会发生改变，从而可能出现一些新的功能。另外，细胞内容物的全部释放也有可能导致一些原来不能释放出来的成分被释放出来，从而呈现新的药效。

③丰富药物的剂型选择，改变传统的给药途径。采用纳米技术和纳米材料，可以将药物制成控释型、靶向给药型、微胶囊型等新的剂型，从而可以根据药物的特点设计合适的剂型和给药途径。

④纳米技术可使中药制剂标准化、国际化。

⑤纳米技术在药物合成、催化和分离过程中的应用，可提高效率、降低成本，改善产品的质量。

尽管纳米微粒药物技术还刚刚起步，仍有许多问题需要解决，但发展前景无可估量。

10.5 纳米生物机器人

10.5.1 基本概念

纳米机器人学（nano-robotics），也称分子机器人学（molecular robotics），是研究纳米级/分子级物体及设备的构建、装配、复制和控制的一门学科，是集纳米技术、生物、化学、计算机、数学、机器人学等多门学科于一体的交叉学科。纳米机器人具有微型、智能、价廉、敏感的特点，这决定了其组成部件必须具备一定的特异性。与无机材料部件相比，生物分子部件具有无法比拟的优越性能。例如：在自然界中大量存在，原料充足、成本低；可自复制，易于实现生产自动化和高效性；部件之间的连接装配可通过控制生化反应实现，易于实现通信；无磨损，具有自然平衡机理（自优化和自适应），可自我修复，维护需求低，可靠性高。因此，很多研究者把生物分子部件作为构建纳米机器人的首选，由此构建的纳米机器人也被称为纳米生物机器人（bio-nano-robot）。

纳米生物机器人可以进入毛细血管和器官的细胞内进行治疗和处理，在人体内定点定量给药，诊断和治疗一系列危害人类的传染性疾病及基因突变引起的遗传性疾病等，是纳米医学诊疗的重要工具。在国外，美国、日本和欧盟进行纳米生物机器人的研究较早。2002年，美国国家卫生研究院(NIH)和国家癌症研究所(NIC)率先开展了DNA分子马达的研究,NASA高级概念研究院(NIAC)和Rutgers大学提出了纳米生物机器人研究50年发展规划。同一年,日本Osaka大学启动了生命科学前沿研究计划,其中包括ATP马达的研究;欧盟正式推出了研究纳米技术的第6框架计划(2002—2006年),其中纳米生物技术的研究重点为生物分子或复合物的处理、操纵和探测。在国内,上海交通大学DNA计算机交叉团队BDCC(Bio-x DNA Computer Consortium)是最早从事纳米生物机器人研究的科研小组,并提出了基于病毒的纳米生物机器人的概念模型。目前,纳米生物机器人的研究尚处于初始阶段,虽然2004年5月纽约大学Seeman小组宣布研究出世界上首个双足纳米生物机器人,但还不能进行任何纳米医学操作。

纳米生物机器人的组件可以是单个的原子或分子,但利用自然界存在的、具有一定结构和功能的原子团或分子的集合——分子功能器件组装纳米机器人,更加高效和现实可行。即按照分子仿生学原理,利用大量存在的天然分子功能器件设计、组装纳米生物机器人。纳米生物机器人的研究可分为三个阶段。第一代是生物系统和机械系统的有机结合体。例如,用碳纳米管作为结构件,分子马达作为动力组件,DNA关节作为连接件等。第二代是直接利用原子或分子装配成具有特定功能的纳米尺度的分子装置。例如,直接用原子、DNA片断或者蛋白质分子装配成纳米生物机器人。第三代将包含有控制器,如纳米芯片、纳米计算机等。纳米生物机器人的组成与宏观机器人类似,均由动力部件、连接部件、结构部件和传感器构成。动力部件为纳米驱动器/分子马达,如无机材料建造的纳米电机、病毒蛋白直线VPL马达、ATP马达、DNA马达、鞭毛马达等;结构件、连接件由无机纳米材料或者生物物质构建,如TNC、DNA关节、蛋白质等;传感器由可感知生化信号的纳米传感器组成,第三代纳米机器人甚至包含控制器/生物计算机。

10.5.2 纳米生物机器人的研究状况

迄今为止,纳米生物机器人的研究主要集中在组成部件上。分子马达是纳米生物机器人的核心部件,按照组成物质和运动机理,分子马达可以分为:基于蛋白质、DNA、ATP和鞭毛马达的分子马达;基于蛋白质的分子马达,包括病毒蛋白马达和马达蛋白马达,前者利用病毒蛋白在pH值变化时构象变化而产生位移的原理,后者则是利用马达蛋白沿微管运动的特性。DNA与蛋白质相比结构简单,具有天然的互补自装配特性,可广泛用于制造纳米机器、关节和驱动器。ATP合成酶位于细胞的双分子膜间,利用膜内外的离子梯度来驱动分子马达的旋转,产生生物细胞赖以维生的能量货币ATP,若反过来送给它ATP,则ATP合成酶的转子会倒过来旋转,因此可通过控制ATP添加的速度和浓度来控制分子马达运转。鞭毛马达位于细胞的包膜上,由10种以上的蛋白质群体组成相应的定子、转子、轴承、万向接头等结构元器件,通过膜内外的粒子电化梯度来驱动。2007年,欧洲科学家开发出世界上第一个基于DNA的纳米生物技术制动器或分子发电机。该制动器的大小只有一根头发的千分之一,由一组固定在极小芯片上的DNA、一个带有磁性的珠子、一个提供动力的生物发动机(通过活的生物细胞ATP所发出的能量提供动力)组成。该制动器为活的生物有机体和计算机之间建立联系架设了桥梁。

纳米生物器件可以在人体内自由转运,到达特定的部位。利用纳米级微小探针技术,在体内不同的部位植入纳米传感器,可将体内生物信息反馈于体外装置,从而达到不同的诊断和监测目的。具有超高灵敏性的激光单原子分子探测术，可以通过人的排泄物或血液发现体内只有亿万分之一的各种致病或带病的游离分子。例如，瑞士苏黎世研究室研究的纳米DNA装置，将一个DNA链固定到超微固体上，超微固体上的DNA链能与相应的DNA分子形成互补，用以在分子水平上识别癌细胞，达到早期诊断的目的。美国康奈尔大学的科学家利用ATP酶作为分子马达，研制出了一种可以进入人体细胞的纳米机电设备。该设备共包括3个组件，2个金属推进器和1个与金属推进器金属杆相连的生物分子组件。其生物分子组件可将人体内的ATP转化为机械能，使得金属推进器的运转速率达到每秒8圈。这种技术有可能起到在人体细胞内发放药物等作用。

用纳米组件构建纳米机器人主要有两种方法：第一种方法基于自装配，它是传统化学和批量处理的进化，自装配产生的结构倾向于高度对称而有一定的局限性，同时大多数自装配的系统是有机的而缺乏一定的鲁棒性；另一种方法是直接利用力、电磁场等对纳米物体进行精确定位装配，主要集中在扫描探针显微镜技术上。尽管自装配有一定的不足，但是由于其相对于后者有极高装配效率，因而成为目前纳米组装的主流。同时，自复制和自组织是自然界普遍存在的现象，在未来的纳米机器人和系统中可能更为重要。在纳米生物机器人研究中，主要是根据生物分子的特性，建立相应的数学模型，结合计算进行相关理论和算法的研究。Delft科技大学Dekker分子物理小组用衍生纳米管和带低核苷酸的富勒烯作为纳米装置的部件，用DNA为设备原型编码装配指令进行装配，通过将缩氨核酸PNA复合物涂到单壁纳米管，使得亲水的DNA连接到疏水的单壁纳米管上。Northwestern大学Mirkin小组用DNA互补识别装配特性来指导纳米颗粒的装配，用四探针方法作为温度、寡核苷酸长度、湿度的函数，测量这些纳米颗粒/DNA杂交材料，无论寡核苷酸互连的长度（24～72 bp）如何，纳米颗粒组件的装配保持了浓缩状态下的离散特性和作为导体的组装特性。德国Darmstadt科技大学的Cavalcanti运用进化竞争代理和遗传算法，结合先进图形仿真技术进行纳米机器人的装配自动化研究。

上海交通大学DNA计算机交叉团队（BDCC）纳米生物机器人小组，利用自然界广泛存在的生物分子部件及其特性，结合机器人概念和特点，首次提出了通过直接改造病毒来构造纳米生物机器人的设想，并正在开展以下方面的研究：通过改造病毒基因组及对病毒表面糖蛋白进行修饰，使基于病毒的纳米生物机器人可以对病变细胞进行识别和治疗，并通过内部修饰使基于病毒的机器人有条件地进行复制繁殖；通过控制病毒周围生理环境，如pH值、温度、离子浓度等，利用病毒的门控“呼吸模型”机制，将病毒改造为定点给药机器人系统（DDS），杀死病变细胞；通过对病毒复制过程进行研究和描述，综合相关环境变量、条件变量和状态变量，建立纳米生物机器人的自复制模型；对病毒结构和机械特性进行分析，对基于病毒的纳米生物机器人在微流体环境下的动力学和运动学进行研究，同时进行病毒侵染宿主细胞时蛋白质构象变化的动力学研究；另外，利用生物分子部件的生物兼容性及DNA的互补装配特性，开展DNA计算机与纳米生物机器人接口的研究，目标是将BDCC研制的DNA计算机移植到基于病毒的纳米生物机器人中。对人体细胞内生理信号进行监测，实现真正具有控制芯片的纳米生物机器人系统。

10.5.3 纳米生物机器人未来的发展

目前，纳米生物机器人研究的关键技术和主要难题包括：①如何构建高效、实用的纳米生物机器人组件？目前各组件的研究还处于探索阶段，虽然分子部件的构建取得了一定的成果，但是在效率和实用性方面有待改进。为此需要对功能分子部件的生物学原理作进一步的研究,通过实验手段获得其物理、生化特性,寻找更好的分子材料或者功能分子部件。②如何实现纳米生物机器人组件之间的有效连接?目前连接件的研究还未取得很大进展,成为构建纳米生物机器人的瓶颈之一。DNA 在自然界的广泛存在,其互补连接特性展示了其连接和实现自装配的优点,基于 DNA 关节的研究受到了广泛关注。③如何实现纳米生物机器人的自装配、自复制?自复制和自装配特性是纳米生物机器人最具吸引力的特点之一,在传统的自复制、自装配理论基础上,结合功能分子部件的特点,将是该理论新的增长点,同时对于纳米医疗具有重要的意义。④如何实现纳米生物机器人的有效控制?纳米生物机器人的有效控制包括对纳米生物机器人的操作控制、安全介入和回收。纳米生物机器人的应用环境和对象决定了纳米生物机器人安全控制的首要地位,不同生物机器人的系统差异、生物兼容性和健壮性给纳米生物机器人的有效控制提出了严峻的挑战。

纳米生物机器人在未来几年的发展将主要涉及如下几个方面:新功能分子部件及其特性的研究;部件间有效连接的研究;纳米生物传感器的研究;系统模型及自复制和自装配理论的研究;生物计算机与纳米生物机器人接口的研究等。纳米生物机器人学是从目前的研究热点——纳米技术和生物技术中诞生的一个崭新的学科,交叉了众多学科的知识,技术含量高、难度大,具有很高的挑战性。其关键技术是目前机器人、生化领域的热点问题,某种程度上也代表了这些领域的研究方向。目前国内外有一定数量的研究团体从事纳米生物机器人的研究,在这些关键技术的研究领域已经具有了一定的基础,随着更多研究团体的加入,纳米生物机器人的研究将走上一个新的台阶。

思考题

1. 简述纳米和纳米技术的含义。
2. 简述 STM 和 AFM 的工作原理。
3. 什么是纳米生物技术?主要包括哪些研究内容?
4. 简述纳米生物材料的研究进展。
5. 简述纳米生物传感器的研究进展。
6. 简述纳米基因传递系统的研究进展。
7. 简述纳米生物机器人的研究进展。
8. 纳米生物技术的未来发展趋势如何?

参考文献

[1] 李民乾,胡均,张益. 分子手术与纳米诊疗[M]. 上海:上海科学技术文献出版社,2005.
[2] 徐辉碧,杨祥良. 纳米医药[M]. 北京:清华大学出版社,2004.
[3] 张阳德. 纳米生物技术学[M]. 北京:科学出版社,2005.
[4] Darder M, Aranda P, Ruiz-Hitzky E. Bionanocomposites: a new concept of ecological,

bioinspired, and functional hybrid materials[J]. Adv Mater, 2007, 19: 1309-1319.

[5] Fortina P, Kricka L J, Surrey S, et al. Nanobiotechnology: the promise and reality of new approaches to molecular recognition[J]. Trends Biotechnol, 2005, 23:168-173.

[6] Langer R, Peppas N A. Advances in biomaterials, drug delivery, and bionanotechnology [J]. AIChE J, 2003, 49: 2990-3006.

[7] Niemeyer C M. Functional hybrid devices of proteins and inorganic nanoparticles[J]. Angew Chem Int Edit, 2003, 42: 5796-5800.

[8] Tan W, Wang K, He X, et al. Bionanotechnology based on silica nanoparticles[J]. Med Res Rev, 2004, 24: 621-638.

[9] Yang H, Xia Y. Bionanotechnology: enabling biomedical research with nanomaterials[J]. Adv Mater, 2007, 19: 3085-3087.

[10] 崔大祥,高华建.生物纳米材料的进展与前景[J].中国科学院院刊,2003(1):20-24.

[11] 姜忠义,王艳强.纳米生物技术[J].中国生物工程杂志,2002,22(6):75-78.

[12] 蒋怀伟,王石刚,徐威,等.纳米生物机器人研究与进展[J].机器人,2005,27(6):569-574.

[13] 靳刚,应佩青.纳米生物技术[J].自然杂志,2004,23(4):211-214.

[14] 柯世源.生物、纳米、材料及信息技术发展趋势[J].全球科技经济瞭望.2004(6):60-62.

[15] 刘延辉,王弘,孙大亮,等.原子力显微镜及其在各个研究领域的应用[J].科技导报,2003,(3):9-12.

[16] 谭镜明.纳米生物技术研究进展[J].化工文摘,2007(2):56-58.

[17] 张小伟,田聆,魏于全.纳米生物技术基因治疗载体研究进展[J].生物医学工程学杂志,2005,22(3):610-613.

[18] 张阳德.我国纳米生物技术的医学应用及研究进展[J].中国医学科学院学报,2006,28(4):579-582.

[19] 赵强,庞小峰,张怀武.纳米生物技术及其应用[J].物理,2006,35(4):299-303.

[20] 周李承,蒋易,周宜开,等.光纤纳米生物传感器的现状及发展[J].传感器技术,2002,21(12):56-59.

第 11 章 生物芯片

11.1 概述

11.1.1 生物芯片的产生

2004 年 7 月,在北京举行的主题为“科学——为了更美好的生活”的全球华人生物科学家大会上,来自 30 多个国家和地区的上千名生物学家提出了当今生命科学和生物技术领域的八个最新成果,其中就包括了生物芯片。美国《财富》杂志也曾经载文指出,在 20 世纪科技史上有两件事影响深远:一是微电子芯片,它是许多家用电器的心脏,改变了人类的经济、文化和社会生活方式;另一件事是生物芯片,它将改变生命科学的研究方式,革新医学诊断和治疗,极大地提高人口素质和健康水平。可见,生物芯片已经成为当前生命科学研究的前沿和热点,并引起了人们的广泛关注,那么,究竟何谓“生物芯片”呢?

生物芯片是一个新兴的科学研究领域,是随着人类基因组计划(Human Genome Project, HGP)的启动和实施而应运产生的。人类基因组计划由美国科学家 Dulbecco 于 1986 年率先提出,并在 1990 年正式启动。美国、英国、法国、德国、日本和我国科学家共同参与了这一价值达 30 亿美元的宏伟计划。该计划旨在为 30 多亿个碱基对构成的人类基因组精确测序,发现所有人类基因并搞清其在染色体上的位置,破译人类全部遗传信息。2002 年 6 月 26 日,首张人类基因组草图和测序计划宣告完成,标志着人类基因组计划由此进入功能基因组时代,也称“后基因时代”。其研究的重点也由基因序列上升为基因功能,旨在搞清楚从基因组到蛋白质组,再到复杂生命系统运行的奥秘。在人类基因组的研究过程中,基因序列数据及蛋白质序列数据正在以前所未有的速度迅速增长。据不完全统计,在 1995 年 Genbank 内只有 2. 17 亿个碱基序列,而截止到 2004 年底已经达到了 420 亿个碱基序列。面对如此大量的生物信息,传统的以杂交和电泳为基础的基因表达、测序、突变检测和多态性分析等研究方法效率太低,显然已经完全不适用。因此,迫切需要一种新的方法能高通量地、迅速地获得、分析和利用这些信息。具有上述特点的生物芯片技术由此应运而生,并将在基因组学和蛋白质组学研究任务中占据重要的地位。

生物芯片的研究可以追溯到 20 世纪 80 年代初期,但是当时并没有得到应有的重视。1991 年,Affymax 公司的 Fodor 等将组合化学中的概念和电子工业中的光蚀刻技术组合在一起,发明了一种制备基因芯片的新方法——光导原位合成,并在玻璃基底上制备出了短链多肽或 DNA 片段微阵列。这种芯片具有广泛的应用前景,可用于药物筛选、基因分析、基因表达检测和 DNA 测序等,因此该技术一出现立刻引起了全世界的关注。1995 年,Standford 大学的 Brown 实验室发明了第一块以玻璃为载体的基因微阵列芯片,标志着生物芯片技术进入了广泛研究和应用的时期。随后又出现了蛋白质芯片、细胞芯片、组织芯片和芯片实验室(lab-on-a-chip)等一些新的芯片,逐渐形成了以 DNA 芯片为代表的生物芯片的概念。

除了最初用来基因测序和基因表达研究以外,最近的研究表明生物芯片还可以用于免疫分析、核酸扩增、精子筛选和体外授精、细胞分析以及高通量药物筛选等方面。许多专家预言,生物芯片技术的广泛应用将对当前生命科学的研究、疾病诊断、药物筛选和法医鉴定带来革命性的改变。因此,生物芯片技术引起了社会各界的广泛关注,如美国前总统克林顿在 1998 年 10 月对全国的演讲中就曾指出,“未来十二年,基因芯片将为我们一生中的疾病预防指点迷津”。

11.1.2 生物芯片的基本概念

生物芯片是指通过表面微机—电—化加工技术和生物技术在玻璃、硅片或尼龙膜等各种固体支持物上构建的多功能微型全分析系统(micro total analytical systems,μTAS),可以实现对细胞、蛋白质、核酸及其他生物组分的高速、高效(大信息量)、低耗费的集成分析,目前主要应用于生命科学和药物研究。其概念源自于计算机芯片,而且组装过程也与微电子芯片的某些构建过程类似。生物芯片技术能够将不连续的过程(如样品制备、生化反应和检测),集成在一块小小的芯片上,从而达到连续分析的目的。生物芯片可以看作为一个微型化的生化实验室,这与计算机从最初的数个房间的大小缩小到现在只有笔记本大小的发展过程非常相似。现在,利用微制备技术可以将数量巨大的生物物种(如蛋白质、核酸、细胞和组织等),组装在一个微芯片上,根据生物大分子间具有特异相互识别的能力,通过计算机对反应信号搜集处理,可对细胞、糖、脂、核酸、蛋白质以及其他小分子物质进行准确、快速、大信息量的检测。同传统的分析装置相比,生物芯片具有许多优点,例如:体积小,试剂和能量消耗少,样品分析速度快通量高,分析过程连续化、自动化和无污染(芯片被全封闭,系一次性使用)等。

生物芯片的工作模式大同小异,以基因芯片为例(图 11.1)。首先,将细胞基因组克隆、PCR 扩增和纯化,并以点阵的形式固定在支持物(如硅片、玻璃片、聚丙烯酰胺凝胶、塑料、尼龙膜等)的表面,从而形成高密度的微阵列。这些被固定的 DNA 能与具有碱基互补结构的 DNA 发生杂交形成双链 DNA,可作为探针来识别未知样品。通过预先编程可以设定每个固定位点的分子种类,并使分子间互不干扰,这样使成千上万个反应可以同时在一块芯片上进行,即芯片具有并行分析的能力。然后,利用特异性的识别反应,将其与样品中的靶分子作用,通过对以特定的物理或化学性质(如荧光、质谱等)呈现的杂交或反应信号进行检测,可以对样品中的靶分子进行定性和/或定量。总之,生物芯片技术的实施包含四个基本环节:①待测样品的制备;②生物探针分子的获得;③探针分子的表面固定和对样品的识别;④识别结果的检测和分析。

由于生物芯片的制备方法和应用范围的不同,其分类标准也有很多。按照片基种类可分为无机片基和有机合成物片基:无机片基主要包括半导体硅片、塑料和玻璃片;有机合成物片基主要包括特定孔径的滤膜,如硝酸纤维膜、尼龙膜、聚偏二氟乙烯膜。按工作原理可分为杂交型、合成型、连接型、亲和识别型等。按照分析过程可分为样品制作芯片、生物化学反应芯片、检测芯片、芯片实验室(lab-on-a-chip)。也可以按照芯片上微排列的探针种类分为基因芯片、蛋白质芯片、细胞芯片和组织芯片等。最近又出现了以结构微阵列为基础的生物芯片,即采用制造集成电路的光化学蚀刻技术,在硅或玻璃片基上构建各种显微结构,如微电极、微陷阱、微通道和微反应池等。这些显微结构同样可排成阵列,用于承载或运转生物分子,并为各

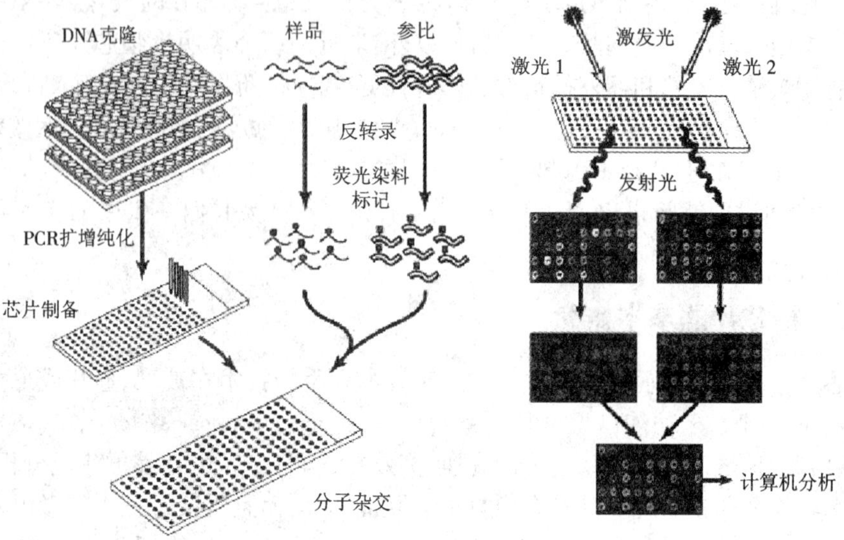

图 11.1 基因芯片制作和分析的基本流程图

种生化反应提供理想的微场所。这类芯片主要包括生物电子芯片、PCR 芯片、电泳与电层析芯片等,大多按照特定的应用而定制。

11.1.3 主要生物芯片简介

1. 基因芯片

基因芯片(gene chip),又称 DNA 芯片或 DNA 微阵列,是指将许多特定的寡核苷酸、DNA 或 cDNA 作为探针有序地、高密度地固定在载体上,然后通过与待测样品中经过标记的核酸分子杂交来获取相应的信息。玻璃材料具有易得、荧光背景低和应用方便等优点,因而在国际上被广泛用作基因芯片的载体;探针分子主要包括寡聚核苷酸、cDNA 和基因组等。此外,还有一些基因芯片,它们的制备方法比较特殊,主要有毛细管电泳芯片、PCR 芯片、微珠芯片和三维芯片,它们的应用拓展了基因芯片的概念和范畴。

基因表达谱芯片是目前应用最为广泛的基因芯片,是指将成千上万个基因特异的探针或其 cDNA 片段固定在一块芯片上,对来源不同的个体和组织,或处于不同细胞周期、发育阶段、分化阶段以及不同病变、不同刺激下的细胞内的 mRNA 或 cDNA 进行检测,从而大规模地对这些基因表达的特异性进行综合的分析和判断。这种芯片可检测整个基因组内的成千上万个基因在 mRNA 表达水平的变化,但对芯片点阵的密度要求较高,目前由 Affymetrix 公司研制的基因表达谱芯片的点阵数可高达 40 万个。表达谱芯片可分析两种或两种以上不同细胞或组织来源的 mRNA 转录丰度的差异。通过计算杂交信号的比值和统计学分析,可获得差异表达基因的信息。同时,还可以用聚类分析算法研究在功能或表达调控上具有相关性的基因,最终为研究基因功能和基因遗传网络提供有力手段。除了可以进行基因表达分析外,利用基因芯片还可以进行基因突变分析、基因测序和基因组比较等方面的研究,从而使人们可以在核酸分子水平研究生命现象,并将其研究成果推向临床。

美国 Affymetrix 公司是世界上最有影响的基因芯片开发制造商。该公司聚集多位计算机、数学和分子生物学专家,每年的研究经费在 1 000 万美元以上,且已历时六七年之久,拥有多项专利。Affymetrix 公司已开发的判断是否携带艾滋病病毒逆转录酶基因的 HIV 芯片，确定有无癌症可能的 *p*53 基因芯片以及诊断药物代谢缺乏症的细胞色素 p450 芯片，现已应用于临床。英国剑桥大学、欧亚各国的跨国公司如摩托罗拉、惠普、IBM 以及日立公司也正在从事基因芯片的研究。国内也有多家大学和研究所开始或正在从事基因芯片的研发工作，如复旦大学、中科院上海冶金所、中科院上海细胞所、军事医学科学院、清华大学等。

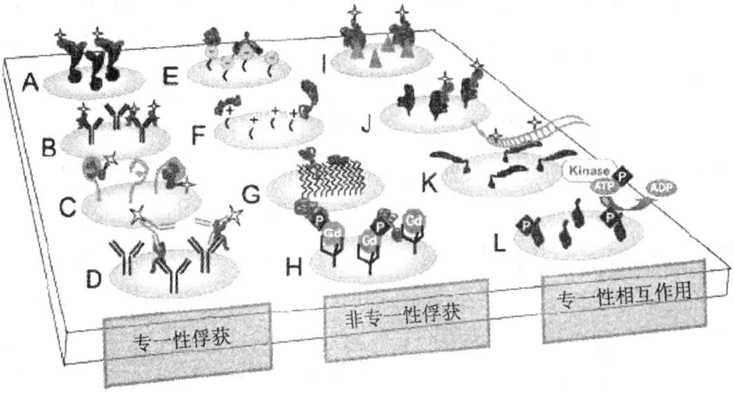

图 11.2　蛋白质相互作用的类型(文献 11)

A—亲和体　B—抗体　C—适体　D—抗体三明治　E,F—静电　G—范德华力—疏水相互作用
H—金属—螯合剂　I—受体—配体　J—蛋白—蛋白　K—蛋白-DNA　L—酶—底物

2. 蛋白质芯片

蛋白质芯片(protein chip)是将多肽或蛋白质分子(主要包括抗原、抗体、受体、酶等)，固定于固相载体上形成的微阵列，主要是利用蛋白质-蛋白质之间的相互作用(图 11.2)来测定样品中的各种生物组分。蛋白质芯片主要分为两种：第一种称为亲和表面芯片(high affinity biochemical surfaces)，是较为常用的一种，类似于较早出现的基因芯片，即在固相支持物表面高度密集排列的探针蛋白点阵。它利用抗原—抗体、受体—配体和特异的蛋白—蛋白相互作用的原理，捕获特异的和特殊修饰的蛋白质，可以高效、快速、准确地用来自病人的血、尿和细胞等样品，不经纯化直接分离和鉴定蛋白质。医学上应用的免疫芯片即是将抗体固定在芯片表面制备而成。第二种蛋白质芯片就是微型化凝胶电泳板，即样品中的待测蛋白在电场作用下通过芯片上的微孔道进行分离，然后经喷射进入质谱仪中来检测待测蛋白质的分子量及种类。

相对于 DNA 芯片研究的进展速度，蛋白质芯片研究进展显得相对滞后，主要有以下问题亟待解决：①载体材料表面的化学修饰方法及蛋白固定化技术还需要进一步改进；②进一步改进简化样品制备和标记操作工作程序；③进一步提高信号检测的灵敏度，如低拷贝蛋白质的检查和难溶蛋白的检测；④高度集成化和高速阵列化制作方法、保持微阵列控室的湿度、阵列的冷藏存储、高通量的在线杂交检测设备以及高效的图像处理和资料分析工具的研制和开发。这些问题是蛋白芯片技术能否从实验室推向临床应用的关键所在。随着研究的不断深入和技术的更加完善，例如，表面化学修饰技术的进步，可以做到在载体上固定多种活性蛋白质；蛋白质工程可获得大量重组高特异性蛋白用于芯片制造；纳米标记的引入可提高芯片检测的灵敏度，近期也有望开发出简便可靠的检测系统。

3. 细胞芯片

细胞微阵列芯片(cell microarrays)由细胞芯片裸片、封装盖板和底板构成,细胞芯片裸片上密集设置6 000 ~ 10 000乃至更高密度不同细胞阵列,封装于盖板和底板之间。细胞芯片能通过控制细胞培养条件使芯片上所有细胞处于同一细胞周期,在不同细胞株间生化反应及化学反应结果可比性强;一块芯片上可同时进行多信息量检测。因此细胞芯片将芯片的概念引入免疫组化和原位杂交中确实引起了世界科研人员的广泛兴趣。另外,美国加利福尼亚大学罗宾斯基小组找到了一种利用仿生芯片控制人体细胞活动的方法。仿生芯片也是细胞芯片,是由健康的人体细胞与一个电子集成电路芯片经特殊方法结合起来的微型装置。该装置的原理是当细胞面临一定的电压时,细胞膜微孔就会张开,具有渗透性。由于细胞芯片装置能够精确地控制细胞膜微孔开启与关闭,因此能够借此更好地掌握原本比较难以把握的基因疗法。具体说,可以在根本不影响周围细胞的情况下,对目标基因或细胞进行基因导入、蛋白质提取等研究。通过计算机控制微型装置中的芯片,可以达到控制该健康细胞活动的目的。最终开发出的细胞芯片将能够精确调节电压,以便激活不同的人体组织细胞,包括从肌肉、骨骼到人脑的细胞;将来能够批量生产这种芯片,把它们植入人体,以取代或修补人体病变细胞组织,解决数千种人类疾病难题。最近,德国马普生物化学研究所的科学家成功地将动物神经细胞与芯片进行连接,并实现了神经网络与芯片相互间的信息传递。他们成功地将一只蜗牛的多个神经细胞分离出来,移植到一块硅酮芯片上,并且观察到了刺激信息通过神经网络传送的过程。

4. 组织芯片

组织芯片(tissue microarrays,TMAs)是1998年由Kononen等提出来的,是针对在原位检测不同样本中同一个实验指标而设计的,是将几十到上千个不同个体的临床组织样本以规则的阵列方式排列在同一个固体支持物上进行分析研究,从而可以在一张芯片上高通量获取组织学、基因和蛋白质表达的信息。组织芯片的点阵密度比较低,一般为几百个;探针为各种来源不同的组织,如人类组织、动物组织和植物组织微阵列,其中,恶性肿瘤组织芯片是当前研究的重点。组织芯片最突出的特点是将基因、蛋白水平的研究与组织形态学相结合,对人类基因组学的研究与发展,尤其对基因和蛋白质与疾病关系的研究,疾病相关基因的验证、新药物的开发与筛选、疾病的分子诊断、治疗过程的追踪和预后等方面具有实际意义和广阔的市场前景。

组织芯片的制作和使用具有自身一些特殊的地方,首先将收集到的某一类或不同类组织标本经过处理后用特制的打孔工具转移到同一蜡块上,使得后者容纳数百甚至上千种大小一致、形态规则、按一定顺序排列的微小组织,经过切片后,便形成组织微阵列。接着,再用各种酶、荧光标记的不同基因、寡核苷酸、抗体在组织切片上进行杂交和标记染色,最后在显微镜下获取图像信息,或通过计算机处理所获特定基因及相关蛋白,在基因、转录和表达产物的生物学功能水平上进行研究。

组织芯片的诞生使人类第一次有可能利用成百上千份自然或处于疾病状态下的组织标本来研究特定基因及所表达的蛋白质与疾病之间的相互关系。目前,组织芯片技术主要是作为分子病理学家和解剖病理学家的重要工具被广泛应用于肿瘤研究的各个方面。此外,组织芯片技术还可用于生物试剂的研制、生物工程制药、中药有效成分的筛选等领域,同时也为病理组织学教学和实现组织学实验室质量控制以及建立标准化实验体系提供可能,并有可能使现有的研究方式和工作流程发生巨大改变。

5. 微流控芯片

微流控芯片通常是利用电渗流驱动液体在连接各元件的微细管道间流动，电渗流也常应用在 DNA 测序的毛细管电泳技术中。这种新型仪器的构造与工作原理与早期使用的电泳芯片仪相似。在大小如信用卡的芯片上，先以一般半导体元件生产过程中常用的光蚀刻方法切割出两条十字形的微细管道（宽度与深度通常为 50 ~ 100μm），然后在管道的四个末端制作微小容器槽，管道上方再用另一芯片盖上。密合操作时先在其中一个容器槽中注入样品，然后施加电压，利用电渗流将样品引入并充满其中一个微细管道，关掉先前的电压后，再在另一垂直方向的微细管道两端施加电压，引发另一电渗流移动。两条十字形微管道交会处的小段样品受到电渗流的驱动后，在未充满样品的管道中移动。样品在电渗流驱动下，电荷性质相异的分子会有不同的移动速率，因此样品中各个成分移动到管道末端的时间也有先后之别，故可将薄型电极片黏附在靠近管道末端的管壁上，以电化学方法进行测试；或者在覆盖上面的芯片上制作一个透明视窗，加上光源后以荧光方法进行测试。此外，也可以将样品用微细导管引至芯片外与离子化界面装置相连，将样品转换为离子后再用质谱仪进行测试。例如，安捷伦公司的微流控芯片仪器是用电泳方法分离 DNA 样品后，以荧光技术进行测试。操作时只需将样品与试剂加入芯片上指定的样品容器槽中，再将芯片置入仪器内大小形状与光驱相似的插槽中，仪器会自行进行操作和检测，并自动完成数据分析。它在新药开发、临床医学检测与鉴别方面上都有很广泛的用途。

6. 芯片实验室

芯片实验室（lab-on-a-chip），是将整个生化分析过程的多个步骤（如样品制备、生化反应和检测），集成于一块芯片上，从而实现对 DNA、RNA、多肽、蛋白质及其他生物成分的高通量连续检测的目的。芯片实验室是微流控芯片的高级形式，也是生物芯片技术未来的发展方向。生物分析仪器的微型化所带来的优点是显而易见的：首先是可以显著降低制造成本，其次易于运输与搬运，其三是大大节省实验室的空间和各种消耗材料，其四是仪器操作更简便快捷。因此，芯片实验室是开展高通量实验研究的强有力工具，代表着分析仪器的发展方向。目前，芯片制造公司正努力试图将各种分析仪器缩小至袖珍式，同时正在朝着微米级乃至纳米级芯片仪器的目标发展。这些分析仪器包括高效液相色谱仪、高通量药物扫描系统、便携式环境监测仪、生物战剂检测仪，甚至整个实验室或化工厂等。

在这方面的研究报道目前尚不多见。美国的 Nanogen 公司、Affymetrix 公司、宾夕法尼亚大学医学院和密歇根大学的科学家通过利用在芯片上制作出的加热器、阀门、泵、微量分析器、电化学检测器或光电子学检测器等，将样品制备、化学反应和检测三部分作了部分集成。1998 年 6 月，Nanogen 公司的科学家首次报道了用芯片实验室所实现的从样品制备到反应结果显示的全部分析过程。这个实验室的成功是生物芯片研究领域的一大突破，它向人们展示了用生物芯片制作缩微实验室的可能。美国杜克大学最近开发出一种芯片实验室技术，将化学实验室的专用仪器缩微到芯片上，一块硅片堆积成百个"实验室"可同时进行多个实验，大大减少化学、医学分析费用，提高工作效率。该技术结构简单，所需样品量极少，测量精度高。1998 年，程京博士首次应用芯片实验室实现了从样品制备到反应结果显示的全部过程，成功地从混有大肠杆菌的血液中分离出了细菌，在高压脉冲破胞之后用蛋白酶 K 消化蛋白，提纯了 DNA，最后用另一块电子增强的 DNA 杂交芯片分析证实提取物是大肠杆菌的 DNA。

11.1.4 生物芯片的应用

随着研究的不断深入,生物芯片的应用已不仅仅局限于最初的医药学和生物学领域,而是正在延伸到越来越多的其他相关学科。从综合文献报道来看,目前生物芯片的应用范围主要包括以下几个方面。

(1)基础医学研究方面　基因芯片可用于基因表达谱研究、基因突变研究、基因组分型及测序和重测序等方面。将大量的功能基因点在芯片上制成表达谱芯片,用各类组织的样品与之杂交,从中对基因表达的个体特异性、组织特异性、发育阶段特异性、分化特异性、病变特异性和刺激特异性表达进行分析和判断,可以将某些基因与疾病联系起来,极大地加快这些基因功能的确立,同时可进一步研究基因与基因间相互作用的关系。此外,通过对大量肿瘤标本的基因表达谱及聚类分析,可找到不同亚型之间的分子特征,既有助于研究不同亚型的不同起源,还可以发现新的亚型,并可用于对肿瘤及亚型的分子诊断。

(2)药物筛选方面　基因芯片对认识中药、西药和一些药物功能食品作用的靶基因、筛选药物的有效成分、阐明药物的毒性作用和致畸致突作用的分子机制都是非常有效的手段。特别是对于中药这一宝贵的民族财富,如何用现代医学知识从分子水平阐述它的作用机制,是将中药推向国际市场的关键。

(3)临床诊断方面　基因芯片在诊断领域的应用将会引入一个新的概念,带动诊断产业的革命。它的优势在于一次能做许多种传染病或遗传病的检测,将已知的多种传染病或遗传病的基因作为靶基因点在芯片上,就可以对一个标本同时进行多种病的检测,并且具有灵敏度高、特异性好、结果快速可靠的优点。例如,通过分析肿瘤基因突变情况,可对肿瘤患者进行早期诊断。

(4)指导用药方面　目前越来越多的致病菌有了耐药性,因此在用药前对感染的病菌进行耐药性的鉴定,对于如何有效地用药具有很好的指导作用。美国能源部 Argonne 实验室已与俄罗斯联合开发出了用于检测耐药结核杆菌的基因芯片。不同的个体在用药过程中会对药物产生不同的药效反应,有些药甚至对用药对象不产生治疗效果,反而产生毒性和剧烈的不良反应,这是由于不同个体药物靶基因的差异造成的,所以用药前对患者进行药物敏感性基因位点的检测相当重要。

(5)预防医学研究方面　同样原理,基因芯片可以用于大规模的毒理学研究、化合物的致突变作用、疾病分子水平的病因学研究和遗传特性测定。据报道,美国国立环境卫生研究院(NIEHS)已开发出检测环境有害物质的毒理芯片。

(6)环境保护方面　基因芯片可用于快速大规模检测污染源,寻找保护基因、防治危害的基因工程药品,寻找能够治理污染源的基因产品。

(7)军事、司法方面　基因芯片可用于开发生物战病原体检测系统, 研制生物战保护剂,进行血型、亲子鉴定及 DNA 指纹图谱分析。

(8)农业上　对具有重大经济价值的农作物来说,基因芯片可用于筛选基因突变的农作物,寻找高产、抗病、抗虫、经济价值高的作物,进行农药的筛选以及动植物疾病的快速诊断。

(9)食品卫生监督　食品营养成分的分析(蛋白质),食品中有毒、有害化学物质的分析、检测(农药、化肥、重金属、激素等),食品中污染的致病微生物的检测,食品中生物毒素(细菌毒素、真菌毒素)的检测等大量的监督检测工作几乎都可以用生物芯片来完成。

此外，生物芯片的制作和应用还促进了大量新型仪器的产生，例如生物芯片扫描仪、自动化芯片杂交系统、全自动芯片表面化学修饰仪等。用于基因芯片的新型生化分析仪器和传统的相比，具有体积小、重量轻、便于携带、无污染分析、过程自动化、分析速度快、所需样本和试剂少等诸多优点。它们势必将给生命科学研究、疾病诊断、新药开发、防止生物武器战争、司法鉴定、食品卫生监督、航空航天领域带来一场革命。

11.1.5 国内外生物芯片的现状

因为生物芯片技术具有广阔的应用前景和产生巨大经济效益的潜力，所以自从 Fordor 等制备出世界上第一块生物芯片以来，生物芯片发展极其迅速。目前世界上许多国家和地区都争相加入生物芯片的研究与开发工作，国外主要生物芯片公司及其研究方向见表 11.1。美国政府于 1998 年正式启动基因芯片开发计划，国立卫生研究院（NIH）、能源部、商业部、司法部、国防部、中央情报局等均参与了此项目。同时许多著名的大学和研究机构也参与其中，如斯坦福大学、麻省理工学院以及 Argonne 和 Oakridge 国立实验室等。另一方面，一些国际大公司对生物芯片技术用于基因多态性、疾病相关性、基因药物开发和合成或天然药物筛选等领域也表现出浓厚兴趣。例如：1998 年，Affymetrix 公司和 Molecular Dynamics 公司宣布成立 Genetic Analysis Technology Consortium 以建立一个统一的技术平台，生产更有效而价廉的设备。英国的 Amershcem Pharmacia Biotechnology 公司也宣布将提供部分已掌握的技术以推动这项技术的应用。

表 11.1 国外主要生物芯片公司及其研究方向

公司名称	研究方向
Affymetrix	基因芯片，高密度探针
Amersham Pharmacia Biotech	用于分子阵列扫描仪检测的 Cy3 和 Cy5 荧光染料
Applied Biosystems	高通量单核苷多态描绘图
Axys Pharmaceuticals	芯片可变密度方法
Caliper Technologies	芯片实验室微流体技术
Cepheid	用于临床诊断应用的微流体技术
Gene Logic	用于表达图的微阵列读取技术
Hewlett Packard	阵列扫描仪
Hyeq	用于测序、表达分析和诊断的测序-杂交芯片
Incyte Genomics	基因表达芯片，中密度标准化和/或定制 DNA 芯片
Micronics	微流体技术开发
Millennium Pharmaceuticals	表达分析分子阵列
Molecular Dynamics	中密度芯片，共聚焦扫描仪
Mosaic Technologies	聚丙烯酰胺凝胶阵列
Orchid BioSciences	用于基因型分析和 DNA 合成的三维微流体芯片
Nanogen	用电介导杂化移动和浓集 DNA 的芯片
Packard Instrument Co	用于 DNA 诊断的凝胶基生物芯片

续表

公司名称	研究方向
ProtoGene	低密度标准化和/或定制芯片
Sarnoff	微流体技术开发
Sequenom	用质谱进行 DNA 诊断的谱芯片
Soane BioSciences	用于 DNA 测序和片段分析的多功能芯片
Xenometrix	基因表达谱芯片

经过十多年的发展,生物芯片技术日趋成熟。基因芯片、蛋白芯片、细胞芯片、组织芯片等发展较早、技术较为成熟的微阵列芯片已经大量进入实用,微流控芯片等技术正在逐渐成熟并开始被应用于各领域。以生物芯片为核心的相关产业正在全球崛起。近年来,美国已有 10 余家生物芯片公司的股票上市。2005 年,全球生物芯片的产值约为 23 亿美元,其中美国市场产值约为 15.8 亿美元。预计 2010 年全球生物芯片市场产值将达到 42 亿美元,年平均增长率约为 14.1%。目前,欧美几乎所有大型药物公司或生物技术公司都利用基因芯片、蛋白芯片,开展药物相关基因筛选、药物靶点识别、生物标志物识别和筛选、临床前期药物毒理研究、药物基因组学以及个体化诊疗等方面的研究工作。2005 年,美国 FDA 批准罗氏公司的 CYP450 基因诊断芯片上市。CYP450 芯片主要用于筛查病人基因组 CYP450 的多态性,实现在治疗过程中指导医生选择药物种类和用药剂量,对病人进行个体化用药治疗。

我国的生物芯片研究起步较晚,始于 20 世纪末,但是在一开始便引起了政府的高度重视,国家的“973”计划、“863”计划、自然科学基金、火炬计划项目等都有与生物芯片相关研究的经费投入。目前,全国已有 20 多家研究机构(如清华大学、北京大学、复旦大学、中国科学院上海细胞生物学研究所和军事医学科学院放射医学研究所等)和 30 多家生产企业(如北京博奥生物芯片有限公司、广州功能基因组公司、西安高科基因生命科技分公司、上海联合基因科技集团等),进行了生物芯片的研制工作。这些研发机构的地域分布很广泛,包括北京、天津、上海、南京、西安、深圳、大连、重庆和哈尔滨等。表 11.2 为国内主要生物芯片公司及其研究方向。

表 11.2 国内主要生物芯片公司及其研究方向

公司名称	研究方向
博奥生物	生物芯片、生命科学仪器、软件与数据库、生物试剂与耗材
上海生物芯片公司	个体化诊断、疾病诊断和高通量药物筛选等应用型芯片的开发
复旦生物	基因芯片、相关仪器耗材、信息解决方案、健康监测
西安联尔	临床诊断生物芯片及其配套阅读仪
上海数康	多肿瘤标志物蛋白芯片检测系统、生物芯片检测仪、生物芯片工作站、点样仪等
陕西超英	组织芯片、组织切片和蜡块
深圳创益(益生堂)	生物芯片及相关检测仪器的研发、生产和应用
南京大渊	临床诊断和卫生防疫领域生物芯片的研发、生产和应用

我国生物芯片的研发主要集中在微阵列芯片上，目前有多家单位已研发和正在研发各种用于医学诊断和食品安全检测的生物芯片，细胞微阵列芯片和组织微阵列芯片的研发工作相对滞后，尚处于探索阶段。在微流控芯片研究方面，尤其在毛细管电泳芯片方面，我国取得了可观的进展。但是，在微流控芯片的模块化、集成化方面仍然有很大的挑战和潜力，还有很多工作可做。在生物芯片相关仪器方面，国内进行研发的单位较少，只限于生物芯片北京国家工程研究中心等少数的几家。目前，生物芯片相关仪器绝大部分依赖进口，这种现状给我国生物芯片的应用带来了很大限制。另外，我国在生物芯片产业的设计与发展方面非常重视各种与人民生活和健康相关的应用技术和产品的开发。我国自主开发的自身免疫性疾病检测、病原微生物检测、食品安全检测、HLA分型检测、健康评价等与全民健康息息相关的诸多应用型芯片技术已领先于西方发达国家。总体而言，在研究方面我国生物芯片的综合学术水平与国际水平差距正在逐渐缩小，但在芯片各关键技术，如输运和标记整合技术、新型生物芯片设计理论体系、集成化检测技术等方面的基础研究水平仍有待提高。

在产业化方面，随着国内GDP和科研投入的逐年增长，在国内外生命科学、医学等领域需求的推动下，我国生物芯片的产业发展在面临巨大挑战的同时，也面临着良好的机遇。其中，基因芯片和蛋白芯片将进一步成熟，微阵列芯片逐步走向应用，开始为生命科学和医学等领域研究提供高效手段。生物芯片技术正逐步走向整体化、系统化，相应的配套试剂、仪器和软件的研究越来越受到重视。

11.1.6 生物芯片的发展趋势

经过十多年的发展，生物芯片技术的研究和开发已经取得一系列成果，但在近期内要成为实验室研究或临床可以普遍采用的技术仍有一些关键问题亟待解决和完善。

对于基因芯片而言，下面的三个问题是比较重要的。

(1)基因芯片检测的可靠性和灵敏度尚有待提高　由于点阵点杂交的假阴性和假阳性现象严重以及其他原因，基因芯片检测的准确率最好的也只在90%左右。而当前多数都使用荧光法进行检测和分析，重复性较好，但灵敏性仍然不高，需要进一步研发高灵敏度的检测仪器和寻找高灵敏度的荧光标志物。

(2)性价比没有达到要求　基因芯片是一种筛选性的技术，它的竞争力来源于使用方便、快速和低成本。但是，现在的生物芯片都是一次性使用的易耗品，在可靠性不足的现实下，成本却居高不下，使得性价比不具有竞争力。这就要求生产厂商必须生产出可重复利用或多重用途的生物芯片，才能降低芯片的成本。

(3)基因芯片检测结果的解释还没有系统的方法　基因芯片可以高通量地获得大量的信息，但是如何分析、整理这些信息，从中发现它与生物学现象或过程的联系，还没有系统可靠的方法。

蛋白质芯片存在的问题和基因芯片类似，并且更为严重。基因芯片是基于互补DNA链的杂交原理，结合相对稳定，对杂交条件的要求较低。蛋白质芯片却是基于蛋白质空间结构的识别，这些识别的化学反应能量改变较小，而蛋白质活性结构的保持对环境的要求苛刻。在体外条件下，环境的细微改变和空间结构的任何微小差别，都可能造成蛋白质活性的改变。而将蛋白质固定在表面时，蛋白与表面的相互作用就足以严重影响蛋白质的活性。

针对目前生物芯片中存在的这些问题，有人提出了一些解决思路。

(1)生物探针的获得　目前的生物探针分子主要是基因或基因片段和蛋白质这两类,以后其他类型的生物分子或化学物质作为探针的体系会越来越多。对于基因探针的获得,现在已经有了较为成熟的方法,最为典型的就是PCR扩增技术和寡聚核酸的自动合成技术。但是大量合乎要求的蛋白质探针的获得,目前尚无优良的、普遍性的对策,等待着新的生物和化学技术的提出。而当人们采用其他类型的分子作为探针时,首先需要解决的也是大量符合要求的探针分子的获得这一问题。

(2)生物芯片的制备　将生物探针分子牢固地固定在表面,同时又不伤害它的生物活性,提供最佳的环境实现对样品的准确识别,是生物芯片最核心的问题。基因芯片技术的发展比较成熟,但是仍不能说已经很好地解决了这个问题。最近,魏芳等发明了将无标记发卡形DNA探针和表面电位控制相结合,实现单点碱基多态性(SNP)识别的新颖技术。这项技术具有成本低,特异性、稳定性、可控性好,并且可以为基因芯片所有点阵点提供各自的最佳杂交识别条件等优点。对于蛋白质芯片,由于蛋白与表面相互作用容易导致不同程度变性,造成较大比例的错误识别,目前采用的固定方法都不够理想,解决这一问题还需要努力和探索。

(3)生物芯片的检测　目前各种检测手段都被用到生物芯片的检测上来。可以将它们分为两类。一类以各种标记技术为基础,如荧光标记、同位素标记、电化学标记等。标记法的问题是由于标记而造成高成本,也可能影响自然的识别过程。另一类则不需要标记,但是依赖于昂贵的仪器设备,如质谱、表面等离子体共振,因此检测成本也很高。这些手段相对于人们所期待的生物芯片的角色而言,成本都太高,严重限制了它在实际当中的应用范围。因此,发明新的高灵敏度和低成本的检测方法是一项重要的任务。对于蛋白质芯片,目前还没有看到解决这一问题的圆满方案。

此外,生物芯片技术所带来的伦理、法学和社会问题已成为整个社会的关注对象。人类对基因研究的成果表明,人类的多数疾病与特殊基因型有关。当生物芯片用于临床医学诊断时,一方面为医生提供了诊断治疗的依据,另一方面也暴露了患者的"劣质基因",有可能引起基因歧视,甚至将携带这种基因的人归为劣等人,在就业、保险等领域不能获得平等的权利。因此,这就需要在立法上加强基因等个人生命信息隐私权的保护,规定尊重作为人的尊严和价值的法律原则;在伦理道德范畴内,加强研究人员的自律。另一方面,人类应加强对基因多样性的正确认识,在漫长进化过程中形成的各种基因型都是自然选择的结果,无法简单地用好坏优劣作评价。更何况随着生物芯片研究的深入,人们也许会发现,在每个人身上的数万个基因中总有几个甚至更多的"劣质基因",真正十全十美的"完美基因人"是不存在的。

综上所述,生物芯片技术总的发展趋势应该是朝着产业化、微型化、集成化和信息化几个方向进一步发展,并从现在较为成熟的基因芯片向蛋白芯片、细胞芯片发展,同时会发展出基于多种用途的高度集成的微型化学和生物分析装置(如毛细管电泳微阵列、介电电泳芯片、信号传递芯片、药物筛选芯片),甚至还可能会出现人体内置芯片。可以相信,生物芯片技术将会在生命科学、医学、药学、环境、法医学等学科领域发挥不可替代的作用。

11.2 生物芯片的构建

11.2.1 生物芯片的原料

1. 载体

用于连接、吸附或包埋各种生物分子使其以水不溶性状态行使功能的固相材料统称为载体。生物芯片所用的载体通常为固体片状或薄膜类,而且其表面应当具有不同的活性基团,以便与各种生物分子连接。除此之外,生物芯片载体材料应当具有良好的光学性质,能适应投射或反射光的测量。一般要符合下列要求:

①载体表面必须具有可以进行化学反应的活性基团,以便与生物分子偶联;

②能够使单位载体上结合的生物分子达到最佳容量;

③载体应当是惰性的,并有足够的机械、物理和化学的稳定性;

④载体应当具有良好的生物兼容性。

目前,用于制作生物芯片的载体材料有很多种,大致可以分为四大类,即无机材料、天然有机聚合物、人工合成的有机高分子聚合物和各种高分子膜。但是,比较适用的只有少数几种,主要包括玻璃片、金属片和高分子薄膜。其中,玻璃片受到了各国研究者的青睐,主要有以下几点原因:来源方便;易于活化和与生物分子偶联;具有良好的光学性质;适于光刻方法操作。

载体在使用前要经过活化,即通过化学反应用各种不同的活化试剂在载体表面键合上各种活性基团,以便与配基共价结合形成具有不同生物特异性的亲和载体,用来固定各种不同的活性生物分子。活化方法有很多种,但是没有一种通用的方法适用于所有载体的活化和配基的偶联,因此在活化前应当有一个基本估计,即活化的载体在偶联试剂作用与配基的偶联应当是容易进行的。例如:表面为羧酸基的载体,可以用1-乙基-(3-二甲基氨基丙基)碳化二亚胺盐酸盐(EDC)和N-烃基磺基琥珀酰亚胺(NHS)处理得到活泼的酯表面,然后再与各种不同的生物分子偶联。对表面为羟基、氨基、醛基、肼基和巯基等的载体,也可以采用类似的方法。最近,金箔作为生物芯片载体的研究受到了广泛关注,因为可以用二硫苏糖醇(DTT)还原蛋白质中的二硫键变为巯基或直接用蛋白质中的二硫键将蛋白质探针特异性地结合在金的表面。

2. 探针分子

生物学中的探针分子就是利用分子间特异性识别作用,用以检测样本中特定的蛋白质、核酸和包括这些生物大分子的组织或细胞等物质的多肽或核酸片断。在选择探针分子时,一般要明确以下三方面的内容。

(1)确定研究目标　不同的探针会构建成具有不同功能的生物芯片,因此在选择探针之前一定要明确该芯片的未来应用目标。例如:特定基因的检测是经常需要的,检测人体是否感染病毒,食品是否被细菌污染,以及身份识别和亲缘关系确定等,研究者可以根据不同的实验目的设计出不同类型的探针分子。

(2)选择和设计探针　探针的选择和设计是生物芯片设计中的核心,探针的特异性决定芯片杂交结果的特异性。同时,根据不同的研究目的,探针在选择特异性区域和保守性区域时应各有侧重。另外,探针设计还与检测的灵敏度和结果的稳定性密切相关。

(3)设计合适的控制系统 就不同芯片的目的而言,还需要设计一套可靠稳定的参照体系。例如,对于基因芯片可使用阳性对照、阴性对照、空白对照、浓度和稀释对照,还可以引入一套参照体系的运用。这样,既保证了基因芯片质量的稳定性,又保证了其在不同实验条件下的可对比性。

11.2.2 生物芯片的构建方法

1. 原位合成

1991 年,Fodor 等首先发明了光引导合成技术(light directed synthesis)。这种方法成功地将照相平板印刷术、固相化学合成和基团光敏保护三项技术组合在一起,在固相载体表面上可以原位合成序列已知的高密度寡核苷酸或短链多肽阵列。具体方法如图 11.3 所示。首先,在玻璃片表面修饰一层连接分子(linker),其羟基上加有光敏保护集团,可用光照除去。接着,选择适当掩膜(mask)仅使要聚合部位受光,加入活化且带有光敏保护基的单体分子使链延长,而偶联后的部位仍带有保护基。不断循环直到获得目的寡聚核苷酸序列。对于合成寡核苷酸(图 11.4)来说,因为每次只能合成一种碱基,要完成芯片上一层碱基的合成就需要四次。如果要完成 n 个寡核苷酸(n 层),就需要 $4n$ 次合成步骤,即经 $4n$ 次合成步骤可合成 4^n 种探针。

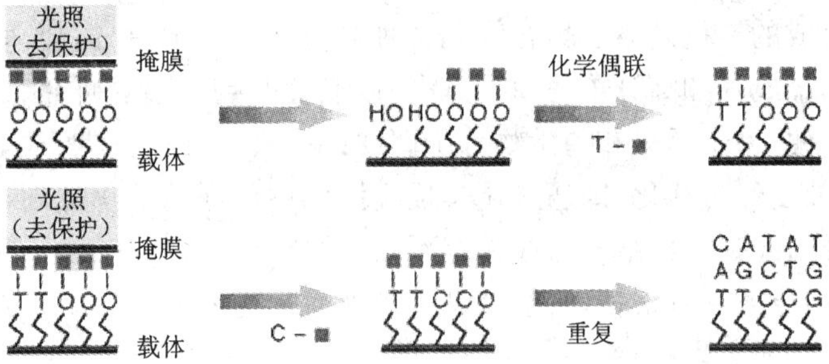

(a)

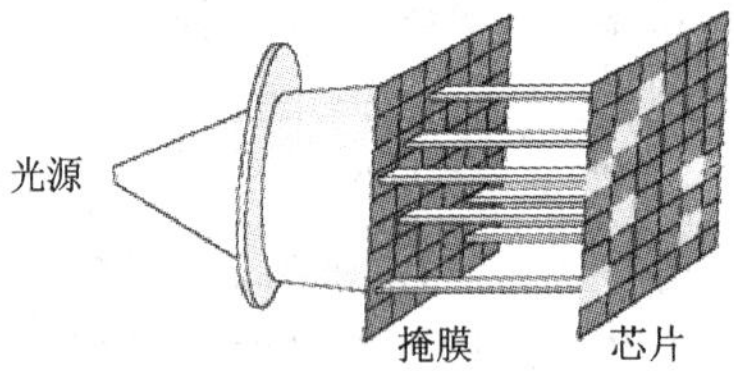

(b)

图 11.3 Affymetrix 公司生产 DNA 芯片采用的光引导原位合成法

光引导原位合成方法具有以下优点:①合成的探针阵列密度较高,可高达 10^6 个功能部件每平方厘米,每个部件的大小为 5 ~ 10 μm;②不同芯片间的平行性比较高,芯片个体之间差异小;③可直接由生物大分子的序列信息来设计探针,避免了探针分子在制备过程中的一些不确定因素。但是该方法合成的寡核苷酸的长度一般为 15 ~ 25 bp,而且缩合率仅为 95%,特异性不是太好。为此,McGall 等采用了半导体光刻法,即将光引导合成技术与半导体工业所用的光刻技术进行结合,较好地解决了这个问题。以上原位合成方法借鉴半导体芯片制作中的光刻方法,合成具有并行性和高效性,较少步骤就可以合成大量产物,但是对设备要求较高,技术复杂,较难推广。

除了光引导原位合成外,最近又出现了许多新的原位合成策略。例如:Southern 等设计了

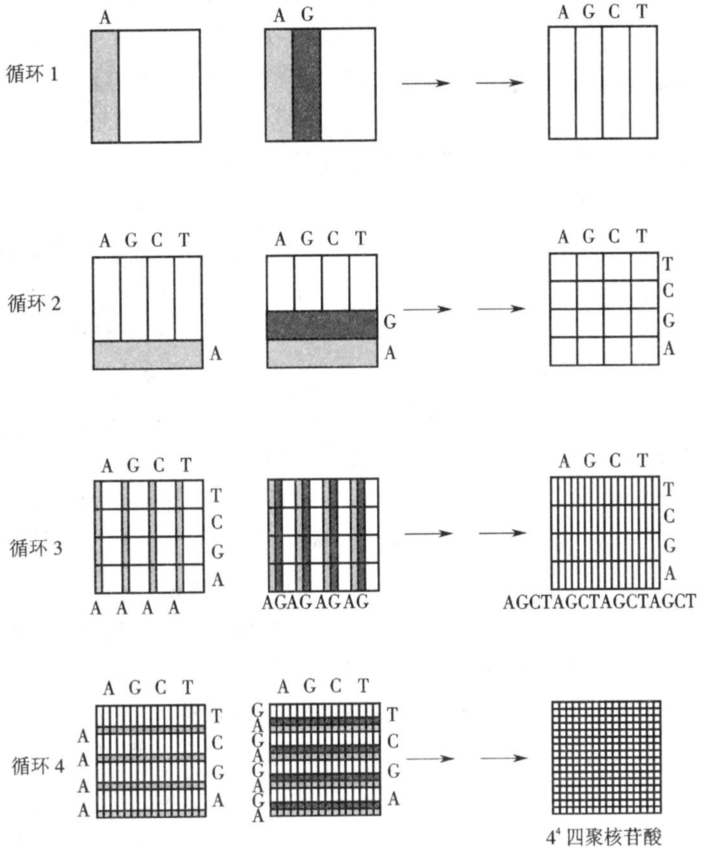

图 11.4 循环合成示意图

可在指定区域加反应物的装置,该装置在每步合成结束后,固定地偏移一段距离,后步合成只重叠前步合成的一部分,其形状、大小及偏移量决定了合成的寡核苷酸的长度。利用这种方法合成了一系列圆形或钻石形的包含全套与已知序列互补的 DNA 微阵列,可用于突变序列与正常序列的比较分析,从而扫描基因突变。Matson 等将聚丙烯膜氨基化后用一个半自动的 64 孔道流体传递系统,用传统的亚磷酰胺固相合成法在一个方向上合成一半后,再将薄膜转 90°继续合成,从而得到了包含 4 096 个与靶序列互补的 8 ~ 16 bp 寡核苷酸的微阵列,并成功地与 F508 密码子区域互补的囊性纤维化跨膜传导调节子基因构成的靶序列进行了杂交。

近来,喷印合成逐渐成为被广泛采用的一种原位合成方法。此法原理与喷墨打印机相似,但装有多个芯片喷印头和墨盒,制作 DNA 芯片时,墨盒中装的是四种碱基合成试剂。依不同位点序列将碱基喷印到芯片上的特定位置,并用传统的 DNA 合成方法将碱基连接起来。该方法合成寡核苷酸的长度一般在 40 ~ 50 bp,缩合率达 99% ,特异性较好。

2. 直接点样

这种方法主要是利用微型机械点样法或化学喷射法将合成好的探针分子(如 cDNA 和基因组 DNA),通过特定的高速点样机器直接点在芯片片基上。该方法很实用,虽然产生的分子阵列密度没有光导原位合成法高,但它不仅可固定小片段核酸,还可固定基因片段、cDNA 甚至蛋白质等,是一种开放式的方法。点样的方式有接触式打印法和非接触式喷印法。前者用针头在样品液中蘸一下，再移到片基上并与之接触后直接被吸附和固定。用实心针头，每浸一次点一点，而采用空心针头（或称为翎管式针头）可大大提高效率。后者吸入一定量的样品后，在片基上方，通过热喷印、压电晶体喷印及注射泵推进喷印等方法，“喷”到片基表面并被固定。“喷印”的优点是可设计分配体积，不与表面接触，对精细表面无损伤且分配机制与片基表面性质无关。其中压电喷印技术是使用压电晶体来卸出打印头小孔中的液滴，液滴的大小一般为 50 ~ 500 pl，形成的微阵列密度可达 2 500 点每平方厘米。

此外，还有 Cartesian 公司的专利技术，即注射泵推进喷印技术，它把样品的抽吸与释放相结合，在高分辨的注射泵和微螺线管阀门控制下，进行样品的定量转移和分配，分配量在几纳升范围，形成的阵列密度可达 400 点每平方厘米。最近，Stimpson 等利用改装的喷墨打印机，把带有生物素标记的寡核苷酸探针，通过热喷墨打印和压电激活传送系统，在修饰的多孔聚醚砜薄膜片基上形成一条样品线，再把薄膜绕一根直径 4 mm 的硅杆卷成“果冻卷轴”，切成片就形成一系列等同的微阵列。该方法所用的设备简单，成本低廉。

芯片外合成点样还涉及片基的预处理与样点的固定。要选用在荧光染料激发波长区域的荧光背景小的片基（常用显微镜载玻片和多孔塑料薄膜），再用多聚 L-赖氨酸作表面修饰以黏附 DNA，同时形成疏水表面以便容纳高密度的亲水点阵。样点的固定可用紫外线交联法，即用紫外灯曝光使样品与片基发生交联。Schena 等则采用了 Schiff 碱黏附法，使氨基化修饰的 PCR 产物或寡聚核苷酸直接黏附到醛功能离子化的片基上。

除了上述两种基本构建方法以外，最近又出现了一些新技术。

①针对 DNA 的二级结构会导致失真的杂交结果（链内杂交问题），人们研发出了通过使用肽核酸（peptide nucleic acids，PNA）探针解决该问题的新方案。PNA 与互补的 DNA 或 RNA 序列有更强的亲和性及特异性，杂交后更加稳定，并且 PNA 探针比 DNA 探针更容易接近靶序列。例如，Stender 等采用荧光原位杂交（FISH）法，通过 PNA 探针检测、计数大肠杆菌，与传统的方法相比，不但提高了灵敏度，而且更加快速便捷。值得特别提出的是，最近国内东南大学研制出了双链 DNA 探针芯片：把 3′端具有反向互补序列的单链寡核苷酸点到玻片上，“退火”使反向互补序列形成“发卡”结构，充当引物，最后经 Klenow 酶延伸形成完整的双链。该种芯片为序列特异性 DNA-蛋白质相互作用的研究提供了一种新的技术平台。

②蛋白质芯片比基因芯片难于制作，且定位于载体表面的蛋白质分子易于改变空间构象而失去原有的生物活性。故而，目前研究热点集中在如何在保持蛋白质功能的前提下，将其固化于载体表面。例如：Bashir 小组在硅片表面热氧化形成 SiO_2层，通过射频溅射（radio frequency sputtering）覆盖铂于 SiO_2层上，然后把硅片置于抗生物素蛋白（avidin）反应液，缓冲液冲洗后，用生物素与芯片上的 Avidin 反应，证明 Avidin 仍保持生物活性。而 Argonne 实验室则采用凝胶载体解决了这个问题。他们在玻片上刻出小方孔，向里面加入含丙烯酰胺的反应液，紫外光照射使丙烯酰胺聚合。最后向凝胶块中加入蛋白溶液，利用戊二醛活化凝胶使其与蛋白联结。他们利用此类芯片进行了抗原抗体的检测和酶促反应动力学研究。

11.3 生物芯片的工作原理

11.3.1 待测样品的制备

待测样品的制备是生物芯片试验流程中的一个重要环节，生物样品往往是复杂的混合物，除少数特殊样品外一般需要预处理和标记后才能与芯片相互作用。例如，DNA 样品在与芯片探针杂交之前必须进行分离、扩增和标记，而 RNA 样品通常需要首先逆转录成 cDNA 并进行标记后才可进行检测。目前，由于检测灵敏度所限，尚难用普通探针对极少量的样品分子进行检测，因此还需要对样品或后续测试信号进行适当的放大。如对于 DNA 样品，多数方法需要在标记和分析前对样品进行适当程度的扩增，以使样品核酸的拷贝数达到检测的灵敏度。

整个样品的获取与样品的标记是有机结合在一起的，常用的标记分子有荧光素、同位素和地高辛等。同位素标记一般用于阵列密度小的芯片，所需仪器均为实验室常规使用设备，易于开展相关工作，但是在信号检测时一些杂交信号强的点阵容易产生光晕干扰周围信号的分析。荧光标记多见于高密度基因芯片分析，主要是利用荧光标记的 DNA 碱基在不同的波长下吸收和发射光。其中，多色荧光标记可以在一个分析中同时对两个或多个生物样品进行多重分析，大大加强了基因表达和突变检测结果的准确性，排除了人为因素的干扰。在选择荧光探针时，需要考虑以下几个因素：①荧光探针的激发和发射频谱；②荧光探针的发光效率；③荧光探针对 PCR 或逆转率效率的影响；④不同荧光探针的发射光谱是否有重叠。

11.3.2 生物芯片与样品的相互作用

生物芯片与样品的相互作用条件因不同实验而异。例如，对于检测基因突变的基因芯片，要设计一套寡核苷酸，包含靶序列上的每个位点，需要高严谨性，以检测单个碱基突变；用于基因诊断和表达的基因芯片，则要针对基因的特定区域设计寡核苷酸，需要更高的严谨性，以检测特异的和低拷贝的基因。需要特别注意的是，固定于芯片表面的探针与位于液相的靶分子进行生化作用的过程不完全与液相中的作用相同。因为生物大分子与固相支持物的结合导致了溶液中的靶分子与其不能迅速地发生作用，所以要延长反应时间，必要时还需提高靶分子的浓度以加快反应。此外，固相化的大分子，特别是空间体积较大的分子很容易受到支持物对生化作用的空间阻碍作用。

生物芯片与样品的相互作用是一个复杂的过程，会受到很多因素的影响，主要包括以下几方面。①靶标和探针浓度的影响：当靶标浓度 10 倍于探针浓度时会出现准一级反应动力学，这有利于减轻制作点阵芯片中各单元点因靶标浓度不准确所导致的微小差异。而靶标浓度不高于探针浓度时则会出现二级反应动力学，此时固定的靶标浓度的微小差异将对生化反应速率和信号绝对值产生较大影响。②探针密度的影响：低覆盖率会使信号减弱，而过高的覆盖率则会造成相邻探针之间的干扰。③反应双方的结构组成的影响。④支持物的影响。⑤盐浓度和温度的影响。总之，选择的条件就是要使成千上万对的生化反应中的最大多数处于最佳状态中。

11.3.3 信号检测

生物芯片的检测就是获取固定在芯片上的标记探针信息变化的过程,是生物芯片相关技术的一个重要组成部分。近年来,人们已经提出和发展了多种生物芯片检测方法,包括荧光法、质谱法、化学发光和光导纤维、二极管方阵检测、乳胶凝集反应、直接电荷变化检测等。相应地产生了各种检测仪器,如共焦扫描荧光探测系统和电荷耦合器件图像传感器(CCD)荧光探测系统,量子生物化学反应生物芯片探测系统,单分子微荧光探测系统,近场光学与微光学生物芯片探测系统等。

荧光检测法是生物芯片信息采集中使用最多也是最成功的一种方法。整个生物芯片分析系统由光源、激发光光学系统、样品、发射光(荧光)光学系统、探测器、信号处理电路及图像处理系统构成。目前,主要有两种常用的荧光检测分析技术:一是应用激光作为激发的具有很高灵敏度的共聚焦扫描技术;另一种是可同时用多种光源作为激发光(激光或氙灯,金属卤素灯白光光源) 可并行检测(面测量)的 CCD 成像技术。光致激发荧光信号很弱,必须用高灵敏度的探测器(PMT 或 CCD)进行检测。系统采集到的荧光信号不仅与输入光强、荧光分子浓度有关,而且与系统结构及系统中各构件参数有关,因而对输出信号强度与各参量关系进行全面定量分析十分重要。灵敏度是系统的一个重要技术指标,它是指系统能检测到最弱的荧光的能力,定义为信噪比大于 3 时能测定的荧光强度,通常用荧光分子数/μm^2来表示,在悬浮式生物芯片中也常用荧光分子的摩尔浓度表示。

从探测器得到的总信号可表示为 $S_T = S_F + S_B$。S_F是样品发出的荧光经探测器转换得到的电信号,简称为荧光信号;S_B为背景噪声和散射光导致的噪声,散射光噪声是指激发光入射到样品后,由样品颗粒的散射引起的,包括喇曼散射和瑞利散射,可通过使用窄带滤色片将其从荧光中滤去以降低其影响。荧光 S_F与以下因素有关:①入射到样品上的激发光光强,与光源功率、谱特性及激发光光学系统结构、各构件参数有关;②样品的荧光特性,包括量子效率、摩尔消光系数、摩尔浓度;③荧光收集效率,与发射光光学系统结构和各构件参数有关;④探测器的特性及信号处理电路增益,由探测器的谱响应特性、增益信号处理电路增益决定。

荧光测试方法因其分辨能力和灵敏度高,定位功能强而被普遍采用,并取得了相当的成功。其中最重要的是共焦扫描荧光探测系统和 CCD 荧光探测系统,已经相当成熟,并实现产品化。但这些产品体积大、成本高,并且对工作环境要求高,不宜携带,给检测带来不便。最近,又出现了一种新的集成半导体荧光测试方法,该方法的发展得益于近年来垂直腔面发射激光器(vertical cavity surface emitting lasers, VCSELs)技术研究和迅速发展。原理是将VCSELs,本征 PN 结光探测器与光发射滤波片(optical emission filter)集成在一块单片基板上,这样就可以组成一个完整的荧光探测器单元。该探测单元集荧光激发、杂散光滤波、信号收集于一体。还可以在一块探测面板上集成大量的这种探测单元,从而实现生物芯片的并行探测,提高生物芯片的检测速度。这种方法与相对传统的荧光检测设备相比,大大降低了生物芯片读取设备的成本,并显著缩小了设备的体积,使得系统的微型化成为可能,它降低了对工作环境的要求,并提高了系统检测结果的准确性。

近来,芯片分离物连接 ESI-MS 的技术发展比较快。样品可以直接,或通过芯片的微通道,或通过联合喷雾器,或通过点喷雾源导入到 MS 中。例如:Zhang 等设计的 CE/ electrospray MS (ES-MS)能自行便捷更换的电喷雾毛细管装置,可用于测定肽链、蛋白质以及蛋白质消化产物,并用在线串联质谱鉴定蛋白质消化产物的结构。而 Hsich 等则用 CE/TOF 实现了芯片上快速分离肽链。

11.3.4 生物芯片信息学

1. 序列信息学

各种各样的序列信息学工具被发明了出来用于大量生物序列的检查和操作,这极大地推动了生物芯片分析的发展,其中比较重要的有自动计算熔解温度的软件、提供序列对比信息的软件、优化寡聚核苷酸探针和 PCR 引物的软件。

(1)核酸的熔解温度 核酸的熔解温度指的是使50%的核酸互补分子链处于杂交状态,而50%处于解离状态的热力学温度。对于生物芯片研究者来说,熔解温度是非常重要的一个工作参数,因为对熔解温度的预测决定了实验中杂交和洗脱温度的选择。熔解温度受很多因素的影响,包括双链的长度、序列组成、互补百分比、盐浓度、溶剂和 pH 值等。目前,生物芯片的研究者可以利用各种商用软件包进行熔解温度的预测(如 Molecular Biology Insight 公司的 OLIGO6 软件(www. oligo. net)),就能够综合考虑熔解温度的所有影响因素来进行预测。

(2)序列比对 将两条及以上的核苷酸或氨基酸线性序列进行计算比对的过程称为序列比对。通过序列比对可以鉴定出全长基因和蛋白质微小的序列变异,进而为遗传筛选、诊断检测和基因分型分析奠定基础。多种序列比对的结果还有利于设计并鉴定类似基因的独特探针,尤其是可以为基因表达谱芯片选择出高质量的探针。根据局部比对的概念基础,FASTA 和 BLAST 成为极其快速的序列比对方法,大多数生物芯片实验所需的序列比对工作都可通过它们来完成。

(3)寡核苷酸探针 随着基因数据库快速扩展和寡聚核苷酸经济可用性的提高,基因表达分析开始趋向于长寡聚核苷酸(50~70 bp)的应用,这促进了"设计指南"的形成。"设计指南"提供一系列判别标准以加速最佳寡聚核苷酸探针的选择,这些探针分子分别对应特异的编码区或基因组 DNA。Premier Biosoft 公司开发的这方面的软件产品 Array Designer 2 允许用户在进行寡聚核苷酸选择时设定各种重要参数,如熔解温度的范围、探针长度、GC 含量和配对双链所在区域等,大大提高了探针分子设计的速度和精确度。

(4)PCR 引物 PCR 扩增在生物芯片生产中得到了广泛应用,因而自动化引物选择的信息学工具也变得十分重要。如同长寡聚核苷酸的设计一样,引物的选择和设计也必须考虑许多特征值,主要包括长度、熔解温度、序列组成、二级结构及其在 DNA 模板中的位置。现在有许多软件可以用于引物的设计和选择,如上面提到的 Array Designer 2 允许研究者指定所有重要参数,为任意模板设计引物。通常计算机设计的引物比人工挑选的引物有更好的 PCR 反应效果,由此也体现了生物信息学工具的重要价值。

2. 设计信息学

(1)微阵列位置 微阵列位置指的是微阵列偏移载体的顶端和左边的距离,可以由控制软件自动设置,大多数商业化微阵列公司都提供这类控制软件。确定微阵列的位置极其重要,因为它会影响后续的杂交、检测和数据分析等关键步骤。大部分的微阵列都采用下列位置方式:顶端距离约 10 mm,左边或右边的距离至少 2 mm,以微阵列在左右方向上处于中间位置为最好。大多数的图形化用户界面允许研究者通过软件制定确切的微阵列位置,从而保证微阵列的中央位置。

(2)基因当量和复杂度 微阵列一般是由多个亚阵构成的,而亚阵则是由同一个点样器在载体上形成的单位微阵列。一般而言,为了保证数据的可靠性,单一基因会重复几次点样,因而微阵列上的样点数并不等同于基因数。一个微阵列所代表的基因组信息含量称为微阵列复杂度,它在数值上等于单一序列的数目与平均核苷酸长度的乘积。现在,复杂度经常以基因组当量来表示,即复杂度与该物种基因组大小的商。

(3)样品和内容图 微阵列点样时通常会从微板或384孔板上取样,而微阵列的点样密度明显大于微板的样品排列密度,因此需要位置转换。位置转换是由点样头中点样装置的数目和排列方式、点样程序、点与点之间的密度和重复次数所决定的。使用适当的数据库管理软件(如样品追踪软件),可以轻易完成位置转换工作,而经过处理得到的包含微阵列每一功能点相关的所有信息的电子文件称为内容图。

3. 数据定量

(1)绝对定量 生物芯片扫描仪和成像仪获得的结果都是以标签图像文件格式文件为形式的荧光数据(图11.5)。要获得有价值的数据,尚需进行定量转换。根据各个位置的信号强度获取的每一点的数值信息称为绝对定量;而计算同一微阵列两个样品点的绝对信号的比例则称为相对定量。

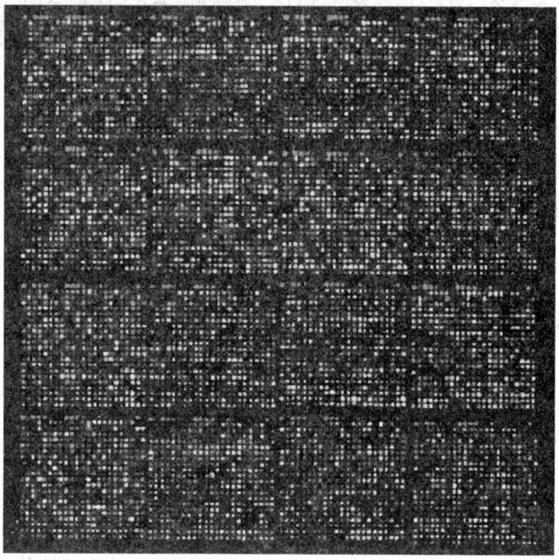

图11.5 荧光数据图(生物谷网站 www.bioon.com)

(2)比值计算 比值计算指的是两张微阵列图像的信号强度做除法运算为每一个数据点获得商的计算过程。通过比值计算,研究者可以获得基因分型基因表达谱和其他生物过程相关的定量信息。例如,比较两种标记样品的绝对信号强度,可以定量计算这两种标记混合物中某一基因或基因产物的含量,也可以计算样品中某一指定分子的浓度变化程度,以指示基因的活化或抑制状态。

(3)归一化 对不同通道和芯片来源的数据进行分析前,消除各系统误差的过程称为归一化。其中,对不同数据集进行归一处理的数值称为归一化因子。正确进行归一化处理不会改变数据的内容,而是纠正其中次要的不平衡,包括标记和杂交效率及洗脱的差异、不同染料的量子产量差异、激光功率和监测仪灵敏度的变化等原因造成的不同芯片和通道之间的微小差异。

4. 数据处理

(1)数据转换 数据转换指的是将微阵列数据从原始的荧光计数转变为对数或其他可读的计算过程。对数转换后的数据比原始信号强度值有更为统一的分布,类似于正态分布,从而可以直接使用统计分析的参数程序来进行分析。

(2)散点图(图11.6) 散点图是最有用的基因表达数据的方式,将两种样品的信号强度分别对应于 x 轴和 y 轴数值,而比值表示为它与原点的距离。散点图中的一条对角线称为相同线,线上各点表征两种样品中信号强度和表达水平相等的基因。散点图最大的应用是评价比值计算的精确性。

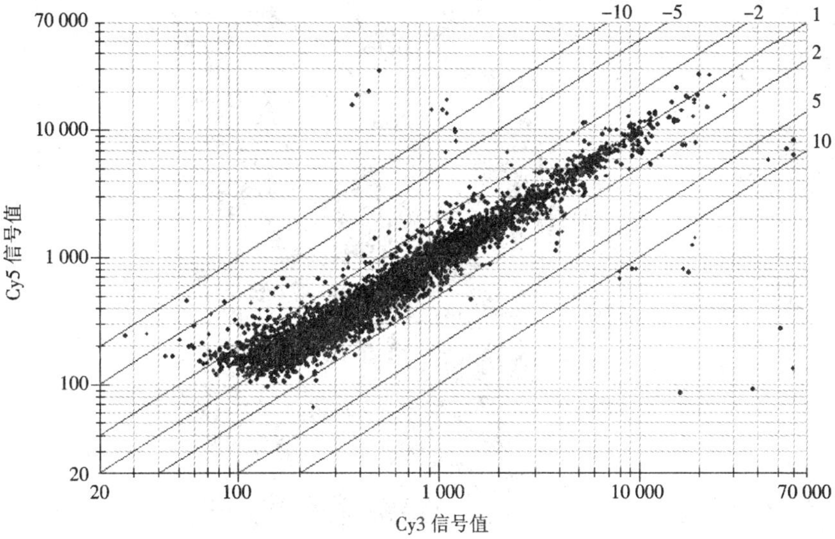

图 11.6 散点图(生物谷网站 www.bioon.com)

(3)主成分分析 散点图是将两个样品的比较在二维空间上显示,对于多个样品的比较则需要降维技术的应用。所谓的降维就是在主成分分析和其他数据建模过程中使用的计算过程,从而将复杂数据集压缩为 x、y 和 z 表示的三维坐标,并在常规显示屏上显示。

(4)表达图 表达图是对染色体上各基因加注基因表达水平构成的表示图。表达图显示了染色体上每一物理位置的转录丰度和表达调节,从而进行极其复杂的分析,如共调节、染色体结构和进化等问题。

(5)途经分析 建立基因表达信息与生化、遗传和发育过程之间的关联性,即称为途径分析。

(6)聚类分析 聚类分析是根据数据点间的相似性来组织数据并构建系统树的多变量分类方法,是大规模基因表达谱目前最广泛使用的一种统计技术。聚类分析将相似的数据归为一组,然后组织各组间的关系,使相似的组相互靠近而不相似的组相互远离(图 11.7)。

(7)流程管理 流程管理控制并记录微阵列数据产生和存储的每一步骤的过程称为流程管理。流程管理可以将各种流程细节,如克隆群、样品追踪信息、图像定量、载体处理和探针制备等,存储于特定的关系数据库,以方便用户的系统查询并获得任意数据点。

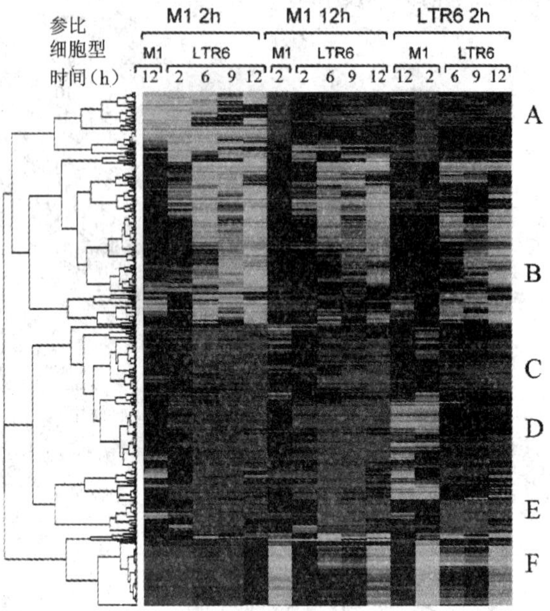

图 11.7　聚类分析图(生物谷网站 www. bioon. com)

思考题

1. 什么是生物芯片？其主要特点是什么？
2. 生物芯片主要包括哪些种类？各自特点是什么？
3. 生物芯片可以应用于哪些领域？
4. 目前生物芯片国内外的发展状况如何？
5. 生物芯片是如何构建的？
6. 生物芯片是如何工作的？
7. 生物芯片信息学包括哪些主要内容？
8. 未来生物芯片的发展趋势如何？

参考文献

[1]　(美)谢纳 M. 生物芯片分析. 张亮,等,译[M]. 北京:科学出版社,2004.
[2]　陈忠斌. 生物芯片技术[M]. 北京:化学工业出版社,2005.
[3]　国家发展和改革委员会高技术产业司和中国生物工程学会. 中国生物产业发展报告,2006[M]. 北京:化学工业出版社,2007.
[4]　科学技术部专题研究组. 世界前沿科技发展报告[M]. 北京:科学出版社,2006.
[5]　李瑶. 基因芯片技术[M]. 北京:化学工业出版社,2004.

[6] 梁国栋.最新生物学技术[M].北京:科学出版社,2001.
[7] 马立人,蒋中华.生物芯片[M].北京:化学工业出版社,2000.
[8] Blawas A S, Reichert W M. Protein patterning[J]. Biomaterials, 1998,19:595-609.
[9] Ehrenreich A, DNA microarray technology for the microbiologist: an overview[J]. Appl Microbiol Biotechnol,2006,73:255-273.
[10] Lee K H, Proteomics: a technology-driven and technology-limited discovery science[J]. Trends Biotechnol, 2001,19:217-222.
[11] Templin M F, Stoll D, Schwenk J M, et al. Protein microarrays: Promising tools for proteomic research[J]. Proteomics, 2003,3:2155-2166.
[12] Templin M F, Stoll D, Schrenk M, et al. Protein microarray technology[J]. Trends Biotechnol, 2002,20:160-166.
[13] Xu J Q, He X Z, Zhou Y X, et al. Research and applications of biochip technology[J]. Chinese Sci Bull, 2000,45:101-108.
[14] 胡泽军,张生才,姚素英,等.半导体光刻技术在生物芯片制作中的应用[J].传感技术学报,2003,16(1):99-102.
[15] 荆志伟,王忠.基因芯片数据分析方法研究进展[J].生物技术通讯,2007,18(1):144-148.
[16] 徐炳森,项黎新,邵健忠.生物芯片及其研究进展[J].浙江大学学报(理学版),2001,28:443-449.
[17] 赵新生.化学生物学在生物芯片技术中的角色[J].化学进展,2003,15(5):436-438.

第 12 章 生物能源

12.1 概述

12.1.1 生物质与生物能源

地球上的能源储藏是有限的。据科学家估计，地球上亿万年积累的化石能源，主要包括石油、天然气、煤等，仅能支撑300年的大规模开采就将面临枯竭。然而，目前社会的发展使人类对能源的需求却越来越大，因此严峻的能源问题受到了全世界的广泛关注。如何在保持经济发展的同时，实现可持续发展？节约燃料是一种可供选择的方案。为此，需要开发更好的发动机/动力链技术及相匹配的结构材料，从而提高燃料的经济性。但是，这种方法虽然可以减缓化石能源的消耗，但是不能从根本上解决人类面临的能源危机。另外一种方案就是寻找化石能源的取代物，例如太阳能、风能、水能、核能、潮汐能和生物能源等。其中，生物能源因为受地域限制小、原料可再生和生产过程绿色无污染等优点受到了广泛关注，而生命科学和生物技术近年来的快速发展也为生物能源的开发和利用奠定了良好的基础。

生物能源，又称生物质能或生物能，是指从生物质得到的能源，是人类最早利用的能源。古人钻木取火、伐薪烧炭，实际上就是在使用生物能源，但是这种通过生物质直接燃烧获得能量是低效而不经济的。因此，随着工业革命的进程，化石能源的大规模使用，生物能源在近现代逐步被以煤、石油和天然气为代表的化石能源所替代。生物能是从太阳能转化而来的，其转化过程是通过绿色植物的光合作用将二氧化碳和水合成生物质，而在生物能的使用过程中，生物质又再次转化成二氧化碳和水，从而形成一个物质的循环。理论上温室气体二氧化碳的净排放为零。然而，在生物能源的生产和使用过程中也存在一些潜在的问题，例如：燃烧城市废弃物产生的能源会造成环境污染；生物能也会产生诸如二噁英等有毒物质的污染；燃烧来自原始森林出产的木材会造成森林覆盖率下降等。不过，总的来说生物能源是一种可再生的清洁能源，其高效开发和利用符合可持续的科学发展观和循环经济的理念。

生物质与生物或生命活动密切相关，是指由光合作用产生的各种有机体，而人们常将生物质所含有的能量简称为生物能。光合作用是指绿色植物和光合细菌利用二氧化碳和水，将吸收的太阳能转换为碳水化合物和氧气的过程，其反应过程如下：

$$CO_2 + H_2O \rightarrow (CHO)_n + O_2$$

而由光合作用产生的简单生物质在生命活动中又会转化为多种类型的复杂生物质。这样，通过光合作用太阳能就以化学能形式贮存在生物中，从而形成了一种以生物质为载体的能量，即生物能。因此，从能源特征和利用方式来看，生物能属于化学能，与化石能源类似，都是以C、H为基本组成的有机化合物。但是，与化石能源不同的是，生物能是一种可再生的能源，还具有洁净性、低能源品位、分散性等能源特征。

生物质所含能量的多少与品种、生长周期、繁殖和种植方法、收获方法、抗病抗灾性能、日照的时间和强度、环境的温度和湿度、雨量、土壤条件等诸多因素有密切的关系。据估计，地球上每年植物光合作用固定的碳可达 2×10^{11} t，含能量可达 3×10^{21} J，因此每年通过光合作用贮存在植物的枝、茎、叶中的太阳能，相当于全世界每年消耗能量的10倍。生物质遍布世界各地，其蕴藏量极大，仅地球上的植物，每年生产量就相当于目前人类消耗矿物能的20倍，或相当于世界现有人口食物能量的160倍。虽然不同国家单位面积生物质的产量差异很大，但地球上每个国家都有某种形式的生物质。

根据能源使用的方式，生物能源大致可以分为两类——传统的和现代的。传统的生物能源，广义来说包括所有小规模使用的生物能，主要包括家庭使用的薪柴和木炭，稻草和稻壳，其他的植物性废弃物和动物的粪便等，目前的使用主要限于发展中国家。而现代生物能源是指那些可以大规模用于代替常规能源，即矿物类固体、液体和气体燃料的各种生物能源，主要包括工业性木质废弃物、甘蔗渣、城市废弃物、生物燃料等。巴西、美国和瑞典的生物能源计划便是属于这一类。

根据生物质的形式，生物能源又可以分为四大类——森林能源、农作物秸秆、禽畜粪便和生活垃圾。森林能源是森林生长和林业生产过程提供的生物质能源，主要是薪材，也包括森林工业的一些残留物等。农作物秸秆是农业生产的副产品，与农业主要是种植业生产关系十分密切。禽畜粪便也是一种重要的生物质能源，除在牧区有少量的直接燃烧外，禽畜粪便主要是作为沼气的发酵原料。城镇生活垃圾主要是由居民生活垃圾，商业、服务业垃圾和少量建筑垃圾等废弃物所构成的混合物，成分比较复杂，其构成主要受居民生活水平、能源结构、城市建设、绿化面积以及季节变化的影响。

根据能源的形式，生物能源主要包括沼气、生物氢、生物柴油和生物乙醇，其中生物乙醇和生物柴油是当前生物能源的主要产品，分别占到了生物能源总量的90%和10%左右。

(1)生物乙醇　乙醇俗称酒精，以一定的比例掺入汽油可作为汽车的燃料，不但能替代部分汽油，而且排放的尾气更清洁，是目前世界上生产规模最大的生物能源。我国的生物乙醇生产已形成规模，主要是以玉米为原料，同时正在积极开发甜高粱、薯类、秸秆等其他原料生产乙醇，目前产量居世界第三。

(2)生物柴油　生物柴油是利用催化剂将植物油或其他油脂进行酯交换后得到的可替代柴油的液体燃料。目前，欧洲已专门种植油料作物用来生产生物柴油，形成了一定规模，美国也有生物柴油的小规模生产，而我国也有多个研究小组正在从事生物柴油的研究开发。但是，作为原料的植物油成本较高，限制了生物柴油的进一步应用。最近，研究发现一些微生物也能合成油脂，这也许可以为克服生物柴油的原料问题起到重要作用。

(3)沼气　沼气是微生物发酵农作物秸秆、禽畜粪便等有机物产生的混合气体，主要成分是可燃的甲烷。生产沼气的设备简单，方法简易，适合在农村推广使用。我国在这方面的研究起步较早，已有许多地方的农村和畜牧场使用了沼气，在节约资源、保护环境和提高农民生活质量等方面凸显出了一定优势。然而，目前沼气生产存在着规模小和甲烷含量不高等一系列问题，亟待解决。

(4)生物氢　氢气是最清洁的能源，其燃烧的产物只有水。氢气可以通过光(电)催化、电解和微生物发酵等方法生产得到，其中通过微生物发酵生物质的制氢过程称为生物制氢。目前，生物制氢的研究主要集中在如何获得高效产氢的微生物上，虽然已有报道可以小规模地进行生物制氢，但要实现生物氢的产业化，还有许多技术和经济问题需要解决。

12.1.2 生物质的转化路线

生物能与化石能源均属于一次能源，如果直接使用不仅能量转化效率低，而且会造成环境污染。因此，在现代社会中人们使用的多为二次能源，如电、柴油、汽油等。在开发利用生物能的过程中，如何将生物质高效、低成本地转化为二次能源是当前生物能源研究的一个核心内容。从目前的研究状况来看，生物质的转化可以分为物理化学转化和生物转化两种途径（图12.1）。物理化学转化途径是在现有的化石能源转化技术的基础上改进发展起来的，主要包括生物质气化和液化、生物柴油等方面。生物转化途径则是利用微生物或生物酶为催化剂实现生物质的二次能源转化，主要包括生物乙醇、沼气和微生物制氢三个方面，而在能源加工利用过程中，涉及生物催化剂和生物催化转化的技术或方法就统称为能源生物技术。

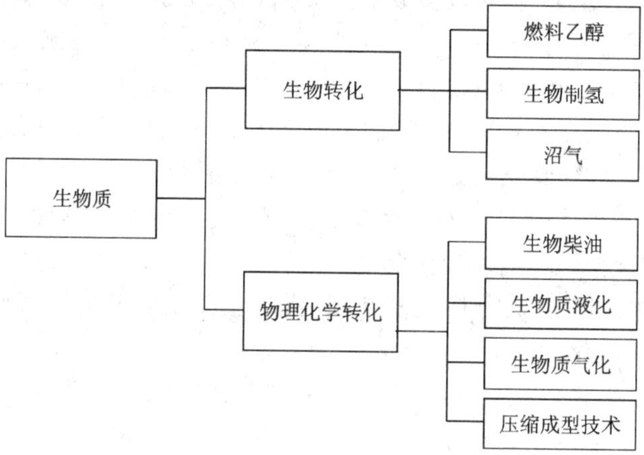

图 12.1 生物质的主要转化路线

相对于物理化学转化，生物转化具有高效、绿色环保、能耗低等优点。因此，近年来生物催化和转化技术在能源领域的应用受到了广泛关注。其实，光合作用就是一种生物催化过程，多年以来人们就梦想着能够揭示出其机理，从而建造仿生的光合作用工厂，实现人为地将太阳能转化为化学能或其他能源的过程。此外，生物质的组成多为木质素、纤维素之类难降解的高分子有机物，利用和转化技术更加复杂多样，利用生物技术就显得更为必要。因此，可以预计，生命活动中存在的大量生物催化剂或生物催化转化过程，在生物质的转化、加工过程中，将起到非常重要的作用。

12.1.3 国内外发展状况

目前，利用高科技手段开发生物能源，已成为当今世界发达国家能源战略的重要组成部分。2001 年 11 月，欧盟委员会发布了促进生物燃料与其他代用燃料利用的计划，其主要目的是改善燃料供应安全性、减少运输燃料对环境的影响和减少汽车的温室气体排放量。其中，生物燃料被列为首选的代用燃料之一，并计划到 2020 年代用燃料将取代 20% 的传统燃料。2006 年 2 月，欧盟委员会进一步呼吁欧盟各国政府采取新的行动开发生物能源，以解决目前存在的一些突出的能源问题，如高油价问题和达到《京都议定书》削减各国温室气体排放量的目标问题等。另外，为推动生物能源的开发和利用，欧盟已经以书面形式具体提出了一些战略性目标，如刺激消费者对生物能源的需求、提高生物能源的生产、加强对新能源的研发、扩大能源生产原材料的范围、减少温室气体的排放以及支持发展中国家利用生物能源等。

美国也对生物能源予以了高度重视。2006年3月，美国NASDAQ（证券交易商自动报价系统协会）源引美国电子工业联合会的数据指出，全球的生物能源是可再生能源组合中最主要的能源。其中，木材生物资源在所有已被使用的可再生能源当中占48%，排在石油、天然气、煤之后，是全球第四大能源。美国现有生物能源的总量是美国每年使用能源总量的29倍。在全世界的能源市场中，木材生物资源有潜力占到60%的份额。按照最新的报告，十年之后其他生物能源的价值也将会达到1 000亿美元。另外，利用木材和煤发电的混合能源发电厂可以有效减少有害物质和温室气体的排放，尤其是Hg、N_2O、S、和CO_2。迄今为止，世界上许多国家都制定了生物能源的开发研究计划，比较著名的有日本的阳光计划、印度的绿色能源工程、美国的能源农场和巴西的酒精能源计划等。其他诸如丹麦、荷兰、德国、法国、加拿大、芬兰等国，多年来也一直在进行各自的研究与开发，并形成了各具特色的生物能源研究与开发体系，拥有各自的技术优势。

我国生物质资源十分丰富，每年生产约5亿吨粮食，同时产生7亿多吨秸秆，其中造肥还田及收集损失约占15%，再除去用于饲料、肥料和其他工业原料外，至少还有一半可用作生物能源。但是，目前这部分秸秆大多处于低效利用方式，即直接在柴灶上燃烧，其转换效率仅为10% ~20%。而在较为接近商品能源产区的农村地区或富裕的农村地区，被弃于地头田间或直接燃烧的秸秆量逐年增大，许多地区废弃秸秆量已占总秸秆量的60%以上，既危害环境，又浪费资源。此外，再加上禽畜粪、森林加工剩余物和城镇生活垃圾等，我国现有可供开发用于生物能源的生物质资源至少可达到4.5亿吨标准煤，约相当于我国2000年全部一次能源消费的40%。此外，我国还有约20亿亩宜农、宜林荒山荒地，以及西部大片的戈壁滩和沙漠可用于发展能源农业和能源林业。据专家估计，未来30年，我国至少可发展20亿吨生物能源，加上核能、水能、风能、太阳能、地热能开发以及传统的化石能源和发展各种节能技术，我国的能源供应足以支持我国社会经济高速而持续地发展。

在生物能源的生产中，优质高产的生物质原料是基础和关键所在。据科技部有关单位的调研，我国南方的甘蔗、木薯，中、东部地区的小麦、水稻，北部的土豆、玉米，西部地区的油桐、麻疯树，干旱地区的山芋，等等，都是加工转化生物乙醇、生物柴油的良好原材料。其中麻疯树籽含油率达50%，是制造生物柴油的良好材料。我国西南地区现有10万亩，到2010年种植面积可达1 000万亩。而就发展生物能源的土地资源而言，我国有约40亿亩的低质地、荒坡、滩涂等，可以用来种植适宜物种，例如：淮河以南有3亿亩冬季闲田，如果用来种油菜生产生物柴油，可相当于再造一个大庆；菊芋（洋生姜）能够适应在贫瘠的盐碱地和滩涂上生长，亩产量可达万斤，而且固沙能力还很强。

此外，建立庞大的生物能源体系，不仅为我国农业产业化、农村地区城市化提供良好的机遇，也是解决农村、农民和农业的“三农”问题、环境与资源问题，以及建立和谐社会的关键。我国生物质能富集区往往是老少边穷地区和纯农业区，经济建设相对落后，发展生物能源不仅具有经济意义，对解决农业产业化、农村剩余劳动力转移、农村地区工业化和建设和谐社会，都有很大意义。正如中国著名农业专家石元春教授强调的那样，发展生物能源要做到“一石四鸟”：其一，生物质能的全面利用，可解决农民增收问题；其二，中小型加工企业的发展，可以加速农业产业化和农村城镇化；其三，生物质能与土地资源富集的中部、西部贫困农村的地区会形成中国生物能源企业集群，从而促进和谐社会进程；其四，结合中国能源战略调整，中国自主品牌汽车工业可以考虑生产适应中国能源体系的生物能源汽车产品，在汽车普及化过程中迎头赶上，提升竞争力。

有鉴于此，我国政府一向十分重视生物能源的开发，早在20世纪50年代就在农村推广沼气，取得了举世瞩目的成绩。本世纪初，国家又决定发展生物乙醇，先后在东北、华中和华东建立了大规模的生物乙醇生产企业，并制定了相关的汽油乙醇混合燃料标准，并在一些省市进行了试用。另外，国家还投入了相当的力量组织生物能源的科学研究和科技攻关，取得了可喜成果。在产能微生物研究、生物转化研究、过程与设备研究等方面都达到了很高的水平。现在，我国在生物能源方面的技术积累阶段已经完成，关键技术基本成熟或接近成熟，可边研究边产业化。

12.1.4 生物能源的发展趋势

总体来看，以甘蔗、玉米为原料生产生物乙醇和以大豆、油菜籽等为原料生产生物柴油的技术是成熟的，但是生产成本受原料、地域和规模的影响差距较大。目前，除了巴西以甘蔗为原料生产的生物乙醇成本可以与汽油相竞争外，其他国家生物能源的成本还比较高，生物能源的推广都需要政府给予一定的支持，如减免税收。此外，为了提高能源安全、保护环境、促进生物能源的发展，许多国家提出了生物能源发展目标。欧盟计划到2010年，生物能源占交通燃料的份额将达到6%；美国提出到2020年，生物能源占交通燃料的份额将达到20%；我国计划到2010年生物能源替代石油200万吨，2020年达到1 000万吨。随着近年来的快速发展，生物能源主要呈现出以下几个发展趋势。

1. 生物能源正呈现多样化发展趋势

最近，美国科学家开发出一种能量密度高、制备过程能耗低的有效利用玉米和甘蔗制造丙烷的工艺；以色列通过将发电厂产生的二氧化碳输入海藻池，不仅净化了环境，也为海藻提供了营养，而海藻可进一步用来制造生物燃料。研究显示，每单位面积海藻生产的生物质要比传统的生物燃料作物高得多，且不含毒素，是最有发展前途的生物能源之一；英国将建造世界上最大的生物发电厂，这座350 MW木屑燃料发电厂造价为4亿英镑，寿命25年，有望在2010年为威尔士提供70%的可再生能源；美国开发出了一种用多糖制氢的新技术，通过将碳水化合物和水在特殊的酶作用下分解产生氢气，从而很好地解决了氢气的制取、存储和运输问题。

2. 采用低成本原料的工艺得到迅速发展

因为以粮食为原料生产生物乙醇对粮食安全构成了极大威胁，所以利用非粮和木质纤维素为原料生产生物乙醇的工艺受到了广泛关注。例如：巴西以甘蔗渣为原料；新西兰以饲料甜菜、紫苜蓿和松树为原料；中国以甜高粱和木薯为原料。利用木质纤维素，如农作物的秸秆、林业加工废料和城市垃圾等为原料生产乙醇将是解决生物乙醇工业原料来源的可持续发展之路。另一方面，第二代生物柴油迅速发展。第一代生物柴油主要以菜籽油为原料，而第二代生物柴油还可以使用棕榈油、大豆油、动物脂肪等为原料，比第一代生物柴油更加清洁、成本更低。目前，世界上首座第二代生物柴油加工厂已在芬兰投产。经测试，第二代生物柴油的二氧化碳排放量仅为第一代的16% ~40%，尾气微粒排放量也降低了30%左右。另外，美国开发出将家禽废弃物转化为生物柴油、煤气和农业肥料的装置，生物柴油的产量约为废物产量的

30% ~50%。

3. 转化工艺向着节能、节水和低排放方向发展

2007年,美国设计出一种生物乙醇新工艺,工艺的关键是重新设计了蒸馏过程,采用了一种多柱系统及能量回收网络,最终使得乙醇生产过程中的耗能大户——蒸汽的消耗量大幅降低。这一成果使以玉米为原料生产乙醇的成本能够降低60%以上,有助于推广使用新型生物乙醇汽油。此外,浓醪发酵和现代固态发酵技术也受到了广泛重视。

4. 从单一能源产品向着多联产发展

传统的生物乙醇工艺只考虑主产品乙醇,生产过程中产生的伴生物都当作废物抛弃排放,既浪费资源又污染环境。未来的新工艺将采用"吃干榨净"的方式,进行原料的深加工和综合利用,把每一个生产环节的产品排放物都作为下一个产品的原料来利用。这样将伴生物加工成高附加值产品出售后,将显著提高乙醇生产工艺的经济性。生物柴油的副产物主要是甘油,虽然甘油是一种重要的化工原料,但是由于近年来生物柴油的迅速发展,甘油的价格已呈大幅降低的趋势。因此,进行甘油的深加工研究,如转化成1, 3-丙二醇,也受到了广泛重视。

12.2 生物质的生物转化

12.2.1 生物乙醇

生物乙醇以其高辛烷值、抗爆性好,且具有清洁、环保、安全和可再生等能源特点,被认为是较为理想的汽油替代品。利用乙醇替代汽油为车用燃料的研究由来已久:1907年汽车发明人福特即制造出世界上第一台燃烧纯乙醇的发动机;20世纪30年代,不少国家用醇类燃料替代石油作为车用能源;抗日战争时期,我国不少汽车也是用乙醇作为燃料。然而,生物乙醇真正形成替代石油的产业只不过是20多年前的事。以美国、巴西为主的生物乙醇替代石油产业形成,可分为四个阶段:其一,20世纪70年代,国际上第一次石油危机使发达国家和贫油国家重视石油替代,以解决对石油的高度依赖问题;第二阶段是20世纪80年代,主要解决农产品过剩影响农业发展和由此引发的农民收入问题;第三阶段是20世纪90年代,汽车工业发展迅速,汽车保有量大增,引进醇类重点解决车用油的增氧剂,利用乙醇等提高发动机性能,减少汽车排放对大气的污染;第四阶段是进入21世纪,发达国家和发展中国家一并重视石油替代,从各个侧面解决上述所有问题。

巴西从1975年开始实施"燃料乙醇计划",主要以甘蔗为原料生产燃料乙醇。1975—1989年巴西政府为发展燃料乙醇项目投资了49.2亿美元,提高了生产燃料乙醇各个环节的效率。技术的发展使巴西燃料乙醇生产成本在世界上最低,合0.20 ~0.21美元每升,具有很强的市场竞争力。至2001年巴西政府取消了对燃料乙醇的补贴,完全实现了商业化。目前,在巴西汽车普遍使用添加20% ~25% 生物乙醇的汽油为燃料,并已有大量的汽车使用纯生物乙醇。2005年,巴西生物乙醇的年产量已高达1290万吨,其消费量代替了当年汽油消费量的45%,约占车用燃料消费总量的三分之一。美国也是发展生物乙醇较早的国家之一,1979年美国就制定了联邦政府的"乙醇发展计划"以及积极的经济激励政策。美国主要采用玉米为原料生产生物乙醇,其成本较高,合0.24 ~0.34美元每升,已具备与汽油竞争的实力。2005

年,美国生物乙醇的产量达到了1260万吨,紧随巴西排在第二位。中国的产量排在第三位,但是2005年的产量仅为156万吨,远远落后于上述两个国家,主要原料采用的是陈化粮。

生物乙醇主要是通过生物质的微生物发酵制备得到,经过分离后形成商品。在整个加工转化过程中,发酵、分离与环保是三大关键环节。根据所采用原料的不同,生物乙醇的生产方法主要包括以糖或淀粉为原料的生产工艺和以纤维素为原料的生产工艺。目前,已经工业化的技术主要是前者,主要包括美国采用玉米为原料和巴西采用甘蔗为原料生产生物乙醇的工艺。玉米燃料乙醇按照生产工艺可分为“湿法”与“干法”。对于专业的乙醇生产企业,采用技术手段分离出胚芽生产玉米油是必要的,并且工业生产乙醇时,只要求玉米淀粉脂肪含量低于1.0 %即可。因此“半干法”工艺或“改良湿法”工艺均为可选方案。美国“湿法”工艺用于燃料乙醇的生产源于淀粉企业的产品延伸,其中以ADM公司为典型代表,采用纯糖浆发酵和酵母回用技术,工艺流程如图12.2所示。2000年前美国共有48个生产厂家,生产约670万吨燃料乙醇。其中产能的60%由湿法生产,40 %由干法生产。2005年又新建36个厂,总数达到84家,产能较2000年增加约一倍,达到1 200万吨。2006年,生产厂增至125家,产量为1 460万吨,产量跃居世界第一,目前还有在建装置23家。新建的专业燃料乙醇生产企业均采用“干法”新工艺,工艺流程如图12.3所示。虽然膜分离脱水技术在能耗方面仅为传统共

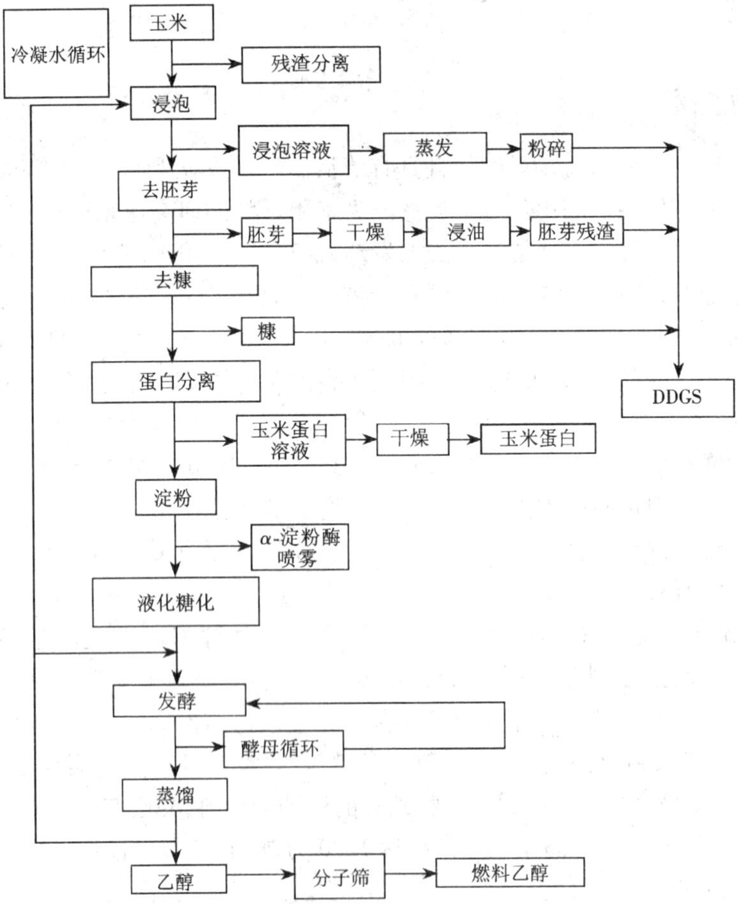

图12.2 美国ADM公司玉米燃料乙醇“湿法”生产工艺

沸蒸馏脱水工艺能耗的10%～30%，然而由于膜使用寿命和成本等问题，美国大部分装置仍然没有采用，但它是以后的重点发展方向。

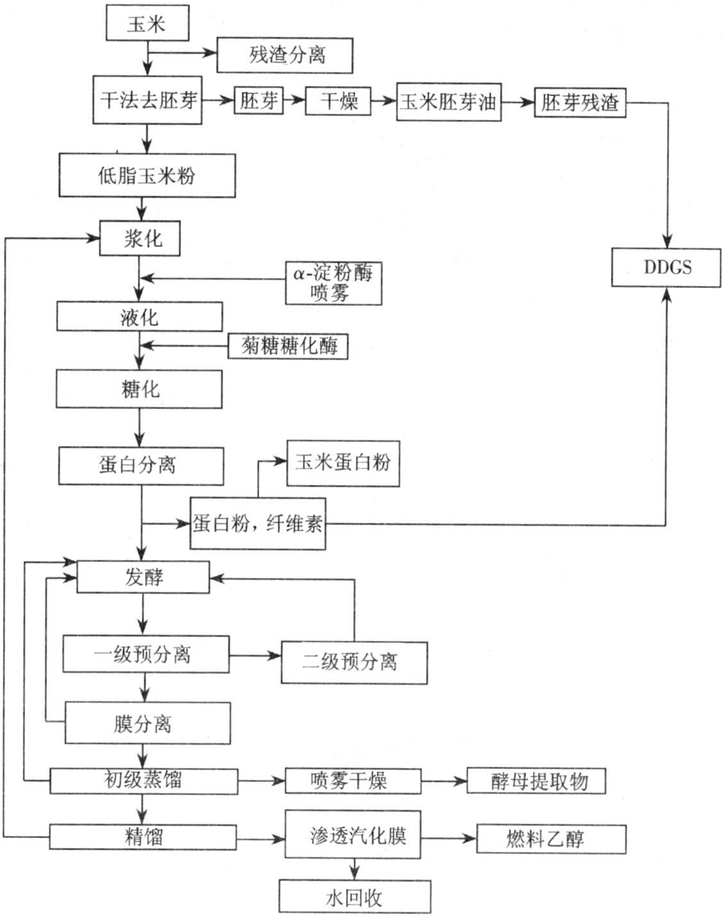

图12.3 美国玉米燃料乙醇“干法”新工艺(文献24)

我国是最早利用粮食为发酵原料生产乙醇的国家。根据中国科技大学科技考古专家认定，早在9000年前，淮河流域就出现了利用粮食发酵加工制作酒(乙醇)的工艺。现在的一部分生物乙醇生产仍维持这一工艺，只是菌种培育、发酵过程中的物理和化学成分、过程控制，全部利用现代化手段。但是，生物乙醇的制备远比酿酒过程复杂，除了糖发酵转化为乙醇外，还要涉及原料的前处理、乙醇的浓缩，而最根本的问题在于得到低成本的可投放市场的燃料。利用粮食或淀粉质原料、糖类原料发酵获得乙醇，我国技术水平与国际先进水平相近。然而，随着世界人口的快速增长，粮食供应在未来相当一段时期内仍是一大问题，以粮食为原料生产生物乙醇必将受到限制。因此，利用含有纤维素的生物质废弃物(如农作物的秸秆、林业加工废料和城市垃圾等)，为原料生产乙醇是未来发展的方向。

以纤维素为原料生产乙醇的研究已有几十年的历史，其工艺的关键问题在于如何将纤维素、半纤维素、木质素等大分子降解为小分子糖类直至单糖。以美国国家可再生能源实验室为代表的研究者在这方面进行了大量研究，使该技术取得了长足进步。一般来讲，木质纤维素转化乙醇(图12.4)可分为两步：首先，原料中的纤维素和半纤维素经过酶催化或酸催化水解成可发酵的糖类;接着,糖类经过发酵转化成乙醇。这种方法与以淀粉或糖为原料的发酵有着显著的不同。一方面木质纤维素水解糖液中常常含有对发酵微生物有害的组分,另一方面水解糖液中含有较多不能直接发酵利用的五碳糖。具体来讲,利用木质纤维素生物质发酵制生物乙醇主要包括以下几个过程。

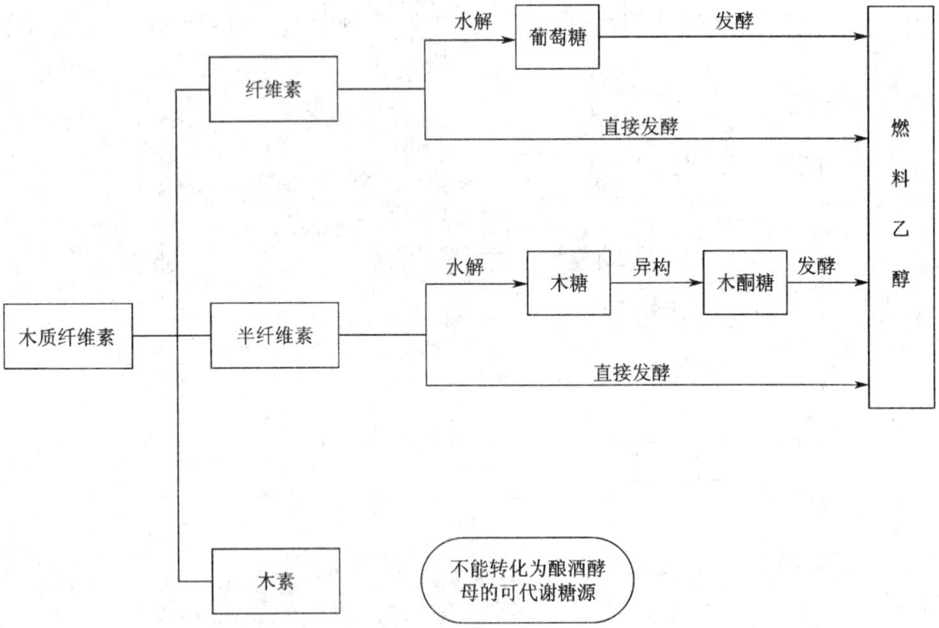

图 12.4　以木质纤维素为原料制备生物乙醇的路线

1. 木质纤维原料的预处理

木质纤维素是由纤维素、半纤维素和木素等高分子聚合物相互镶嵌结合而成的物质,占到了植物生物质质量的90%以上。木质纤维素在植物体内的功能主要是起支持和保护作用,因而其结构非常的稳定,不溶于水,无还原性。因此,为了能够很好地利用木质纤维素这一丰富的自然资源,通常需要进行预处理以破坏其结构内存在的氢键,从而降低纤维素的结晶度,增加原料的疏松性和反应性,达到脱除木素的目的。目前,木质纤维原料的预处理方法包括物理法、化学法和生物法。

物理法包括机械粉碎、热解、声波电子射线等方法,均可以使纤维素粉化、软化,并提高纤维素的酶分解转化率。其中,机械法是经常采用的物理法,因为热解法不适合作为发酵的上游工艺,而声波电子射线法的设备投资大、能耗高。化学法包括臭氧法和酸碱水解法。臭氧虽然可以在常温常压下有效去除木素,不产生对进一步反应起抑制作用的物质,但是成本相对较高。用稀硫酸预处理的技术已经发展得比较完善,可以得到较高的纤维素和木聚糖的水解率,是经常采用的方法之一。最近,因为成本低,汽爆法成为一种受到广泛关注的方法。其原理是通过迅速降低高压蒸汽中生物质原料的压力,使其进行爆炸性分解,从而增加纤维素进一步水解的能力。但是,在该过程中会积累对下游微生物生长抑制的物质。生物法常用可降解木素的微生物,如白腐菌、褐腐菌和软腐菌等真菌,具有很高的木素降解率,但是目前仍停留在实验阶段。

2.(半)纤维素的水解

经过预处理后,木质纤维中纤维素和半纤维素的结构会变得疏松和更具有反应性。这时通过加入催化剂可以提高其通常条件下较低的水解速率,从而得到葡萄糖等可被微生物发酵利用的糖源。常用的催化剂主要是无机酸和纤维素酶,由此分别形成了酸水解和酶水解工艺。通常,纤维素水解得到的是葡萄糖,而半纤维素的产物则较为复杂,除了葡萄糖外还会得到一些五碳糖。其水解方程式如下。

纤维素的水解:$(C_6H_{12}O_6)_n + n\ H_2O \rightarrow nC_6H_{12}O_6$

半纤维素中木聚糖的水解:$(C_5H_8O_4)_m + mH_2O \rightarrow mC_5H_{10}O_5$

酸水解工艺中常用的是稀硫酸和稀盐酸,其水解效率一般和原料的物性、反应温度、酸的种类和浓度有关。该工艺比较简单,原料处理时间短,是目前采用的常规方法,但糖的收率较低且会生成对发酵有害的副产品。酶水解一般在常温下进行,过程能耗低,且酶有很高的选择性,糖的收率极高(>95%)。此外,酶水解过程中基本不加化学试剂,生成的副产物很少,从而导致提纯过程简单,避免了污染。目前,酶水解工艺的研究受到了广泛关注,不同来源和种类的纤维素酶、酶水解的机理以及消除纤维素酶钝化的方法等是研究的热点。不过,这种工艺还处于实验室和小规模的使用中,离工业化生产还有一段距离。

3.发酵

发酵主要是利用厌氧微生物,如酵母、细菌和霉菌等的糖酵解途径来获取发酵产物乙醇的过程。其主要化学过程可以简单地表示为:

$$C_6H_{12}O_6 \rightarrow 2C_2H_5OH + 2CO_2$$

在该过程中,因为微生物并不能将糖全部转化为乙醇、微生物的生长会消耗一些糖以及乙醇本身的高挥发性,所以乙醇的产率一般会小于由糖全部转化计算得到的理论值。半纤维素的水解产物是以木糖为主的五碳糖,不能为普通的酿酒酵母所利用,因此自20世纪80年代以来五碳糖的发酵成为研究热点。虽然已经找到了一些解决的途径,如将木糖异构化为酵母所能利用的木酮糖、寻找和驯化能够发酵五碳糖的天然微生物和基因工程法构建发酵五碳糖的微生物等,但是离工业化生产还有一段相当的距离要走。

生物乙醇的发酵工艺有直接发酵法、间接发酵法、混合菌种发酵法、同时糖化发酵法和非等温同时糖化发酵法等。直接发酵法是利用纤维分解细菌直接发酵纤维素生产乙醇,不需要经过酸解或酶解前处理,该法工艺简单、成本低廉,但乙醇产率不高。间接发酵法是先用纤维素酶水解纤维素为糖,再经发酵获得乙醇。混合菌种发酵法则是应用多种微生物,同时利用木质纤维素水解溶液中的葡萄糖、木糖、阿拉伯糖和寡糖混合物的发酵工艺。在纤维素的酶水解过程中,葡萄糖对纤维素酶具有反馈抑制作用,因而有人提出将糖化和发酵过程偶联在一起的工艺,这就是同时糖化发酵法。

我国利用生物乙醇起步较早,抗日战争期间,河南酒精厂就曾生产燃料酒精供给抗战军队车辆。快速发展则开始于20世纪80年代末,迫于世界第二次石油价格大幅度上涨的压力,我国把生物乙烯列入重点发展项目,并在安徽宿州投资8亿元建厂,后因技术与成本等原因,此厂未能全面生产。从2000年4月开始,我国国务院领导批准开展生物乙醇研究与实施,2002年在试点城市推广。2004年,国家发展与改革委员会发布了《车用乙醇汽油扩大试点方案》,要求全国9个省的27个城市使用添加了10%生物乙醇的汽油。

与其他领域不同,在生物乙醇领域里,我国已经基本掌握关键技术,发酵、秸秆利用等技术具有世界领先水平。特别需要提及的是农作物秸秆利用技术，我国科学家首先在世界上获得突破，并进行工业化实验。我国许多高校、研究单位和企业在这方面有较为深入的研究，如大连理工大学发明的酵母自动分离乙醇发酵技术，是世界上第一套工业化装置，已运用到我国百万吨生物乙醇试点项目中，并取得良好效益。现供给生物乙醇的企业有吉林燃料乙醇有限公司、河南天冠燃料乙醇有限公司、黑龙江华润金玉实业有限公司、安徽丰原集团四家不同类型的企业。其中，吉林燃料乙醇有限公司采用国际最为先进的奥地利 Vogelbusch 工艺技术，河南天冠采用传统技术改造，安徽丰原则采取自主研发的具有国际一流水平的技术系统。这些成功的探索为我国大规模发展生物乙醇提供了必要的技术与装置条件。尽管我国乙醇汽油已经销售，但与世界各主要国家“决胜生物时代”的气度、投入都有一定差距。目前，我国亟需以政府为主导，进行完善的规划和集中技术投资，并制定相应的法律法规来推动生物乙醇产业的快速发展。例如：美国早在 1988 年就制订了《国家替代汽车燃料法案》，1990 年和 1992 年又在环保、能源法案中予以强化，而我国在这方面还相当薄弱。

在生物乙醇产业迅速崛起的同时，世界各国政府和社会各界对生物乙醇发展可能带来的各种影响表示了极大关注，并引起全球性的争论。支持生物乙醇发展的人认为，它不但能缓解能源危机和减轻环境污染，而且将提升农业在经济发展中的地位和作用，提高农民收入。反对生物乙醇发展的人则认为：生物乙醇最多只能提供世界能源总需求的 5% ~10%，难以缓解全球性的能源危机；生物乙醇原料的生产需要投入大量的化肥、农药、机械等，生物燃料的加工本身也需要消耗能源，并可能对环境产生更大污染；生物乙醇发展还将占用大量耕地，威胁世界食物安全；同时，富人的能源需求争夺穷人的食物需求还将带来许多社会公平问题，等等。在这场争论不断升温的同时，人们开始冷静考虑未来生物乙醇的发展战略和政策问题。在 2006 年国内外玉米等粮食价格大幅上涨后，我国政府紧急出台政策，要求限制使用粮食生产生物乙醇，生物乙醇产业也陷入进退两难的境地。中国作为能源消费大国，如何应对生物乙醇发展所带来的影响、国家应该采取怎样的生物乙醇发展战略与政策更是我国政府目前急需回答的紧迫问题。目前，国内外许多科学家已经开始从科学和技术的角度，分析生物乙醇发展对生态和环境等方面的影响；发达国家的许多经济学家和管理学家也开始对生物乙醇发展对社会经济，如各部门经济，尤其是对能源、粮食安全、贫困和农产品市场等的影响做全面的分析。

12.2.2 生物氢

氢是一种理想的清洁能源，它以水的形式大量存在于地球上，储量十分丰富。氢气在燃烧时只生成水，水又可以参与自然循环，不产生任何污染物，甚至也不产生 CO_2，可以实现真正的“零排放”。另外，氢气的热值高，最高达 12.7 kJ/m^3，大约是汽油的 2.68 倍，热转化率也很高，因而有望在将来成为化石燃料的替代品，以解决日益严重的能源危机和环境问题。氢气也是一种重要的工业原料，用于石油加工以及合成氨的众多工业生产过程中。还可用于制造燃料电池，利用氢气作动力燃料的发动机车也正在研制之中。氢气可以经济有效地储存和输送，金属氢化物可作为有效的储氢介质，同时又具有化学能、热能和机械能相互转换的功能。因此，研究开发环保、高效的产氢技术一直是许多研究人员的努力方向。

2004 年 7 月，第 15 届世界氢能会议在日本横滨召开，内容涵盖了氢气的生产、储运、利用、燃料电池、环境问题、安全、应用标准、氢能经济等 14 个专题，参加人员从政府管理部门、企业、学会到科研院所，超过 1 500 人。氢能的研究已涉及能源、汽车、环境、生物、经济、法律、政策等多个领域。从世界范围看,氢能经济正呼之欲出,而且各国政府也在积极推动氢能经济的发展。美国在 1990 年开始启动了一系列氢能的研究项目,1996 年通过了未来氢能法规,2003 年又批准了和氢能有关的 Freedom CAR(cooperative automotive research)和 Fuel Initiative 计划。日本也早在 1993 年启动了 WE-NET 项目,计划在 2020 年前投入 30 亿美元开发氢能系统的关键技术。中国的氢能燃料电池汽车 863 计划也已完成验收。

廉价可靠的制氢技术是氢能工业化的基础。目前,国际上的氢能制备工艺主要有电解制氢、热解制氢、光化学制氢、放射能水解制氢、等离子电化学法制氢、矿石燃料制氢和生物制氢等。在这些方法中,96% 的氢气都是从天然的碳氢化合物——天然气、煤、石油产品中提取出来的,约 4% 是用水电解制氢技术制取的。除了生物制氢技术外,其他的制氢技术都要消耗大量的化石能源,而且也要在生产过程中造成环境污染,所以采用生物制氢技术,可减少环境污染,节约不可再生资源。生物制氢技术将有可能成为未来能源制备技术的主要发展方向之一。

生物制氢指的是在生物质发酵降解和微生物利用太阳能光解水的过程中,释放出氢气的过程。现代生物制氢的研究始于 20 世纪 70 年代能源危机,90 年代因为对温室效应的进一步认识,生物制氢作为可持续发展的工业技术再次引起人们的重视。据研究,自然界中可利用的产氢微生物主要分为三大类,光合生物(厌氧光合细菌、蓝细菌和绿藻)、非光合生物(严格厌氧细菌、兼性厌氧细菌和好氧细菌)和古细菌类群(表 12.1)。根据产氢生物种类和产氢机制的不同,生物制氢技术通常包括光驱动制氢和厌氧发酵制氢两种路线,前者主要利用光合细菌和微藻直接将太阳能转化为氢气,是一个非常理想的过程,但是由于光利用效率很低,光反应器设计困难等因素,近期内很难推广应用。而后者采用的是产氢菌厌氧发酵,其优点是产氢速度快,反应器设计简单,且能够利用可再生资源和废弃有机物进行生产,相对于前者更容易在短期内实现。

表 12.1　产氢生物种类及其产氢效率

生物类群	代表种属	产氢效率	
		$n(H_2):n$(底物) /(mol · mol^{-1})	底物
严格厌氧细菌	*Clostridium butyricum*	2	葡萄糖
兼性厌氧细菌	*Escherichia coli*	0. 35	葡萄糖
	Enterobacter aerogenes	1. 05	葡萄糖
固氮菌	*Klebseilla* sp.	2. 2	葡萄糖
甲烷细菌	*Methylomonas albus*	2. 45	甲酸
	Methylosinus trichosporium	0. 61	甲酸
瘤胃细菌	*Ruminococcus albus*	2. 37	葡萄糖
好氧菌	*Bacillus licheniformis*	0. 7	葡萄糖
嗜热古细菌	*Pyrococcus furiosus*	4	乙酸
光合细菌	*Rhodospirillum rubrum*	7	琥珀酸
纤维素分解菌	*Cellulomonas + Rhodopseudomonas*	6	苹果酸
	capsulata Anabaena cylidrica	6. 2	纤维素

目前,生物制氢的研究还停留在实验室阶段或者示范工程阶段。限制其应用的瓶颈问题包括:如何实现光发酵罐规模的扩大、光利用效率的提高、制氢成本的降低;暗发酵产生的氢气

中伴随有对氢能燃料电池有毒害作用的硫化氢等还原气体；氢气被燃料电池转化为电能的效率仍然较低(最高60%)。因此，今后的研究重点将主要集中在以下几个方面：①继续筛选自然界中具有高效产氢活性的微生物；②寻找最佳的产氢条件，提高固氮酶、双向氢酶和其他酶的活性；③利用定点突变、基因敲除、代谢途径的改变等分子生物学和遗传学技术手段，得到高效率产氢活性的氢酶或固氮酶以及缺失吸氢酶和抗铵离子的工程菌株。此外，从实验室研究走向大规模应用还有许多基础理论问题和工程技术问题需要解决，无论是光和暗生物产氢的效率和连续产氢周期都有待改进。

12.2.3 沼气

沼气是厌氧微生物发酵农作物秸秆、禽畜粪便和工业有机废物等产生的一种混合气体，主要成分是可燃的甲烷，其热值为23～25 MJ/m^3，相当于0.857 kg标准煤。目前，沼气技术的研究和应用多集中于我国，可以说我国在该领域的研究上处于世界领先的水平。我国已经初步建成一些以沼气利用技术为核心的生物质综合利用技术模式，如"四位一体"模式，"能源环境工程"等。所谓"四位一体"就是一种综合利用太阳能和生物质能发展农村经济的模式，其内容是在温室的一端建地下沼气池，池上建猪舍、厕所。在一个系统内既提供能源，又生产优质农产品。"能源环境工程"技术是在原大中型沼气工程基础上发展起来的多功能、多效益的综合工程技术，既能有效解决规模化养殖场的粪便污染问题，又有良好的能源、经济和社会效益。其特点是粪便经固液分离后液体部分进行厌氧发酵产生沼气，厌氧消化液和残渣经处理后成为商品化的肥料和饲料。

发展沼气生物能源不仅能产生一定的社会效益，也会产生很高的经济效益。以南阳酒精厂日产4万 m^3 沼气工程为例，1985年建设时投资960万元，建成后可供南阳市2万户居民生活用气，年获益200万元，而且工厂每年节约排污费36万元。除此之外，每年可替代煤炭2万t，为南阳市减排CO_2、N_2O和烟尘2 300 t，减少燃煤废渣6 000 t。废液超过80万t可作肥料，3300 hm^2 农田受益，农民年经济受益360万元(节约购化肥费用160万元，增产粮食折合200万元)。因此，20世纪90年代以来，我国沼气建设一直处于稳步发展的态势。到1998年底，全国户用沼气池发展到688万户，比上年增长7.8%，利用率达到91.7%。全国大中型沼气工程累计建成748处，城市污水净化沼气池累计4.93万处。以沼气及沼气发酵液在农业生产中的直接利用为主的沼气综合利用有了长足发展，达到339万户。

目前，沼气工艺技术的应用和发展主要是在3个领域：农村户用沼气池、大中型沼气工程和生活污水净化池。在我国，典型的户用沼气池容积在6 m^3左右，产气率在0.3 m^3/(m^3. d)以上，具有占地少、安全、卫生等优点。大中型沼气工程多集中于一些大中型生物和/或化工企业，如南阳酒精厂、杭州浮山养殖场和上海星火养殖场等。在这方面我们已经掌握了几套工艺先进、技术可靠和设备配套的工程技术，并建立了初具规模的产业体系，具备了在全国大规模推广的条件。此外，随着中国经济发展，大量出现的中小城镇，它们没有集中的生活污水排除系统，因而发展了一种小型分散处理人类生活污水的有效装置，这就是从20世纪80年代后期迅速发展起来的生活污水池。净化池内化学耗氧量COD去除率为87.7%，生物耗氧量BOD去除率93.7%～98%，悬浮物去除率达91.4%～98.4%，大肠菌值下降2～4个数量级，寄生虫卵减少98%，排出水达到了污水排放要求和粪便无害化标准。

然而，从长远来看，中国厌氧发酵处理各种废弃物制备沼气的工艺技术尚处在发展阶段。

据统计，中国轻工行业每年排放的高浓度有机废水达60亿 t，占全国工业废水排放总量的22%，废水中含有有机物约250万 t；随着经济发展，每年发展新建集镇几百个，兴建新式农民房7亿 m^3。因此，分散性的处理生活污水净化池也需要相应的发展，潜力很大；据测算，目前全国家禽年产粪便总量达5.81亿 t，粪水年排放总量达60亿 t。其中规模养殖场（包括猪、牛、鸡）的年粪便排放量为6 600万 t，如没有处理粪便的沼气工程，那么大量粪便的露天堆沤也将产生大量的甲烷，估算 CH_4 排放量约为1.5万 t。如果用沼气工程处理这部分粪便，将避免这部分甲烷的释放，同时可获得替代矿物燃料的洁净和方便的能源。有鉴于此，《新能源和可再生能源发展纲要》中指出，利用农村及城镇酒厂、糖厂和畜禽养殖场的有机废弃物发展沼气，使之转化为高品位能源，开展综合利用，提高利用价值，同时加强大中型沼气工程的设计规范、标准和设备的成套供应，将使全国沼气用户（含集中供气）2010年达到1 235万户，沼气供应量达到40亿 m^3，约相当于314万吨标准煤的能量。

12.3 生物质的物理化学转化

12.3.1 生物柴油

生物柴油（biodiesel），是以植物果实、种子、植物导管乳汁或动物脂肪油、废弃的食用油等作原料，与醇类（甲醇、乙醇）经酯交换反应获得的一种油类物质（图12.5）。生物柴油具有许多优点：原料来源广泛，可利用各种动、植物油作原料；作为柴油代用品使用时柴油机不需作任何改动或更换零件；可得到经济价值较高的副产品甘油以供化工和医药等产品市场；相对于石化柴油，贮存、运输和使用都很安全；热值高；可再生；可在自然状况下实现生物降解，对人类生存环境的污染小等。表12.2对比了各种原料来源的生物柴油与中国0号石化柴油燃料特性，从中可以看出二者的性质非常相似。此外，美国环境保护署2001年颁布的生物柴油测试报告中指出，生物柴油的使用将降低CO、低碳烃以及致癌物质的含量（图12.6）。使用B20（20%生物柴油与80%石化柴油的混合物），尾气中烟尘降低10.1%、低碳烃降低21.1%、CO降低11.0%。使用B100（纯生物柴油），致癌物质多环芳烃类减少80%～90%，CO减少48%，可吸入颗粒物降低75%。因此，生物柴油可以说是一种真正的绿色柴油。

表12.2 生物柴油与中国0号石化柴油燃料特性对比（文献3）

燃料	密度（15 ℃）/$g \cdot cm^{-3}$	运动黏度（40 ℃）/$mm^2 \cdot s^{-1}$	闪点/℃	灰分/%	水分/$mg \cdot kg^{-1}$	热值/$kJ \cdot g^{-1}$
餐饮业废油生物柴油	0.8775	4.1	152	无	240	37.99
小桐子油生物柴油	0.8752	3.6	153	无	280	38.96
菜籽油生物柴油	0.8764	4.0	156	无	200	38.61
大豆油生物柴油	0.8800	4.5	156	无	170	40.67
亚麻油生物柴油	0.8800	4.4	158	无	50	40.25
花生油生物柴油	0.8783	4.2	160	无	300	40.06
棕榈油生物柴油	0.8754	4.3	152	无	200	39.74

续表

燃料	密度(15 ℃)/$g \cdot cm^{-3}$	运动黏度(40 ℃)/$mm^2 \cdot s^{-1}$	闪点/℃	灰分/%	水分/$mg \cdot kg^{-1}$	热值/$kJ \cdot g^{-1}$
ASTM 标准	—	1.9~6.0	> 100	< 0.02	< 0.05	—
0 号柴油(中国)	0.7850(实测值)	2.7(实测值)	> 60	< 0.025	痕迹	44.95

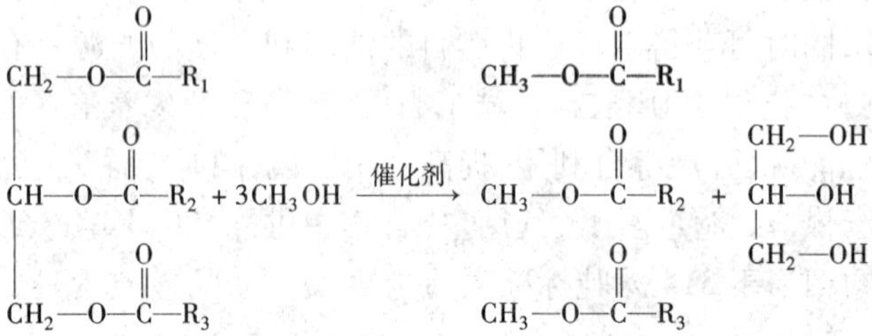

图 12.5 酯交换法生产生物柴油的化学反应方程式

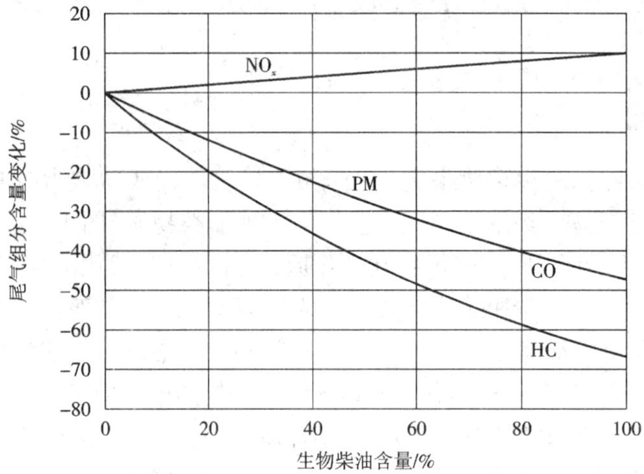

图 12.6 燃烧生物柴油的尾气中主要组分的含量

NO_x:氮氧化合物 PM:颗粒物质 CO:一氧化碳 HC:烃类物质

生物柴油于 1988 年诞生在德国聂尔公司,当时的生物柴油是以菜籽油为原料提炼而成的洁净燃油,其突出的环保性和可再生性,很快引起了世界发达国家,尤其是资源贫乏国家的高度重视。随后,西方发达国家为发展生物柴油,在行业规范和政策鼓励下采取了一系列积极措施。例如,美国权威机构 ASTM 相继在 1996 年和 2000 年发布标准,完善生物柴油的产业化条件。另一方面,政府实行积极鼓励的方式,在生物柴油的价格和生产上给予一定的优惠政策。例如,德国政府规定种植生物柴油原料的油菜农民就可获得 1 000 马克/hm^2 补贴,并对制造生物柴油予以免税。最近,欧盟又发布了两项新的指令,要求欧盟各国降低生物柴油税率,并对生物柴油在欧洲汽车燃料中的销售比例作出规定。在这些积极措施的鼓励下,西方国家生物柴油产业发展迅速,美国、加拿大、巴西、日本、澳大利亚、印度等国都在积极发展这项产业。世界生物柴油的产量在 2000—2005 年有一个快速增长的过程,大约增加了 4 倍左右。其中,德国的生物柴油产量居世界之首,在 2005 年已达 169 万 t。法国、美国、意大利分别排在 2~4 位,年产量均超过了 17.6 万 t。据统计,截止到 2005 年 4 月美国共有生物柴油工厂 60 家,包括已经有生产实践的和筹建中的工厂在内,大部分分布在美国东部地区。

我国生物柴油的研究与开发起步于20世纪80年代,当时闵恩泽院士在《绿色化学与化工》一书中首先明确提出发展清洁燃料生物柴油的课题。在这期间,上海内燃机研究所、中国石化科学院、中国农业工程研究设计院、辽宁省能源研究所和中国科技大学等单位对生物柴油作了不同程度的研究。大规模的系统研究始于中国科学院的"八五"重点科研项目:"燃料油植物的研究与应用技术"。该项目完成了金沙江流域燃料油植物资源的调查及栽培技术研究,建立了30 hm^2 的小桐子栽培示范区。从此以后,生物柴油的研究走上了快车道。例如,20世纪90年代,长沙市新技术研究所与湖南省林业科学院对能源植物和生物柴油进行了长达10年的合作研究,"八五"期间完成了光皮树油制取甲脂燃料油的工艺及其燃烧特性的研究,"九五"期间完成了国家重点科研攻关项目"植物油能源利用技术"。最近,海南正和生物能源公司、四川古杉油脂化工公司和福建卓越新能源发展公司各自开发出拥有自主知识产权的技术,相继建成了规模超过万吨的生产厂,这标志着生物柴油这一高新技术产业已在中国大地上诞生。但是,与国外相比,我国在发展生物柴油方面还有相当大的差距,长期徘徊在初级研究阶段,未能形成生物柴油的产业化。针对这一状况,政府采取了一些举措:中国"十五"计划发展纲要提出发展各种石油替代品,将发展生物液体燃料确定为国家产业发展方向;国务院领导和国家计委、国家经贸委、科技部等政府部门对生物柴油生产给予了大力支持,并将其列入了相关国家计划。

目前,生物柴油主要是用液碱法生产,即用动物和植物油脂与甲醇或乙醇等低碳醇在碱性催化剂(甲醇钠或氢氧化钾)和高温(230~250 ℃)下进行酯交换反应,生成相应的脂肪酸甲酯或乙酯,再经洗涤干燥即得生物柴油。图12.7是典型的碱催化酯化制备生物柴油的生产路线图。甲醇或乙醇在生产过程中可循环使用,生产设备与一般制油设备相同,生产过程中可产生10%左右的副产品甘油。但是,目前的液碱法对原料油的水和酸价(游离脂肪酸含量)要求很高。水的存在会导致生物柴油在碱性条件下皂化,而游离脂肪酸可与碱性催化剂反应生成水和皂。皂化不仅能消耗碱性催化剂,而且产生的皂会导致反应体系乳化,增加酯相和甘油相的分离难度。因此,一般要求原料油的游离脂肪酸含量应不大于0.5%,水分低于0.02%,甲醇和催化剂中的水量也必须严格控制。这样对一些达不到要求的原料必须进行精制处理,这势必增加生产成本。另外,液碱催化工艺还存在比较突出的环保问题。为此,国内外的研究者又开发出了一些新工艺,并正在推向工业化。

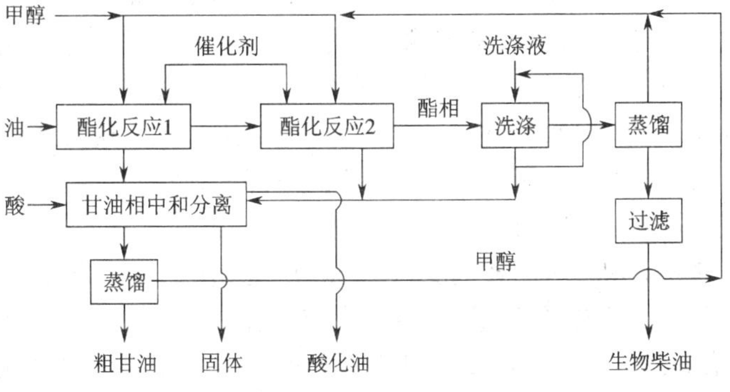

图12.7 碱催化酯化反应制备生物柴油生产技术路线

(1)USDA 工艺　USDA 工艺由美国农业部(USDA)开发,以大豆油皂角为原料。皂角是生产食用油时的一种廉价副产物,含有 50% 的水,甘油酯、含磷甘油酯和游离脂肪酸各占 10%。该工艺中,甘油酯在 100 ℃下水解释放出脂肪酸,除去水后通过硫酸催化和醇类的酯化来生产生物柴油。由于原料更廉价,其成本比以精制植物油为原料所需的费用更低,而燃油的质量却与常规的生物柴油相似。

(2)BIOX 工艺　BIOX 工艺由加拿大多伦多大学开发,主要以回收的植物油和废弃的动物脂肪、油脂为原料。该工艺过程是先后在两个活塞流反应器内分别进行酸和碱催化反应,从而将脂肪酸转化成生物柴油和甘油。该工艺的特点是可采用廉价、可回收的共溶剂使反应呈单相,使用较多的甲醇增加混合物极性以保持催化剂离子化,使用单相酸催化步骤来转化脂肪酸。

(3)Esterfip-H 工艺　Esterfip-H 工艺由法国石油研究院开发,采用的碱性催化剂不是液碱,而是固体的两种非贵金属尖晶石混合氧化物。该工艺采用两个串联的固定床反应器,通过分离甘油以改变反应平衡。反应中采用较高的温度,可以将过量甲醇蒸发,回收循环,生物柴油和甘油在沉降器中分离。在甲醇最后回收后,生物柴油通过减压蒸馏回收,然后提纯除去微量的甘油。该工艺生产的生物柴油的纯度达 99%,产率接近 100%,甘油纯度也可达 98%。

(4)生物酶法新工艺　生物酶法新工艺由清华大学开发,以脂肪酶为催化剂。该工艺通过在反应体系中引入一种惰性有机溶剂作为反应介质,可以有效消除甲醇和甘油对酶催化活性和稳定性的负面影响,从而极大提高了脂肪酶的使用寿命,使得生产生物柴油的成本与传统的化学工艺相当。该工艺具有条件温和、醇用量小、无污染排放的优点。2006 年,年产 2 万 t 的产业化生产装置正式投产,填补了国内外产业化生物酶法生产生物柴油的空白。

目前,阻碍生物柴油大规模应用的关键问题是生产成本高。据统计,生物柴油制备成本的 75% 是原料成本,因此采用廉价原料及提高转化从而降低成本是生物柴油能否实用化的关键。据报道,美国已经开始通过基因工程方法研究高油含量的植物。例如,美国国家可再生能源实验室(NREL)正在使用现代生物技术构建"工程微藻",即硅藻类的一种"工程小环藻",以用于生产柴油。一般自然状态下该种微藻的脂质含量为 5% ~20%,而在实验室条件下"工程微藻"中脂质含量已经达到 60% 以上,户外生产也可达到 40% 以上。"工程微藻"中脂质含量的提高主要是由于乙酰辅酶 A 羧化酶(ACC)基因在微藻细胞中的高效表达,在控制脂质积累水平方面起到了重要作用。目前,正在研究选择合适的分子载体,使 ACC 基因在细菌、酵母和植物中充分表达,还进一步将修饰的 ACC 基因引入微藻中以获得更高效表达。利用"工程微藻"生产柴油具有重要经济意义和生态意义,其优越性在于:微藻生产能力高、比陆生植物单产油脂高出几十倍;用海水作为天然培养基可节约农业资源;生产的生物柴油不含硫,燃烧时不排放有毒害气体,排入环境中也可被微生物降解,不污染环境。这为柴油生产开辟了一条新的技术途径。而其他国家也采取了一些其他的方式来降低成本,例如,日本采用工业废油和废煎炸油;欧洲则是在不适合种植粮食的土地上种植富油脂的农作物。

生物柴油能否成为矿物燃料的替代能源,关键在于其技术是否先进,经济是否可行,能否达到工业化生产的水平。目前,阻碍我国生物柴油产业化的关键因素主要包括以下几个方面。

(1)降低生物柴油原料价格　可以通过规模种植建立生物柴油原料基地;因地制宜地选择厂址,合理确定原料采购经济半径,尽可能地减少原料集中、运输和存贮费用。

(2)对油料植物应该有一套合适的选择指标体系　可以通过对植物的含油量、结实性状、分布面积范围、繁殖难易程度和油的成分进行评估来选择油料植物,从而确保其开发利用价值达到最优。

(3)加大高品位生物柴油植物原料树种育种力度　全球绿色植物每年将400～620亿t碳和77～166亿t氢合成类似石油的烷烃物质,能作为人类绿色能源的能源植物的资源相当丰富。但是,目前可利用的能源植物种类、品种不多,人工栽培面积小且分布零散,很多优良的能源植物品种尚处于野生状态,未被驯化栽培。因此,在加大开发现有的能源植物资源的同时,可适当引进新的高品、高效能源植物,充分利用各种常规育种手段和生物技术手段培育和筛选一些优良的能源植物,同时,针对不同的树种,研究开发出配套的丰产栽培技术。

(4)完善加工工艺,提高生物柴油得率　我国能源油料植物的生产和开发利用,刚刚起步,与发达国家相比尚有较大的差距。对一些能源作物油的提取、加工正处于初试阶段。植物燃料油的提炼大多简单、粗糙,工艺流程较落后,油脂的水分、杂质含量偏多,造成生物柴油得率不高,限制了生物柴油的应用范围。

(5)采用定向栽培新技术,实行规模经营,形成产业化　我国生物柴油的开发利用还处于发展初期。要从总体上降低生物柴油成本,使其在我国能源结构转变中发挥更大的作用,只有向基地化和规模化方向发展,实行集约经营,形成产业化,才能走符合中国国情的生物柴油发展之路。

12.3.2 生物质液化

生物质能的能源总量非常高,但是长久以来应用在能源的总消费中比例都不高,主要原因之一就是其能源品位比较低。生物质液化技术可以将生物质转化为高品位的现代能源产品,即易于存贮、运输,能量密度高的燃料油,从而实现生物质的广泛利用。生物质液化有气、液、固三种产物。气体主要由H_2、CO、CO_2、CH_4及$C_{2\sim4}$烃组成,可作为燃料气;固体主要是焦炭,可作为固体燃料使用;作为主要产品的液体产物被称为生物油,有较强的酸性,组成复杂,以碳、氢、氧元素为主,成分多达几百种。从组成上看,生物油是水、焦及含氧有机化合物等组成的一种不稳定混合物,包括有机酸、醛、酯、缩醛、半缩醛、醇、烯烃、芳烃、酚类、蛋白质、含硫化合物等。实际上,生物油的构成是裂解原料、裂解技术、除焦系统、冷凝系统和储存条件等因素的复杂函数。生物质转化为液体后,能量密度大大提高,可直接作为燃料用于内燃机,热效率是直接燃烧的4倍以上。但是,由于生物油含氧量高(质量分数约为35%),因而稳定性比化石燃料差,而且腐蚀性较强,从而限制了其作为燃料使用。虽然通过加氢精制可以除去O,并调整C、H比例,得到汽油及柴油,但此过程将产生大量水,而且裂解油成分复杂,杂质含量高,容易造成催化剂失活,成本较高,因而降低了生物质裂解油与化石燃料的竞争力。这也是长期以来没有很好解决的技术难题。

生物质热化学法液化技术根据其原理主要分为高压液化和快速热解液化。生物质快速热解液化是在传统裂解基础上发展起来的一种技术,相对于传统裂解,它采用超高加热速率($10^2\sim10^4$ K/s)、超短产物停留时间(0.2～3 s)及适中的裂解温度,使生物质中的有机高聚物分子在隔绝空气的条件下迅速断裂为短链分子,使焦炭和产物气降到最低限度,从而最大限度获得液体产品。这种液体产品被称为生物油,为棕黑色黏性液体,热值达20～22 MJ/kg,可直接作为燃料使用,也可经精制成为化石燃料的替代物。因此,随着化石燃料资源的逐渐减少,生物质快速热解液化的研究在国际上引起了广泛的兴趣。自1980年以来,生物质快速热解技术取得了很大进展,成为最有开发潜力的生物质液化技术之一。国际能源署组织了美国、加拿大、芬兰、意大利、瑞典、英国等国家的10多个研究小组进行了10余年的研发工作,重点对该过程的发展潜力、技术经济可行性以及参与国之间的技术交流进行了调研,认为生物质快速热解技术比其他技术可获得更多的能源和更大的效益。

生物质快速热解液化工艺流程如图12.8所示。生物质首先需要干燥,将含水率降低到10 %以下,然后进行粉碎,颗粒尺寸小于2 mm,以确保反应速率。已经粉碎的生物质进入热解反应器,反应温度一般控制在500 ℃以内,滞留时间低于2 s。从反应器出来的热解产物包括不冷凝的气体、水蒸气、生物油和木炭,经过旋风分离器可分离出木炭。木炭一般为干燥和热解过程提供热量。从除尘器上部出来的气体通过冷凝器快速冷却,尽可能最大量地获得液体产物生物原油。余下不冷凝气体包括可燃气和惰性气体,可用来提供热量或作为流化介质。相对于传统的热解技术主要产物炭,快速热解技术最多可将80% 的生物质转变为生物油,其副产品(炭和可燃气)可作为热解反应器的热源,反应过程中无需其他额外热源。

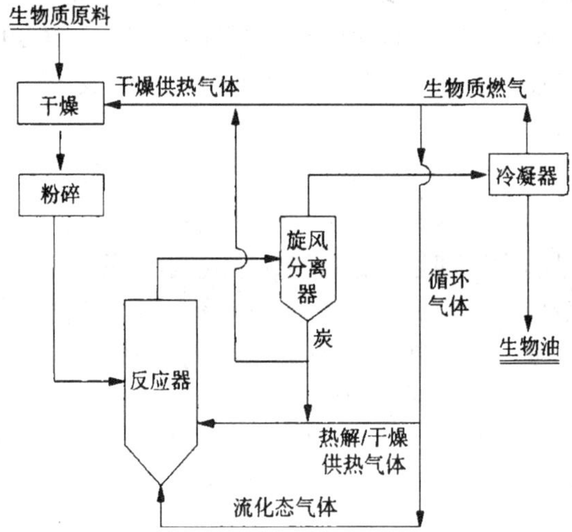

图12.8 生物质快速热解工艺流程

最近,世界各国通过反应器的设计、制造及工艺条件的控制,开发了各种新型的快速热解工艺。几种有代表性的工艺介绍如下。

(1)荷兰Twente大学开发的旋转锥式反应工艺(rotating cone process) 旋转锥式反应工艺不用载气,不仅大大减少了装置体积,而且减轻了冷凝器负荷,液化效率较高。生物质颗粒与惰性热载体一起加入旋转锥底部,在沿锥壁螺旋上升过程中发生快速热解反应,但其最大的缺点是生产规模小,能耗较高。1995年,沈阳农业大学从荷兰BTG集团引进了1套规模为10 kg/h的气化装置,以德国松木粉为原料,在600 ℃、进料速率34.8 kg/h的条件下,液体产率为58.6 %。

(2)美国Georgia工学院(GIT)开发的携带床反应器(entrained flow reactor) 携带床反应器以丙烷和空气按照化学计量比引入反应管下部的燃烧区,高温燃烧气将生物质快速加热分解,当进料量为15 kg/ h,反应温度745 ℃时,可得到58 %的液体产物。然而,携带床反应器需要大量高温燃烧气并产生大量低热值不凝气的缺点限制了其使用。

(3)加拿大Ensyn工程师协会开发研制的循环流化床工艺(circulating fluid bed reactor)

在意大利的 Bastardo 建成了 650 kg/ h 规模的示范装置,在反应温度 550 ℃时,以杨木粉作为原料可产生 65% 的液体产品。该装置的优点是设备小巧,气相停留时间短,防止热解蒸气的二次裂解,从而获得较高的液体产率。但其主要缺点是需要载气对设备内的热载体及生物质进行流化。Ensyn 也在芬兰安装了 20 kg/h 的小规模装置。加拿大的 Waterloo 大学开发了近似的闪速热解工艺(WFPP),装置规模为 5 ~250 kg/h ,液体产率可达 75% 。我国的中国科学院广州能源研究所(GIEC)也自主研制了生物质循环流化床液化小型装置,以石英砂作为循环介质,木粉进料速率为 5 kg/h ,反应温度在 500 ℃左右,可获得 63% 的液体产率。

(4)美国国家可再生能源实验室(NREL)开发的涡旋反应器(vortex reactor) 涡旋反应器反应管长 0.7 m ,管径 0.13 m ,生物质颗粒由氮气加速到 1 200 m/s ,由切线进入反应管,在管壁产生一层生物油并被迅速蒸发。目前建成的最大规模的装置为 20 kg/h ,管壁温度在 625 ℃时,液体产率可达 55 % 。

(5)加拿大 Laval 大学开发的多层真空热解磨反应器(multiplehearth reactor) 与其他几种常压操作的反应器不同,它是在 1 kPa 的负压下操作的,反应原料由顶部加入,床顶层温度为 200 ℃,底层温度为 400 ℃,由于热解蒸汽停留时间很短,大大减少了二次裂解,当木屑加入量为 30 kg/h 时,液体产率为 65% 。其缺点是需要大功率的真空泵,价格高、能耗大,放大困难。

在上述生物质快速裂解技术中,使用循环流化床工艺的最多,而且评价也很高。该工艺具有很高的加热和传热速率,且处理规模较高,目前来看,该工艺获得的液体产率最高。热等离子体快速热解液化是最近出现的生物质液化新方法,它采用热等离子体加热生物质颗粒,使其快速升温,然后迅速分离、冷凝,得到液体产物,山东工程学院开展了这方面的试验研究。

虽然欧美等发达国家在生物质快速裂解的工业化方面研究较多,但生物质快速热解液化理论研究严重滞后,在很大程度上制约了该技术水平的提高与发展。在生物质热解机理研究方面,目前国内外对其主要组分——纤维素的热解模型已进行了较深入的研究,并取得许多研究成果。但对其他主要组分——半纤维素和木质素的热解模型的研究还十分欠缺,对其过程机理还缺乏深入的认识,现有的各种简化热解动力学模型还远未能全面描述热解过程中各种产物的生成,离指导工程实际应用还有相当的距离。这是由于生物质本身的组成、结构和性质非常复杂,而生物质的快速热解更是一个异常复杂的反应过程,涉及许多物理与化学过程及其相互影响。因此,建立一个比较完善和合理的物理、数学模型来定性、定量地描述生物质的快速热解过程,将是未来热解液化机理研究的主要目标。

生物质高压液化是指在较高的压力(通氢气或惰性气体)、一定温度、溶剂和催化剂等存在条件下的热化学反应过程,反应物的停留时间常需几十分钟,主要产物是碳氢化合物(称为液化油)。该法始于 20 世纪 60 年代,是将木片、木屑放入 Na_2CO_3溶液中,用 CO 加压至 28 MPa,使原料在 350 ℃下反应,结果得到 40% ~50% 的液体产物,这就是著名的 PERC 法。近年来,人们不断尝试采用 H_2加压,使用溶剂(如四氢萘、醇、酮等)及催化剂(如 Co-Mo、Ni-Mo 系加氢催化剂)等手段,使液体产率大幅度提高,甚至可以达 80% 以上,液体产物的高位热值可达 25 ~30 MJ/kg,明显高于快速热解液化。

生物质高压液化典型工艺流程见图 12.9。高压液化反应的产物为气体和液体,离开反应器的气体被迅速冷却为轻油、水及不能冷凝的气体。液体产物包括油、水、未反应的木屑和其他杂质,可通过离心分离机将固体杂质分离开,得到的液体产物一部分可用作循环油使用,其余液化油作为产品。与快速热解液化相比,高压液化的反应条件相对温和,对设备要求不很苛刻,因而在规模化开发上有很大潜力。2004 年 4 月,荷兰的一个生物质高压液化制生物原油的示范工厂正式投料试车,且一个处理量为 7 t/h(湿物料)的商业性示范工厂也正在荷兰筹建。

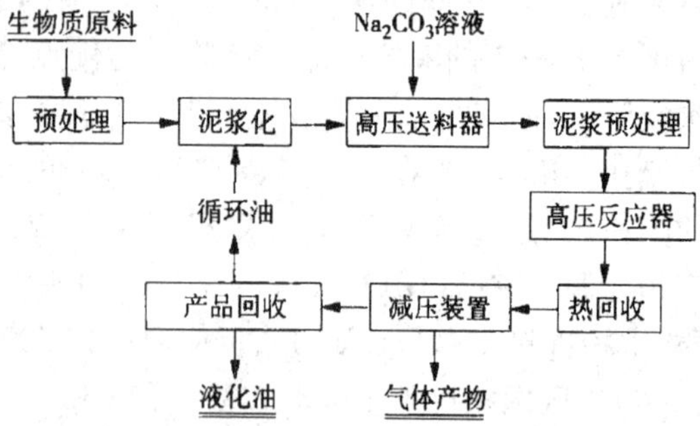

图 12.9 生物质高压液化工艺流程

超临界液化是利用超临界流体良好的渗透能力、溶解能力和传递特性而进行的生物质液化,最近欧美等国正积极开展这方面的研究工作。

12.3.3 生物质气化

生物质气化是指在高温下通过热化学反应将生物质转化为 CO、H_2、CH_4 和 C_nH_m 等可燃气体的技术。生物质气体燃料可用于驱动内燃机、汽车发动机和农用排灌设备,以及直接用来发电。因为生物质气体燃料高效、清洁、使用方便,所以生物质气化是一种具有很高实用性的技术。按照所处的气化环境,生物质气化可分为热解气化、空气气化、富氧气化和水蒸气气化等技术。长期以来,困扰生物质气化的关键问题之一就是气体的热值偏低。为此,一些研究人员开始发展一些新的生物质气化技术,如催化气化、气化制氢、超临界气化、焦油气化等。

在传统的燃烧技术中,生物质使用过量空气以确保完全燃烧。在气化中,氧气含量通常是理论上完全燃烧所需要量的五分之一到三分之一,固体生物质和氧气、空气或水蒸气在反应器中发生反应,生成可燃的产品气,主要包括 CO 和 H_2。生物质气化包括两个基本的过程。①热解:也被称为轻度气化、热裂解、碳化和脱挥发分,生物质在低于 600 ℃条件下经过一系列复杂的反应释放出挥发性气体。这种挥发性气体中包含有碳氢气体、H_2、CO、CO_2、焦油和水蒸气。因为生物质比煤含有较多的挥发性成分(干基 70% ~80%),所以热解在生物质气化过程中所起的作用比煤气化过程中大。热解产生的不可挥发副产品通常被认为是炭,主要由无定形碳和灰分组成。②气化:也称碳转化,在此过程中热解过程产生的碳发生典型气化(水蒸气 + 碳)和燃烧(碳 + 氧气)反应,正是通过燃烧反应释放出的热量促使热解和炭的气化反应的进行。

正如前面讨论,生物质来源十分广泛,各种生物质性质差别很大,所以设计一种能处理各种不同生物质的通用气化器是很难的,这就在客观上要求气化技术的多样性。各种气化器的不同之处在于:使用气化剂的种类、工作压力、工作温度、气体和固体相互接触的方式、传热方法、矿物质是否被作为灰渣除去等。根据气化反应所需热量供给方式的不同,气化器可以分为直接加热的气化器和间接加热的气化器。在直接加热的气化器中,促使吸热反应,如碳和蒸气、碳和二氧化碳的反应,进行的热量是由气化器中一定量的固体燃料或碳和氧气/空气燃烧时产生的。而在间接加热气化器中,通过在气化器外独立的燃烧器中把生物质或一些产品气与空气燃烧,由过热蒸汽、蒸汽/气体的混合物或固体热载体将热量传到气化器中。由于空气中氮气的稀释影响,直接加热气化器的燃料气热值较低。而在间接加热气化器中,燃料气是在独立的容器中产生且不受氮气的影响,所以燃料气是中热值气体。该热值接近于天然气的热值，所以来自间接加热气化器的燃料气可以直接用于未作改造的燃气机。

在我国，自20世纪80年代初就开展了生物质热裂解气化的研究与开发，主要集中在气化装置、发电、民用炊事和燃气锅炉等方面的研究。中国林科院林产化学工业研究所是最早从事该领域研究的单位，主要研究开发了集中供热、供气的上吸式气化炉，并且先后在黑龙江、福建得到工业化应用，气化炉的最大生产能力达 6.3×10^6 kJ/h。随后，大连环科院、辽宁能源所、北京农机院、浙江大学等单位也先后开展了生物质气化技术的研究开发工作。目前，生物质气化的研究已有较大发展：从单一固定床气化炉发展到流化床、循环流化床、双循环流化床和氧化气化流化床等高新技术；由低热值气化装置发展到中热值气化装置；由户用燃气炉发展到工业烘干、集中供气和发电系统等工程应用，建立了各种类型的试验示范系统。

"八五"期间，国家科委安排了"生物质热解气化及热利用技术"的科技攻关专题，极大地促进了生物质气化的研究和产业化进程。迄今为止，已有多种较为成熟的中小型生物质气化炉小批量生产和投入市场，主要用于木材烘干、供暖和户用炊事。集中供气流化床干馏热解气化技术也处于中试示范阶段，每小时产气80 m^3，燃气热值8 ~ 9 MJ/m^3。一些技术先进、有良好前景的大型气化装置，如大型生物质压力气化装置、发生炉煤气甲烷化等正处于试验研究阶段。今后，我国将在目前已有的气化技术基础上，以开发新型的气化技术、技术商品化和产业化为目标，研究生物质气化系列装置和燃气多用途的应用技术，主要包括：系列气化和集中供气系统的研究；生物质热裂解工艺技术的研究和开发，包括流化床热裂解系统、固定床热裂解系统和工业性综合热裂解系统；建立生物质气化发电示范工程和热气电联供系统示范工程。虽然生物质气化技术已较成熟，有一些炉型已批量生产和使用，但从总体说，还没有形成规模的产业和市场。

12.3.4 生物质压缩成型技术

生物质压缩成型技术是指将具有一定粒度的生物质原料，在一定压力作用下(加热或不加热)，制成棒状、粒状或块状等各种成型燃料。原料经挤压成型后，密度可达1.1 ~ 1.4 t/m^3，能量密度与中质煤相当，燃烧特性明显改善，火力持久黑烟小，炉膛温度高，而且便于运输和贮存。用于生物质成型的设备主要有螺旋挤压式、活塞冲压式和环模滚压式等几种主要类型。利用生物质炭化炉可以将成型生物质块进一步炭化，生产生物炭。由于在隔绝空气条件下，生物质被高温分解，生成燃气、焦油和炭，其中的燃气和焦油又从炭化炉释放出去，所以最后得到的生物炭燃烧效果显著改善，烟气中的污染物含量明显降低，是一种高品位的民用燃料。此外，优质的生物炭还可以用于冶金工业。在我国，辽宁省能源研究所、西北农业大学、中国林科院林产化工研究所、陕西武功县轻工机械厂、江苏东海县粮食机械厂等10余家单位近年来一直致力于研究和开发生物质成型燃料技术和设备。

思考题

1. 什么是生物质和生物能源？目前它们的主要体现形式有哪些？
2. 为什么说发展生物能源是非常重要和迫切的？
3. 生物质转化成能源的途径有哪些？

4. 什么是生物柴油？其主要生产工艺和发展的关键是什么？
5. 当今世界上生物乙醇的发展态势如何？
6. 如何以木质纤维素原料生产乙醇？
7. 简述蓝细菌、厌氧光合细菌和非光合生物的产氢机制。
8. 就如何发展中国生物能源谈谈你的观点。

参考文献

[1] 国家发展和改革委员会高技术产业司和中国生物工程学会. 中国生物产业发展报告2006[M]. 北京:化学工业出版社,2007.

[2] 中国科学院生命科学与生物技术局. 2007 工业生物技术发展报告[M]. 北京:科学出版社,2007.

[3] 陈洪章. 生物质科学与工程[M]. 北京:化学工业出版社,2008.

[4] 吴创之,马隆龙. 生物质能现代化利用技术[M]. 北京:化学工业出版社,2003.

[5] 袁权. 能源化学进展[M]. 北京:化学工业出版社,2005.

[6] Angenent L T, Karim K, Al-Dahhan M H, et al. Domiguez-Espinosa R, Production of bioenergy and biochemicals from industrial and agricultural wastewater[J]. Trends Biotechnol, 2004, 22: 477-485.

[7] Gross R, Leach M, Bauen A. Progress in renewable energy[J]. Environ Int, 2003, 29: 105-122.

[8] Lin Y, Tanaka S. Ethanol fermentation from biomass resources: current state and prospects [J]. Appl Microbiol Biotechnol, 2006, 69: 627-642.

[9] McKendry P. Energy production from biomass (part 1): overview of biomass[J]. Bioresource Technol, 2002, 83: 37-46.

[10] McKendry P. Energy production from biomass (part 2): conversion technologies[J]. Bioresource Technol, 2002, 83: 47-54.

[11] McKendry P. Energy production from biomass (part 3): gasification technologies[J]. Bioresource Technol, 2002, 83: 55-63.

[12] Palmqvist E, Hahn-Hagerdal B. Fermentation of lignocellulosic hydrolysates[J]. I: inhibition and detoxification. Bioresource Technol, 2000, 74: 17-24.

[13] Palmqvist E, Hahn-Hagerdal B. Fermentation of lignocellulosic hydrolysates[J]. II: inhibitors and mechanisms of inhibition. Bioresource Technol, 2000, 74: 25-33.

[14] Puppim J A, de Oliveira J A P. The policymaking process for creating competitive assets for the use of biomass energy: the Brazilian alcohol programme[J]. Renew Sust Energ Rev, 2002, 6: 129-140.

[15] Tadege M, Dupuis I, Kuhlemeier C. Ethanolic fermentation: new functions for an old pathway trends in plant science[J]. Trends Plant Sci, 1999, 4: 320-325.

[16] Wu C Z, Huang H, Zheng S P, Yin X L. An economic analysis of biomass gasification and

power generation in China[J]. Bioresource Technol, 2002,83:65-70.

[17] 常杰.生物质液化技术的研究进展[J].现代化工,2003,23(9):13-18.

[18] 陈洪章,李冬敏.生物质转化的共性问题研究——生物质科学与工程学的建立与发展[J].纤维素科学与技术,2006,14(4):62-68.

[19] 李冬敏,陈洪章,李佐虎.生物制氢技术的研究进展[J].生物技术通报,2003,14(4):1-5.

[20] 宋鸿伟,郭民臣.生物质气化发电技术发展状况的综述[J].现代电力,2003,20(5):10-16.

[21] 王继华,赵爱萍.生物制氢技术的研究进展与应用前景[J].环境科学研究,2005,18(4):129-135.

[22] 邢新会,张翀.发酵生物制氢研究进展[J].生物加工过程,2005,3(1):1-8.

[23] 岳国君,武国庆,郝小明.我国燃料乙醇生产技术的现状与展望[J].化学进展,2007,19(7/8):1084-1090.

[24] 郑志锋,蒋剑春,戴伟娣,等.生物质能源转化技术与应用(Ⅲ)——生物质热解液体燃料油制备和精制技术[J].生物质化学工程,2007,41(5):67-77.

第13章　生物安全

13.1　概述

13.1.1　生物安全的概念

1. 生物安全的概念

狭义上，生物安全（biosafety）是指防范由现代生物技术的研究、开发、应用以及转基因生物的跨国越境转移，可能对生物多样性、生态环境和人类健康产生不利影响和危险或潜在风险。特别关注各类转基因活生物体释放到环境中，可能对生物多样性构成潜在威胁。

广义上，生物安全问题是国家安全问题的组成部分，指与生物有关的各种因素对社会、经济、人类健康及生态环境所产生的危害或潜在风险，自然生物和人工生物及其产品对人类健康和生态环境可能产生的潜在风险的防范和现实危害的控制。生物安全大致分为三个方面，即人类的健康安全、人类赖以生存的农业生物安全、与人类生存有关的环境生物安全。生物安全是生物资源、生物技术和生物经济发展的重要保障。

与生物有关的各种因素包括以下三方面。①天然生物因子，主要包括动物、植物和微生物。其中由微生物特别是致病性微生物所导致的安全问题，如生物武器、生物恐怖、重大传染病的暴发流行等，是人类社会所面临的最重要、最现实的生物安全问题。②转基因生物，主要包括转基因动物、转基因植物和转基因微生物。③生物技术，人们在利用生物技术造福人类的同时，也可能带来意想不到的安全问题，特别是生物技术的滥用对人类健康、生态环境以及社会、经济都可能造成严重危害。

2. 生物安全的范围

进入21世纪，生物安全交织成了一系列涉及政治、经济、科学、社会、伦理及国家安全的重大问题。国际上新的国家安全观认为，威胁国家安全的不只是外敌入侵，诸如外来物种的入侵（包括遗传修饰生物及其产品的引进和释放，侵害性外来品种，外来植物、动物病虫害和寄生虫病）、转基因生物的扩散、基因食品的污染、生物多样性的锐减等生物安全问题也危及人类的未来和发展，直接影响着国家安全。生物安全技术水平已成为反映综合国力的关键因素之一，并直接关系到未来整个生命科学与技术、生物产业和生物经济及其相关产业与经济的发展。世界各国加大对生物安全研究的投资力度，以便在生物安全技术发展和国际竞争中占据主动和有利地位。

13.1.2　生物安全发展历史

20世纪80年代中期，生物安全问题引起国际上的广泛关注。1985年由联合国环境规划署、世界卫生组织和粮农组织联合组成了一个非正式的关于生物技术安全的特别工作小组，开始关注生物安全问题。经合组织(Organisation for Economic Co-operation and Development, OECD)于1985年和1992年发布了有关重组DNA安全问题和生物技术安全问题的文件。1993年联合国环境与发展大会后,国际上对生物安全立法工作引起特别重视。两个纲领性文件《21世纪议程》和《生物多样性公约》专门提到生物技术安全问题。《21世纪议程》第16章在对生物技术无害环境管理D款:"收集关于生物安全的数据,并制定一个国际议定原则框架,作为应用于生物技术安全方面的准则,包括审议达成一项国际协议的需要和可能性"。《生物多样性公约》第8条:"制定或采取办法以酌情管制、管理或控制由生物技术修饰的活生物体在使用和释放时可能产生的危险,即可能对环境产生不利影响,从而影响到生物多样性的保护和持续利用,也要考虑到对人类健康的危害"。

从1994年开始,联合国环境规划署和《生物多样性公约》秘书处共同组织工作会议和政府间谈判,制订《生物安全议定书》。于2000年5月15—26日在内罗毕签署《〈生物多样性公约〉的卡塔赫纳生物安全议定书》。该议定书阐述了可能对生物多样性产生负面效应的遗传修饰活生物体的安全转移、处理及利用,确定了预先通知协议、进口遗传修饰活生物体的程序等。2000年8月8日,我国在联合国总部正式签署了该议定书。议定书已于2003年9月11日生效。目前,《生物安全议定书》签署方已达110个国家和地区。根据《生物安全议定书》的定义(第3条),遗传修饰生物(genetically modified organisms, GMOs)是指任何具有凭借现代生物技术获得的基因材料新型组合的活生物体,即转基因生物(transgenic organisms)。

《生物安全议定书》是一份为保护生物多样性和人体健康而控制和管理转基因生物越境转移、过境、装卸和使用的国际法律文件,为各国管理转基因生物制定了最低的标准。它建立了事先知情同意程序以确保各国在批准这些生物体入境之前能够获得做出有关决定所必需的信息,包括了预防原则的参考方法。从20世纪80年代后期开始,生物技术得到了我国政府的密切关注和优先资助,成为解决粮食问题的一个主要方法和高技术革命的一项主要内容。90年代以来,适应国际大环境的影响和生物技术发展本身的要求,我国政府有关部门开始积极行动解决生物安全问题。成立相应的组织来管理生物安全,拨出专门经费用于生物技术安全研究,制定有关的法律法规和指南等。2000年,我国政府将生物安全列为健康和环境保护的新领域。自2002年3月20日开始,要求进口转基因产品前必须经过事先申请、进行安全评估及取得安全证明书后才可以进口,并要求转基因产品必须标识才可以在市场上出售。这些措施都符合《生物安全议定书》的精神,由生物信息交换所负责实施。目前,《中华人民共和国生物安全管理条例》和《生物安全法》正在制定之中。

13.2 转基因生物的安全性

13.2.1 转基因生物的安全性评价的由来

20世纪60年代末,斯坦福大学生物化学家Berg P教授对猴病毒SV40进行研究,将它与一段细菌基因连接,成功获得世界上第一例重组DNA。

1971年春,计划进行重组DNA转化真核细胞。在一次会议上,他们的研究引起了生物学家的关注。冷泉港实验室的微生物科学家Pollack R打电话提醒Berg,SV40是肿瘤病毒,转化人细胞可能致癌，那将是一场灾难。Berg 谨慎从事，征集了同行专家的意见，进行了广泛讨论，有人建议应该停止，直到对重组 DNA 工作的性质和风险有进一步了解后再进行。出于安全性考虑，Berg 于 1973 年秋终止了重组 DNA 的转化实验。

1972 年春，加州大学 Boyer 实验室，从大肠杆菌中分离到核酸内切酶 *Eco*R I。以后发现了很多不同性质的内切酶，对 DNA 进行操作。重组 DNA 的危险性越来越受到关注。1972 年秋，EMBO(欧洲分子生物学实验室)进行了专门会议讨论。

1973 年 6 月 13 日，美国新罕布什尔州 Cordon 会议，专门讨论核酸。Boyer 介绍了与Cohen 合作，利用内切酶对 DNA 操作，生物学家既感到兴奋，同时许多人又表示担忧。建议专门组织一个重组 DNA 生物风险的会议。科学家呼吁美国国家科学院和国立卫生研究院(NIH)成立委员会，管理重组 DNA 研究工作，制定相应的指导性法规。1974 年 1 月，Berg 组织了这样会议，提出了四条建议。

1975 年 2 月 24—27 日，在美国加州 Asilomar 举行重组 DNA 生物安全性会议，这是世界第一次正式转基因生物安全性会议。会上出现两种截然相反的争论：禁止进行；不存在安全性或危险性很低，可继续进行。生物学发展处于十字路口。Brenner 提出折中方案：基因工程实验继续进行，同时采用适当的防护措施，不应该再禁止。因为科学要发展，生物学要进步，对待可能的风险，采用尽可能的方法预防，但不该停滞不前。

1976 年美国颁布了由国立卫生研究院制定的《重组 DNA 分子研究准则》，是美国第一个对生物技术安全管理的法规。它将重组 DNA 实验按照潜在危险性程度分为生物安全 1 ~ 4 级，并设立了生物安全委员会等各类机构，为重组 DNA 活动提供咨询服务，确定实验的安全级别并监督安全措施的实施等。

1978 年，德国颁布了《重组生物体实验室工作准则》。英国也于同年发布了《基因操作规章》，规定任何人未事先通报卫生与安全局及基因操作咨询小组，不得从事基因操作活动。

日本于 1979 年制定了《重组 DNA 实验管理条例》，开始了生物技术的安全管理。

欧共体于 1984 年成立了协调委员会，协调相关的技术政策，欧洲各国也建立了相应的管理机制。

2003 年 7 月，欧洲议会通过一项法律，不再禁止欧盟各国利用转基因技术生产食品，但要求转基因食品必须加贴标签后才能出售。

13.2.2 评价过程

1. 生物安全性评价的目的

转基因生物的安全是指转基因生物的跨国越境转移可能会对生物多样性、生态环境和人体健康产生潜在的不利影响。评价是管理的核心与基础，要从技术上分析生物技术及其产品的潜在危险，确定安全等级，制定防范措施，防止潜在危险。同时，在保障人类健康和生态安全的前提下，促进科学发展，兴利避害。评价的目的是提高科学决策的依据，保障人类健康与环境安全，回答公众疑问，促进技术可持续发展。

2. 评价程序与方法

生物安全的分级各国不尽相同。根据受体生物、基因操作、遗传工程体及其产品的生物学特性，预期用途和接受环境等，综合评价对健康和环境的可能潜在危险，确定安全等级，一般分为四级。采取个案评审的原则，基本包括三方面：有什么危险；危险程度多大，后果与发生频率;监控与预防措施。

3. 评价的主要内容

根据受体生物的安全性,分为4个等级,根据基因操作的安全性分为3个等级,根据遗传工程体的安全性分为4个等级。也可对遗传工程产品的安全性进行分级,主要内容是以上安全性对人类健康的影响,对生态环境的影响,最终给出基因工程工作安全性的综合评价和建议。

13.2.3 转基因植物的环境安全性

环境安全性评价要回答的核心问题是转基因植物释放到田间去是否会将基因转移到野生植物中,或是否会破坏自然生态环境,打破原有生物种群的动态平衡。

1. 转基因植物演变成农田杂草的可能性

植物在获得新的基因后会不会增加其生存竞争性,在生长势、越冬性、种子产量和生活力等方面是否比非转基因植株强。如果杂草获得转基因生物体的抗逆性状,从而严重威胁其他作物的正常生长和生存。

2. 基因漂流到近缘野生种的可能性

在自然生态条件下,栽培植物会和周围生长的近缘野生种发生天然杂交。转基因植物通过传粉进行基因转移,可能将一些抗虫、抗病、抗除草剂或对环境胁迫具有耐性的基因转移给野生种,并在野生近缘种中传播。如果是一个抗除草剂基因,发生基因漂流后会使野生杂草获得抗性,从而增加杂草控制的难度。若多个抗除草剂基因同时转入一个野生种,则会带来灾难。

3. 对自然生物类群的影响

在植物基因工程中所用的许多基因是与抗虫或抗病性有关的,其直接作用对象是生物。若转基因植物可以在自然生态条件下生存,势必会改变自然的生物种群,打破生态平衡。如转入Bt杀虫基因的抗虫棉,其目标昆虫是棉铃虫和红铃虫等害虫,如大面积和长期使用,昆虫有可能对抗虫棉产生适应性或抗性,这不仅会使抗虫棉的应用受到影响,而且会影响Bt农药制剂的防虫效果。抗虫和抗病类转基因植物,除对害虫和病菌致毒外,对环境中的许多有益生物也将产生直接或间接的影响和危害。

4. 对生物多样性和生态环境的影响

转基因生物已经突破了传统的界、门的概念,具有普通物种不具备的优势特征,若释放到环境,会改变物种间的竞争关系,破坏原有自然生态平衡,导致生物多样性的丧失。转基因生物通过基因漂移,会破坏野生和野生近缘种的遗传多样性。此外,种植耐除草剂转基因作物,必将大幅度提高除草剂的使用量,从而加重环境污染的程度以及农田生物多样性的丧失。

5. 对人体健康的威胁和影响

转基因生物体及其产品作为食品进入市场,可能对人体产生某些毒理作用和过敏反应。例如,转入的人生长激素类基因就有可能对人体生长发育产生影响;转基因生物体中使用的抗生素标记基因,如果进入人体,也可能使人体对很多抗生素产生抗性。由于人体内生物化学变化的复杂性,有些影响还需要经过长时间才能表现和监测出来。

13.2.4 转基因植物的争论

对于转基因植物,存在截然不同的两种观点,一种是赞同大力发展转基因植物,另一种是全面否定转基因植物。

1. 大力发展转基因植物

(1)具有明显的经济效益　美国1996年70%的转基因Bt棉花不用杀虫剂,产量提高70%,每公顷节约140~180美元;美国原来每年约有一半的玉米田受棉铃虫危害,丧失10亿美元,种植转基因Bt玉米后,产量提高9%,1997年效益达1 900万美元。加拿大在1996年种植耐除草剂油菜,产量提高9%,效益达600万美元。中国种植转基因抗虫棉花,1997—2000年的4年中,总的经济效益达3亿美元。由此可见,经济效益是十分明显的。

(2)解决发展中国家人民的饥饿问题　世界人口不断增长,特别在发展中国家,粮食如何满足人口的增加,是全世界关心的严重问题。不少人认为,基因工程技术,特别是转基因技术,将是解决不断增加人口对粮食需求的唯一途径。

2. 全面否定转基因植物

绿色和平组织等一些非政府组织,反对任何转基因产品,他们认为转基因技术存在着不可预测、不精确和不可逆转等问题。环境保护主义者也持强烈反对的态度,他们认为这些作物对环境和健康的长期影响还不得而知。

3. 如何正确认识

国际转基因作物争论的实质并不纯粹是科学问题,而是经济和贸易问题。

要正确认识对转基因植物的争论,必需区分两个不同的概念,一是风险,二是危害。风险是指潜在的或可能发生的对环境和人类健康的危险,而危害则是科学已证明了有害的客观事实。把转基因作物说成超级杂草和恶魔食品等,是把这两个概念混淆的结果。

安全性或风险性是一个相对的、动态的概念。今天科学上认为是安全的,明天可能会发现不安全的因素;今天认为不安全,随着科技的进步,明天会找到新的技术消除其不安全因素,化有害为有利。任何人类活动都有风险,任何科学技术发明都是一把双刃剑,既有有利的一面,也有不利的一面。人类的智慧在于权衡利弊,取其利,避其弊,化风险为利益。

2001年7月,联合国开发计划署(UNDP)发布《2001年人类发展报告》,认为基因改良生物带来的风险可以得到控制,基因改良技术的可利用性是充分肯定的。GMOs可能成为发展中国家的突破性技术,要注意到这一技术在抗病毒、抗旱和富营养的作物方面的独特应用潜力,解决食品与营养问题。

13.2.5　转基因食品的安全性评价

食品安全性是转基因植物安全性评价的一个重要方面。经合组织1993年提出了食品安全性评价的实质等同性原则。如果转基因植物生产的产品与传统产品具有实质等同性,则可以认为是安全的。若转基因植物生产的产品与传统产品不存在实质等同性,则应进行严格的安全性评价。

1. 食品安全性分析的实质等同性原则

实质等同性(substantial equivalence)原则,是指生物技术生产的食品及食品成分是否与目前市场上销售的食品具有实质等同性。根据产品的不同情况大致可以分为以下3类。

①新产品与传统产品具有实质等同性,对这类产品可不必作进一步的安全性评价,则认为是安全的。

②新产品与传统产品除某一个插入的特定性状外,具有实质等同性,则需实行严格的安全

性评价，集中针对插入基因的表达产物，包括转基因产物的结构、功能、专一性及其催化产生的其他物质（脂肪、碳水化合物或小分子化合物）的安全性。转 Bt 基因的抗虫植物，应集中对 Bt 蛋白本身安全性进行评价，集中研究 Bt 蛋白对人畜的安全性。目前已有大量的实验数据证明 Bt 蛋白只对少数目标昆虫有毒，对人畜安全。

③新产品与传统产品之间没有实质等同性，这类产品要求作详细的安全性评价，应从营养学和安全性角度进行全面分析。

2. 过敏性问题

在自然条件下存在着许多过敏原。在基因工程中如果将控制过敏原形成的基因转入新的植物中，则会对过敏人群造成不利的影响。除此之外，还要考虑营养物质和抗营养因子的含量等。评价生物技术产品是否有过敏性，需要参照食物过敏原的一些共同特征考虑。①基因来源，特别是供体生物是否含已知的过敏原；②分子量，大多数已知过敏原的分子量为 10 000 ~ 40 000；③序列同源性，许多过敏原序列已知，应比较免疫作用明显的序列相似性；④热和加工的稳定性，熟食品和加工过的食品，问题较小；⑤pH 和胃液作用，大多数过敏原抗酸和蛋白水解酶的消化；⑥食物部分，在植物非食用部分中表达的新蛋白不是食物过敏原。

目前已有一系列方法来分析食品的潜在过敏性。但迄今尚无可靠的动物模型以分析 GMOs 的过敏性，目前建立这种动物模型的实验正在进行中。

13.2.6 生物安全法规与管理

目前，世界上许多国家都制定了转基因食品的管理办法。公众意识对科学发展有兴趣，对新型事物持乐观态度，希望科学的发展能为社会提供更好的生活环境条件，他们相信权威机构的认可。

美国 FDA 颁布的食品安全和管理指南，由以下三个机构分工、协调管理，负责检测、评价、监测和管理转基因食品：国家环保局（EPA）负责对环境的保护；农业部（USDA）负责作物与食品安全性；食品药品管理局（FDA）负责食品和药品的安全性。加拿大由卫生部所属健康保护局根据《新食品管理条例》和《新食品安全评价标准》对转基因食品进行管理。欧盟根据《欧盟议会和委员会新食品和食品成分管理条例第 258/97 号令》对转基因食品进行审批和管理。

为了适应国际大环境的影响和生物技术发展本身的要求，中国政府加强生物安全管理。2001 年 5 月，国务院颁布了《农业转基因生物安全管理条例》。2002 年 1 月，农业部发布了《农业转基因生物安全评价管理办法》、《农业转基因生物进口安全管理办法》和《农业转基因生物标识管理办法》三个配套规章，并于 2002 年 3 月 20 日起施行。2004 年 12 月，颁布了《病原微生物实验室生物安全管理条例》。国家环保总局 2005 年制定了《转基因生物安全法》。

13.3 反生物恐怖

13.3.1 生物恐怖

1. 生物恐怖的由来

2001 年 9 月 25 日，“911”事件后两周，美国出现炭疽菌污染的信件，造成生物恐怖袭击的恐慌。13 人因直接或间接接触夹带有炭疽病菌的邮件而受感染，1 人死亡。2005 年 3 月 15 日，美国五角大楼遭遇炭疽恐慌，200 多人接受病毒检测，一度关闭邮政设施。

1991 年海湾战争的退伍军人流行一种不明原因的疾病（俗称海湾战争综合征）。美国国防部在 1997 年签署命令，在军队服役人员接种炭疽疫苗。1998 年，接种首先在最危险地区波斯湾驻军，然后是韩国的驻军。2003 年 1 月 7 日美国国防部恢复给士兵接种炭疽疫苗。2004 年美国斥巨资购进 7 500 万支炭疽疫苗，进一步加强生产和储备疫苗和抗生素，防范生物恐怖袭击。

炭疽恐慌事件严重打击了美国经济，也引起了人们的极度心理恐慌。自美国“911 事件”以后，全球发生多起生物恐怖活动案件。炭疽的出现极大地打击了人们的安全心理，改变了人们的安全观。

2. 生物恐怖

生物恐怖是恐怖分子使用疾病和生物媒介等致病性微生物或毒素等作为恐怖袭击武器即生物武器或生物战剂，通过一定的途径散布致病性细菌、病毒，造成烈性传染病的暴发、流行，导致人群失能和死亡，引发社会动荡。

疾病很早就被用作战争的武器。在罗马时代，士兵们把病死动物的尸体丢弃在水中，污染敌方的水源。中世纪的黑死病席卷欧洲，可能就是鞑靼人在攻城时，先把死尸投掷到城中所引起。1763 年 3 月，英国的亨利 · 博克特进攻印第安部落，把从医院拿来的天花病人用过的毯子和手帕，送给两位印第安部落首领，几个月后，天花就流行起来。

第一次世界大战的德军使用过生物武器。到了第二次世界大战，日军每月生产炭疽杆菌 500 ~ 600 kg，曾试验鼠疫等细菌，臭名昭著的 731 部队和 100 部队发动生物战争。在我国东北等地有生产、实验生物武器的遗址，很多人受到极大的身体和心理摧残。

13.3.2 炭疽

世界上公认的对人类危害最大、最易散发的 3 种生物武器，炭疽为首选。炭疽是由炭疽杆菌（*Bacillus anthracis*）所致的人畜共患的急性、热性传染病。病畜原系食草动物如牛、羊、马、骆驼等，其次是猪和狗的传染，人因接触这些病畜及其产品或食用病畜的肉类而被感染。此名字起源于希腊语“Anthrakas”，意思是煤炭，感染后，在患者皮肤上呈现的黑色疹块。肉食动物不感染，不会经由人传人。

1. 炭疽种类与传播

炭疽的主要传播途径如下所示：

$$\text{动物}\xrightarrow{\text{吃}}\text{含炭疽芽胞的饲料或青草}\xrightarrow{\text{芽胞}}\text{肠出芽增殖}\rightarrow\text{血}\rightarrow\text{败血症，脾大发黑}\rightarrow\text{炭疽。}$$

根据传播途径的不同，主要分三种。

（1）皮肤炭疽　擦伤或割伤的皮肤接触了病原菌，开始表现为类似蚊虫叮咬的小疱，但是一两天后就呈疱疹状，然后破裂成溃疡 1 ~ 3 cm，不痛，周围出现淋巴肿胀，1 ~ 2 周后脱落。皮肤炭疽最常见，占总发病率的 95% ~ 98%。健康皮肤不会感染。皮肤炭疽容易治疗，轻症 2 ~ 3 周治愈；但如果治疗不及时，重症发展成败血症。

（2）肺炭疽　人因吸入飘浮在空气中的炭疽杆菌孢子而感染。其主要的症状与感冒相似，1 ~ 3 天后，出现严重的呼吸问题和中风。如果没有及时发现，死亡率将高达 90%。严重者中毒性休克,2 ~3 天内死亡。此类最有可能被用于生物恐怖袭击。1979 年前苏联的军事研究所发生的炭疽孢子泄漏事件造成风口下的居民因为吸入孢子引发肺感染,造成上千人死亡。

(3)肠炭疽 它是食用被污染的肉所致,以急性肠道感染为特征,主要症状为恶心、厌食、呕吐和发热,重者腹痛、吐血,并有严重的水样便。肠炭疽的潜伏期为 3 ~7 天,2 ~3 天内死于毒血症,死亡率 25% ~75%,罕见。

炭疽在我国被列为乙类传染病,只有发生肺炭疽即按甲类传染病处理。接触牲畜屠宰、加工、饲养者为高危人群。三种炭疽都可并发败血症及合并脑膜型炭疽。美国发生的炭疽热和我国二战期间的炭疽热,主要是皮肤炭疽和肺炭疽。

据世界卫生组织估计,全球每年约有 2 ~10 万病例,以皮肤炭疽为主。我国自然疫源地分布广泛,炭疽病例时有发生。全国 27 个省区有病例报道,每年发病数波动在 400 ~1 000 人,主要集中在贵州、新疆、甘肃、四川、广西、云南等西部地区的广大农村、牧场,占全国总发病数的 90% 以上,农牧民是主要受害者。在三类炭疽中,皮肤炭疽占 92%,肠炭疽,占 6%,肺炭疽,占 2%。

2. 预防与治疗原则

炭疽不会经由人传人,因此与炭疽病患接触的家人或一般人无需实施预防性处置。但是和病患一样具有感染危险性的人必须服用抗生素。人类炭疽的感染率相对很低,感染的危险性大约在 1/100 000。我国卫生部于 2005 年 8 月颁布了全国炭疽监测方案。

(1)预防——接种菌苗 易感人群应接种炭疽减活疫苗,皮上划痕、一年一次,接种后 3 ~15 天产生免疫力,持续约一年。美、英采用 PA 吸附疫苗,注射 6 针。

(2)治疗——服用抗生素 炭疽杆菌对四环素、红霉素、环丙沙星等多种抗生素敏感,可用抗生素对症治疗。必要时可用特异性抗血清。

炭疽的预防关键是应加强家畜炭疽的防治。及时发现病畜后,立即予以隔离或宰杀,严禁食用。死兽不可随便解剖,因其血液不凝(可能与 Ca^{2+} 代谢障碍和使菌失去荚膜,产生溶血素),血流地面,细菌生成芽孢,芽孢在土壤中可存活数十年,造成该地区长期的疫源。病畜尸体应焚烧或深埋于 2 m 以下。毛、革必须消毒处理。对易感染家畜进行预防接种。对疫区牧民、屠宰员、兽医和皮毛等加工人员以及接触牲畜的其他有关人员,预防接种人用炭疽减活疫苗。与牲畜经常接触者应每年接种一次。

控制人炭疽的关键是消灭动物炭疽和防止被生物武器攻击。有效措施包括预防接种家畜、合理处理病畜和死畜、消毒处理污染的植被和水源、禁止使用病畜制成的产品(食品、骨粉、皮毛)、控制皮革场的排污物等。

13.3.3 炭疽杆菌的生物学

1. 炭疽杆菌的生物特性

1)形态特征

炭疽杆菌属于革兰阳性粗大杆菌,两端平截或凹陷。它大小为 3 ~5 μm ×(0.5 ~1.3)μm,排列似竹节状,无鞭毛,不游动,在致病菌中最大,有芽孢和荚膜,在氧气充足、温度适宜(25 ~30 ℃)的条件下易形成芽胞。炭疽杆菌在人和动物体内能形成荚膜,在含血清和碳酸氢钠的培养基中,孵育于 CO_2 环境下,也能形成荚膜。荚膜是毒性特征。

炭疽杆菌是需氧芽孢杆菌属中最重要的致病菌。在对数生长末期、营养贫乏或有氧环境中,细菌会在菌体内形成圆形或卵型小体称为内生孢子,简称芽孢。芽孢带有完整细胞核、酶系统,具有细菌的全部生命特征。芽孢是处于休眠状态的细菌,在适宜的条件下,芽孢通过激活、发芽、生长3个连续阶段又可成为新的繁殖体,继续分裂、增殖、生长,广泛存在于空气、尘埃、地表、水源、土壤和腐烂物体中。芽孢具有多层厚膜结构,其中芽孢壳由一种类似角蛋白的疏水蛋白组成,非常致密,不透性,能抗御表面活性剂、化学药物的渗透和常规物理灭菌。

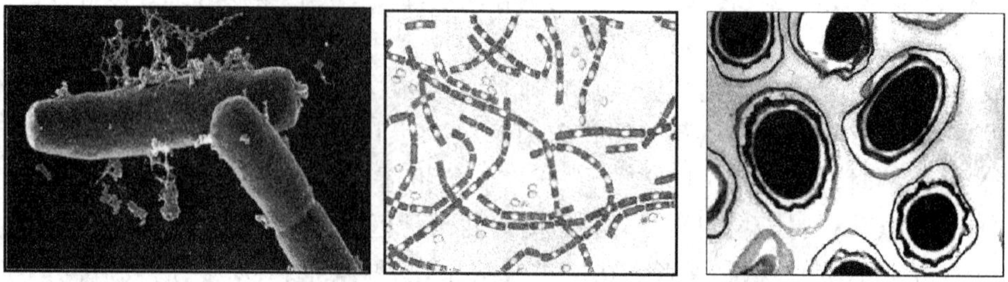

图10.1 炭疽菌的形态(左为单细胞;中为串珠反应;右为芽孢)

2)培养特性

炭疽杆菌能耐低浓度青霉素,在含有青霉素(0.05 U/mL)琼脂基上,37 ℃下培养2~8 h后,菌体膨大呈球状,互相联结像串珠样,称为串珠反应。由于青霉素抑制细菌生长细胞壁,所以菌体胀大互相粘连成串。

炭疽菌营养要求不高,需氧,在一般培养条件下极易生长。最适温度为37 ℃,最适pH值为7.2~7.4,在琼脂平板培养24 h,长成直径2~4 mm的粗糙菌落。菌落呈毛玻璃状,边缘不整齐,呈卷发状。在5%~10%绵羊血液琼脂平板上,菌落周围有不明显的溶血环,但培养较久后可出现轻度溶血。菌落有黏性,用接种针钩取可拉成丝,称为"拉丝"现象。在普通肉汤培养18~24 h,有絮状沉淀生长,无菌膜,菌液清亮。毒株在碳酸氢钠平板,20% CO_2培养下,形成黏液状菌落(有荚膜),而无毒株则为粗糙状。

3)抵抗力

繁殖体抵抗力不强,易被消毒剂杀灭,与一般细菌相同。芽孢抵抗力强大,在室温干燥后可存活10年,在动物皮毛上能活数年,混入泥土中可活存数年至数十年。每到春夏时期长出青草时,将泥中的芽孢带至地面,牛羊食草而受感染。牧场一旦被芽孢感染,传染性可保持20~30年。煮沸10 min或干热140 ℃ 3 h可将芽孢杀死。芽孢对化学消毒剂抵抗力很强,对碘特别敏感,1:2 500碘液10 min即可杀死芽孢。

2.炭疽杆菌的致病过程

1)致病性

炭疽杆菌的荚膜能抵抗宿主巨噬细胞的吞噬作用,有利于在机体内生存、繁殖和扩散。病后免疫力持久,包括抗毒性抗体和抗菌性抗体,吞噬作用增强。

炭疽杆菌具有外毒素,包含水肿因子(edema factor, EF)、保护性抗原(protective antigen, PA)及致死因子(lethal factor, LF)。三种成分均具有抗原性,不耐热,是致病的物质基础。EF是腺苷环化酶,使体内ATP转化成cAMP;LF是Zn依赖性内肽酶,底物为促分裂原活化蛋白激酶(MAPKK),阻断MAPK信号传导途径和使细胞溶解;PA是结合单位,与宿主吞噬细胞表面受体结合后寡聚化形成离子通道,使EF、LF组分得以进入细胞,而发挥毒性作用。

三种毒素组分单独对动物没有毒性作用，但 EF + PA 构成水肿毒素，LF + PA 构成致死毒素，炭疽毒素的这种作用模式与多种细菌毒素相似。三种成分混合注射出现炭疽典型中毒症状。炭疽毒素的毒性主要是增强微血管的通透性，改变血液循环动力学，血液呈凝聚状态。菌体本身有可能堵塞毛细血管，使组织缺血缺氧和微循环内血栓更易形成。

近年来，对炭疽菌分子生物学研究，确定了炭疽杆菌三个毒力因子及其质粒编码，测定炭疽毒素 EF、PA、LF 的基因序列，并进行克隆表达和结晶。炭疽菌在生长过程中合成毒素，由质粒 DNA 编码。质粒丢失，毒力消失，成为弱毒株或无毒株。目前集中研究毒素合成的基因调控、分子生物学方法检测细菌和毒素、炭疽杆菌（毒素）致病机制和毒素作用模式、PA 重组疫苗的构建和 PA 用作外来蛋白进入细胞的转运系统等。

2）病理过程

炭疽杆菌在宿主体内以繁殖体存在，靠荚膜抗白血球吞噬；与水肿毒素及致死毒素一起作用，逃避被白血球吞噬及抑制白血球放出溶菌酶，造成组织坏死，毒素及细菌进入血管内，扩散全身。炭疽杆菌一旦附着在细胞表面便会诱导新基因的表达，在菌体表面会出现直径 10 nm 的纤毛。纤毛的数量很多，从侧面呈辐射状向外延伸。纤毛附在细胞表面与细胞膜相互作用，形成孔道结构，菌体进入细胞。

保护性抗原 PA 对致病起关键作用，缺少了它，另外两种毒素无法进入细胞。PA 与细胞膜上的炭疽杆菌毒素受体结合，同时，去其 N 端 20 kDa 的片段，只剩下 C 端的 63 kDa 片段与受体结合，形成环状七聚体；与毒素识别，产生通道，帮助进入细胞内部。致死毒素为金属蛋白酶，在其催化区有 Zn^{2+} 存在，可与 MAPKK 家族的磷酸激酶结合，切断破坏 MAPKK，导致信号传导无法进行，造成细胞死亡。

病原菌浸染肺部，逃离巨噬细胞，进入支气管淋巴结，发芽增殖。进一步引发炎症反应，造成出血性隔膜炎。还可引发肺水肿和败血症。炭疽菌突破血脑屏障，在脑脊液中增殖，引发脑膜炎。

3. 炭疽杆菌的基因组

炭疽杆菌的基因组测序已完成，总长度为 5 227 419 bp，编码 5 000 多种蛋白质。炭疽杆菌具有两种重要的质粒，其中大型质粒 pXO1 长 181 654 bp，小质粒 pXO2 长 96 231 bp。pXO1 含有炭疽毒素的基因群。*pagA* 基因调控保护性抗原，*lef* 基因调控致死因子，*cya* 基因调控水肿因子。此外，pXO1 的 *gerXA*、*gerXB*、*gerXC* 基因群，可使炭疽孢子转变为营养型。炭疽毒素基因群 *pagA*、*lef*、*cya* 与发芽基因群 *gerXA*、*gerXB*、*gerXC* 在 IS1627 的相向插入序列之间。反向重复序列及其两侧序列的 DNA 为病原基因岛。炭疽杆菌在进化过程中获取病原基因岛，转变为病原菌。pXO2 也含有病原性基因群，至少含有 *capB*、*capC*、*capA* 及 *dep* 等基因，与形成荚膜有关。

pXO1 的 *atxA* 基因，pXO2 的 *acpA* 基因正调节病原性基因。AtxA 蛋白具有反式激活蛋白的作用，上调 pXO1 上的炭疽毒素基因群及 pXO2 上荚膜基因群。AcpA 蛋白上调质粒上荚膜基因群。因此，丢失 *atxA* 基因，炭疽杆菌无法表现病原性。pXO1 还具有逃出肺泡巨噬细胞的逃逸基因。

13.3.4 生物恐怖的预防和控制措施

生物恐怖受到自然条件如光、温、湿、地理等制约，有一定的潜伏期，通过检测抗原、预防措施,从而达到控制。

1. 监测

监测内容包括:突发出现的传染性疾病,当地以前没有发生过;反常季节性疾病;不明疾病,流行特征异常,传播途径未知;昆虫和动物反常现象,大量的人畜症状相同或相似,从病人、病畜中分离到致病微生物。对监测资料分析,判断真伪,采取相应措施。

2. 预防

(1)应急预防接种 根据病原生物的特征,对人群或实验室工作的人员,接种相应的疫苗或免疫球蛋白;进入疫区的高危工作人员,提前预防接种。已有鼠疫、炭疽等疫苗供使用。

(2)药物预防 对不宜接种者,如患有严重的慢性病和急性病的人群,与病人密切接触者,可能受到污染者等,在未知病原物和症状时,可予以抗生素预防。

3. 治疗

查明病原物后,制定相应的指导性治疗方案,按方案进行治疗。采取各种有效措施进行个人防护、集体或区域性防护,保护食物、水源等免于污染。

4. 控制

对疫区执行封锁、检疫政策,扑杀虫、蚊蝇、鼠等,进行卫生消毒。对受污染的人员紧急处理,对病人、病畜和带毒者进行强制性治疗和必要的限制,隔离治疗或生物医学观察,防治蔓延和扩散。

彻底消毒或扑灭了疫情后,按照相关规定,缩小疫区范围。当最后一例病人完全治疗,在潜伏期无新发病例时(鼠疫 9 天,霍乱 6 天,天花 16 天),报请上级主管部门批准,解除封锁。

思考题

1. 生物安全包括哪几个方面?它对人类生存、社会经济发展有何影响?
2. 目前国际上最大生物安全性问题是什么?
3. 如何正确理解生物安全评价中的风险与危害?
4. 炭疽作为生物武器的生物学基础是什么?
5. 针对炭疽孢子为手段的生物武器,防控措施有哪些?为什么?

参考文献

[1] 刘谦. 生物安全[M]. 北京:科学出版社,2001.
[2] 马文丽,郑文岭. 生物恐怖的危害与预防[M]. 北京:化学工业出版社,2005.
[3] 许钟麟. 生物安全实验室与生物安全柜[M]. 北京:中国建筑工业出版社,2004.
[4] 俞口霆. 生物安全实验室建设[M]. 北京:化学工业出版社,2006.
[5] 黄培堂,沈倍奋. 生物恐怖预防[M]. 北京:科学出版社,2005.
[6] 吕志平,邓旭旗,胡龙飞. 炭疽与生物恐怖[M]. 北京:世界图书出版公司,2001.
[7] 秦贞奎. 世纪恐慌:疯牛病 & 炭疽[M]. 北京:中国城市出版社,2002.

[8] 贾士荣. 转基因作物的安全性争论及其对策[J]. 生物技术通报,1999,15:1-7.

[9] 贾士荣,金芜军. 国际转基因作物的安全性争论——几个事件的剖析[J]. 农业生物技术学报,2003,11:1-5.

[10] 贾士荣. 转基因作物的环境风险分析研究进展[J]. 中国农业科学,2004,37:175-187.

[11] Jia S, Peng Y. Research and regulation on biosafety of GMOs in China[J]. Environ Biosafety Res, 2003, 2(1):57-59.

[12] Ashraf H. US biological defence research under the spotlight[J]. Lancet, 2001, 358:895.

[13] Bügl H, Danner J P, Molinari R J, et al. DNA synthesis and biological security[J]. Nat Biotechnol, 2007, 25:627-629.

[14] Cook-Deegan R M, Berkelman R, Davidson E M, et al. Issues in biosecurity and biosafety [J]. Science, 2005, 308:1867-1868.

[15] Hennessy D A. Economic aspects of agricultural and food biosecurity[J]. Biosecur Bioterror, 2008, 6:66-77.

[16] Imperiale M J. Gene therapy and biosecurity[J]. Mol Ther, 2007, 15:648-649.

[17] Kaiser J. Biosafety. Biodefense watchdog project folds, leaving a void[J]. Science, 2008, 319:886.

[18] Service R F. Biosecurity. Synthetic biologists debate policing themselves[J]. Science. 2006, 312:1116.

[19] Vilas-Boas G T, Peruca A P, Arantes O M. Biology and taxonomy of *Bacillus cereus*, *Bacillus anthracis*, and *Bacillus thuringiensis*[J]. Can J Microbiol, 2007, 53:673-687.

[20] Edwards K A, Clancy H A, Baeumner A J. *Bacillus anthracis*: toxicology, epidemiology and current rapid-detection methods[J]. Anal Bioanal Chem, 2006, 384:73-84.

[21] Ivanova N, Sorokin A, Anderson I, et al. Genome sequence of *Bacillus cereus* and comparative analysis with *Bacillus anthracis*[J]. Nature, 2003, 423:87-91.

[22] Read T D, Salzberg S L, Pop M, et al. Comparative genome sequencing for discovery of novel polymorphisms in *Bacillus anthracis*[J]. Science, 2002, 296:2028-2033

附录1 诺贝尔生理学或医学奖年鉴

年份	获奖者	主要贡献
1901	Emil Adolf von Behring(1854—1917)	白喉的血清疗法
1902	Ronald Ross(1857—1932)	疟疾及其治疗
1903	Niels Ryberg Finsen(1860—1904)	光辐射治疗狼疮
1904	Ivan Petrovich Pavlov(1849—1936)	消化系统生理学
1905	Robert Koch(1843—1910)	结核病
1906	Camillo Golgi(1843—1926),Santiago Ramóny Cajal (1852—1934)	神经系统结构
1907	Charles Louis Alphonse Laveran(1845—1922)	原生动物致病性
1908	Ilya Ilyich Mechnikov(1845—1916), Paul Ehrlich(1854—1915)	免疫学
1909	Emil Theodor Kocher(1841—1917)	甲状腺生理病理学与外科学
1910	Albrecht Kossel(1853—1927)	核酸与蛋白质化学
1911	Allvar Gullstrand(1862—1930)	眼睛屈光学
1912	Alexis Carrel(1873—1944)	血管缝合与器官移植
1913	Charles Robert Richet(1850—1935)	过敏性反应
1914	Robert Bárány(1876—1936)	耳生理病理学
1919	Jules Bordet(1870—1961)	免疫学发现
1920	Schack August Steenberg Krogh(1874—1949)	毛细管运动调节
1922	Archibald Vivian Hill(1886—1977),Otto Fritz Meyerhof(1884—1951)	肌肉中的能量代谢过程
1923	Frederick Grant Banting(1891—1941), John James Richard MacLeod(1876—1935)	胰岛素
1924	Willem Einthoven(1860—1927)	心电图机理
1926	Johannes Andreas Grib Fibiger(1867—1928)	鼠癌
1927	Julius Wagner-Jauregg(1857—1940)	接种疟原虫治疗麻痹性痴呆
1928	Charles Jules Henri Nicolle(1866—1936)	斑疹伤寒
1929	Christiaan Eijkman(1858—1930), Sir Frederick Gowland Hopkins(1861—1947)	抗神经炎维生素,促进生长维生素
1930	Karl Landsteiner(1868—1943)	人类血型
1931	Otto Heinrich Warburg(1883—1970)	呼吸酶作用模型及其性质
1932	Sir Charles Scott Sherrington (1857—1952), Edgar Douglas Adrian(1889—1977)	神经元功能
1933	Thomas Hunt Morgan(1866—1945)	染色体遗传机理
1934	George Hoyt Whipple (1878—1976), George Richards Minot (1885—1950), William Parry Murphy (1892—1987)	贫血病的肝脏疗法

续表

年份	获奖者	主要贡献
1935	Hans Spemann(1869—1941)	胚胎发育的组织元
1936	Sir Henry Hallett Dale(1875—1968),Otto Loewi (1873—1961)	神经冲动的化学传递
1937	Albert von Szent-Györgyi Nagyrapolt (1893—1986)	生物氧化,发现维生素 C 和富马酸的催化
1938	Corneille Jean Francois Heymans(1892—1968)	颈动脉和主动脉调节呼吸
1939	Gerhard Domagk(1895—1964)	磺胺类抗菌药物
1943	Henrik Carl Peter Dam(1895—1976),Edward Adelbert Doisy(1893 - 1986)	维生素 K 及其性质
1944	Joseph Erlanger(1874—1965),Herbert Spencer Gasser(1888—1963)	神经纤维的分化
1945	Sir Alexander Fleming(1881—1955),Ernst Boris Chain (1906—1979), Sir Howard Walter Florey (1898—1968)	青霉素及其感染性疾病的疗效
1946	Hermann Joseph Muller(1890—1967)	X 射线的基因诱变
1947	Carl Ferdinand Cori (1896—1984), Gerty Theresa Cori (1896—1957), Bernardo Alberto Houssay(1887—1971)	糖原代谢中酶促反应 垂体激素对糖代谢调节
1948	Paul Hermann Müller(1899—1965)	合成 DDT 对抗节肢动物
1949	Walter Rudolf Hess(1881—1973), Antonio Caetano de Abreu Freire Egas Moniz (1874—1955)	间脑和脑功能及神经病治疗
1950	Edward Calvin Kendall (1886—1972), Philip Showalter Hench (1896—1965),Tadeus Reichstein (1897—1996)	肾上腺皮质激素结构与功能
1951	Max Theiler(1899—1972)	黄热病及其疫苗
1952	Selman Abraham Waksman (1888—1973)	发现对抗结核杆菌的链霉素
1953	Hans Adolf Krebs (1900—1981), Fritz Albert Lipmann (1899—1986)	柠檬酸循环及其代谢,及乙酰辅酶 A 的发现与其在中间代谢中的重要性
1954	John Franklin Enders (1897—1985), Thomas Huckle Weller (1915—), Frederick Chapman Robbins (1916—2003)	脊髓灰质炎病毒及其培养
1955	Axel Hugo Theodor Theorell (1903—1982)	氧化酶性质与作用
1956	André Frédéric Cournand (1895—1988), Werner Forssmann (1904—1979),Dickinson W. Richards(1895—1973)	心脏导管插入术,循环系统病理学
1957	Daniel Bovet (1907—1992)	合成抗组胺药物
1958	George Wells Beadle (1903—1989),Edward Lawrie Tatum (1909—1975), Joshua Lederberg(1925—2008)	基因在特定生化反应中的作用,及发现细菌遗传重组
1959	Severo Ochoa (1905—1993),Arthur Kornberg (1918—2007)	RNA 和 DNA 生物合成机理
1960	Sir Frank Macfarlane Burnet (1899—1985), Peter Brian Medawar(1915—1987)	获得性免疫耐受性
1961	Georg von Békésy (1899—1972)	耳窝感音机理
1962	Francis Harry Compton Crick (1916—2004), James Dewey Watson (1928—), Maurice Hugh Frederick Wikins (1916—2004)	核酸的分子结构与信息传递功能
1963	Sir John Carew Eccles (1903—1997),Alan Lloyd Hodgkin (1914—1998), Andrew Fielding Huxley (1917—)	神经细胞间的信息传递
1964	Konrad Bloch (1912—2000), Feodor Lynen (1911—1979)	胆固醇和脂肪酸的代谢调节

续表

年份	获奖者	主要贡献
1965	Francois Jacob (1920—), André Lwoff (1902—1994), Jacques Monod (1910—1976)	酶的遗传控制,病毒的合成
1966	Peyton Rous (1879—1970), Charles Brenton Huggins (1901—1997)	肿瘤诱导病毒,前列腺的激素治疗
1967	Ragnar Granit (1900—1991), Haldan Keffer Hartline (1903—1983), George Wald (1906—1997)	视觉的生理生化过程
1968	Robert W. Holley (1922—1993), Har Gobind Khorana(1922—), Marshall W. Nirenberg (1927—)	解释遗传信息及蛋白质合成
1969	Max Delbrück (1906—1981), Alfred D. Hershey (1908—1997), Salvador E. Luria (1912—1991)	病毒复制机理
1970	Sir Bernard Kalz (1911—2003), Ulf von Euler (1905—1983), Julius Axelrod (1912—2004)	神经递质在末梢贮存、释放和激活等传递过程
1971	Earl W. Sutherland Jr (1915—1974)	激素的作用机理
1972	Gerald M. Edelman (1929—), Rodney R. Porter (1917—1985)	抗体的化学结构
1973	Karl von Frisch (1886—1982), Konrad Lorenz (1903—1989), Nikolaas Tinbergen (1907—1988)	动物的个体与社会行为
1974	Albert Claude (1899—1983), Christian de Duve(1917—), George E. Palade (1912—)	细胞结构与功能
1975	David Baltimore (1938—), Renato Dulbecco (1914—), Howard Martin Temin (1934—1994)	肿瘤病毒与细胞遗传的关系
1976	Baruch S. Blumberg (1925—), D. Carleton Gajdusek (1923—)	传染病及其传播机理
1977	Roger Guillemin (1924—), Andrew V. Schally (1926—), Rosalyn Yalow (1921—)	下丘脑多肽激素 多肽的放射免疫分析法
1978	Werner Arber (1929—), Daniel Nathans (1928—1999), Hamilton O. Smith (1931—)	限制性内切酶及其应用于分子遗传学
1979	Allan M. Cormack (1924—1998), Godfrey N. Hounsfield (1919—2004)	计算机辅助 X 断层扫描仪
1980	Baruj Benacerraf (1920—), Jean Dausset (1916—), George D. Snell (1903—1996)	免疫调节的表面分子结构
1981	Roger W Sperry (1913—1994), David H. Hubel (1926—), Torsten N. Wiesel (1924—)	大脑半球机能分工 视觉系统的信息加工
1982	Sune K. Bergström (1916—2004), Bengt I. Samuelsson (1934—), John R. Vane (1927—2004)	前列腺素及相关活性物质
1983	Barbara McClintock(1902—1992)	可移动的遗传因子(转座子)
1984	Niels K. Jerne (1911—1994), Georges J. F. Köhler (1946—1995), César Milstein (1927—2002)	免疫抑制理论 单克隆抗体制备原理
1985	Michael S. Brown (1941—), Joseph L. Goldstein (1940—)	胆固醇代谢调节
1986	Stanley Cohen (1922—), Rita Levi-Montalcini (1909—)	生长因子
1987	Susumu Tonegawa (1939—)	抗体多样性形成的遗传机理
1988	Sir James W. Black (1924—), Gertrude B. Elion (1918—1999), George H. Hitchings (1905—1998)	药物治疗新原理
1989	J. Michael Bishop (1936—), Harold E. Varmus (1939—)	逆转录病毒肿瘤基因的细胞起源
1990	Joseph E. Murray (1919—), E. Donnall Thomas (1920—)	器官与细胞移植
1991	Erwin Neher (1944—), Bert Sakmann (1942—)	细胞单离子通道的功能

续表

年份	获奖者	主要贡献
1992	Edmond H. Fischer (1920—), Edwin G. Krebs (1918—)	蛋白质磷酸化可逆修饰调节
1993	Richard J. Roberts (1943—), Phillip A. Sharp (1944—)	断裂基因
1994	Alfred G. Gilman (1941—), Martin Rodbell(1925—1998)	G蛋白的信号转导作用
1995	Edward B. Lewis (1918—2004), Christiane Nüsslein-Volhard (1942—), Eric F. Wieschaus (1947—)	早期胚胎发育的遗传调控
1996	Peter C. Doherty (1940—), Rolf M. Zinkernagel (1944—)	细胞的介导免疫保护
1997	Stanley B. Prusiner (1942—)	致病因子阮病毒(Prions)
1998	Robert F. Furchgott (1916—), Louis J. Ignarro (1941—), Ferid Murad (1936—)	NO在心血管系统的信号作用
1999	Günter Blobel (1936—)	胞内蛋白质的运输与定位
2000	Arvid Carlsson (1923—), Paul Greengard (1925—), Eric R. Kandel (1929—)	神经系统的信号传导
2001	Leland H. Hartwell (1939—), Tim Hunt (1943—), Sir Paul M. Nurse (1949—)	细胞周期的关键调节子
2002	Sydney Brenner (1927—), H. Robert Horvitz (1947—), John E. Sulston (1942—)	在器官发育和程序性细胞死亡中的遗传调控
2003	Paul C. Lauterbur (1929—2007), Sir Peter Mansfield (1933—)	核磁共振成像
2004	Richard Axel (1946—), Linda B. Buck (1947—)	气味受体和嗅觉系统
2005	Barry J. Marshall(1951—),J. Robin Warren (1937—)	幽门螺旋菌及肠胃致病机理
2006	Andrew Z. Fire (1959—), Craig C. Mello (1960—)	RNA 干扰(RNAi)及用双链RNA沉默基因
2007	Mario R. Capecchi (1937—), Sir Martin J. Evans (1941—), Oliver Smithies (1925—)	用胚胎干细胞把特异基因修饰引入小鼠

摘自 Nobelprize.org

附录2 诺贝尔化学奖年鉴(部分)

年份	获奖者	主要贡献
1902	Hermann Emil Fischer(1852—1919)	糖和嘌呤的合成
1907	Eduard Buchner (1860—1917)	生化研究和无细胞发酵
1915	Richard Martin Willstätter (1872—1942)	植物色素,特别是叶绿素
1918	Fritz Haber (1868—1934)	氨的合成
1925	Richard Adolf Zsigmondy (1865—1929)	异质胶体溶液的性质,现代胶体化学
1927	Heinrich Otto Wieland (1877—1957)	胆酸的组成及其相关物质
1928	Adolf Otto Reinhold Windaus (1876—1959)	固醇的组成及其与维生素的联系
1929	Arthur Harden (1865—1940), Hans Karl August Simon von Euler-Chelpin (1873—1964)	糖发酵和发酵酶
1930	Hans Fischer (1881—1945)	血红素和叶绿素组成,合成了血红素
1937	Walter Norman Haworth (1883—1950), Paul Karrer (1989—1971)	糖和维生素 C, 类胡萝卜素、黄素和维生素 A 和 B2
1938	Richard Kuhn(1900—1967)	类胡萝卜素和维生素
1939	Adolf Friedrich Johann Butenandt(1903—1995), Leopold Ruzicka(1887—1976)	性别激素聚亚甲基,萜类
1945	Artturi Ilmari Virtanen (1895—1973)	农业和营养化学,饲料保存方法
1946	James Batcheller Sumner (1887—1955), John Howard Northrop (1891—1987), Wendell Meredith Stanley(1904—1971)	结晶酶、制备酶及其纯病毒蛋白质
1947	Sir Robert Robinson(1866—1975)	植物的活性成分,生物碱
1948	Arne Wilhelm Kaurin Tiselius(1902—1971)	电泳和吸附分析,特别是应用于血清蛋白的分析
1954	Linus Carl Pauling (1901—1994)	化学键的性质及其在解析复杂物质结构的应用
1955	Vincent du Vigneaud (1901—1978)	合成多肽激素
1957	Lord (Alexander R.) Todd(1907—1997)	核苷酸和核苷酸辅酶
1958	Frederick Sanger (1918—)	胰岛素的结构
1961	Melvin Calvin (1911—1997)	植物二氧化碳的同化代谢
1962	Max Ferdinand Perutz (1914—2002), John Cowdery Kendrew (1917—1997)	球蛋白的结构
1964	Dorothy Crowfoot Hodgkin (1910—1994)	用 X 射线确定重要生化物质的结构
1970	Luis F. Leloir (1906—1987)	糖核苷酸及其在糖生物合成中的作用

续表

年份	获奖者	主要贡献
1972	Christian B. Anfinsen (1916—1995), Stanford Moore (1913—1982), William H. Stein (1911—1980)	核糖核酸酶的氨基酸序列和生物活性构象,核糖核酸酶分子活性中心的催化活性与结构之间的关系
1974	Paul J. Flory (1910—1985)	大分子物理化学的理论与实验方法
1975	John Warcup Cornforth (1917—), Vladimir Prelog (1906—1998)	酶催化反应的立体化学,有机分子和反应的立体化学
1978	Peter D. Mitchell (1920—1992)	通过化学渗透理论生物能转运
1980	Paul Berg (1926—), Walter Gilbert (1932—), Frederick Sanger (1918—)	核酸的生物化学特别是重组DNA;核酸碱基序列的测定
1982	Aaron Klug (1926—)	电子晶体显微镜及其核酸蛋白质复合体的结构解析
1984	Robert Bruce Merrifield (1921—2006)	固相化学合成方法
1989	Sidney Altman (1939—), Thomas R. Cech (1947—)	RNA 的催化功能
1991	Richard R. Ernst (1933—)	高分辨核磁共振波谱方法
1993	Kary B. Mullis (1944—), Michael Smith (1932—2000)	PCR 方法,基于寡核苷酸的直接点突变并应用于蛋白质研究
1997	Paul D. Boyer (1918—) and John E. Walker (1941—), Jens C. Skou (1918—)	ATP 合成的酶反应机理,离子转运酶
2002	John B. Fenn (1917—), Koichi Tanaka (1959—), Kurt Wüthrich (1938—)	建立了生物大分子结构鉴定与分析的 NMR 和质谱方法
2003	Peter Agre (1949—), Roderick MacKinnon (1956)	细胞膜水通道、离子通道的结构及其机理
2004	Aaron Ciechanover (1947—), Avram Hershko (1937), Irwin Rose (1926—)	泛素蛋白介导的蛋白质降解
2006	Roger D. Kornberg (1947—)	真核生物转录的分子机理

摘自 Nobelprize. org